Fahrer- und
Werkstatt-Handbuch

BMW R 1200/1250 R
R 1200/1250 RS

ab 2015

Thomas Jung & Uwe Altmann

moto pool

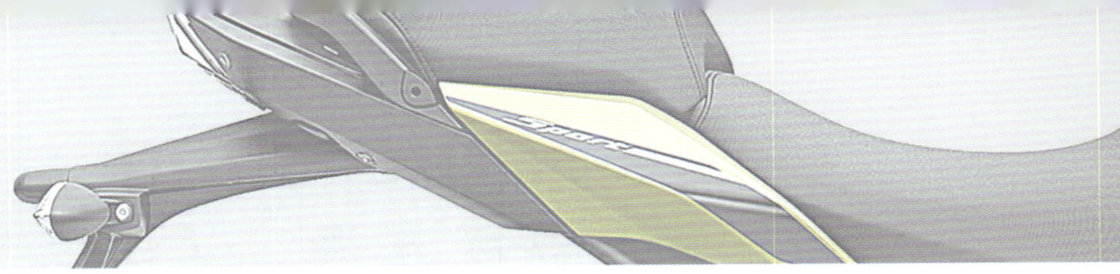

Impressum

Redaktion:
Uwe Altmann
Th. Jung (Text)

Fotos:
Uwe Altmann,
BMW AG, München

1. Auflage 2023

motopool
Bahnhofstraße 41
71691 Freiberg am Neckar

www.moto-pool.de

ISBN: 978-3-948697-28-0

Zündkerzengesichter und Bildtexte mit freundlicher Genehmigung der Robert Bosch GmbH, Stuttgart.

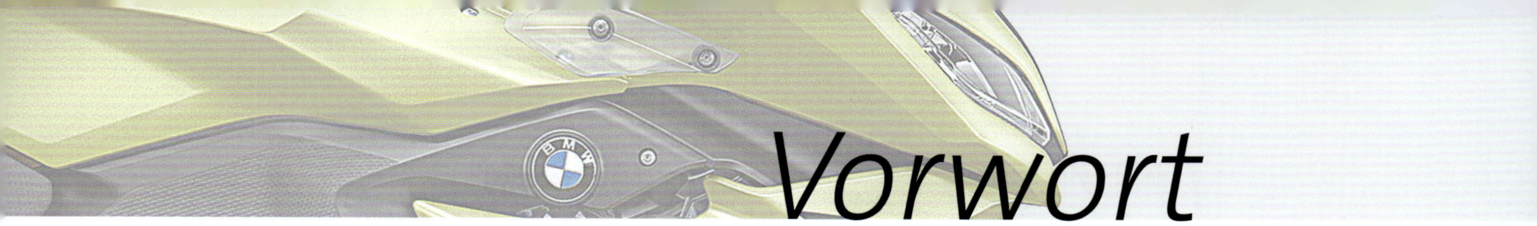

Vorwort

Lieber Leser,

angesichts der komplexen Steuerung von Motor und Bremssystem an aktuellen Motorrädern kommt oftmals die Frage auf, ob an einem modernen Motorrad überhaupt noch etwas in Eigenregie zu reparieren ist.
Das vorliegende Buch ist wohl die beste Antwort darauf. Hier wird Schritt für Schritt erklärt, wie der technisch interessierte Fahrer seinen Untersatz selbst in Schuss hält. Und es wird dankbar zur Kenntnis genommen, dass auf Grund der erwähnten komplexen Steuerung des Motors manche Arbeitsgänge, die noch vor Jahren ein fester Bestandteil des Standard-Repertoires des engagierten Hobby-Schraubers waren, heute unter den Tisch fallen. Als Beispiel seien hier die Einstellung des Zündzeitpunkts (womöglich noch mit Einstellung des Unterbrecher-Abstands) oder die Justierung der Leerlaufdrehzahl genannt. Eine weitere Segnung moderner Zeiten sind Wartungsintervalle, von denen die Altvorderen nur träumen konnten. Immerhin sind die ach so romantischen Schraubereien am Straßenrand von anno dunnemals (z. B. eben mal nach dem Elektroden-Abstand der Zündkerze schauen) die absolute Ausnahme. Voraussetzung ist natürlich die Einhaltung der Wartungsintervalle und deren korrekte Ausführung.

Diese Anleitung kann keine Motorradmechaniker-Ausbildung ersetzen, aber dem ambitionierten Fahrer und Hobbyschrauber Zusammenhänge vermitteln. Und bietet so eine Entscheidungshilfe bei der Frage: Was kann in Eigenregie durchgeführt werden, was muss in der BMW-Werkstatt durchgeführt werden?
Bestimmte Arbeitsgänge, zu deren Durchführung Sonderwerkzeuge und ein umfangreicher Maschinenpark benötigt werden, die unsere Hobbymechaniker-Verhältnisse übersteigen, scheiden da von vornherein natürlich aus und werden zur Durchführung in der BMW-Werkstatt empfohlen.
Arbeiten an der Bremsanlage – insbesondere Bremssysteme mit ABS-Unterstützung – sind den versierten Fachkräften der BMW-Werkstatt vorbehalten!

Die Arbeitsschritte sind wie folgt gekennzeichnet:

- • Arbeitsschritt
- ! Hinweis oder Warnhinweis
- 👁 Sichtkontrolle
- → Folgerung

Inhalt

Oft gesucht – schnell gefunden

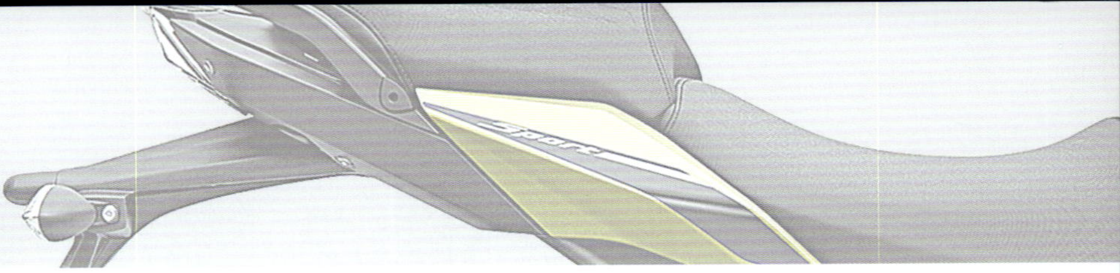

Zur Sache

Turnusgemäß kommen nach der Vorreiterin GS auch die ausgewiesenen 1200er-Straßenmodelle R und RS mit der jüngsten wassergekülten Boxergeneration Anfang 2015 in den Handel.

Wasserkühlung
Im Gegensatz zur GS-Variante reicht der R- und RS-Kühler durchgehend über die gesamte Fahzeugbreite. Bei der GS ist er wegen dem Telelever geteilt. Tatsächlich handelt es sich um eine Wasserkühlung "light", es werden nur 30 Prozent der anfallenden Wärme (hauptsächlich im Bereich des oberen Umkehrpunkts des Kolbens) abgeführt. BMW spricht von einer "Präzisionskühlung".

Seit dem Jahr 1923 ist BMW untrennbar mit dem Boxermotor verbunden. Die damals präsentierte BMW vom Typ R 32 des bayerischen Flugmotoren-Herstellers mit dem blau-weißen stilisierten Propeller als Emblem hat als Grundaufbau einen Motor mit angeflanschter Kupplung, Getriebe und Wellenantrieb des Hinterrads. Fast genau 90 Jahre später wird dieses Prinzip über den Haufen geworfen: Es ist Zeit, den Boxer tiefgreifend zu modernisieren und den aktuellen Leistungsanforderungen Rechnung zu tragen. Natürlich hat über die Jahre die Entwicklung im Detail nie aufgehört, vom seinerzeit üblichen Seitenventiler aus den Anfängen bis hin zur echten DOHC-Steuerung der Ventile. Und zwar nicht nur bei den technologischen Flaggschiffen etwa aus der K-Baureihe mit ihren flach liegenden Vierzlinder-Aggregaten in den 1990er jahren, sondern auch beim Boxermotor. BMW hat sich damit bei der Angebotspalette nicht nur auf die Boxer-Motorarchitektur verlassen, oder begnügt, sondern kann heute fast als Voll-Sortimenter betrachtet werden. Vom Elektroroller über die Sechszylinder-Supertourer bis zum Reihenvierer-Superbike reicht die Bandbreite. Der Motorikone Boxermotor, dem Firmenvermächtnis, ist man stets treu geblieben und hat die Auslegung ständig angepasst und verbessert. Aber mit der 2013 präsentierten R 1200 GS setzt es einen Paukenschlag, der sich gewaschen hat. Bei der neuen Grundkonstruktion des Motors bleibt kein Stein auf dem anderen, alles dreht sich um Effizienz, Leichtigkeit und kompakte Maße.

Das Kernstück der Glückseligkeit: Zwei gegeneinander laufende Kastenkolben, auf das Nötigste reduziert.

Und natürlich Leistungsfähigkeit. Und zwar mit **Wasserkühlung**. Es scheint, als sei zuerst einmal ein idealer Brennraum geschaffen worden und alles andere muss sich dem unterordnen – und das ist keine leichte Aufgabe angesichts des Boxerprinzips, das der Verwendung in einem Einspurfahrzeug eigentlich nicht so recht zu Pass kommt. Trotzdem ist es den Mannen in München gelungen, die Vorzüge der gegenläufigen Kolben auf einem neuen, bis dato unbekannten Niveau auf die Straße zu bringen. Mit einer neuen Entwicklungsstufe wird die Kraft der beiden gegeneinander pumpenden Kolben neu kultiviert.
Und mit der aktuellen 1250er-Shift Cam bleibt den Münchnern der Zuspruch des Publikums erhalten: Eingebettet in unterschiedliche Motorrad-Konzepte mit universellen Einsatzmöglichkeiten erfüllen sie die Anforderungen anspruchsvoller Kradler rund um den Globus.

Adressen

Hier eine Zusammenstellung interessanter Kontakte, die das Leben mit dem Boxer angenehmer machen können. Wer sucht, findet hier:

www.bmw-motorrad.de, —.at oder —.ch

- Hier kann leicht der nächstgelegene BMW Motorrad Partner gefunden und es können Reifenfreigaben heruntergeladen werden.

Gepäck

- Hepco & Becker
  www.hepco-becker.de
- Krauser
  www.krauser.de
- SW MOTECH
  www.sw-motech.com

Verschleißteile/Zubehör/Ergonomie/Kommunikation

- Hepco & Becker
  www.hepco-becker.de
- Lucas (TRW)
  www.lucas-bikersworld.com
- Touratech
  www.touratech.de
- Wüdo
  www.wuedo.de
- Wunderlich
  www.wunderlich.de

Internetforum (unvollständig)

- www.gs-forum.eu
- www.gs-world.eu
- www.r1200gs.info

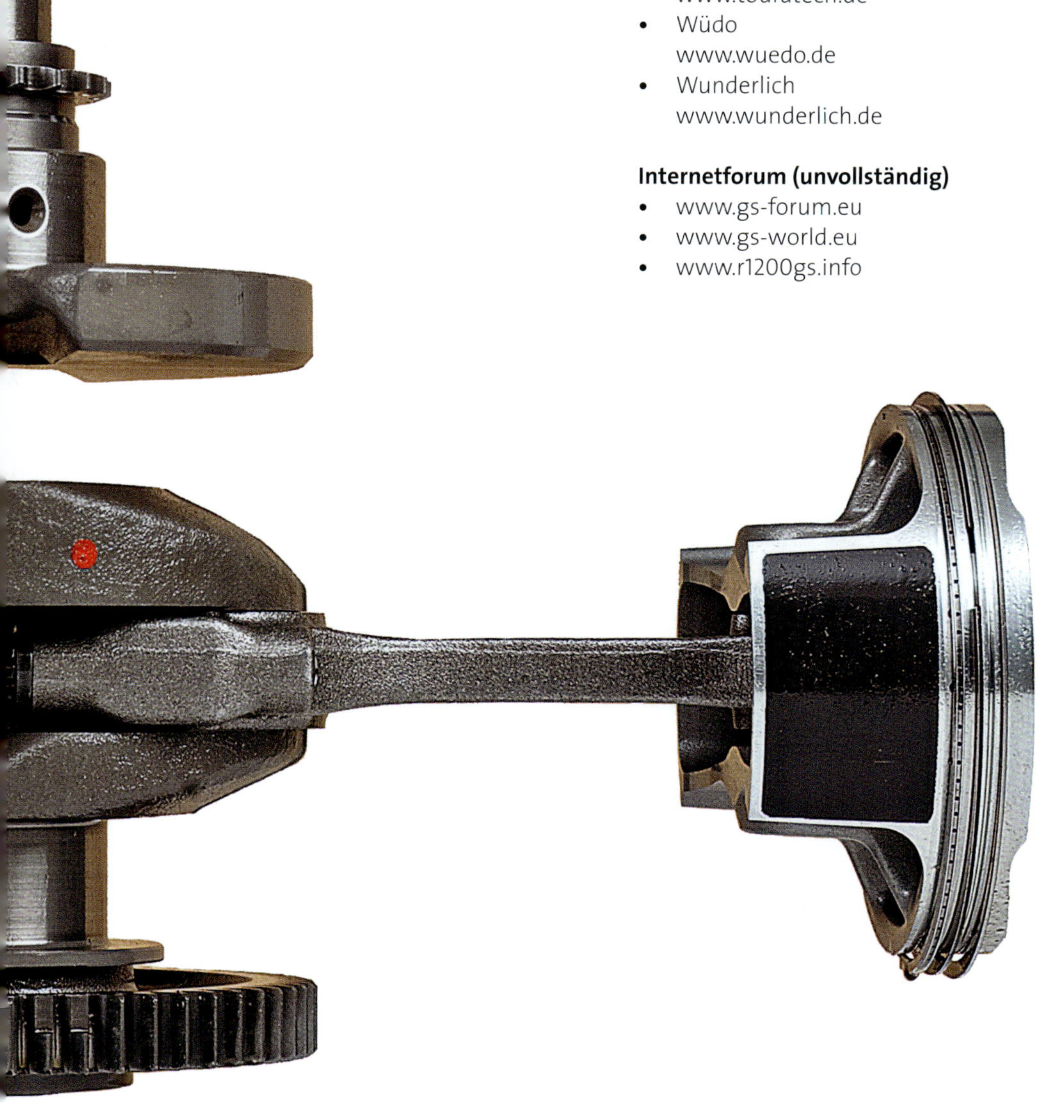

Zur Sache

Nach 90 Jahren Motorradbau mit Boxermotoren erhält BMWs Motorikone eine komplett neue Architektur.

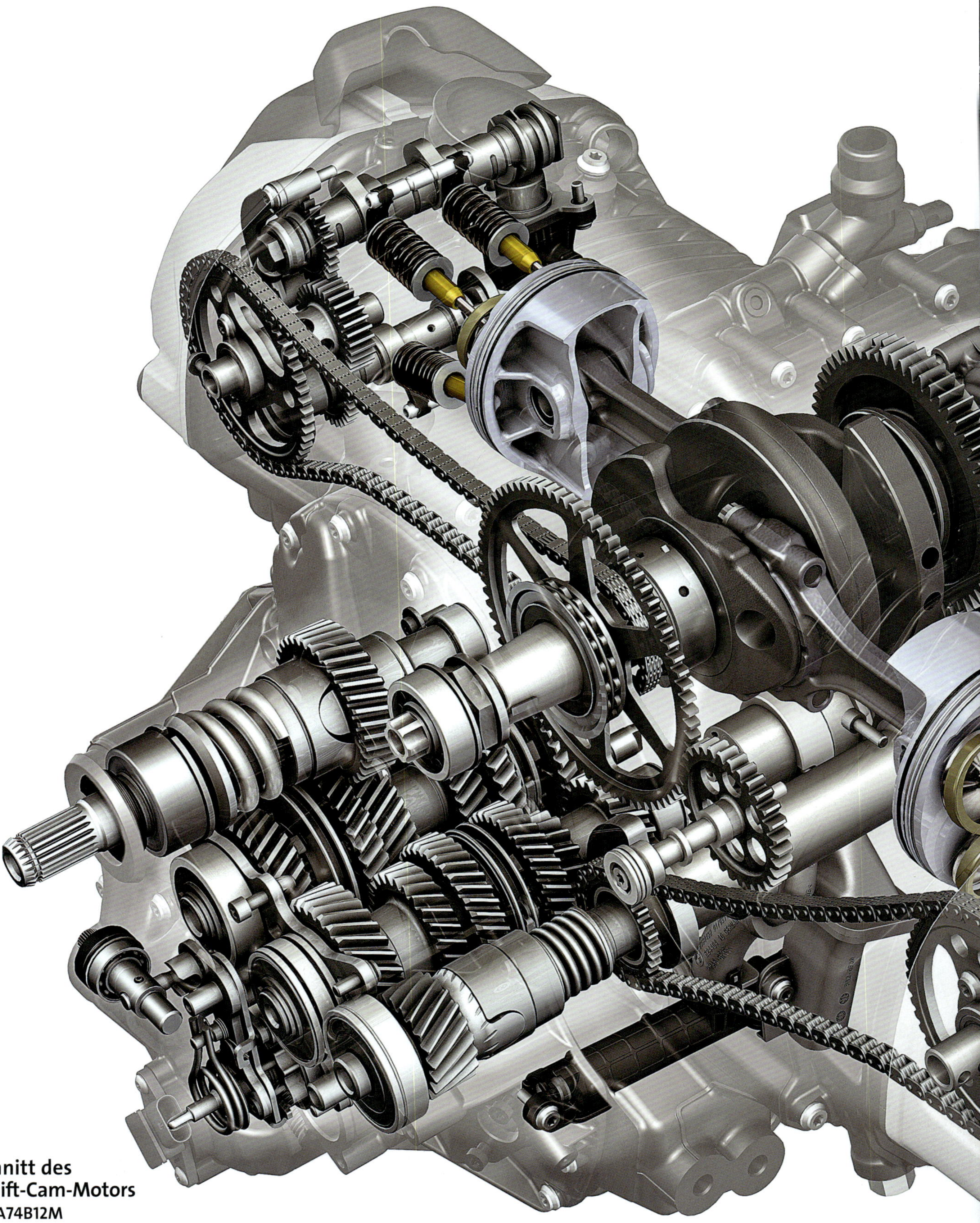

Motorschnitt des 1250er Shift-Cam-Motors
Motortyp: A74B12M
Die 1200er-Variante ist von den Innereien her grundsätzlich identisch.
Außer dem Shift-Cam-Programm hat die Kurbelwelle des 1200er-Boxers auch 3 Millimeter weniger Hub und 1,5 Millimeter kleinere Kolben. **Motortyp: 122 EN**

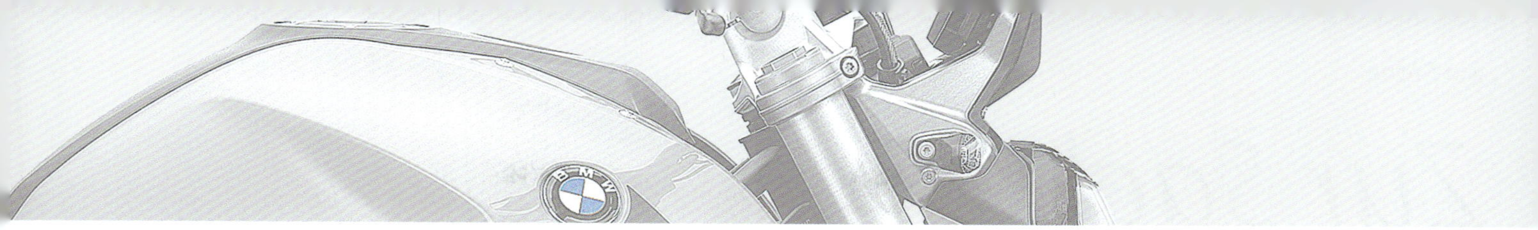

2013 präsentiert BMW eine neue 1200er GS mit dem komplett umgekrempelten neuen Boxermotor. Fortan wird von der LC-GS gesprochen, LC für liquid cooled – wassergekühlt!
Dass es sich hierbei um eine Flüssigkeitskühlung, die konzentriert die höchst belastete Region kühlt, und nicht die komplette Zylinder-/Zylinderkopf-Garnitur, spielt keine Rolle. Die obere Region des Zylinders, der obere Umkehrpunkt des Kolbens, hier greift die Flüssigkeitskühlung ein, am heißesten Bereich des Motors. Die Kühlrippen dienen also weiterhin auch der Sicherung des Wärmehaushalts und sind nicht nur gestalterisches Stilmittel.
Der Grundaufbau der Antriebseinheit der Boxermotorräder hat sich in 90 Jahren nicht verändert: Motor mit angeflanschter Kupplung, Getriebe und Wellenantrieb des Hinterrads. Alle Komponenten schön für sich hintereinander in einer logischen Reihe.
Der LC-Boxer hat damit gründlich aufgeräumt. Ziel ist ein kompakterer und vor allem kürzerer Motor. Neben dem Kampf gegen das Gewicht trägt diese Komprimierung zu mehr Freiraum bei der Auslegung der Fahrwerksabmessungen. So wird z.B. der Einbau einer langen Schwinge unterstützt. Was sich wiederum auf das Ansprechverhalten derselben positiv auswirkt. Stichwort Fahrstuhl-Effekt beim Beschleunigen. Wobei diesem Effekt auch schon das Paralever-System entgegen wirkt, fördert diese Maßnahme insgesamt zu besserer Übertragung der Drehkraft auf die Straße. Nebenbei wandert die Endantriebswelle von der rechten auf die linke Maschinenseite.
Die Liste der Konstruktionsmerkmale, die der rigorosen Einsparung an Massse und Raum unterliegen, wird mit den Zylindern fortgesetzt werden. Diese werden nicht einzeln dem Motorgehäuse aufgeflanscht, sondern sind Teil des Motorgehäuses. Seit langem geübte Praxis auch im Hause BMW, aber jetzt ist auch der Boxer dran. Die Laufflächen der Zylinder aus Spezialstahl werden im Lichtbogen-Draht-Spritzverfahren aufgetragen. Die Vorteile liegen in der hohen Verschleißfestigheit, sehr guter Wärmeableitung mit homogener Materialbeschaffenheit. Vorraussetzung für maßtreue Rundheit der Zylinder unter allen Betriebsbedingungen für geringen Ölverbrauch und Minimierung von Blow-by-Gasen. Der Nachteil besteht im Reparaturfall: das Motorgehäuse muss dann komplett gewechselt werden. Die leichten Kolben (485 Gramm für einen 600-Kubikkolben sind ein Wort) sind hochwertige Schmiede-Ausführungen mit besonders dünnen Kolbenringen, die besonders flexibel an der Zylinderwand anliegen und dadurch, dass sie so dünn sind, entsprechend wenig Reibung/Wärme verursachen.
Einlauflack mit Graphit-Einlagerungen am Kolbenhemd verhindert Laufflächen-Beschädigung durch Vollbelastung bei ungenügender Betriebstemperatur. (Was nicht heisen soll, dass jetzt im kalten Zustand gleich am Drehgriff gekurbelt werden soll!) →

Der neue Kolbenmechanismus in der Ölwanne hält den Öldruck im Antrieb konstant hoch. Er wirkt vor allem den Bremseffekten entgegen

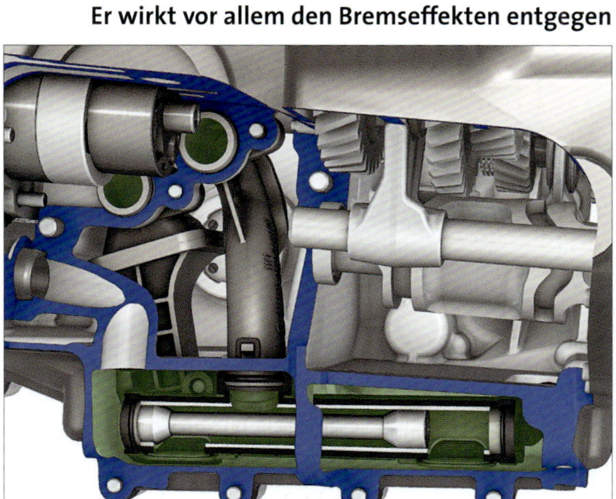

Zur Sache

Die Kolben leiten den Druck über Pleuel mit "gebrochenen" Pleuelfüßen an die Kurbelwelle weiter. Die gebrochenen Pleuelfüße passen nur in einer Stellung an ihre ursprünlichen Pleuel.

Von der Kurbelwelle gehts naturgemäß weiter an die Kupplung. Und die sitzt nun vor der Kurbelwelle im Motor-Brustschild, wird per Zahnrad angetrieben und läuft im Ölbad. Mehr "anders als vorher" geht eigentlich nicht. Älteren Semestern unter den Motorrad-Kennern wird jetzt Hondas CX 500-Baureihe in den Sinn kommen. Diese ist im Prinzip ebenso aufgebaut, aber ob dies tatsächlch die Inspiration war, wäre interessant zu wissen.

Durch den Zahnradantrieb dreht die Kupplung entgegen der Drehrichtung der Kurbelwelle. Feinfühlige bemerken das dadurch gemilderte Rückdrehmoment des Motors im Rahmen.

Von der Kupplung gehts via langer Welle in ein japanisches Sechsganggetriebe. BMW betont allerdings die Entwicklungsarbeit im eigenen Hause und verweist auf die geänderten Geschäftsinteressen des Getriebespezialisten GETRAG, dem langjährigen Zulieferer. Mittels dieser langen Welle wird übrigens auch die Ventilsteuerung des rechten Zylinders bewerkstelligt. Die Nockenwellen des linken Zylinders werden von der Kurbelwelle angetrieben. Bei der 1200er kommen Rollenketten zum Antrieb der Nockenwellen zum Einsatz, beim 1250er Block Zahnketten. Vorteil Zahnkette: ruhigerer Lauf und verschleißfester. Außerdem wird noch das Ausgleichsgewicht zur Dämmung der Motorvibrationen angetrieben.

Das Getriebe ist in Kassetten-Bauweise ausgeführt. D.h. es wird komplett samt Deckel vom Motorgehäuse abgenommen, und im Reparaturfall komplett gewechselt. Die Zahnräder sind schrägverzahnt, was einen leisen Lauf begünstigt und eine bessere Flächenausnutzung der Zahnflanken ermöglicht, die Bauteile können leichter ausgeführt werden. Allerdings erhöht sich durch Schrägverzahnung die Axialbelastung der Getriebelager. Es ist davon auszugehen, dass BMW die Lager deswegen entsprechend dimensioniert hat.

Das ausgebaute Getriebe gibt dann den Blick und Zugriff auf den Generator frei. Im Reparaturfall natürlich eine harte Nummer. Aber eben platzsparender als ein seperat verbauter Generator.

Der 1200er-Boxer ab 2013: Die Zylinder sind Teil des Kurbelgehäuses.
Der Motor baut extrem kurz und schafft so technische und gestalterische Freiräume für unterschiedliche Fahrzeugkonzepte.

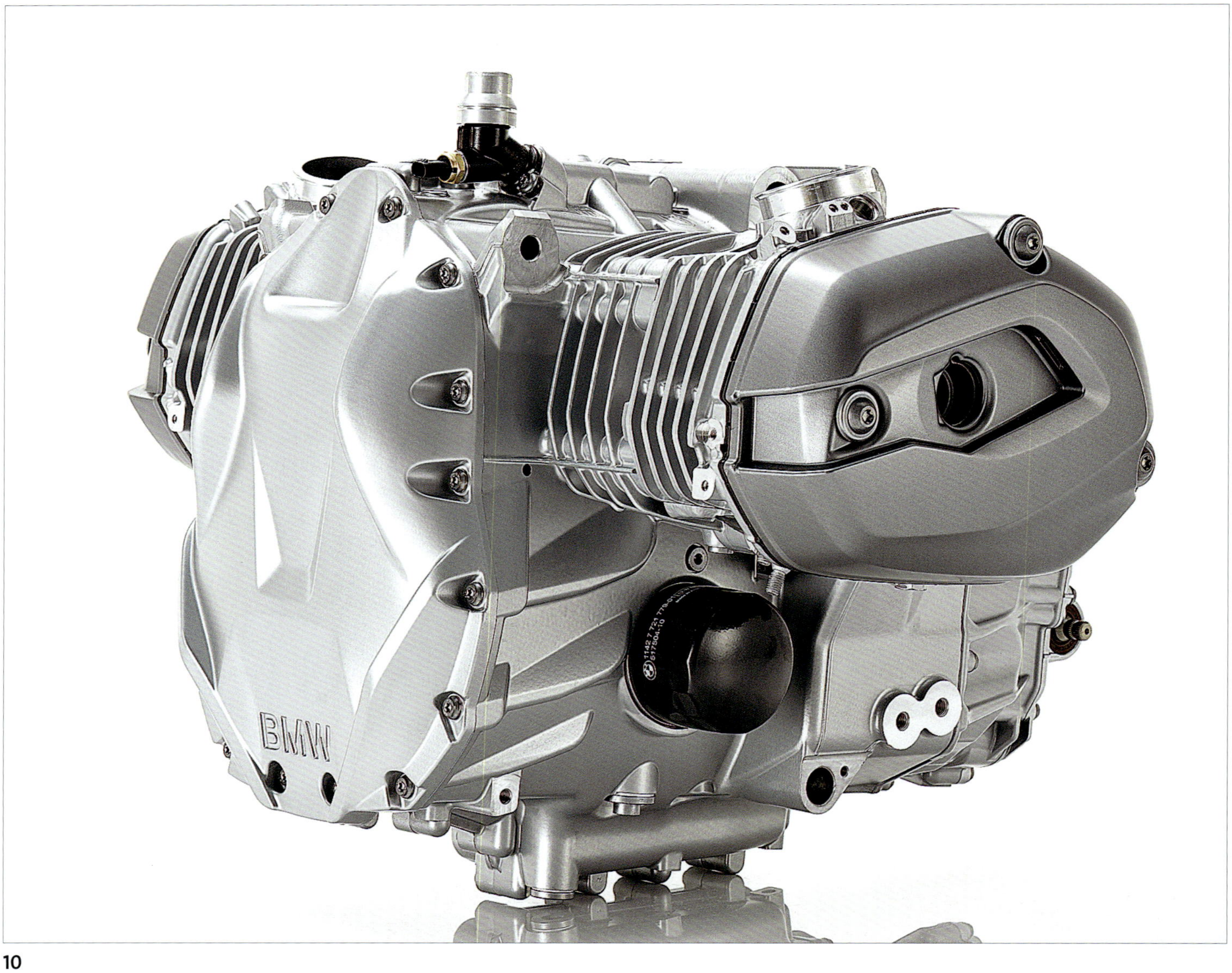

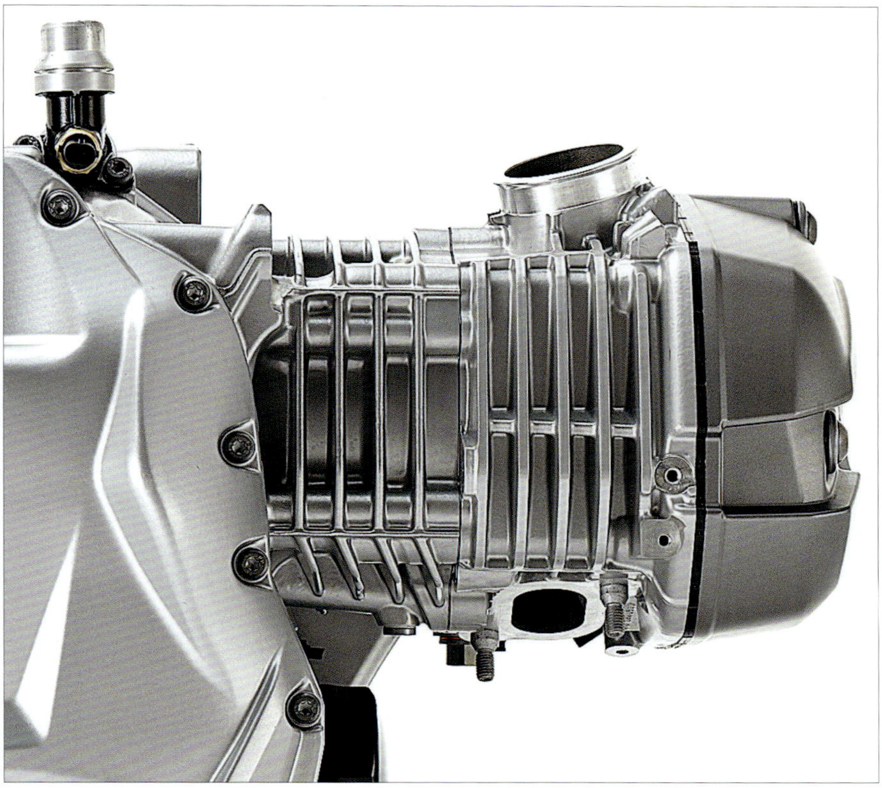

Der Zylinderkopf wird nicht mehr von hinten nach vorn "durchspült", sondern von oben nach unten. Somit baut der Motor kompakter mit günstigeren Ansaugwegen.
Die Kühlrippen sind keine Deko, sondern tragen tatsächlich zur Beherrschung der Wärmeabfuhr bei.

Der 1250er-Boxer ab Jahrgang 2018 arbeitet mit Shift-Cam, der variablen Ventilsteuerung. 100 000 Kilometer soll dieses Ensemble durchhalten, mindestens. Für Bruchteile einer Sekunde fahren die Stifte aus der Verstelleinheit heraus und greifen in die Nockenwellen-Kulisse ein, um die Einlasswelle zu verschieben. Der kleine Nocken (kleiner Ventilhub) ist zuständig für genügsames Motorradwandern, und je nach Last (Gasgriffstellung) und Drehzahl übernimmt der große Nocken (großer Ventilhub) wenn's flott wird.

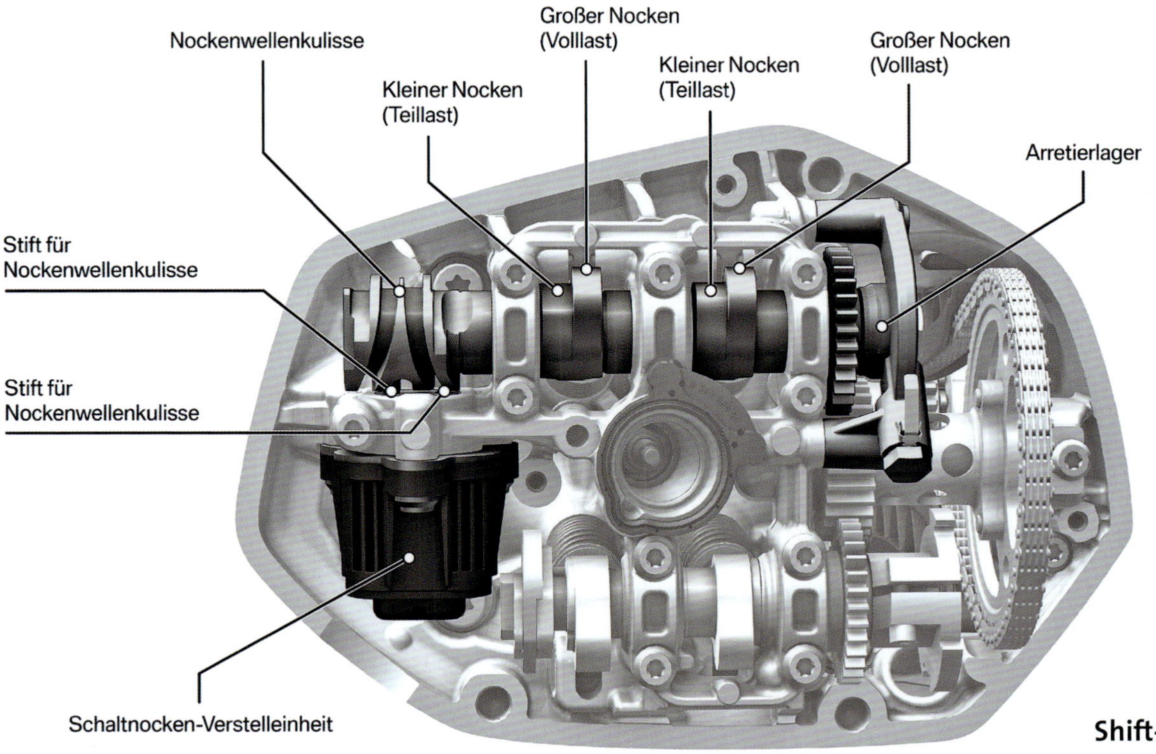

Shift-Cam-Ventilsteuerung

R 1200 R

Seit der ersten Boxer-R der 1990er-Jahre ist steter Wandel das Beständige in der Entwicklung. Der 2015er-Jahrgang ist der tiefgreifendste Wandel.

Nicht nur der LC-Motor der 1200er-GS hält Einzug ins Roadster-Rahmengebälk, sondern auch eine Upside-down-Gabel – im Gegensatz zum Vorgängermodell. Die guten Erfahrungen, die damit mit dem Retro-Modell R nineT gemacht wurden, könnten hier den Ausschlag gegeben haben gegenüber dem Bauaufwand für eine Tele-Lever-Vorderradführung wie bei GS und RT. Das Rahmengebälk ist eine neue Entwicklung und hat mit dem Vorgängertyp nichts gemein, zumindest von den Maßen her gesehen. Als Material wird nach wie vor auf robustes Stahlrohr gesetzt.

Die Premiere der neuen **Roadster** fand im November 2014 auf der Mailänder Motorradmesse EICMA statt.
Beim Boxermotor der neuen R 1200 R kommt das selbe DOHC-Triebwerk, wie es bereits in der R 1200 GS, R 1200 GS Adventure sowie in der R 1200 RT und der neuen R 1200 RS im Einsatz ist.
Wie von den Müchnern zu erwarten konnte gegenüber dem Vorgänger-triebwerk das Drehmoment über den gesamten Bereich deutlich gesteigert und mit einem harmonischeren Verlauf kombiniert werden.
Über den gesamten nutzbaren Drehzahlbereich stehen mehr als 100 Nm zur Verfügung. Und dank einer geänderten Airbox und neuem Endschalldämpfer verfügt die R 1200 R im unteren Drehzahlbereich auch gegenüber R 1200 GS, GS Adventure und RT über leichte Drehmomentvorteile. Den GS-Modellen und der RT verübelt der Tele-Lever eine optimierte Ansaugung.
Serienmäßig sind ASC (Automatic Stability Control) und zwei Fahrmodi an Bord (Rain und Road). Als Sonderausstattung „Fahrmodi Pro" mit Dynamic Traction Control/Dynamische Traktionskontrolle (DTC) zur optimalen Anpassung an die Einsatzbedingungen. Die DTC tritt dann an die Stelle der ASC. Durch eine Sensorbox mit Schräglagenerkennung bietet diese Form der Traktionskontrolle noch mehr Sicherheit beim Beschleunigen. Außerdem sind die Fahrmodi „Dynamic" und „User" beinhaltet.
Mit dem als Sonderausstattung verfügbaren elektronischen Fahrwerk Dynamic ESA (Electronic Suspension Adjustment) der neuesten Generation wird das dynamische Fahrerlebnis nochmals gesteigert. Mit den beiden Dämpfungs-charakteristiken „Road" und „Dynamic" erschließt Dynamic ESA völlig neue Dimensionen hinsichtlich Fahrsicherheit, Performance und Komfort, da die Dämpfung abhängig von Fahrzustand und Fahrmanövern automatisch den jeweiligen Fahrbedingungen angepasst wird. Nicht, dass die Straßenboxer ohne dieses Feature hüftsteif durch die Kurven stochern, aber der Unterschied ist leicht bemerkbar und so wird das ESA quasi zur Standardausrüstung. Kosten-punkt: 860 Euro.
Noch eine Sonderausstattung, die fast durchgängig geordert wird: der Schaltassistent Pro für Gangwechsel nahezu ohne Zugkraftunterbrechung. Gegenüber den bisherigen Schaltassistenten ermöglicht der neue Schalt-assistent Pro in der neuen R 1200 R einen erweiterten Funktionsumfang. Nämlich das Hoch- **und** Zurückschalten ohne Kupplungs- oder Drosselklappen-

Das Cockpit der 1200er ist mit analogem Tacho "klassisch" gehalten, wirkt heute etwas gewöhnungsbedürftig und bieder, aber zeigt an, was es soll.

betätigung in den fahrrelevanten Last- und Drehzahl-bereichen. Fahrrelevant heist in dem Fall, dass im Schubbetrieb der Antriebseinheit nicht per Schalt-assistent hochgeschaltet werden kann, sondern erst wieder bei ausreichender Zugabe von Benzin-/ Luftgemisch. Was auch einer gewissen Logik nicht entbehrt.
Beim Beschleunigen muss die Drosselklappe für Schaltvorgänge nicht mehr geschlossen werden, und der Vortrieb erfolgt fast ohne Zugkraftunterbrechung. Beim Verzögern und Zurückschalten (Drosselklappe geschlossen) wird per Zwischengas automatisch eine Drehzahlanpassung vorgenommen. Die Schaltzeit wird gegenüber einem Schaltvorgang mit Kupplungs-betätigung deutlich reduziert. Wobei der Komfortfaktor noch nicht berücksichtigt ist und für Genussfahrer natürlich wichtiger ist. Und das für 480 Euro.

R 1250 R

Mit der Shift-Cam-Aufrüstung wird die Roadster weiter angeschärft – technisch und optisch.

Die 1250er-Roadster betont verstärkt den fahraktiven Aspekt. Bleibt ihren Allroundqualitäten aber treu.
Die 1250er Shift-Cam-Ausführung ist leicht an der Zündkabel-Abdeckung am Zylinderkopfdeckel zu erkennen. Und am weniger nach vorn geschwungenem Auspuffkrümmer.
Für Spezialisten auf der Suche nach einer fahraktiveren Sitzposition empfiehlt sich die Sonderausstattung Sportlenker (115 Euro; ab 2023).

Der Shift-Cam-Boxer im Roadster-Gewand wird Ende 2018 vorgestellt. Das Paradepferd für dynamischen Landstraßengenuss liegt leistungsmäßig spür- und messbar über dem Vorgängermodell und konsumiert unter Normbedingungen 4 Prozent weniger Sprit als das 1200er-Aggregat.
Ein Schmankerl, welches nur als Sonderausstattung erhältlich ist und praktisch durchgängig geordert wird ist das Elektronisches Fahrwerk Dynamic ESA „Next Generation" mit vollautomatischem Beladungsausgleich. Mit dem elektronischen Fahrwerk wird die Dämpfung abhängig von Fahrzustand und Fahrmanövern automatisch den Gegebenheiten angepasst und es findet zudem ein automatischer Ausgleich in allen Beladungszuständen statt. Dies ermöglicht eine feinfühlige Anpassung des Motorrads an die Fahrzustände und es werden ein optimaler Dämpfungskomfort und ein sehr stabiles Fahrverhalten erreicht. Das neue ESA ist im Dynamik-Paket für 1440 Euro zu ordern. Im Dynamik-Paket enthalten sind zudem der Schaltassistent Pro, Fahrmodi Pro und die MSR (Motorschleppmoment-Regelung)

Das 6,5 Zoll großen Vollfarb-TFT-Display kann zwei Anzeige-Modi darstellen (siehe Seite 15).

Für 2023 geht's beim Fahrlicht in die vollen, zumindest als Sonderausstattung ab Werk:
Voll-LED-Scheinwerfer mit adaptivem Kurvenlicht!
Eingeschaltet wird ab einer Schräglage von mehr als 7° und einer Geschwindigkeit von mehr als 10 km/h.
Die zusätzliche Leuchtwirkung ist optimal bis zu einer Schräglage von 25°.
Ist in der Nacht verkraftbar...

R 1200 RS

Die BMW R 100 RS ist das erste Motorrad mit serienmäßiger rahmenfester Vollverkleidung. Das war 1976. Und Reisen und Sport kommt nicht aus der Mode.

Endlich wieder unterwegs.
Zu zweit, zügig und bequem.
Zahnbürste und Kreditkarte – alles dabei.

Die damals im Windkanal entwickelte rahmenfeste Vollverkleidung in Verbindung mit dem seinerzeit schon durchzugstarken Boxermotor begründete als perfekter Allrounder für Reise und Sport das Marktsegment der Sporttourer.
Mit der Ende 2014 vorgestellten R 1200 RS setzt BMW Motorrad diese Tradition fort.
Sei es Sonntagmorgens eine sportliche Landstraßen-Ausfahrt, übers Wochenende zügiger Fahrgenuss zu zweit oder die große Urlaubstour – die RS ist je nach Bestückung und Ausstattung so etwas wie ein Universal-Werkzeug, welches funktioniert. Und bei entsprechend ausreichender Distanz auch als täglicher geduldiger Muli verlässlich seinen Dienst versieht.
Wie auch bei der Roadster liefert der neue Boxermotor in der Konfiguration mit der Upside-down-Gabel "unten 'raus" etwas mehr "Dampf" ab als die GS, GS Adventure und RT. Die Beatmungskanäle des Flat-Twins können hier effizienter ausgeführt werden als bei den Modellen mit dem Tele-Lever-geführten Vorderrad.
In Zeiten der Baukastenmodell-Systeme entspricht die elektronische Ausstattung dem Roadster-Schwestermodell. Was nicht von Nachteil ist. Schaltassistent Pro und Keyless Ride für höchsten Bedienkomfort können als Sonderausstattung ab Werk geordert werden. Für den Fahrkomfort sorgt nach wie vor das ESA und gehört praktisch durchgängig zum Bestellumfang beim Neukauf. Beim Gebrauchtkauf lautet die erste Frage des Interessenten meist: Hat sie ESA? Denn das elektronisch geregelte Dämpfungs- und Federungssystem ist natürlich das Trumpf Ass, wenn es um zügiges Reisen geht. Und beim Wiederverkauf.
Auch ist der RS natürlich der neu entwickelte Stahlrohrrahmen wie beim Roadster-Schwestermodell eigen. Der Rahmen ist als Stahlrohr-Brückenrahmen ausgebildet, der die Boxer-Antriebseinheit als mittragendes Element aufnimmt.

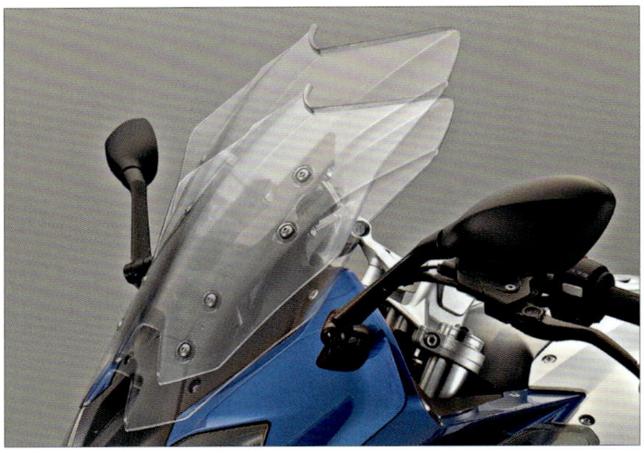

Das Windschild ist in hoch und tief montierbar. Anstellwinkel einstellbar.

Das Halogen-Fahrlicht kann per Sonderausstattung mit einem LED-Tagfahrlicht aufgehübscht werden.

R 1250 RS

Eine RS mit mehr Dampf, Durchzug, geringerem Spritverbrauch und weiter kultiviertem Motorlauf, wer würde da Nein sagen?

Leicht gestrafftes Verkleidungs-Design, aber immer noch knapp 243 Kilogramm Lebendmasse. Freilich in Fahrt fast leichtfüßig... In der Seitenansicht wird klar, warum der Akrapovic-Endschall-dämpfer als Bestelloptionen gern geordert wird.

Parallel zur 1250er Roadster wird der Sporttourer mit dem Shift-Cam-Motor Ende 2018 vorgestellt.
Ausstattungsmäßig wird LED-Fahrlicht draufgelegt. Der Anfahrassistent Hill Start Control ist nun ebenfalls serienmäßig und ermöglicht komfortables Anfahren am Berg. ABS Pro erhöht die Sicherheit beim Bremsen in Schräglage. Sonderausstattung ab Werk: Der neue Dynamische Bremsassistent DBC (Dynamic Brake Control) bietet zusätzliche Sicherheit beim Bremsen durch Vermeidung einer unbeabsichtigten Gasbetätigung. Durch Eingriff in die Motorsteuerung wird das Antriebsmoment während des Bremsens reduziert und die Bremsleistung am Hinterrad wird voll ausgeschöpft. Das Motorrad stabil und der Bremsweg wird verkürzt.
Wie beim Roadster-Schwestermodell hält auch das ESA "Next Generation" Einzug in die Liste der Sonderausstattungen. Und zwar ebenso im Dynamik-Paket mit den selben Inhalten und ebenfalls für 1440 Euro. RS-Modelle ohne dieses Ausstattungs-merkmal sind selten und auf dem Gebrauchtmarkt natürlich auch weniger nachgefragt.
Die bisherige serienmäßige 12-Volt-Bordspannungs-Steckdose erhält Unterstützung mit einer zusätzlichen USB-A-Steckdose mit 5 Volt Spannungsversorgung.
Ganz im Sinne moderner Zeiten ist jetzt auch ein Fahrmodus „ECO" für besonders ökonomisches Fahren serienmäßig.

Bei den Boxer-Straßenmodellen kommen durch-gängig Komponenten von Brembo zum Einsatz.

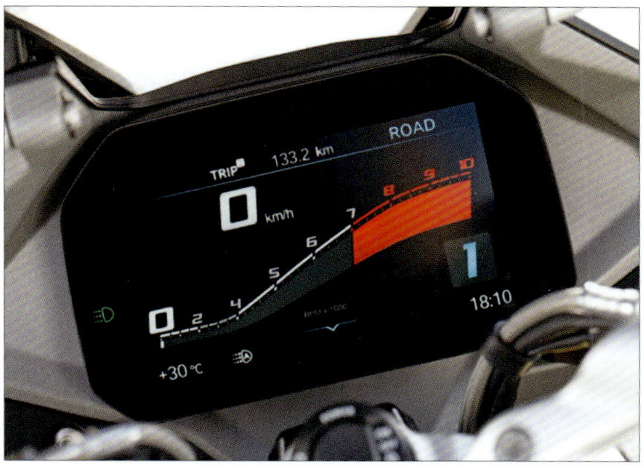

Oben: die alternative Cockpit-Darstellung zum Bild auf Seite 13.

Die 1250er RS verfügt über LED-Fahrlicht und den "Angel-eyes"-Lichtkranz.

1 Werkzeug & Materie

1.1 Allgemeine Werkzeuge

Bei umfangreicheren Wartungsarbeiten oder gar Motorüberholungen muss das passende Qualitätswerkzeug zur Verfügung stehen, mit dem der Freizeit-Mechaniker seiner Maschine mit Spaß bei der Arbeit auch mal eine Ventilspiel-Kontrolle in Eigenregie gönnt. Qualitätswerkzeug ist nicht für einen Apfel und Ei zu bekommen, dafür hält es entschieden länger als »Baumarkt-Werkzeug« – und macht eben wirklich mehr Laune.
Markennamen wie Gedore®, Hazet®, Snap-on® oder Stahlwille® bürgen für Qualität (die Aufzählung ist zwar alphabetisch, aber nicht vollständig).
Die Grundausstattung besteht aus **Ring-** und **Gabelschlüsseln** und einem **Rätschenkasten** (Steckschlüssel/Knarre) mit den entsprechenden Nusseinsätzen. **Besonders große Nüsse** werden für Montagearbeiten an Generator-Rotor (Polrad) und Kupplung benötigt, die nur mit 1-Zoll-Antrieb erhältlich sind (erfordert Zwischenstück für die üblichen $^3/_4$-Zoll-Antriebe): **SW36** lang (Generator-Polrad) und **SW46** lang (Kupplungskorb).
Wichtig ist auch ein **TORX-Schraubendrehersatz** (z. B. als Erweiterung zu vorhandenem Rätschenkasten), wie er auch im Bordwerkzeug enthalten ist.
Ganz wichtig sind auch ein oder zwei **Drehmomentschlüssel**, die den Bereich von 20 bis 250 Newtonmeter (Nm) abdecken. Bei der Pleuelmontage legt BMW Wert auf eine elektronische Ausführung, die höhere Genauigkeit gewährleistet.
Bei der Montage von Lagern ist ein **Heißluftfön** nützlich. Die Lager flutschen in angewärmte Lagersitze dann fast von selbst 'rein (Stichwort: Materialschonung).
Zur Ermittlung des Ventilspiels wird ein Satz **Fühlerlehren** benötigt (Abstufung 0,05 mm).
Ein **Messschieber** (Schiebelehre) und **Messschrauben** (Mikrometer, die den Bereich von 25 mm – 125 mm abdecken; Kolbendurchmesser!) werden zur Ermittlung von Motor-Verschleißdaten benötigt.
Um einfache Elektrikprobleme zu lokalisieren, ist ein **Multiprüfgerät** erforderlich.
Die Krümmermuttern der Schalldämpferanlge erfordern eine **Vielzahnnuss** SW 11.
Wenn es Ihr Platz erlaubt, gönnen Sie sich eine **Motorradhebebühne** – eine nicht zu unterschätzende Arbeitserleichterung, die auch einfach improvisiert werden kann (Hauptsache stabil).

Ob sich die hier aufgeführten Werkzeuge – insbesondere die aus der BMW-Abteilung ab Seite 19 – in der Anschaffung lohnen, muss jeder für sich entscheiden. Aber wenn es ans Eingemachte geht, stößt das Improvisieren an seine Grenzen.

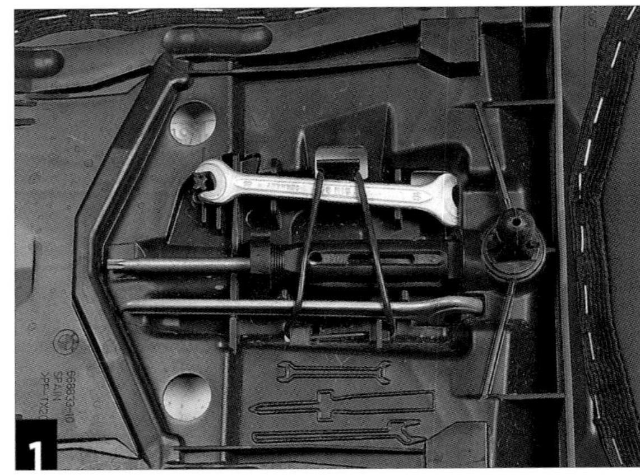

Bordwerkzeug unter Soziussitz

- Zum Aus- und Einbau diverser Verkleidungsteile und des Öleinfüllstopfens.

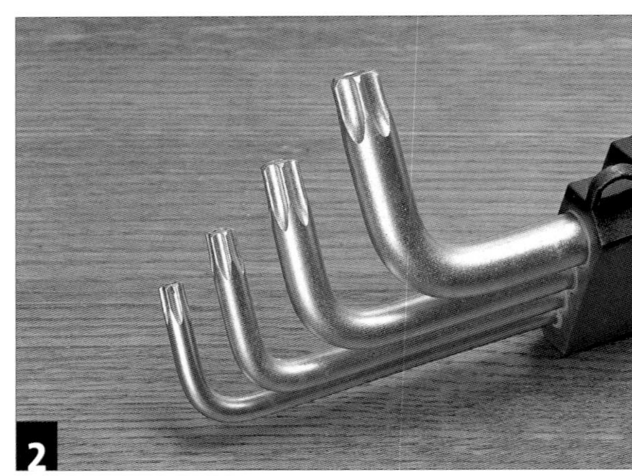

TORX-Schraubendrehersatz

- Der Satz beginnt bei der Größe T15 (im Bordwerkzeug enthalten) und wird bei der Verkleidung verwendet. Die obere Grenze sind Fahrwerksverbindungen mit T45-Schraubenköpfen.

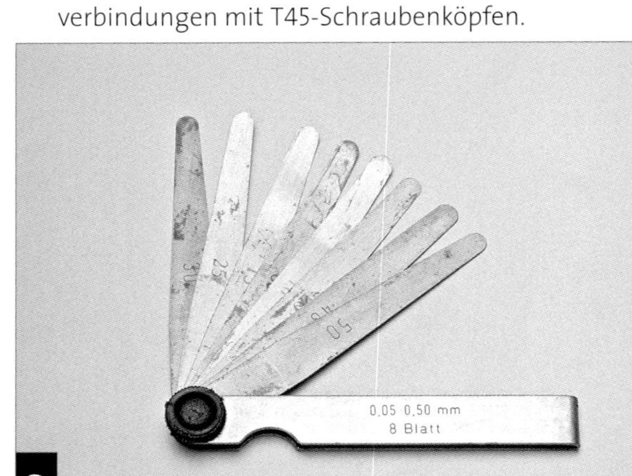

Ventilspiel-Ermittlung: Fühlerlehren von 0,05 – 0,5 mm

- 0,05 mm-Abstufung ist ausreichend.

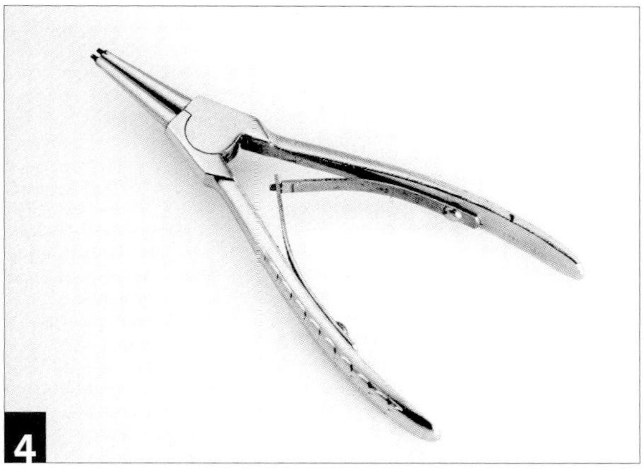
4

Seegerringzange
- Außen-Seegerringzange
  Wird beim Aus- und Einbau des Hauptständers/-Gleitlagerbuchsen verwendet (Seite 81).

5

Flachschaber
- Zum Entfernen von Dichtungsresten und Ölstein (zum Schärfen des Schabers).
- Ölstein immer leicht geölt verwenden!

6

Drehwinkel-Anzeige
- Zum Anziehen von Befestigungen mit Drehwinkel-Angabe (entsprechend BMW Nr. 11 2 501)
- Z. B. zum Anziehen von Pleuel- und Zylinderkopfschrauben und -muttern.

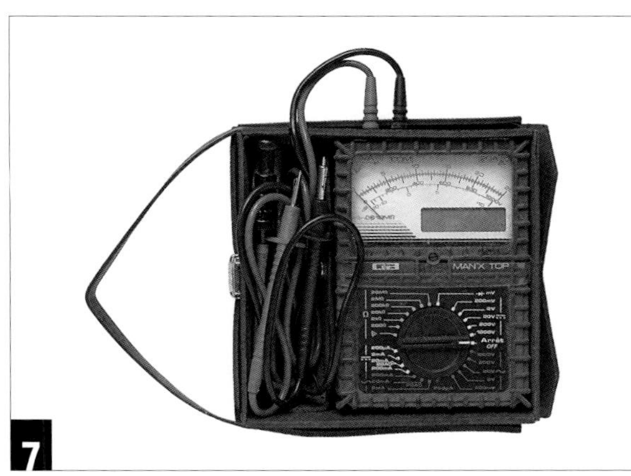
7

Multi-Prüfgerät
- Widerstandsmessung Ω (Ohm)
- Messung der Spannung V (Volt)
- Messung der Stromstärke A (Ampère)

Bild 7:
- Zur Vervollständigung der Prüfgerät-Ausrüstung werden noch kleine feine Messspitzen benötigt.
- Zur Überprüfung der Exaktheit des Widerstandmessbereichs des Messgeräts werden Widerstände (je Messbereich) mit 2 %-iger Toleranz vergleichsgemessen.
- Immerhin kann so noch die Funktion einfacher Schalter (Kupplingshebel, Seitenständer) geprüft werden.

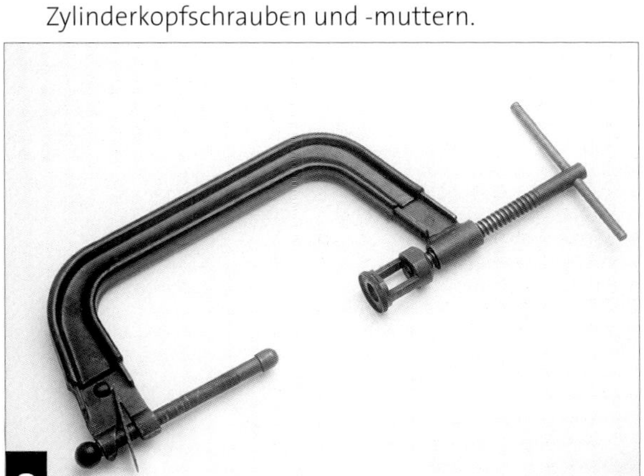
8

Ventilfeder-Spanner
- Lohnt sich nur fallweise: besser ausleihen.
  Zum Aus- und Einbau der Ventile.

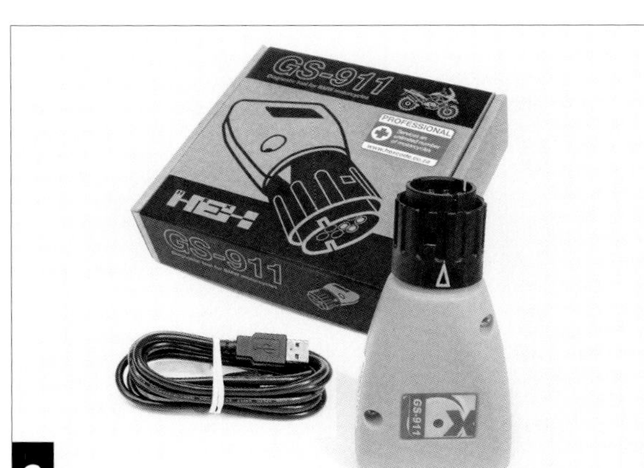

9

GS911: Fehlerspeicher auslesen
- Mit dem Anschluss-Modul lässt sich der Fehlerspeicher per Laptop oder Bluetooth-Handy auslesen. Mehr unter www.gs911.de (Seite 187).

Bild 9:
Die Rundstecker-Ausführung (Bild 9) ist bis Modelljahr 2017 verwendbar. Bei der R 1250 R/RS wird ein ODB II-Adapter verwendet.

→

1.1 Allgemeine Werkzeuge

Fortsetzung

10

Fön

- Zum Erwärmen von Bauteilen (Generator-Rotor) und Gehäuseteilen beim Lagerwechsel. Zur Kontrolle der Temperatur genügt ein einfaches Infrarot-Messgerät (ca. 25 Euro im Fachhandel).

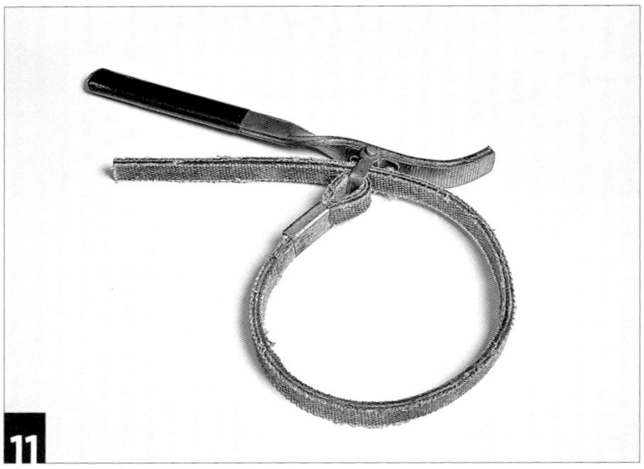

11

Ölfilterschlüssel

- Einfacher Bandschlüssel mit zuverlässiger Wirkung genügt zum Wechsel der Ölfilterpatrone. Siehe Seiten 48 und 49.

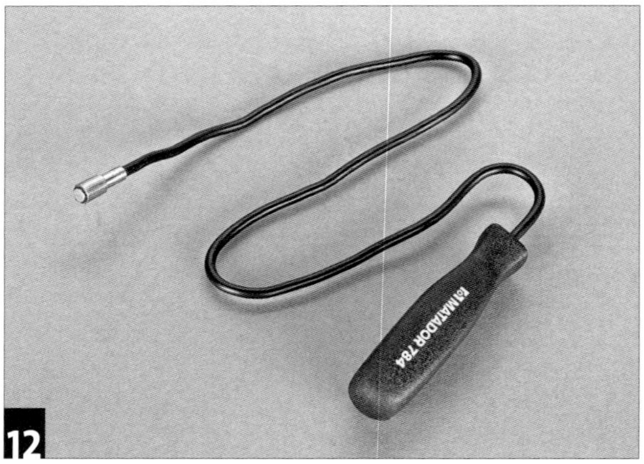

12

Magnetheber

- Zum Entnehmen der Ventilspiel-Einstellplättchen, und ist nützlich bei verlorenen Schräubchen, die sich in unzugängliche Ecken verabschieden.

13

Elektrodenabstand messen

- Besser als die üblicherweise verwendeten Fühlerblatt-Lehren sind spezielle **runde** Messdorne, welche die Oberfläche der Elektroden nicht, oder zumindest weniger, angreifen.

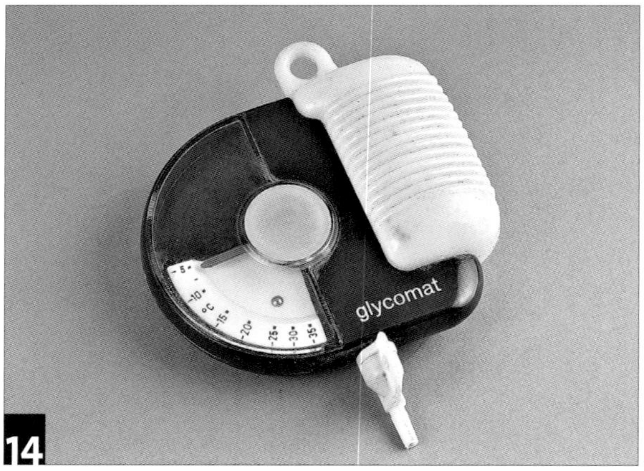

14

Kühlmitteltester

- Zum Bestimmen der Frostbeständigkeit des Kühlmittels (Seite 68 Bild 4).

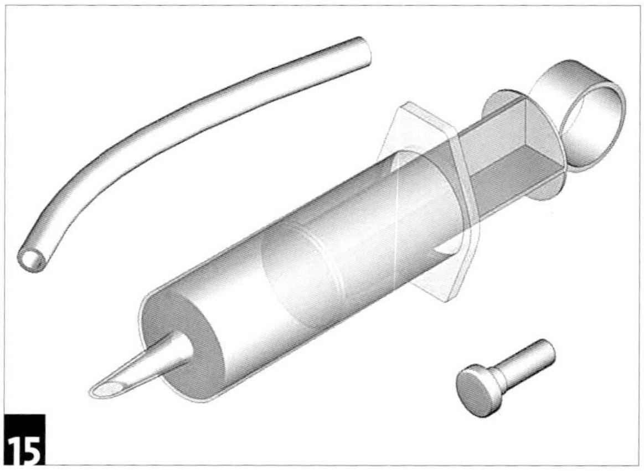

15

Absaugspritze (Einwegspritze aus der Apotheke)

- Zum Absaugen verschiedener Flüssigkeiten spezielle Spritzen verwenden, damit Bremsflüssigkeit z. B. nicht mit Kupplungsflüssigkeit vermengt wird...

1.2
BMW-Spezialwerkzeug

Bestimmte Arbeiten erfordern BMW-Spezialwerkzeug, das teilweise nicht improvisiert werden kann. Diese Werkzeuge sind preiswert beim freundlichen BMW-Motorrad-Partner erhältlich, d.h. sie sind für »Endverbraucher« käuflich zu erwerben! Preiswert heißt in dem Fall nicht, dass sie billig, sondern ihr Geld wert sind. Nicht zu vergleichen z.B. mit italienischen Herstellern, die für ihre Werkzeug-Goodies zum Teil Mondpreise aufrufen.

Auf den folgenden Seiten eine kleine Auswahl von Werkzeugen aus dem reichhaltigen BMW-Fundus, die im weiteren Verlauf eine Rolle spielen.
Die wichtigsten Werkzeuge sind in Bild 1 bis 5 abgebildet. Sie werden zur Einstellung des Ventilspiels benötigt (nicht zu dessen Kontrolle).

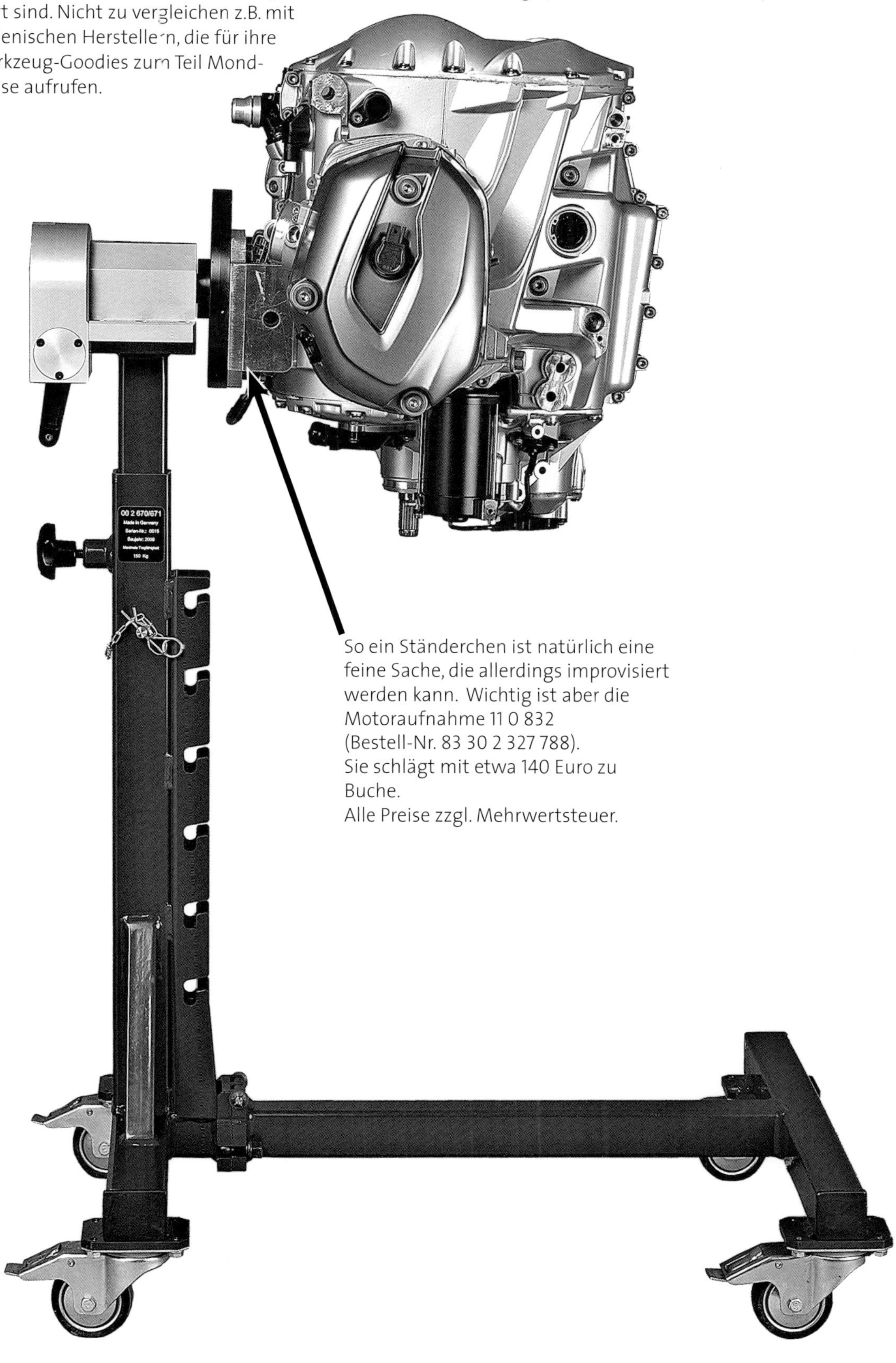

So ein Ständerchen ist natürlich eine feine Sache, die allerdings improvisiert werden kann. Wichtig ist aber die Motoraufnahme 11 0 832 (Bestell-Nr. 83 30 2 327 788).
Sie schlägt mit etwa 140 Euro zu Buche.
Alle Preise zzgl. Mehrwertsteuer.

1 Werkzeug & Materie

1.2 BMW-Spezialwerkzeug

Fortsetzung

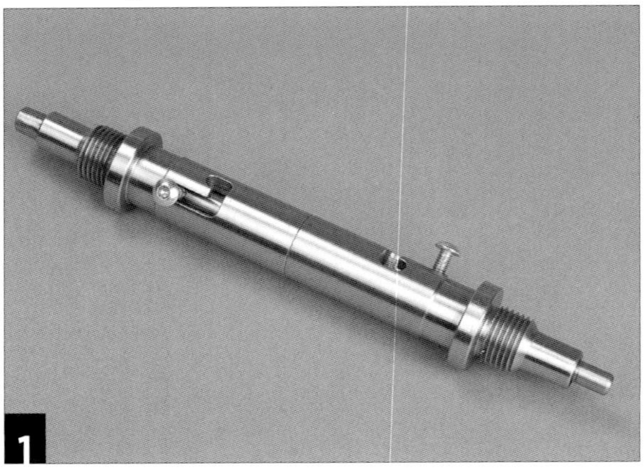

Absteckdorn 11 0 822

- Zum Festlegen der Kurbelwelle im Totpunkt.
  Oberer Totpunkt: ⌀ 8 mm
  Unterer Totpunkt: ⌀ 6 mm
  30,80 Euro

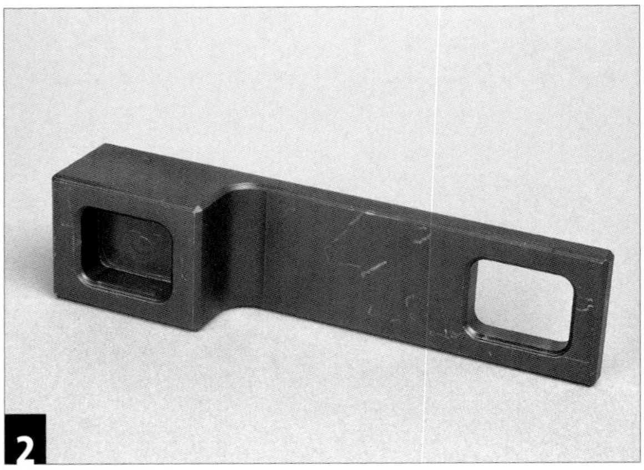

R 1200: Absteckvorrichtung 11 0 827 (die Brille)

- Zum Festlegen der Nockenwellen.
  15,26 Euro

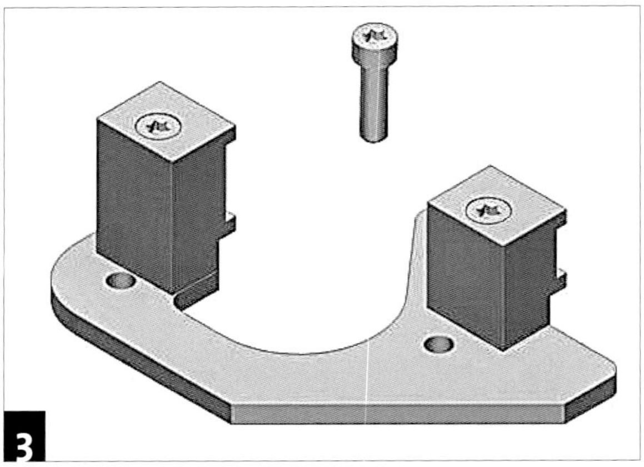

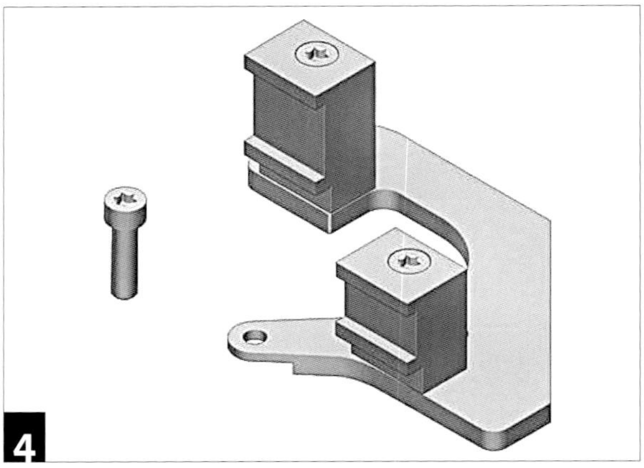

R 1250: Absteckvorrichtung 11 2 511 (linker Zylinder; Bild 3); 11 2 512 (rechter Zylinder; Bild 4)

- Zum Festlegen der Nockenwellen.
  Im Satz 95,82 Euro Inkl. MwSt.
- Bestellnummer 83 30 2 467 268

Steuerkettenspanner 11 1 512 mit Distanzhülse 11 1 515

- Zum Simulieren der Steuerkettenspannung.
  Spanner 65,52 Euro
  Hülse 4,60 Euro

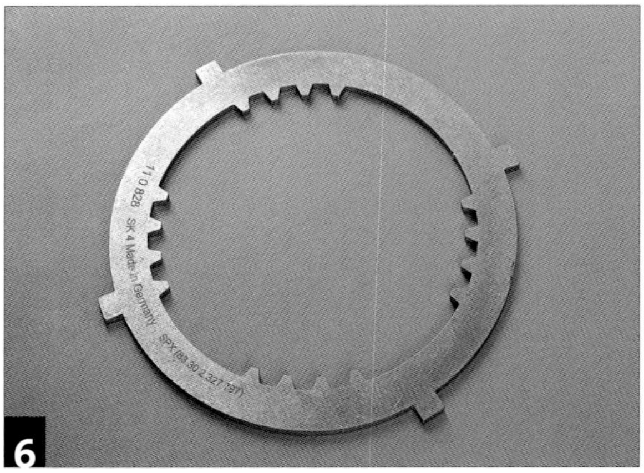

Mitnehmerarretierung 11 0 828

- Zum Aus-und Einbau des Kupplungskorbs (nicht zum Wechsel der Kupplungsscheiben).
  7,65 Euro

7

Polrad-Abzieher 12 0 531
- Ausbau des Generator-Polrads
  29,40 Euro

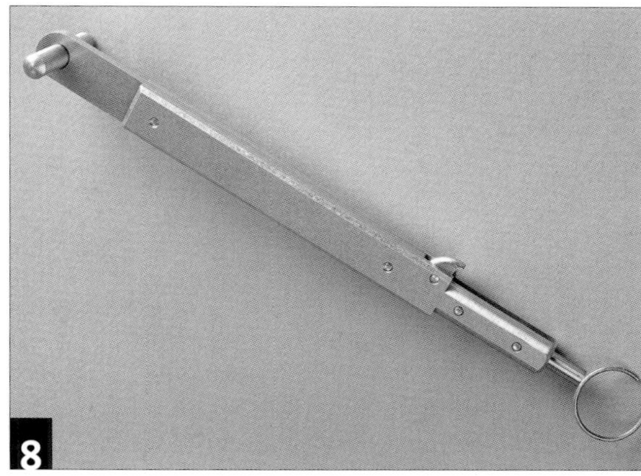

8

Auszieher 11 0 826
- Zum Ausbau Kolbenbolzen-Sicherungsringe.
  52,08 Euro

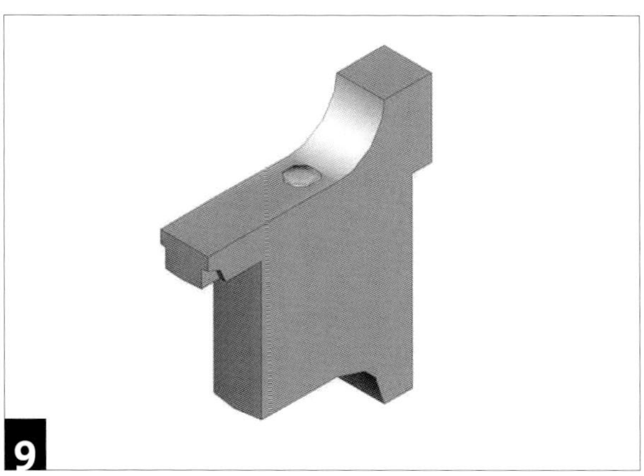

9

Drehhilfe 11 0 843
- Zum Drehen des Kolbenbolzen-Sicherungsrings, falls dieser nicht in der richtigen Stellung ist (ersetzt die Hakennase in Bild 8). 16,20 Euro

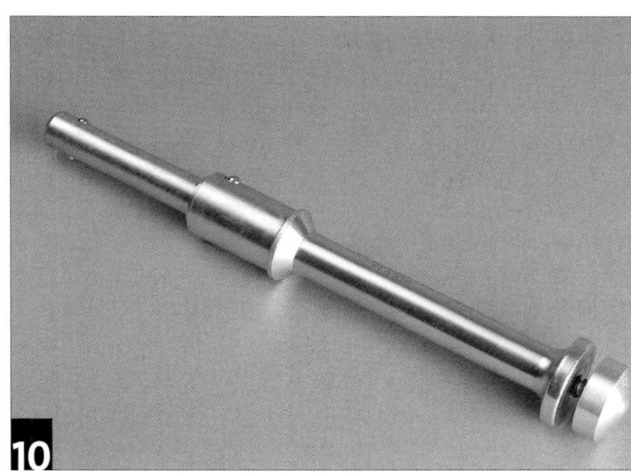

10

Kolbenbolzen-Montagewerkzeug 11 0 829
- Zum Aus- und Einbau des Kolbenbolzens.
  53,20 Euro

11

Hülse zur Montage des Kolbenbolzen-Sicherungsrings
- Ist Bestandteil von Kolbenbolzen-Montagewerkzeug 11 0 829 (Bild 10).

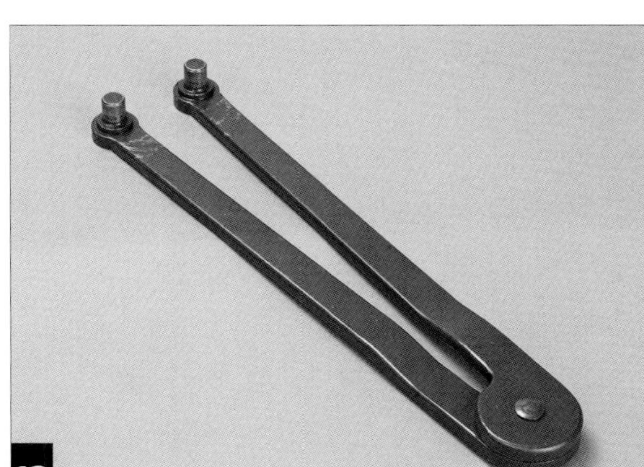

12

Drehvorrichtung 11 0 821
- Zum Drehen des Steuerkettenrads bei Ventilspiel-Einstellung und/oder ausgebautem Motor.
  16,24 Euro
  (Stirnlochschlüssel; Zapfendurchmesser 10 mm)

→

1.2
BMW-Spezialwerkzeug
Fortsetzung

13

Abzieher 11 0 833
- Ausbauhilfe für Motorgehäusedeckel vorn und Getriebegehäusedeckel.
  5,55 Euro

14

Kerzenschachtzündspule-Auszieher 12 3 561
- Zum Abziehen der Kerzenschachtzündspulen.
  27,73 Euro (Restbestände)

15

Kerzenschachtzündspule-Auszieher 12 3 621
- Neue Ausführung von Bild 14.
  35,29 Euro

16

Zündkerzennuss 12 1 220
- Für 14-mm-Zündkerze. Außendurchmesser 18 mm.
  20,27 Euro

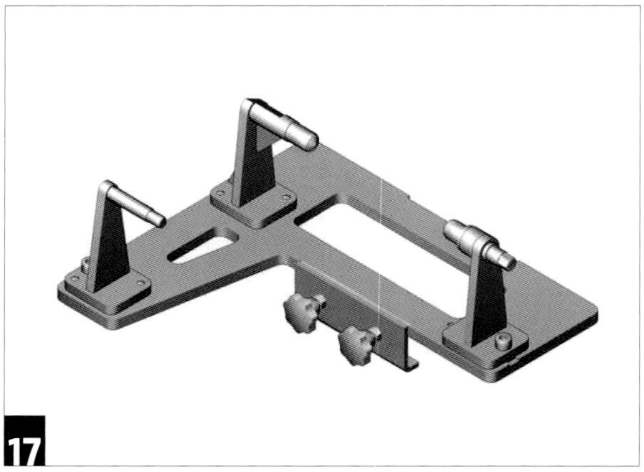

17

Motoraufnahme 00 1 585
- Zur Aufnahme des Motors beim Motorausbau in Verbindung mit Scherenheber Bild 18.
  145,60 Euro

18

Scherenheber 00 1 571
- Zum Motorausbau. Siehe Bild 17.
  267,02 Euro

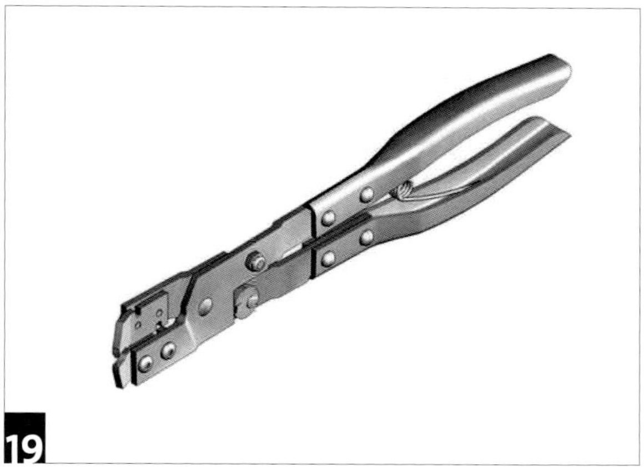

19

20

Schlauchschellen-Zange 13 1 512
- Zum Trennen und Schließen der Schlauchschellen. 91,93 Euro
- Siehe Bild 20.

Schlauchschellen-Zange 13 1 512
- Kann leicht mit Wasserpumpenzange, deren Enden wie gezeigt zugeschliffen sind, improvisiert werden.
- Siehe auch Luftfiltergehäuse-Kapitel 5.3 Seite 96 Bild 4, wo es benützt wird.

21

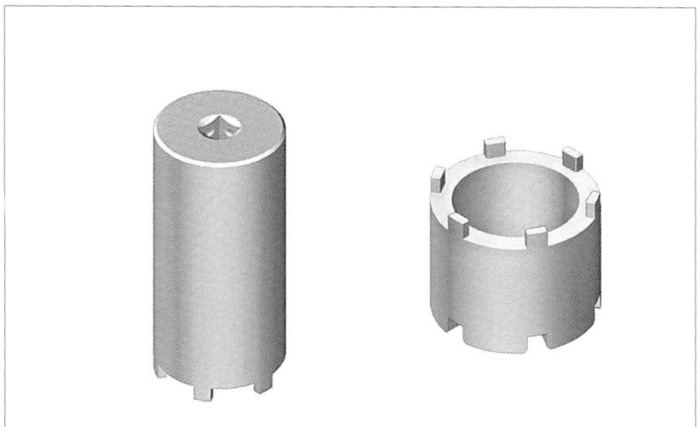

22

Kolbenring-Spannband 57 - 125 mm 11 5 731
- Zum Einbau der Kolben.
  27,22 Euro

Zapfenschlüssel mit Adapter
- Zum Einstellen des Lenkkopflagers.
  Adapter 31 3 721
  Zapfenschlüssel 31 3 723

1 Werkzeug & Materie

1.3 Radial-Wellendichtringe und O-Ringe

Radial-Wellendichtring ist die fachlich korrekte Bezeichnung für die allseits bekannten »Simmerringe«. Für sie gibt es zwei Grundregeln: Immer erneuern und richtig montieren. Immer erneuern, sofern es sich um Dichtringe am Motor handelt und sich die Gelegenheit zum Wechsel bietet (Motordemontage). Dichtringe am Radlager oder Kettenblattträger müssen natürlich nicht bei jeder Gelegenheit – sprich Radausbau – erneuert werden. Hier genügt die strenge Sichtprüfung auf Unversehrtheit der Dichtlippe.

- Eventuelle Grate und Aufwerfungen an der Bohrung des Dichtrings vorsichtig mit Dreikantschaber entfernen.
- Bohrung entfetten (Bremsenreiniger/Aceton).
- Verzahnungen, Sicherungsring-Nuten, Absätze und Gewinde am Wellenzapfen mit Klebeband »entschärfen«.
  Die empfindliche und mikroskopisch feine Dichtlippe des Dichtrings darf keinesfalls beschädigt werden!
  Entsprechend auch **Ventilschaftdichtungen** montieren: Ventil in Führung einsetzen, Keilnut »entschärfen«, Schaftdichtung aufsetzen und Keilnut wieder freilegen.
  Hier am Ventil eignet sich besonders ein Schrumpfschlauch zum Entschärfen der Keilnut, bevor Sie die Ventilschaftdichtungen aufschieben.

👁 Die Lauffläche der Dichtlippe auf der Welle muss perfekt glatt sein – darf keine Einlauf-Spuren aufweisen.

! Dichtring trocken (!) mit passender Nuss oder Rundmaterial (möglichst nah am Rand ansetzen) ohne zu Verkanten einschlagen. Dabei kann die Einhaltung einer bestimmten Einbautiefe (z. B. bündig zum Gehäuse) erforderlich sein, oder – eher die Regel – das Einschlagen bis zum Sitzgrund.

👁 Manche Dichtringe sind auf ein bestimmtes Schliffbild des Wellenzapfens angewiesen und müssen entsprechend der angegebenen Drehrichtung der Welle eingebaut werden.

! Vor Einstzen der Welle/Radmontage Dichtlippen der Dichtringe (ob wiederverwendet oder neu) dünn mit MoS_2-Fett balsamieren oder ölen (Motordichtringe).

Einbau

- Dichtringe so einbauen, dass das »abzudichtende Medium« (in der Regel Motoröl) innen liegt – die Beschriftung ist außen lesbar.

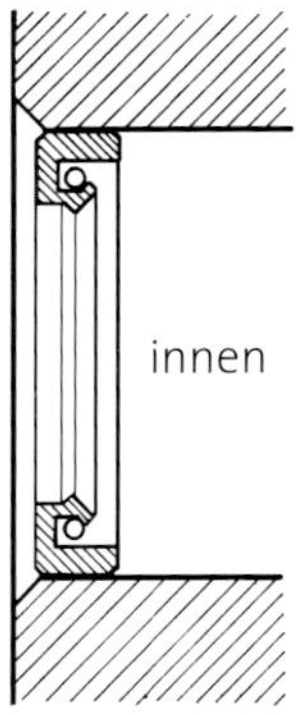

TIPP

Falls Sie jetzt in Gedanken für den Wechsel des sabbernden Dichtrings an der Schalthebelwelle den Motor mehr oder weniger komplett zerlegen, bohren Sie zuerst zwei- oder dreimal den Dichtring in der Mitte mit kleinem Bohrer an (gleichmäßig am Umfang verteilt; der BMW Motorradpartner arbeitet mit Vorstecher **1** Bild 3), um dort passende Blechschrauben einzudrehen (oder Zugstange **2**).
Mit Zange oder Hebel Dichtring an den Blechschrauben mit herausziehen (oder mit Schlaggewicht **3** arbeiten).

Ausbau

- Dichtring mit entsprechend abgestütztem Widerlager aushebeln.
- Am offenen Motorgehäuse mit Nuss herausschlagen.

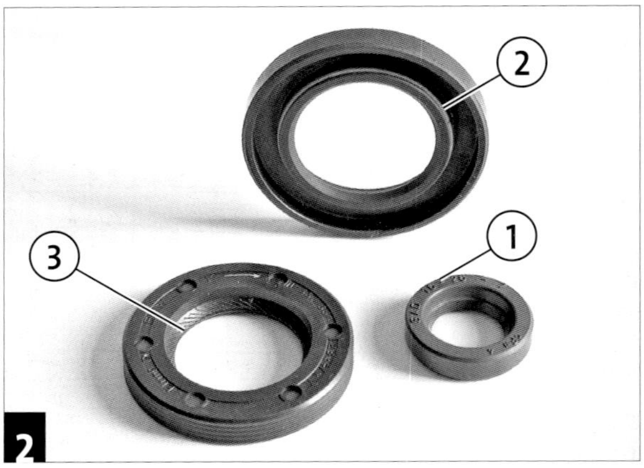

Radial-Wellendichtringe

1 Größenkennzeichnung
2 Feder
3 Dichtlippe

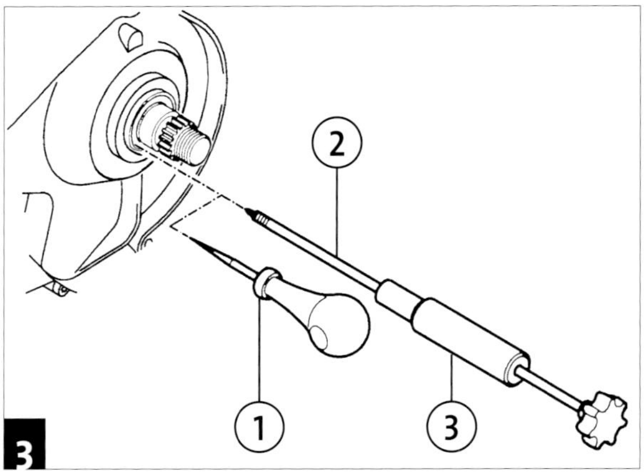

Wellendichtring-Ausbau

1 Vorstecher BMW-Nr. 00 8 583
2 Zugstange BMW-Nr. 00 8 581
3 Schlaggewicht BMW-Nr. 00 8 582

1.4 Ersatzteile

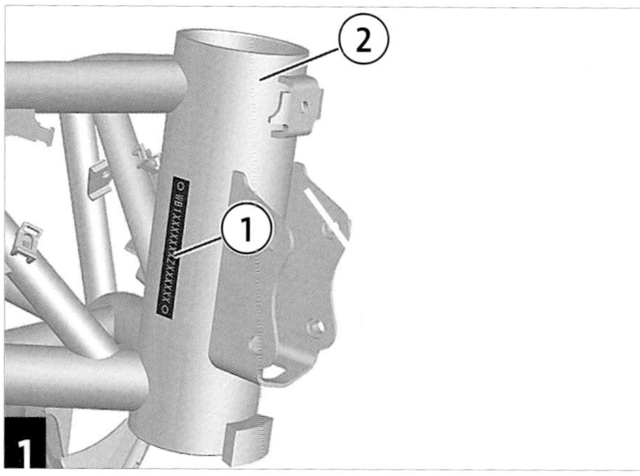

Fahrzeug Ident Nummer (FIN) am Lenkkopf
- FIN **1** (früher Fahrgestellnummer) ist am Lenkkopf **2** eingelasert.

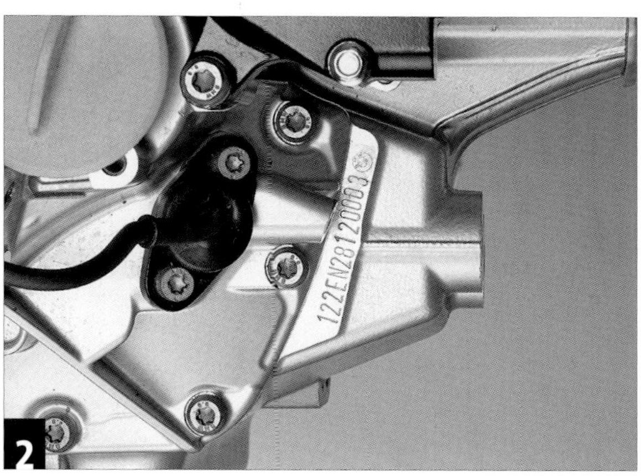

Motornummer
- Die Motornummer befindet sich hinter dem rechten Zylinder (daneben der Geber der Ölstandanzeige).

Die heimische Werkzeugbox sollte auch noch bestimmte Verbrauchsstoffe enthalten, als da wären:
- Mehrzweck-Sprayöl (WD-40 z.B.)
- Teflon-Spray
- Bremsenreiniger oder Aceton zum Entfetten von Dichtflächen und Gewinden (und natürlich Bremsscheiben reinigen)
- Batteriepolfett (säurefrei)
- Flüssige Silikon-Motordichtmasse
- Montage- oder Kupferpaste
- Hochtemperatur-Schmierstoff: Optimoly TA (z.B. Auspuff-Montage)
- Silikonfett zum Balsamieren der Verkleidungsaugen und Zapfen.
- Für die Bremsbelagmontage hinten: Never Seeze Compound

Kraftfahrzeuge sind ständiger Modellpflege unterworfen, wobei häufig nur Details geändert werden, die aber von einem zum anderen Baujahr oder ab einer bestimmten Motornummer manchmal nicht mehr kompatibel sind. Und selbst Fachleuten wie dem BMW Partner nicht augenfällig werden, auch wenn sie den unbedingten Vorteil der Werksschulung haben. Deshalb beim Kauf von Ersatzteilen immer Ihren Fahrzeugschein und die Kenndaten bereithalten, damit Ihr Händler die richtigen, für die jeweilige Ausführung korrekten Teile ausfindig machen kann. Das gilt zum Teil auch für den Teilekauf bei den einschlägigen Motorrad-zubehör-Handelsketten.

Mikroverkapselte Schrauben
Diese Schrauben haben eine in zwei Komponenten (Binder und Härter) dünne, mikroverkapselte Schraubensicherung auf dem Gewinde aufgetragen. Beim Anziehen der Schraube bricht die Verkapselung auf, die Komponenten vermischen sich und härten aus. Spart natürlich Zeit, und die ist bei der Erstmontage ein erheblicher Faktor. Die Schrauben verwenden wir – je nach Verwendungszweck – unter Beigabe der entsprechenden Schraubensicherung wieder. Stichwort Verwendungszweck: Davon ausgenommen sind z.B. die Befestigungsschrauben der Bremsscheiben. Da leisten wir uns zu den neuen Bremsscheiben auch neue Befestigungsschrauben!

1.5 Schmieren und Salben

Schraubensicherung
- Loctite 243 (mittelfest) zur Verwendung bei »normalen« Schraubverbindungen.
- Loctite 270/2701 (hochfest) zur Verwendung bei hoch beanspruchten Schraubverbindungen.
- Gewinde sorgfältig reinigen und entfetten (Aceton/Bremsenreiniger) und Schraubensicherung tropfenweise rundum auf Gewinde auftragen.
- Siehe auch oben **Mikroverkapselte Schrauben**.

2 Verkleidung

2
Verkleidung

Wartungs- und Montagearbeiten, die den Abbau der Verkleidung voraussetzen, verweisen nach hier.

! Richten Sie sich einen sicheren Lagerplatz für die Verkleidungsteile ein, damit die teuren Lackteile oder das Windschild nicht verkratzen.

! Auf sicheren Stand der Maschine achten!

Anzugsmomente

- Falls nicht anders angegeben, alle Schrauben mit 2 Nm anziehen.

! Bei zu starkem Anziehen der Schrauben wird das Material unter dem Schraubenkopf weggedrückt, es fließt quasi weg, und die Schraube lockert sich dann.

- Verkleidungsschrauben haben die SchlüsselweiteT25 (TORX).

2.1
Verkleidungsreparatur

Das beste Mittel gegen Beschädigung der Verkleidungsteile ist der sorgsame Umgang mit den Teilen. Verkleidungsteile mit Zapfen, die in entsprechende Augen eingreifen, nicht seitlich herausziehen, sondern genau in Richtung der Zapfen.

- Kleine Vibrationsrisse am Ende des Risses mit 3- oder 4-mm-Bohrer »abschließen« (der Riss wandert dann nicht weiter).
- Auf der Rückseite des Verkleidungsteils links und rechts der Beschädigung (Risses) etwa 2 Zentimeter breit die Oberfläche mit Schleifpapier aufrauhen.
- 2K-Epoxy-Kleber auftragen und Glasfaservlies auflegen. Weiter Kleber auftragen, bis Vlies komplett getränkt ist. Aushärten lassen.

! **Verkleidungsschrauben** grundsätzlich mit Kunststoff-Unterlagscheibe einbauen.

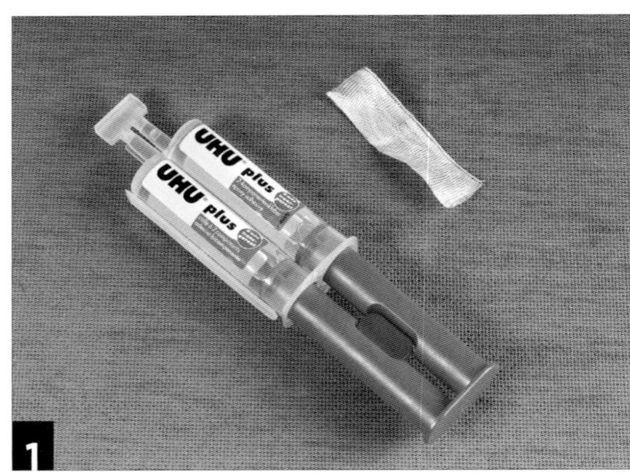

Verkleidungsreparatur

- Die Grund-Ausstattung des Verkleidungsflickens besteht aus Zwei-Komponenten-Kleber (2K-Epoxy-Kleber) und Glasfaservlies zur Verstärkung.

Verkleidungspflege

- Verkleidungsaugen und Zapfen gelegentlich mit Gummipflegemittel oder Silikonfett balsamieren (die Faulen nehmen Silikonspray).

2.2 Fahrer- und Soziussitz

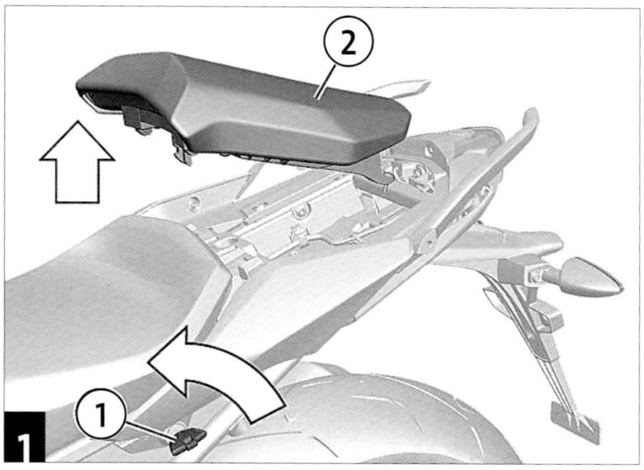

Soziussitz

- Soziussitz **2** mit Zündschlüssel **1 gegen** den Uhrzeigersinn entriegeln und Sitz vorn etwas nach oben ziehen, hinten aushängen und abnehmen

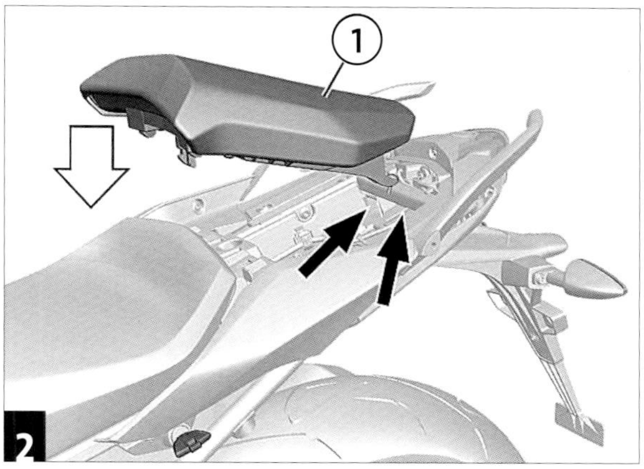

Soziussitz Einbau

- Soziussitz **1** von vorn in Führungen (Pfeile) einsetzen und vorn nach unten drücken bis Sitzbankschloss einrastet.

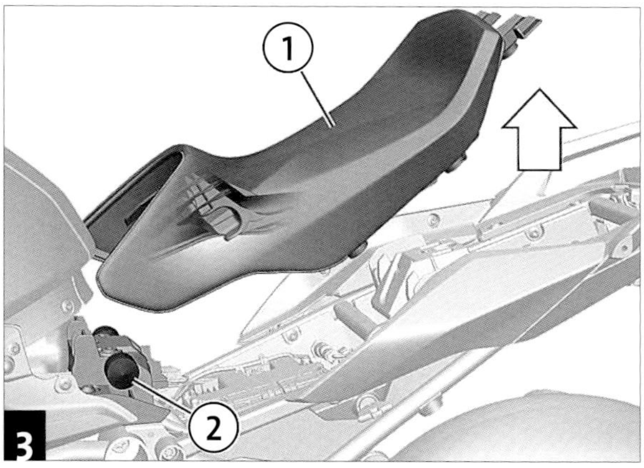

Fahrersitz

- Fahrersitz **1** hinten anheben, von Gummilager **2** abziehen und abnehmen. Umgekehrt montieren.

2 Siehe Bild 2 gegenüberliegende Seite.

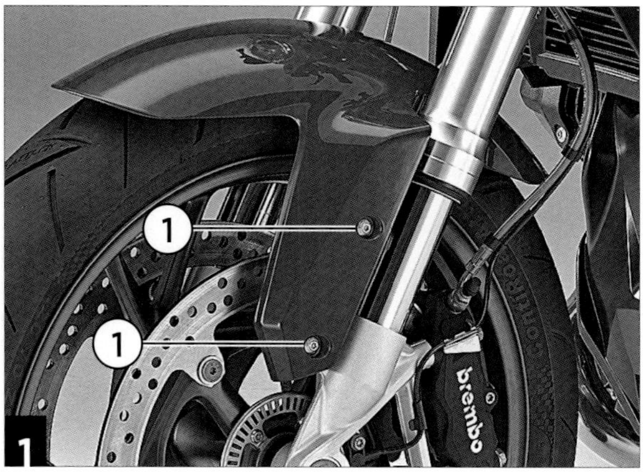

2.3 Vorderrad-Abdeckung

- Zwei Schrauben **1** links und rechts ausdrehen und Vorderrad-Abdeckung nach vorn abnehmen. Umgekehrt montieren.
  Anzugsmomente (neue Schrauben verwenden)
  M5 x 14,5 T25 .... 2 Nm

2 Verkleidung

2.4 Tankverkleidung R 1200/1250 R

- In den Bildern ist jeweils die linke Seite dargestellt. Der Ausbau auf der rechten Seite ist spiegelbildlich.
- Sitze abnehmen (vorherige Seite).

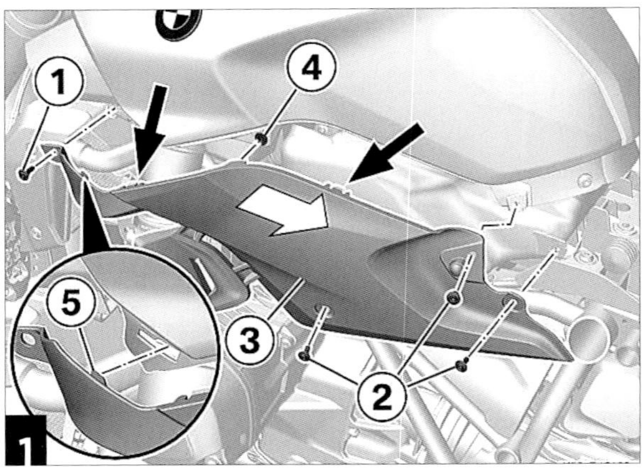

Seitenblende Tank links

- Schrauben **1** (langer Bund) und **2** (ohne Bund) ausdrehen. Seitenblende **3** nach hinten ziehen und dabei aus Spreiztülle **4** und den Befestigungen lösen. Dabei auf Nase **5** achten.

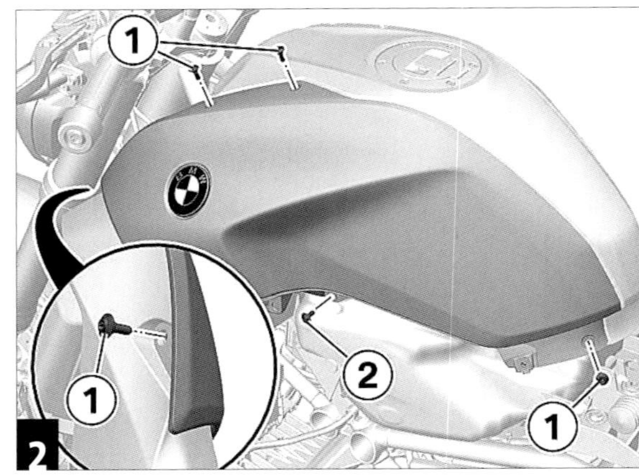

Tankverkleidung links 1

- Schrauben **1** und **2** ausdrehen.

1 kurzer Bund
2 ohne Bund

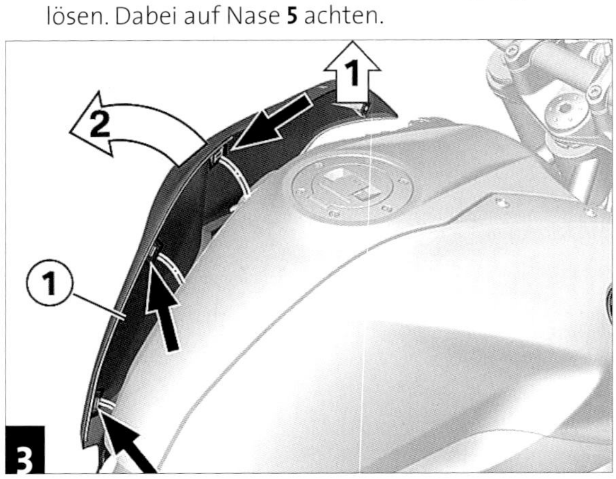

Tankverkleidung links 2

- Tankverkleidung **1** zuerst vorn lösen, dann nach hinten oben an Befestigungen (Pfeile) aushängen und abnehmen.
- Beim Einbau Tankverkleidung **1** zuerst hinten ansetzen.

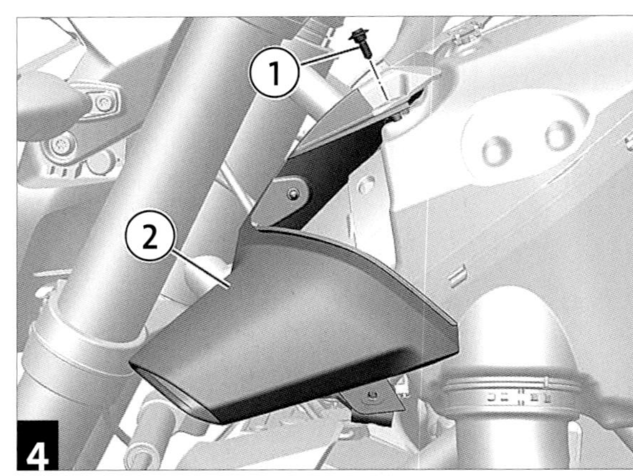

Abdeckung Ansaugschnorchel links

- Schraube **1** (kurzer Bund) ausdrehen und Abdeckung **2** abnehmen.

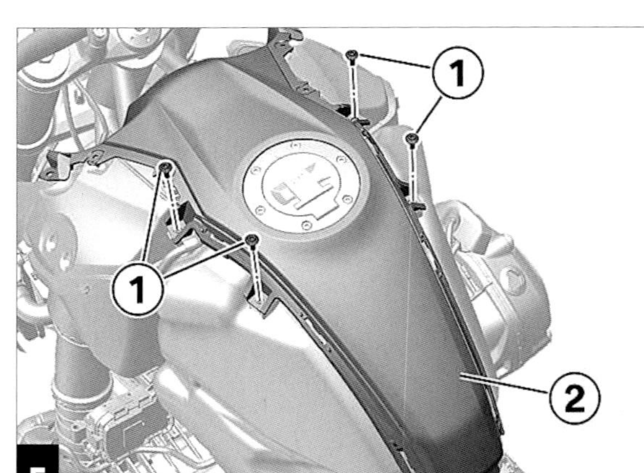

Tankverkleidung Mitte

- Schrauben **1** (mit kurzem Bund) ausdrehen und Mittelteil **2** abnehmen.

2.5 Windschild R 1200/1250 R

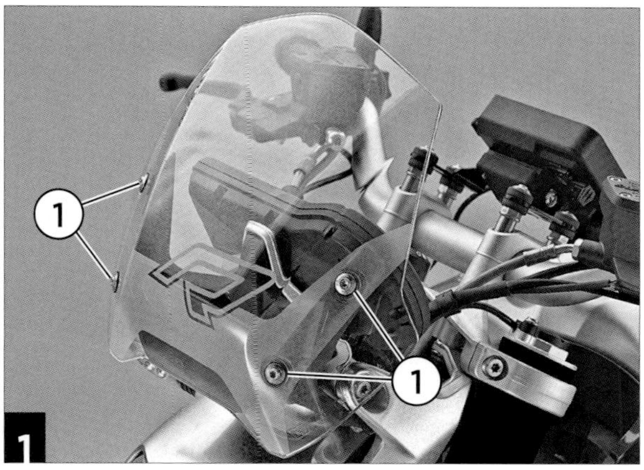

Windschild aus-/einbauen

- Vier Schrauben **1** ausdrehen und Windschild abnehmen.

1 **Anzugsmoment** M5 x 20 .... 4 Nm

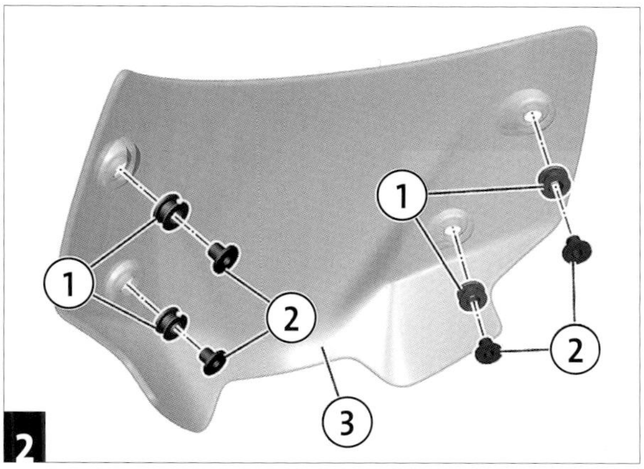

Windschild wechseln

- Gummitüllen **1** und Bundbuchsen **2** **von hinten** an neues Windschild **3** montieren. (Im Bild Sportscheibe.)

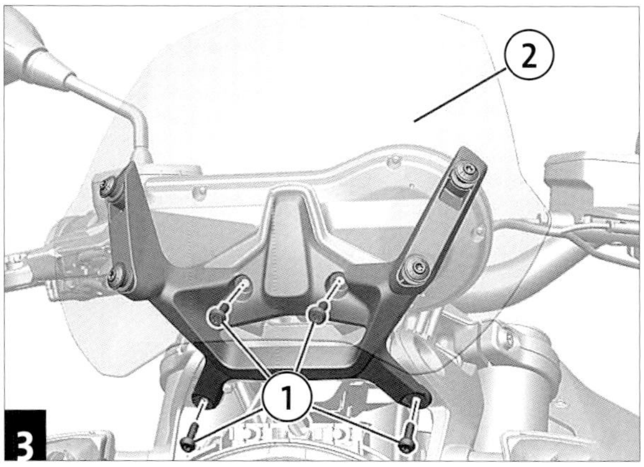

Windschild mit Halter

- Schrauben **1** ausdrehen und mit Windschild **2** abnehmen.

1 **Anzugsmoment** M5 x 16 .... 4 Nm

2.6 Tankverkleidung R 1200/1250 RS

- In den Bildern ist jeweils die linke oder rechte Seite dargestellt. Der Ausbau auf der rechts/links ist spiegelbildlich.
- Sitze abnehmen (einmal zurück blättern).

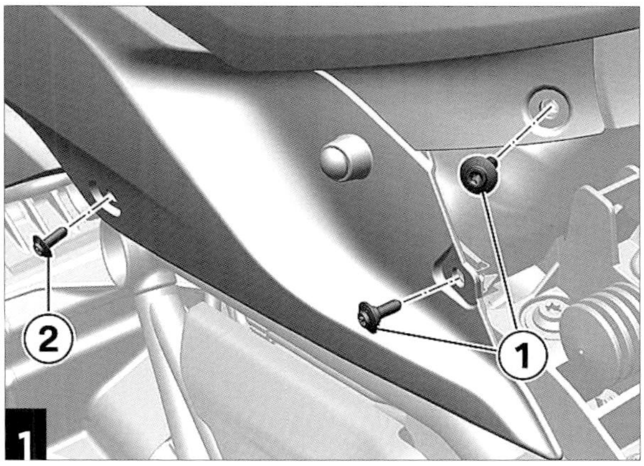

Tankverkleidung links 1

- Schrauben **1** und **2** ausdrehen.

1 kurzer Bund
2 ohne Bund

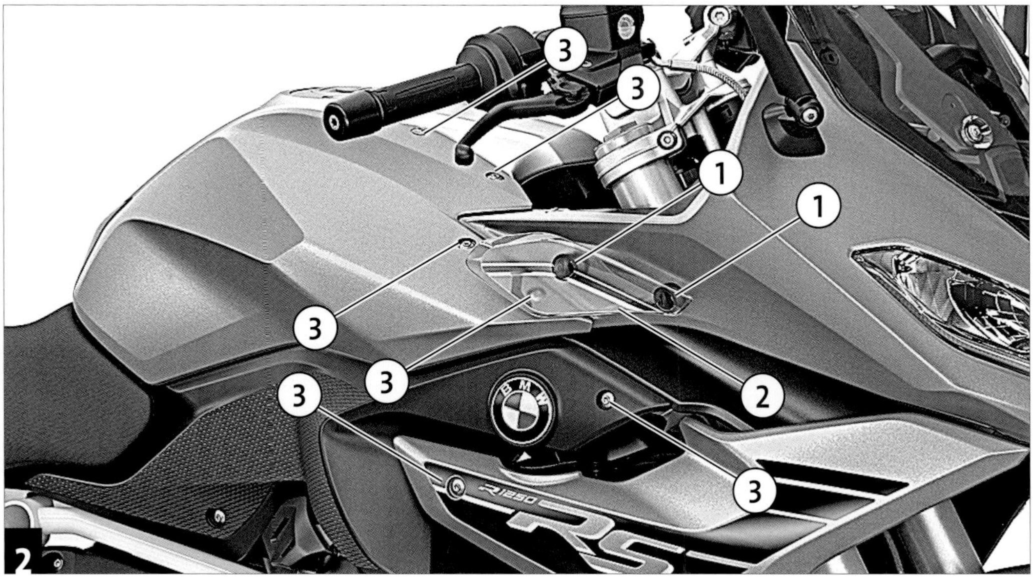

Windleitflügel

- Schrauben **1** (langer Bund) ausdrehen.
- Windleitflügel **2** abnehmen.

Tankverkleidung

- Schrauben **3** (kurzer Bund) ausdrehen.

2 Verkleidung

2.6
Tankverkleidung R 1200/1250 RS
Fortsetzung

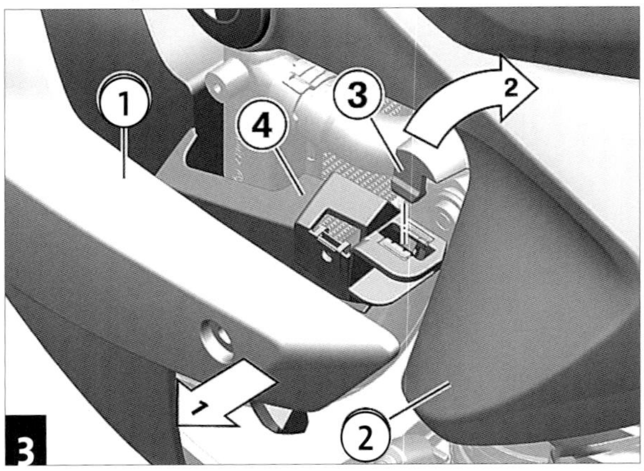

Tankverkleidung links 3
- Seitenteil **1** leicht nach außen ziehen.
- Abdeckung **2** mit Rastnase **3** aus Verkleidungseitenteil innen **4** ziehen.

Tankverkleidung Mitte
- Siehe Bild 5 Seite 28.

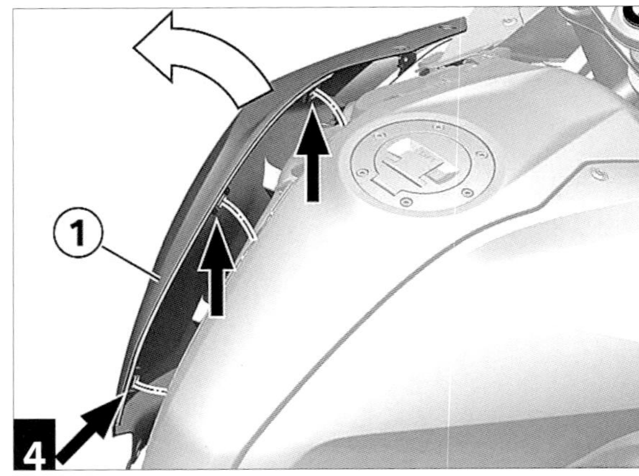

Tankverkleidung links 4
- Abdeckung **1** nach hinten oben an Befestigungen (Pfeile) aushängen und abnehmen.

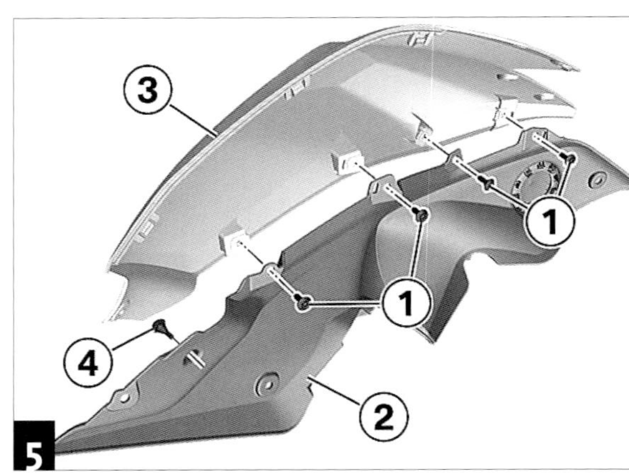

Tankverkleidung ersetzen
- Schrauben **1** ausdrehen.
- Neue Seitenblende **2** mit Schrauben **1** an Abdeckung **3** einbauen.
- Gummipuffer **4** auf neue Seitenblende **2** umbauen.

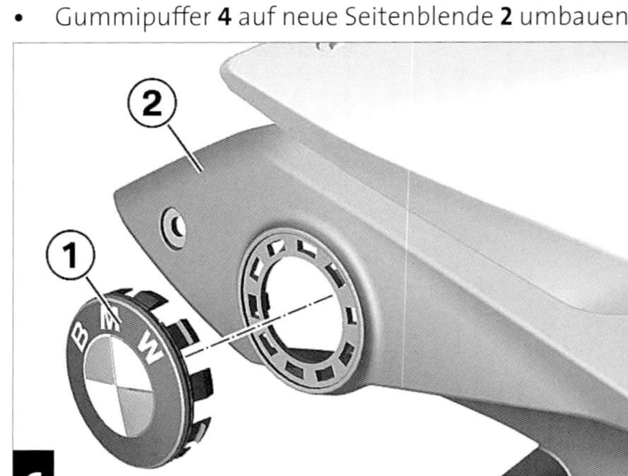

Plakette nicht vergessen!
- Plakette **1** ausrichten und in neue Seitenblende **2** einsetzen.

2.7
Frontverkleidung R 1200/1250 RS

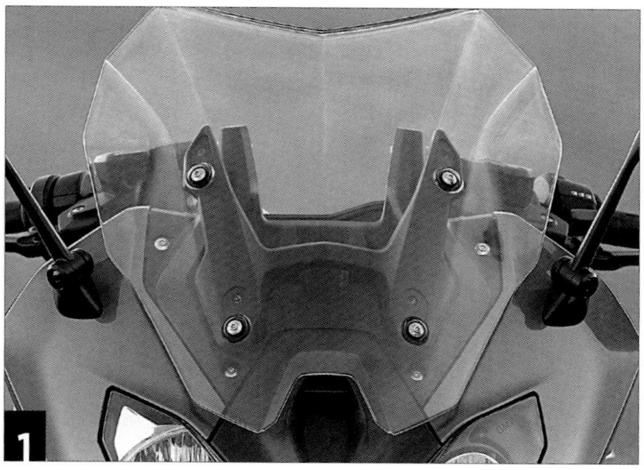

Windschild RS

- Vier Schrauben **1** ausdrehen und Windschild **2** abnehmen. Das Windschild kann in hoher oder niedriger Position eingebaut werden.

1 **Anzugsmoment** M5 x 20. .2,5 Nm

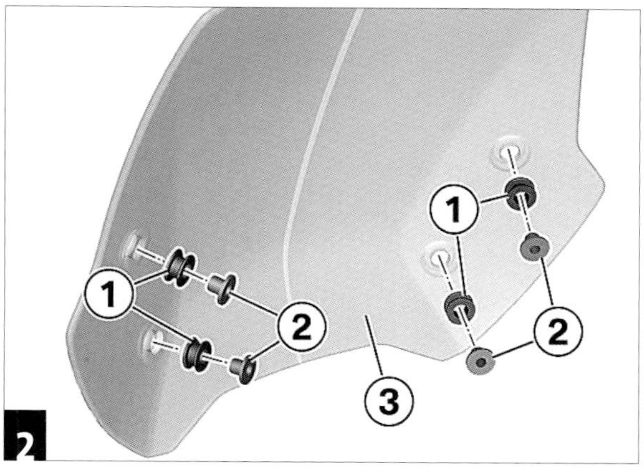

- Beim Einbau darauf achten, dass Gummitüllen **1** und Buchsen **2 von hinten** in Windschild **3** eingebaut sind.

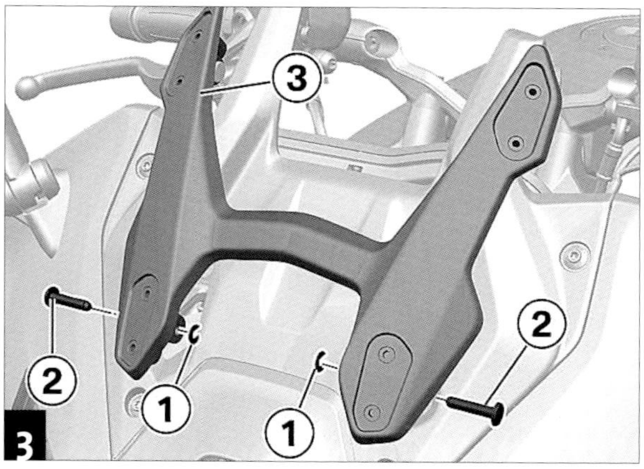

Windschildhalter

- Sicherungsclips **1** ausbauen und Bolzen **2** ausziehen.
- Windschilthalter **3** lösen und nach hinten klappen.

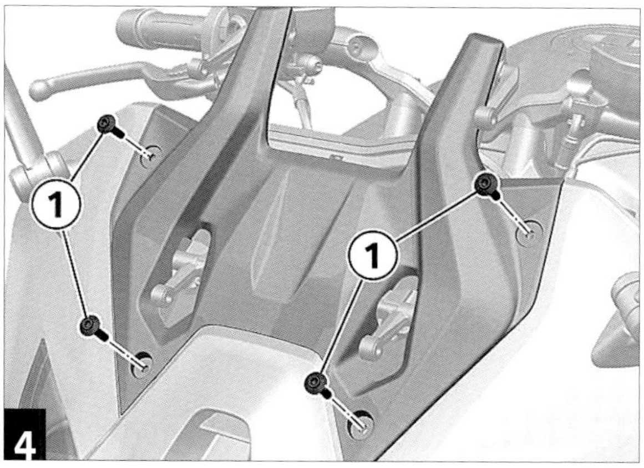

Abdeckung der Windschildverstellung

- Schrauben **1** ausdrehen.

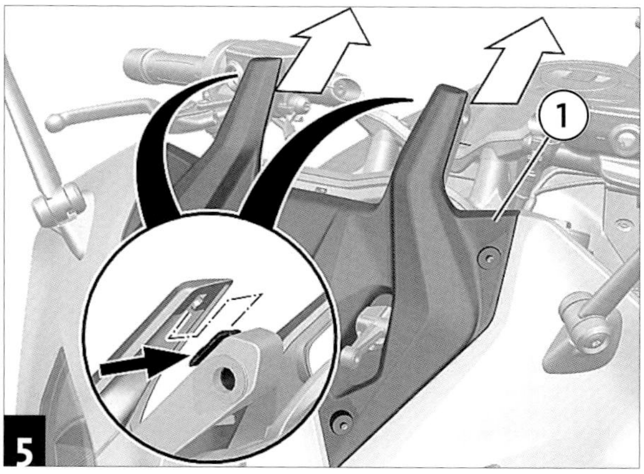

Abdeckung der Windschildverstellung

- Abdeckung **1** nach oben drücken und von Einsteckclip (Pfeil) lösen.

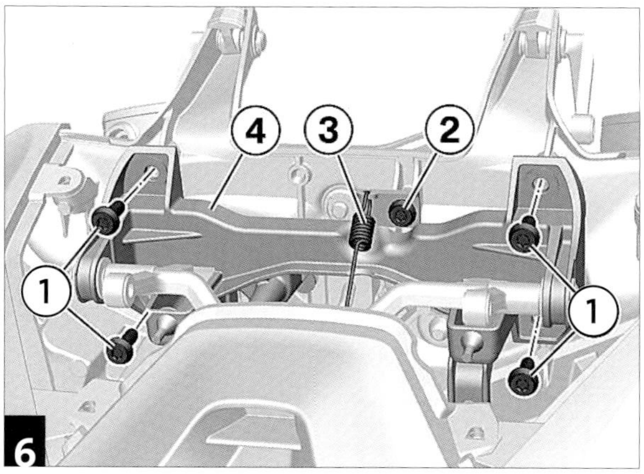

Windschildverstellung 1

- Schrauben **1** ausdrehen, dann Schrauben **2**. Feder **3** aushängen und Windschildverstellung **4** lösen.

→

2 Verkleidung

2.7
Frontverkleidung R 1200/1250 RS
Fortsetzung

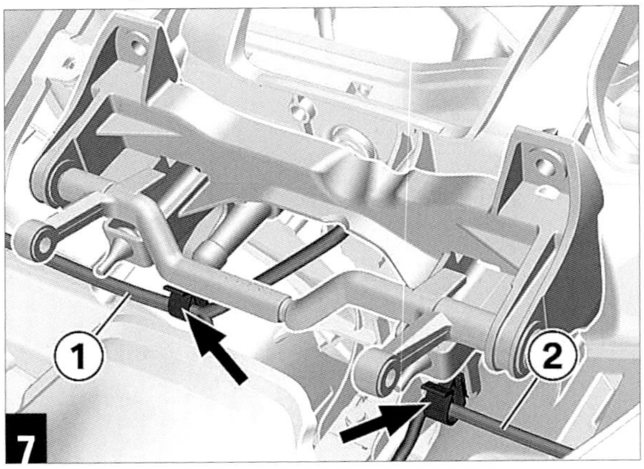

7

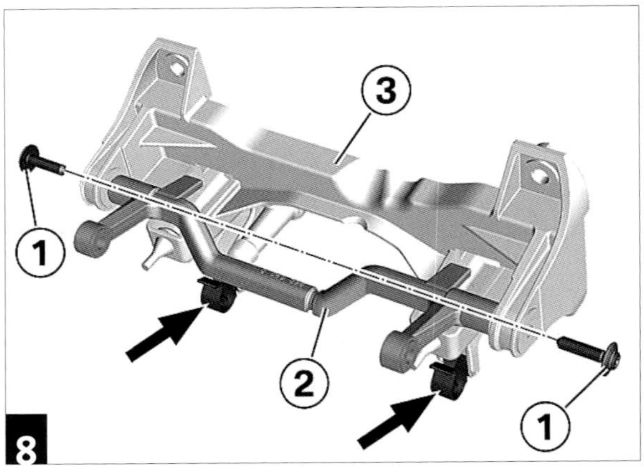

8

Windschildverstellung 2
- Kabelstränge **1** und **2** aus ihren Haltern (Pfeile) lösen.

Windschildverstellung ersetzen
- Schrauben **1** ausdrehen.
- Verstellhebel **2** mit Schrauben **1** an neuer Windschildverstellung **3** einbauen.
- Halter (Pfeile) einbauen.

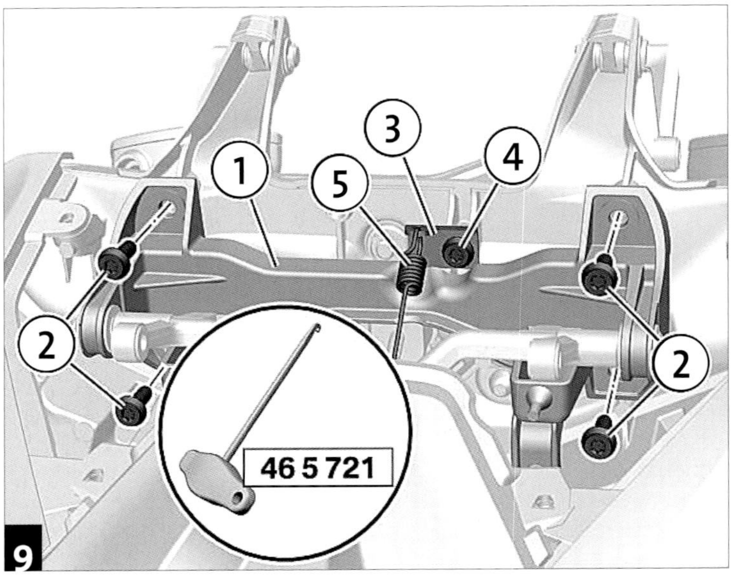

9

Windschildverstellung einbauen
- Kabelstränge Bild 8 in Halter verlegen.
- Windschildverstellung **1** ansetzen.
- Neue Schrauben **2** eindrehen.

2 Anzugsmoment M6 x 16 .... 6 Nm
- Winkel **3** ansetzen und neue Schrauben **4** einige Gewindegänge eindrehen.
- Feder **5** mit handelsüblichem Federhaken (BMW-Nr. im Bild) einsetzen.
- Schrauben **4** festziehen.

4 Anzugsmoment M6 x 16 .... 6 Nm
- Einbau in umgekehrter Ausbau-Reihenfolge vornehmen.

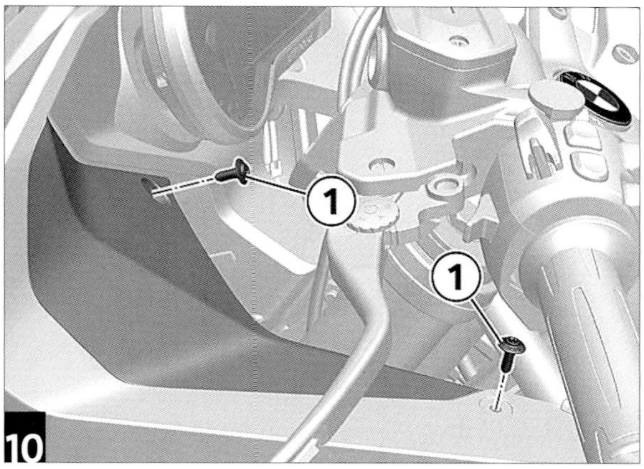

Innenabdeckung 1
- Zwei Schrauben **1** (ohne Bund) ausdrehen.

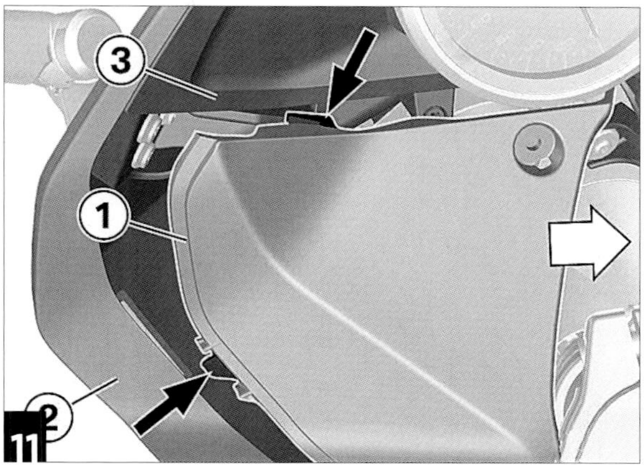

Innenabdeckung 2
- Innenabdeckung **1** nach innen drücken, um die Nasen (Pfeile) aus Verkleidungsoberteil **2** und Frontträger **3** zu lösen. Ungekehrt montieren.

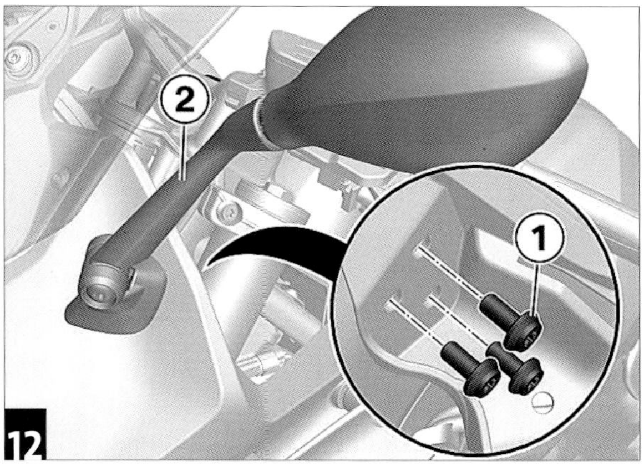

Spiegel
- Schrauben **1** ausbauen und Spiegel **2** abhehmen.

1 **Anzugsmoment** M6 x 12 .... 8 Nm

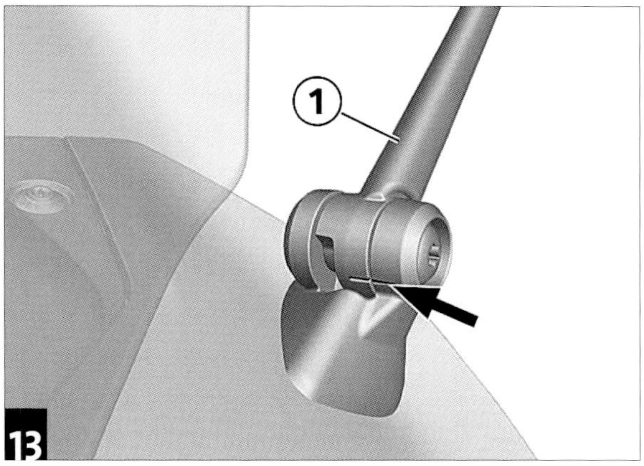

Spiegel Einbau
- Spiegelarm **1** so ausrichten, dass Markierungen (Pfeile) fluchten.

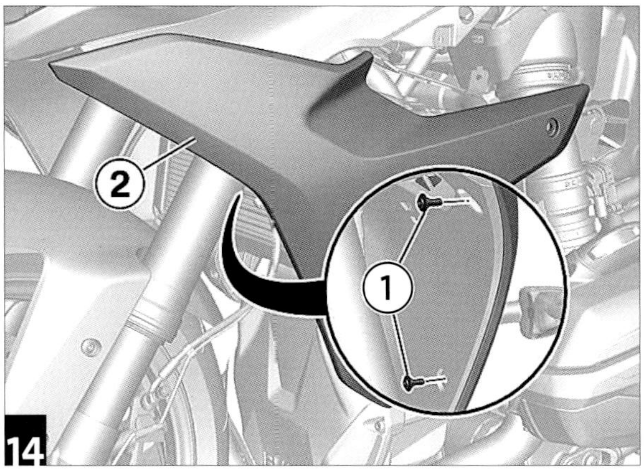

Verkleidungsseitenteil 1
- Schrauben **1** (kurzer Bund) ausdrehen.
- Verkleidungsseitenteil **2** lösen. Siehe auch Bild 16 folgende Seite.

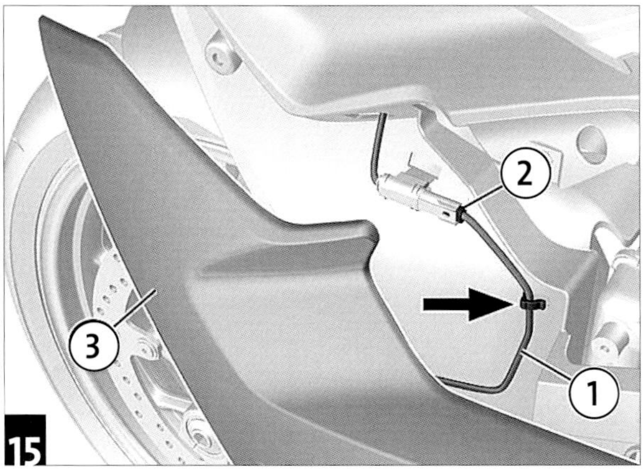

Verkleidungsseitenteil 2
- Kabel **1** aus Halter (Pfeil) lösen.
- Stecker **2** (Blinker) trennen.
- Verkleidungsseitenteil **3** abnehmen.

- Ab hier geht's Richtung Frontträger.
- Dazu die entsprechende Seite der Tankverkleidung ausbauen.
- Windleitflügel ausbauen.

2 Verkleidung

2.7 Frontverkleidung R 1200/1250 RS

Fortsetzung

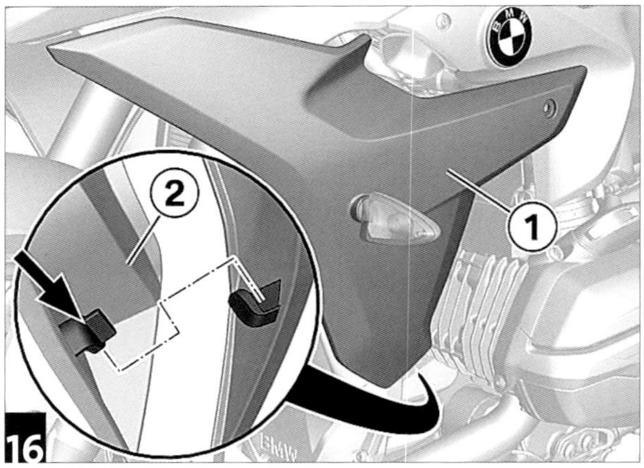

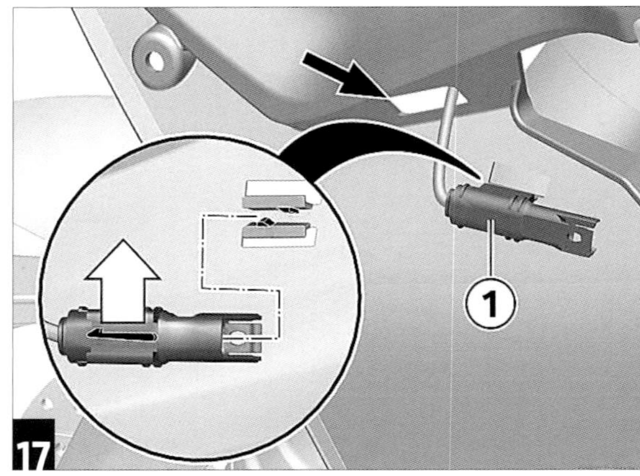

Verkleidungsseitenteil einbauen

- Blinkerstecker verbinden und Kabel verlegen (Bild 15).
- Verkleidungsseitenteil **1** in Aufnahme (Pfeil) von Verkleidungsseitenteil innen **2** ansetzen.
- Seitenteil befestigen siehe Bild 14.

Innenteil des Verkleidungsseitenteils 1

- Blinkerstecker **1** ausclipsen und durch Öffnung (Pfeil) fädeln.

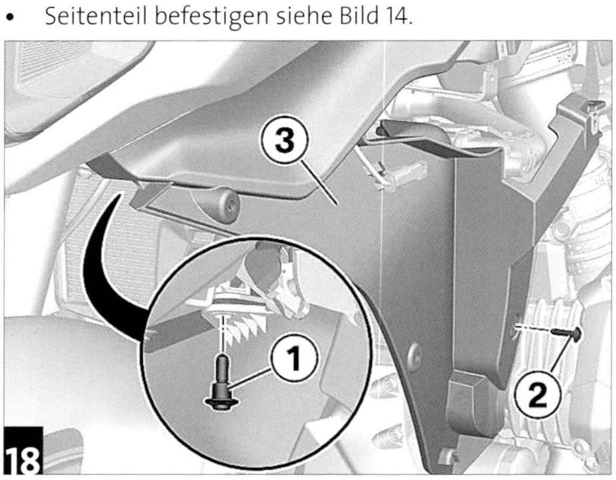

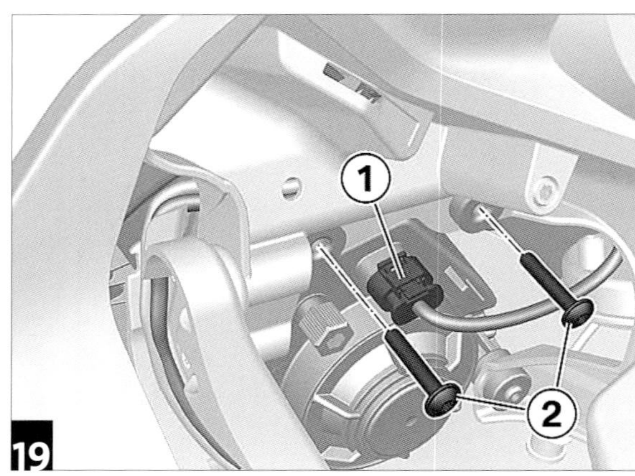

Innenteil des Verkleidungsseitenteils 2

- Schrauben **1** und **2** ausdrehen.
- Innenteil **3** abnehmen.

1 langer Bund
2 lange Schraube

Verkleidungsoberteil/Scheinwerfer

- Stecker **1** (Scheinwerfer) trennen.
- Schrauben **2** ausdrehen.

2 **Anzugsmoment** M5 x 30 .... 2,5 Nm

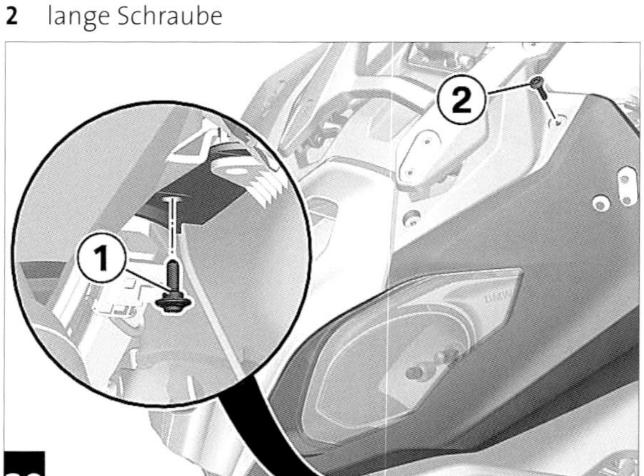

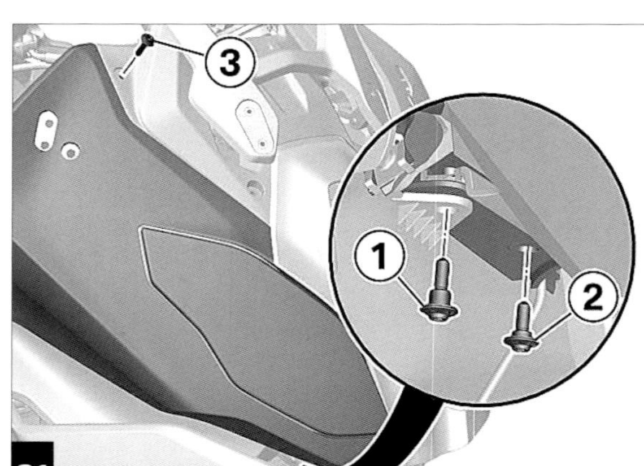

Verkleidungsoberteil links

- Schrauben **1** (mit kurzem Bund) und **2** (lang) ausdrehen.

Verkleidungsoberteil rechts

- Schrauben **1** (langer Bund), **2** (kurzer Bund) und **3** (lang) ausdrehen.

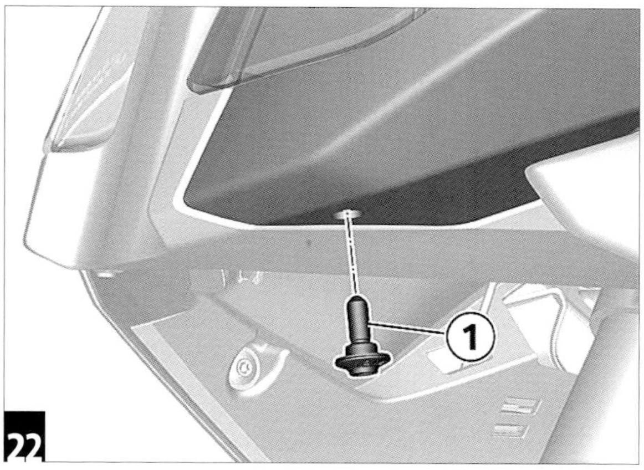

Verkleidungsoberteil unten
- Schraube **1** (mit kurzem Bund) ausdrehen.

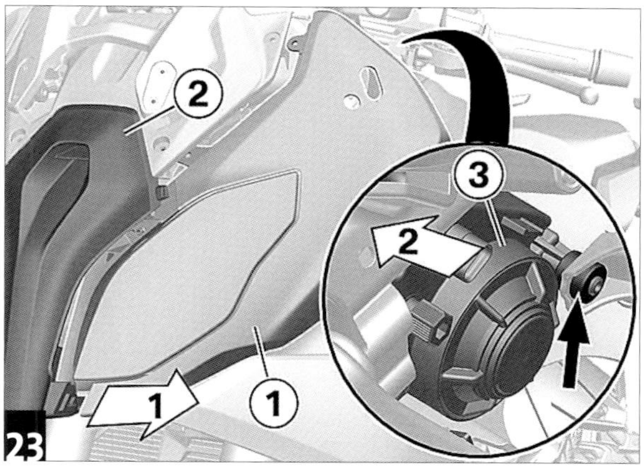

Verkleidungsoberteil abnehmen/montieren
- Verkleidungsoberteil **1** vorn nach außen ziehen und von Verkleidungsmittelteil lösen.
- Scheinwerfer **3** aus Tülle lösen.
- Verkleidungsoberteil **1** nach vorn abnehmen.

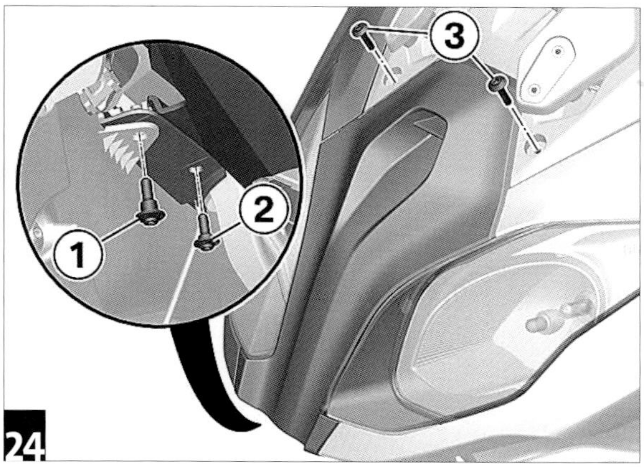

Verkleidungsmittelteil
- Innenabdeckung links (Bilder 10 und 11) und Spiegel links (Bild 12) ausbauen.
- Windleitflügel links ausbauen (Bild 2 Seite 29).
- Tankverkleidungsschrauben (ab Seite 29) ausdrehen.
- Windschild ausbauen (Bild 1).
- Verkleidungsoberteil links ausbauen (ab Bild 19).
- Schrauben rechts **1** (langer Bund) und **2** (kurzer Bund) ausdrehen. Schrauben **3** ausbauen. Verkleidungsmittelteil lösen.

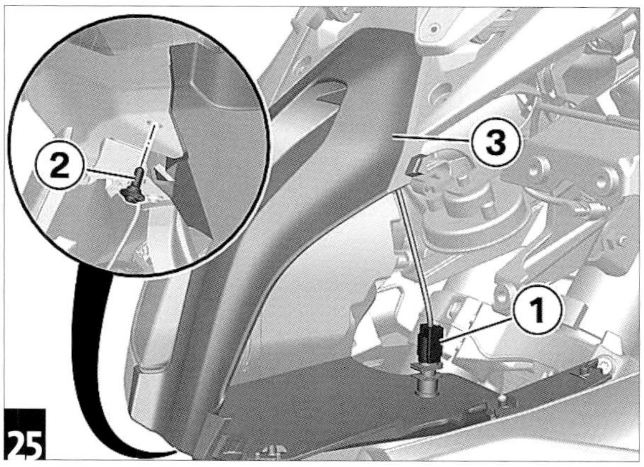

Verkleidungsmittelteil ausbauen
- Stecker **1** (Temoeratursensor) trennen.
- Schraube **2** (kurzer Bund) ausdrehen.
- Verkleidungsmittelteil **3** abnehmen.

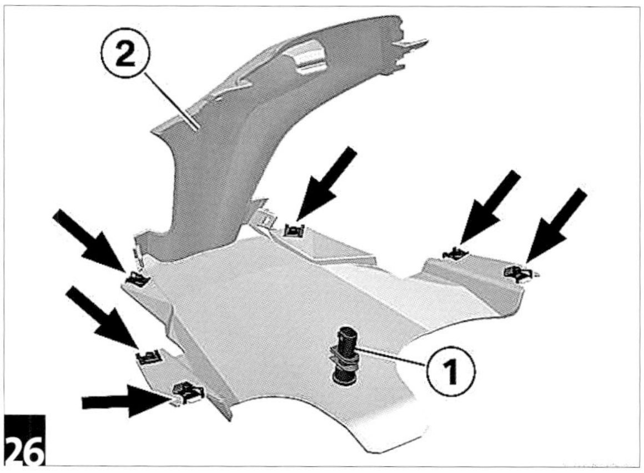

Verkleidungsmittelteil ersetzen
- Temoeratursensor **1** und Steckmuttern (Pfeile) auf neues Mittelteil umbauen.
- In umgekehrter Reihenfolge einbauen.

2 Verkleidung

2.7
Frontverkleidung R 1200/1250 RS

Fortsetzung

Frontträger

Ausbau

(links oder rechts)

- Sitze
- Innenabdeckung
- Spiegel
- Windleitflügel
- Windschild
- Seitliche Tankverkleidung
- Verkleidungsmittelteil
- Verkleidungsoberteil
  Siehe Vorkapitel.

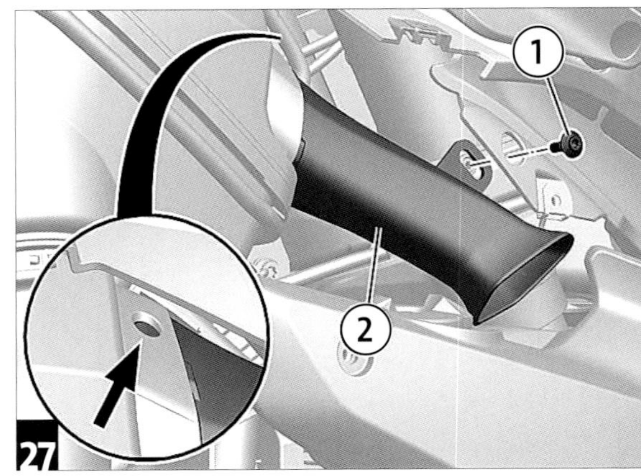

Ansaugschnorchel

- Schraube **1** ausdrehen. Nase (Pfeil) eindrücken uns Ansaugschnorchel **2** nach vorn abnehmen.

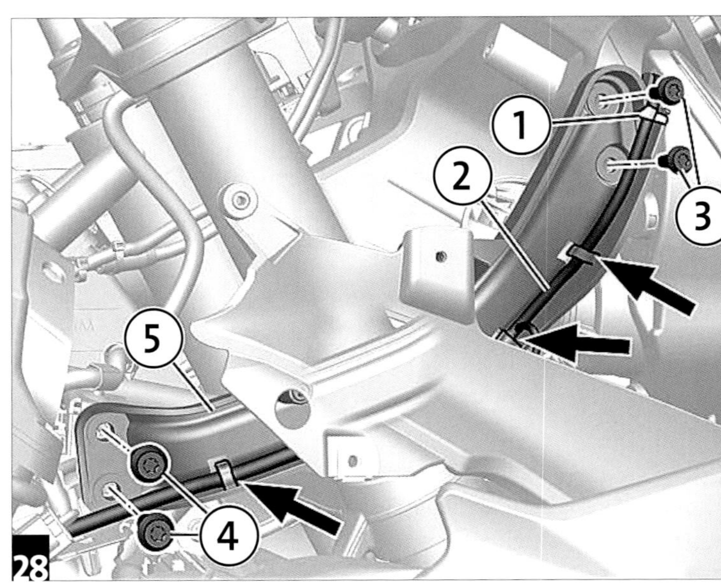

Fronträger ausbauen

- Kabelbinder **1** trennen und Kabelstrang **2** aus Halter (Pfeile) lösen.
- Schrauben **3** und **4** ausdrehen und Frontträger abnehmen.

Fronträger einbauen

- Frontträger **5** ansetzen und Schrauben **4** eindrehen.

4 **Anzugsmoment** M8 x 25 .... 19 Nm

- Neue Schrauben **3** eindrehen.

3 **Anzugsmoment** M6 x 16 .... 8 Nm

- Kabelstrang in Halter (Pfeile) befestigen.
- Kabelbinder **1** einbauen.

2.8 Seitendeckel

Seitendeckel

- **rechts**: Unter dem Deckel befinden sich Batterie und Diagnosestecker (Bild 2).
- **links**: Unter dem Deckel befinden sich Starterrelais und der Stecker des ABS-Sensors hinten (Bild 5).

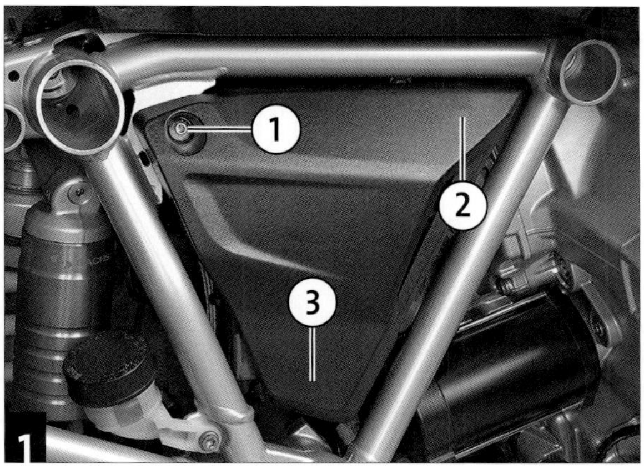

Seitendeckel rechts ausbauen

- Schraube **1** ausdrehen, bei Position **2** nach außen aus Tülle abziehen und bei Position **3** nach oben von Tülle abnehmen.

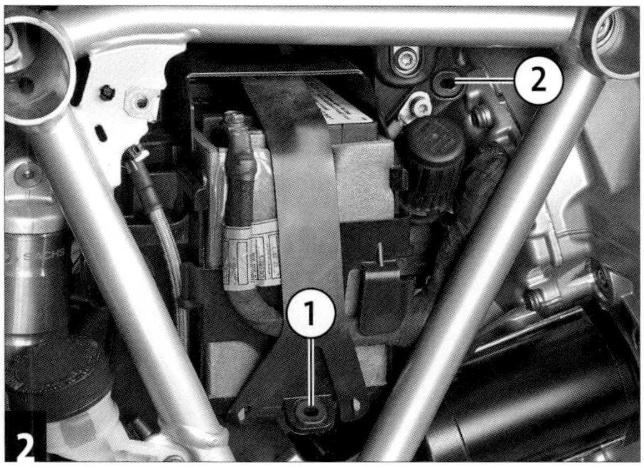

Seitendeckel rechts

- Deckelzapfen in Tülle **1** einsetzen und in Tülle **2** eindrücken. Schraube **1** Bild 1 eindrehen.

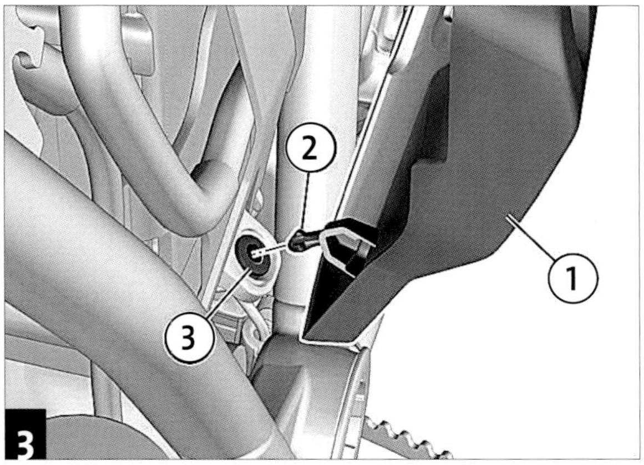

Seitendeckel rechts einbauen

- Seitendeckel **1** mit Zapfen **2** in Tülle **3** (leicht gefettet) einsetzen.
- Schraube **1** Bild 20 eindrehen.

Seitendeckel links ausbauen

- Schraube **1** ausdrehen, bei Position **2** nach außen aus Tülle abziehen und Seitendeckel nach oben abnehmen.

Seitendeckel links

- Unter linkem Seitendeckel befinden sich Starterrelais **1** und ABS-Sensor-Stecker hinten **2**.

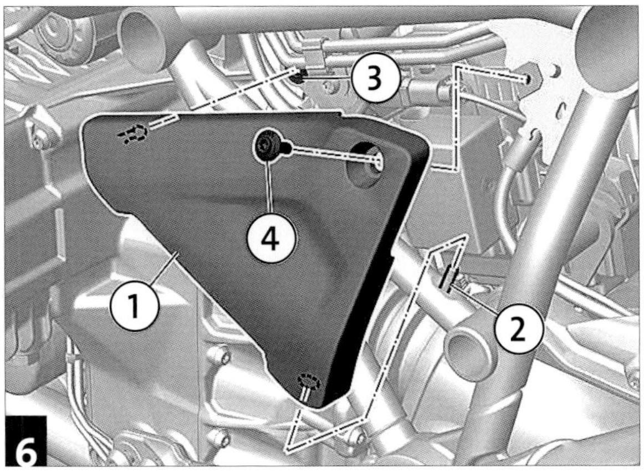

Seitendeckel links einbauen

- Deckel **1** von oben auf Zapfen **2** einsetzen, am hinteren Ende Zapfen in Tülle **3** eindrücken und Schraube **4** eindrehen.

2 Verkleidung

2.9 Heckverkleidung

- Sitze ausbauen (Seite 27).
- Seitenteile hinten rechts wie links ausbauen (spiegelbildlich).

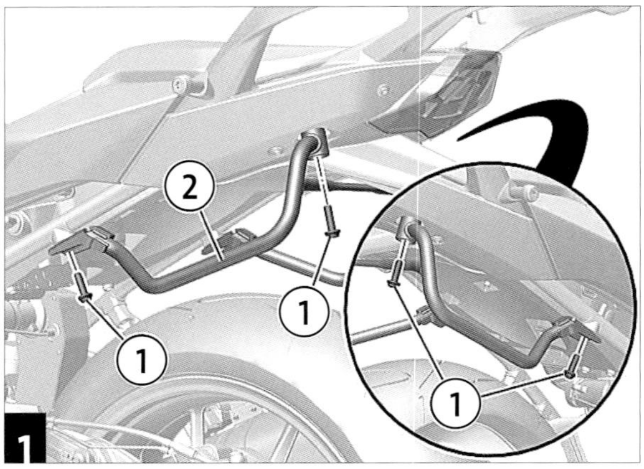

Kofferhalter (Sonderausstattung & Sonderzubehör)
- Schrauben **1** ausdrehen. Kofferhalter **2** abnehmen.

1 **Anzugsmoment** M8 x 25 .... 19 Nm

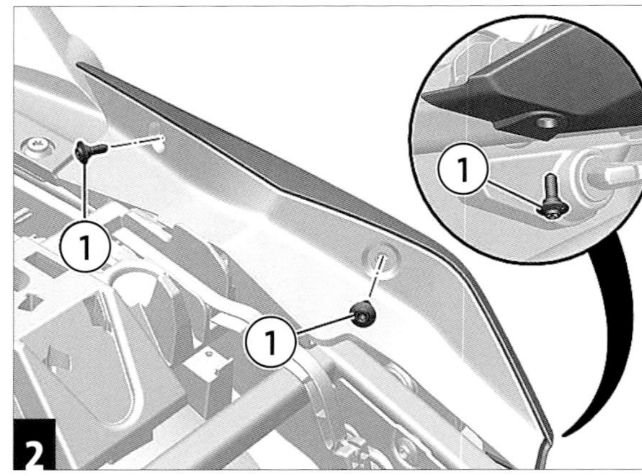

Seitenteil hinten links 1
- Drei Schrauben **1** ausdrehen.

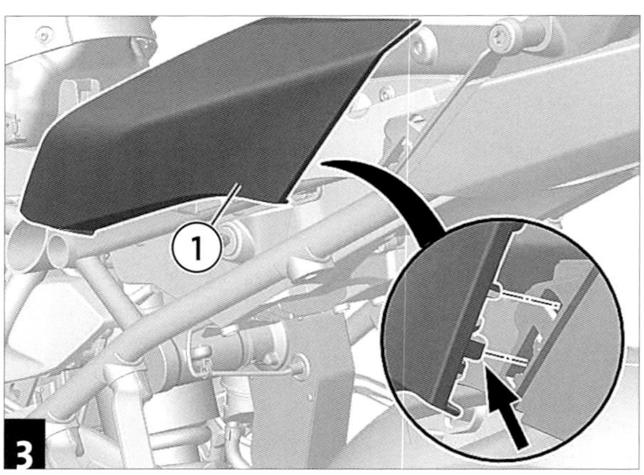

Seitenteil hinten links 2
- Seitenteil **1** abnehmen, dabei auf Nasen (Pfeil) achten.

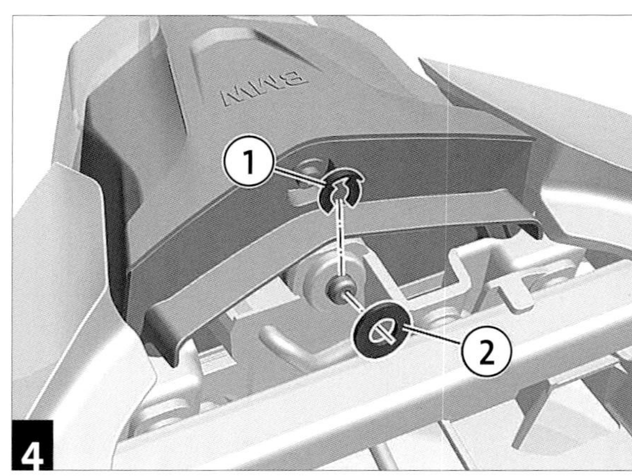

Heckleuchte 1
- Halteclip **1** mit Zängchem abziehen und Scheibe **2** abnehmen.

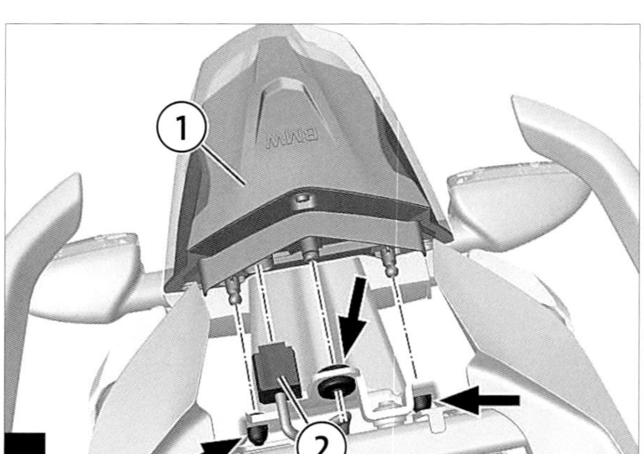

Heckleuchte 2
- Heckleuchte **1** aus Gummitüllen (Pfeile) abziehen.
- Stecker **2** (Heckleuchte) trennen.

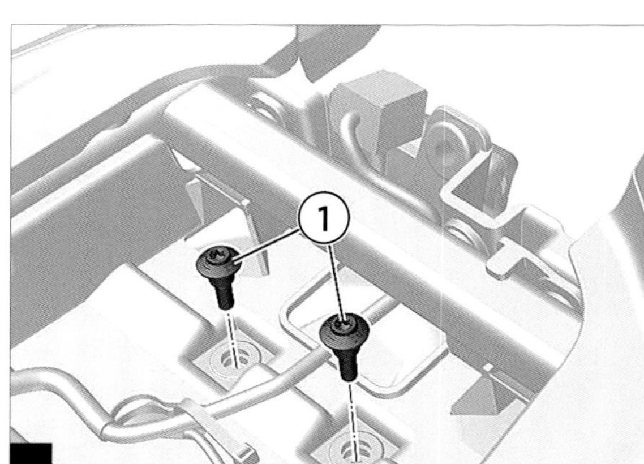

Kennzeichenträger/Deckel ausbauen oben
- Schrauben **1** ausdrehen.

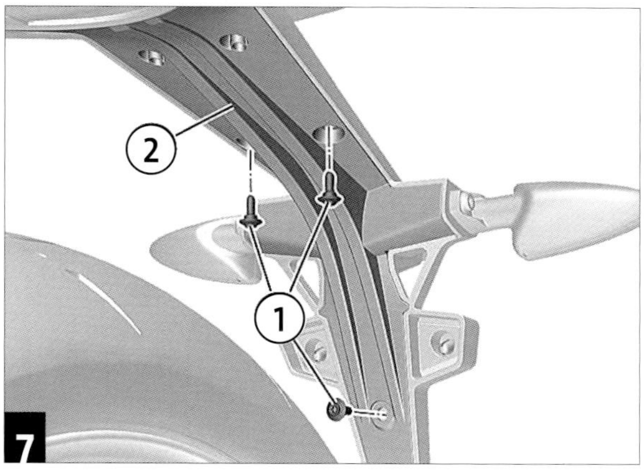

Kennzeichenträger/Deckel ausbauen unten

- Schrauben **1** ausdrehen und Deckel **2** abnehmen.

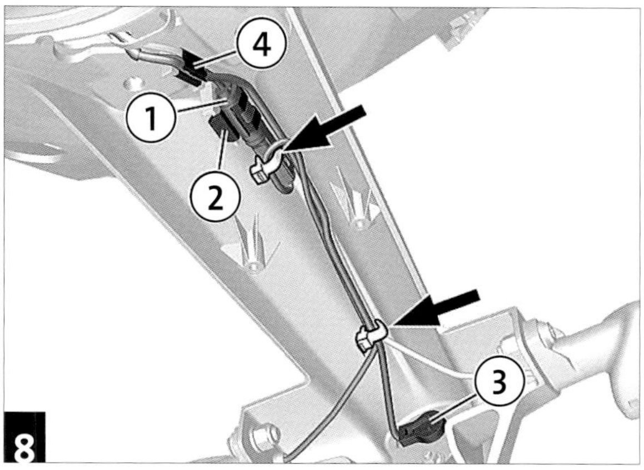

Kennzeichenträger 1

- Kabelbinder (Pfeile) trennen. Stecker **1** (Blinker rechts) aus Halter **2** lösen und Stecker trennen.
- Fassung **3** der Kennzeichenleuchte abziehen. Kabel aus Halter **4** freilegen.

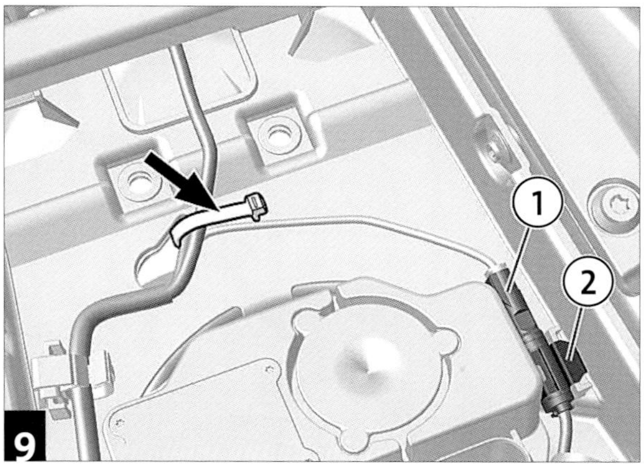

Kennzeichenträger 2

- Kabelbinder (Pfeil) trennen. Stecker **1** (Blinker links) aus Halter **2** lösen und Stecker trennen.
- Bild 1 Seite 42: Schrauben **1** links und rechts ausdrehen.

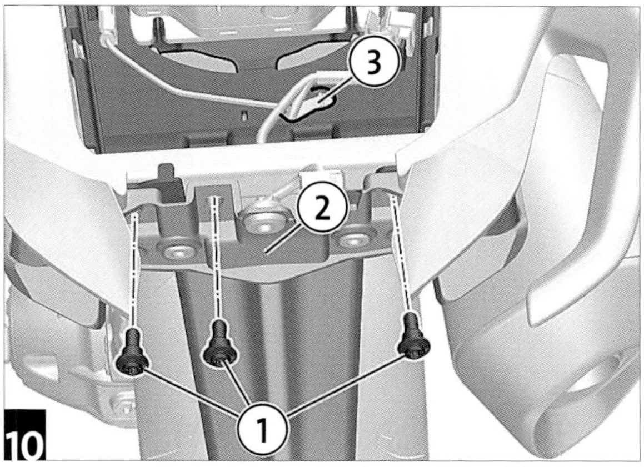

Kennzeichenträger 3

- Schrauben **1** ausdrehen Kennzeichenträger **2** nach hinten abnehmen. Dabei Leitungen durch Öffnung **3** ausfädeln und freilegen.

1/2 Anzugsmoment M8 x 25/M8 x 40 . . . . 19 Nm

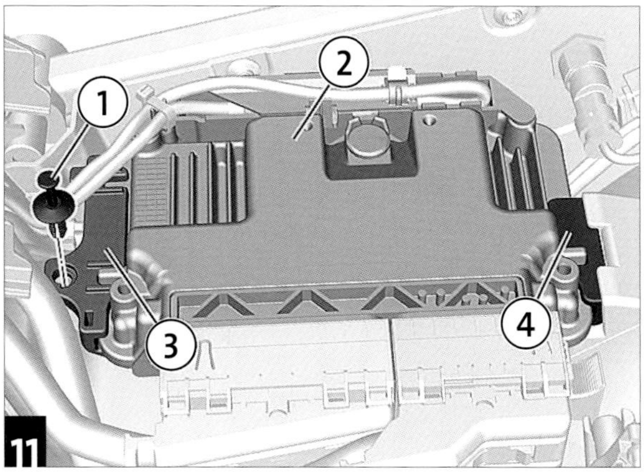

Motorsteuergerät lösen

- Spreizniet **1** ausbauen.
- Motorsteuergerät **2** mit Gummihalter **3** und **4** ausbauen und zur Seite hängen.

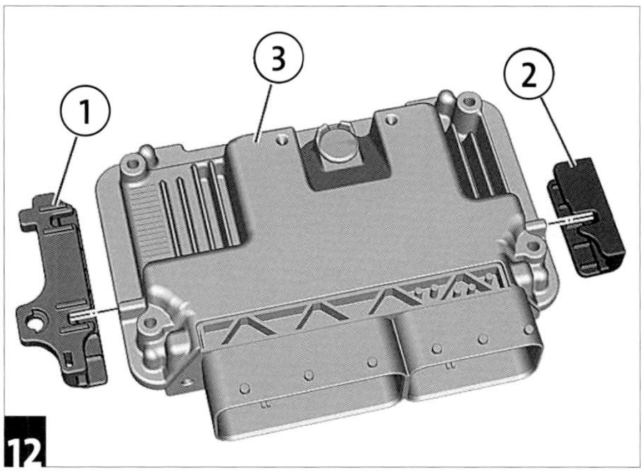

Motorsteuergerät einbauen

- Gummihalter **1** und **2** auf Motorsteuergerät **3** stecken. So vormontiert einsetzen und mit Spreizniet befestigen (Bild 11).

2 Verkleidung

2.9 Heckverkleidung

Fortsetzung

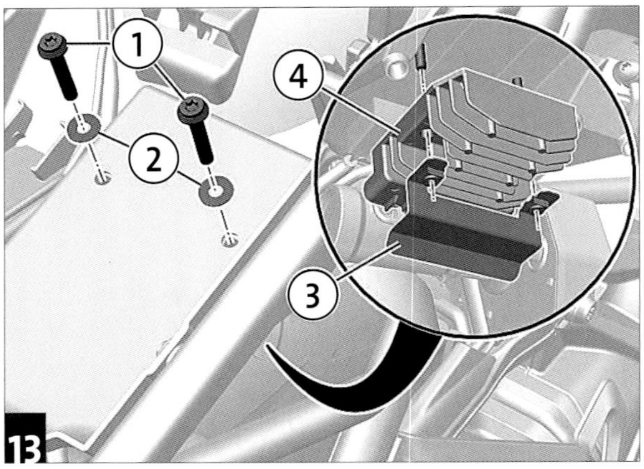

Regler

- Schrauben **1** ausdrehen und mit Scheiben **2** abnehmen. Halter **3** abnehmen und Regler **4** lösen.

1 **Anzugsmoment** M6 x 30 .... 8 Nm

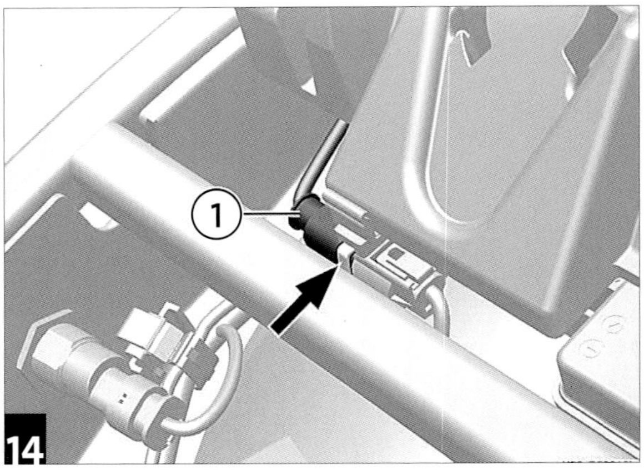

Soziussitzträger mit Keyless Ride (Sonderausstattung)

- Kabelbinder (Pfeil) trennen und Stecker **1** für NF-Antenne trennen.

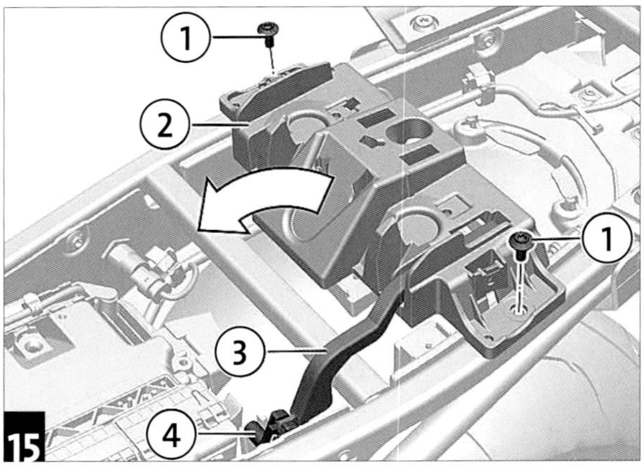

Soziussitzträger

- Zwei Schrauben **1** ausdrehen. Soziussitzträger **2** nach vorn klappen. Zugstange **3** aus Schloss **4** auskclipsen und Soziussitzträger **2** abnehmen.

1 **Anzugsmoment** M6 x 14,5 .... 8 Nm

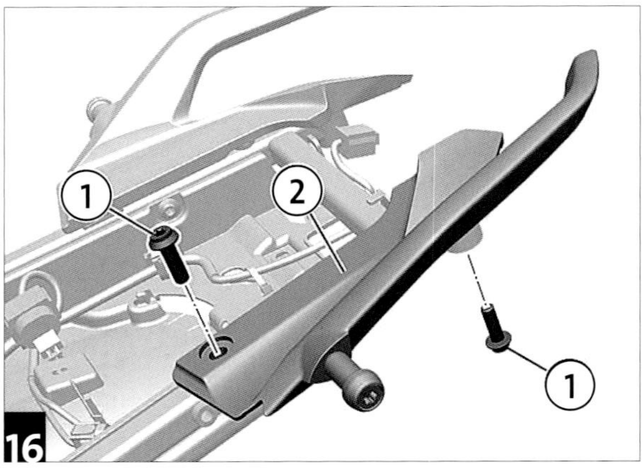

Haltegriff links/rechts

- Schrauben **1** ausdrehen und Haltegriff **2** abnehmen.

1 **Anzugsmoment** M8 x 25 .... 19 Nm

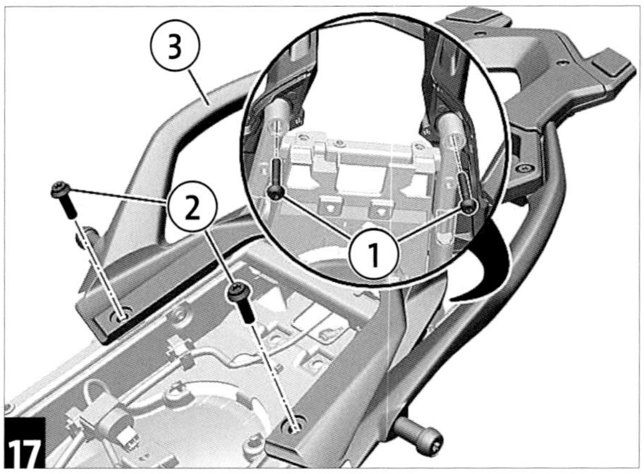

Gepäckbrücke (Sonderausstattung)

- Schrauben **1** und **2** ausdrehen. Gepäckbrücke **3** abnehmen.

1/2 **Anzugsmoment** M8 x 25/M8 x 40 .... 19 Nm

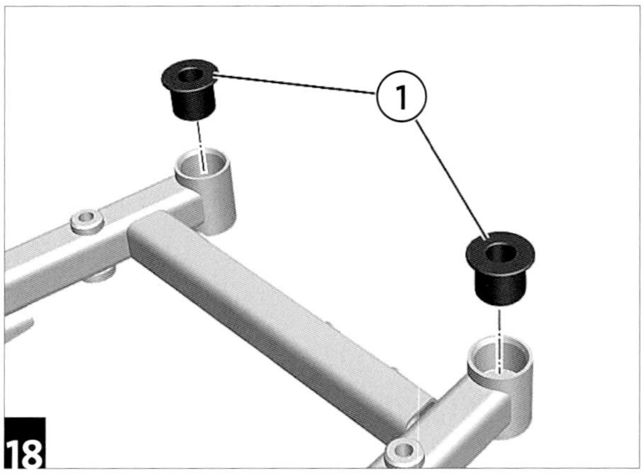

Gepäckbrücke/Adapter (Sonderausstattung)

- Auf Verbleib der Adapter **1** für die Gepäckbrücke achten.

2.10 Motorspoiler

- Der Motorspoiler ist bei der 1200er Ausgabe Sonderausstattung.
- Ab- und Anbau ist links und rechts spiegelbildlich.

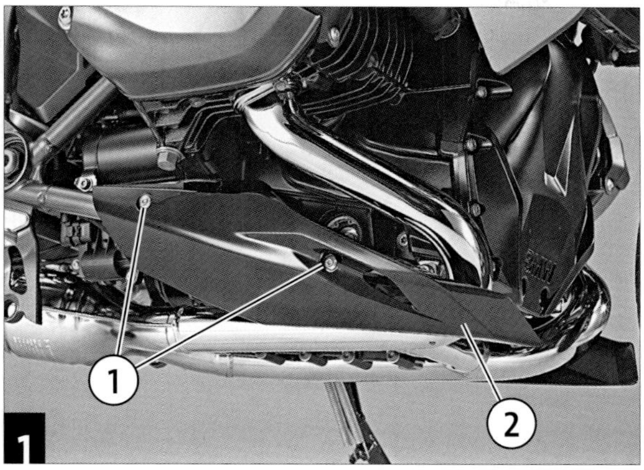

Motorspoiler R 1200 R/RS
- Schrauben **1** T25 ausdrehen, Spoiler **2** abnehmen.

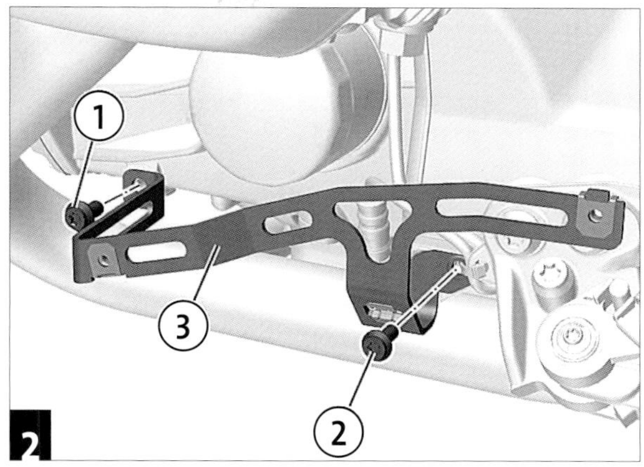

Motorspoiler-Halter R 1200 R/RS
- Schrauben **1** und **2** ausdrehen und Halter **3** abnehmen.

1/2 Anzugsmomente
hinten, M6 x 16 .... 8 Nm
vorn, M8 x 16 .... 19 Nm

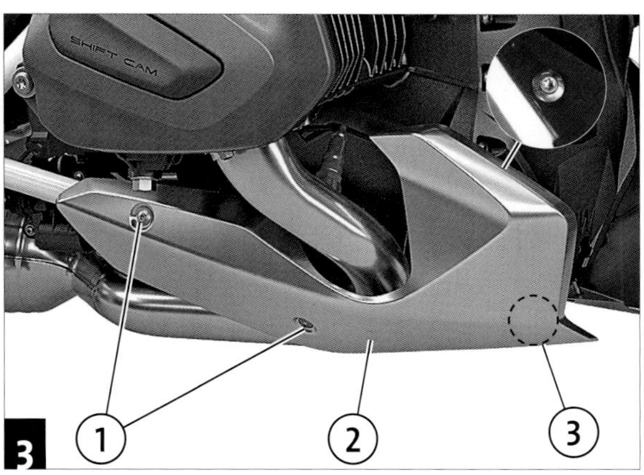

Motorspoiler R 1250 R/RS
- Drei Schrauben **1** T25 ausdrehen. Seitenteil **2** abnehmen. Dabei auf Zapfen **3** achten. Links spiegelbildlich.

1 Anzugsmoment M6 x 14,5 .... 8 Nm

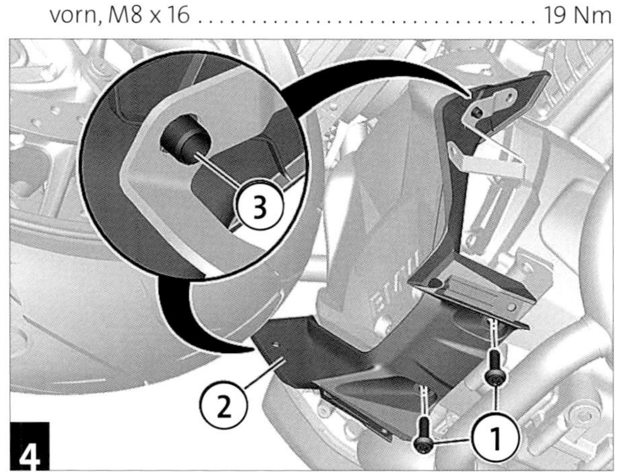

Motorspoiler R 1250 R/RS Mitte
- Schrauben **1** ausdrehen und Mittelteil **2** abnehmen. Dabei auf Zapfen **3** achten.

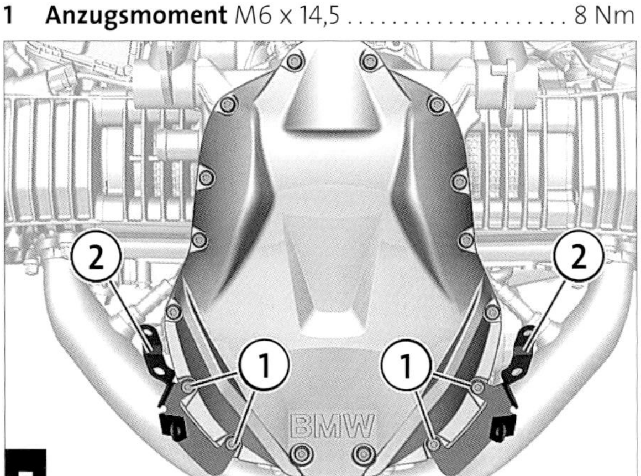

Motorspoiler Halter R 1250 R/RS
- Schrauben **1** T25 ausdrehen und Halter **2** abnehmen.

1 Anzugsmoment M6 x 20 .... 10 Nm

Motorspoiler Halter R 1250 R/RS

! Schrauben **1** nur jeweils auf einer Seite ausdrehen. Nicht alle vier Schrauben **1** gemeinsam ausdrehen. Könnte Undichtheit des Motorgehäusedeckels verursachen!

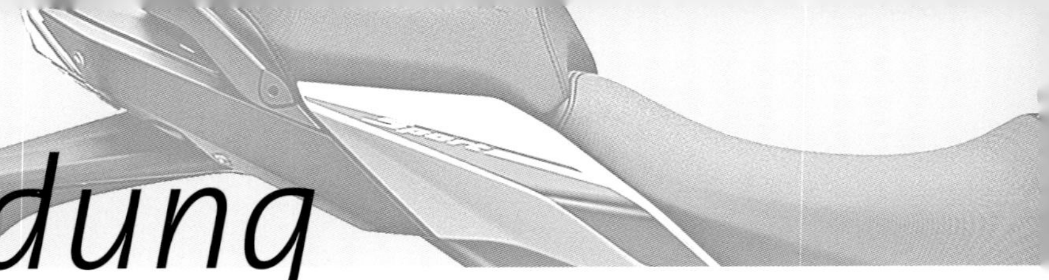

2 Verkleidung

2.11 Hinterrad-Abdeckung

- Falls "nur" der Heckrahmen gewechselt werden soll nur Arbeitsgänge gemäß den Bildern 1 und 2 vornehmen. Abdeckung auf Hinterrad ablegen.
- Falls die Abdeckung komplett gewechselt werden soll Arbeitsgänge gemäß den Bildern 1 und 2 als letzte vornehmen.

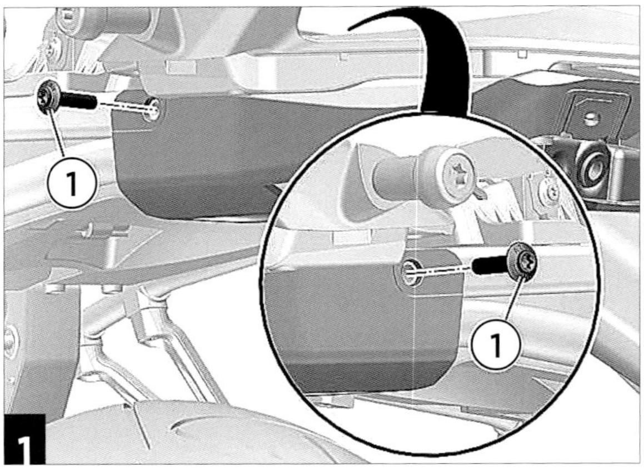

Radabdeckung hinten 1
- Schrauben **1** links und rechts ausdrehen.

1 **Anzugsmoment** M6 x 25; 3 mm-Bund......... 8 Nm

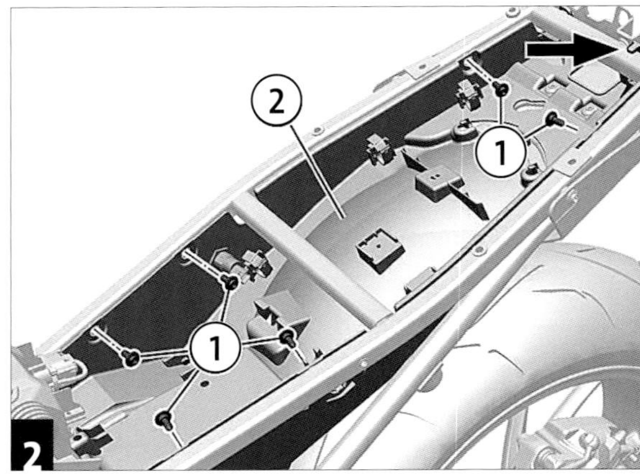

Radabdeckung hinten 2
- Schrauben **1** ausdrehen. Radabdeckung2 lösen und nach unten ablegen. Dabei auf Nase achten (Pfeil).

1 **Anzugsmoment** M6 x 14,5; 3 mm-Bund .... 8 Nm

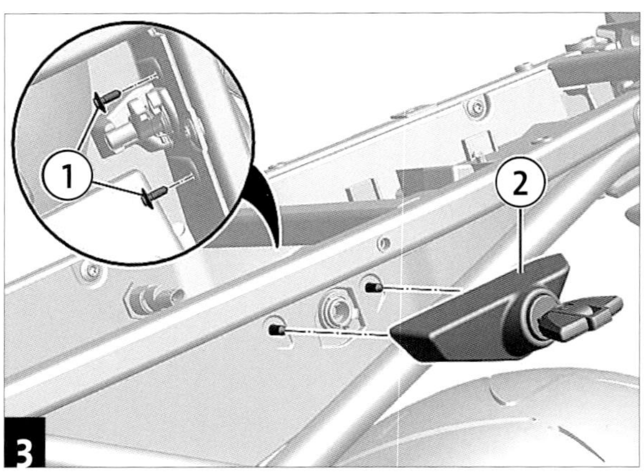

Sitzbankschloss 1
- Schrauben **1** ausdrehen.
- Sitzbankschloss **2** abnehmen.

1 **Anzugsmoment** M6 x 25; 3 mm-Bund......... 8 Nm

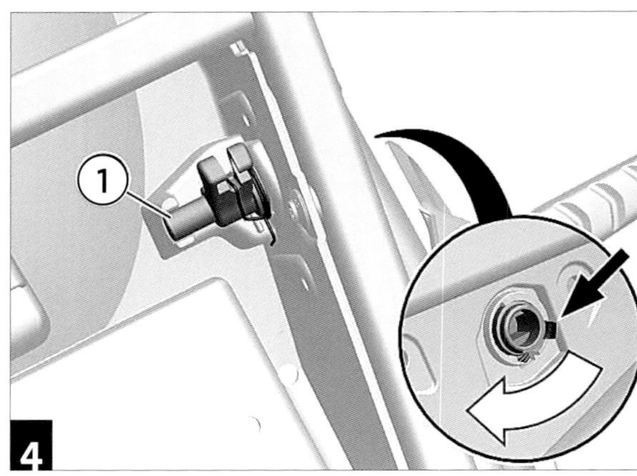

Sitzbankschloss 2
- Excenter **1** so drehen, dass Nase (Pfeil) nach unten zeigt.
- Excenter **1** nach innen entnehmen.

- Bilder 5 und 6: Diebstahlwarnanlage DWA und Reifendruck-Controlle RDC sind Sonderzubehör.
- Beim Einbau DWA an Haken (Pfeile) ansertzen.

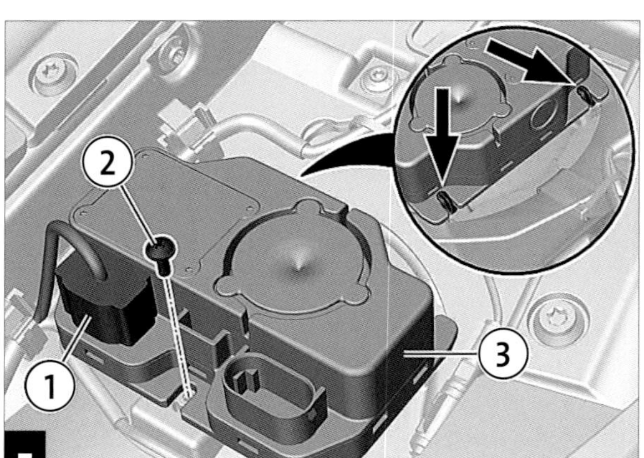

Diebstahlwarnanlage (DWA)
- Stecker **1** der DWA trennen.
- Schraube **2** ausdrehen und DWA **3** abnehmen.

2 **Anzugsmoment** M6 x 25; 3 mm-Bund......... 8 Nm

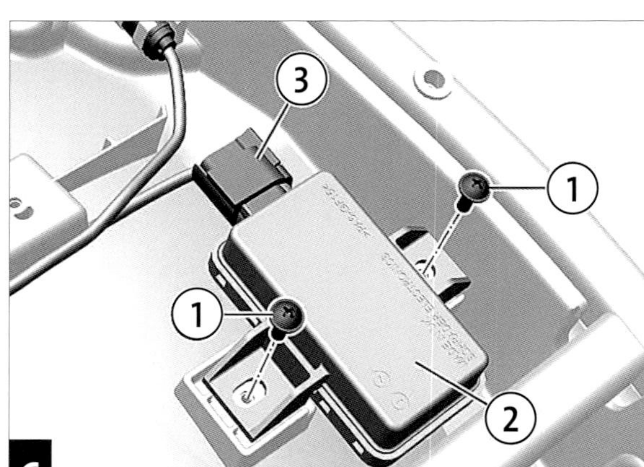

RDC-Steuergerät
- Schrauben **1** ausdrehen Steuergerät **2** abnehmen und Stecker **3** trennen.

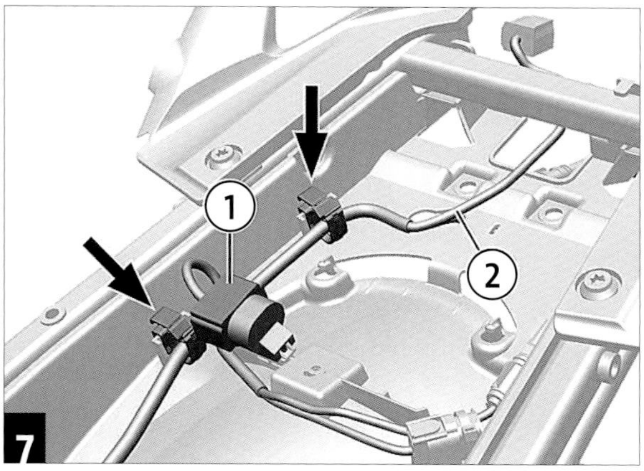

7

Heckkabelbaum 1

- Stecker **1** (DWA mit Blindstecker) lösen.
- Kabelstrang **2** aus Halter (Pfeile) lösen.

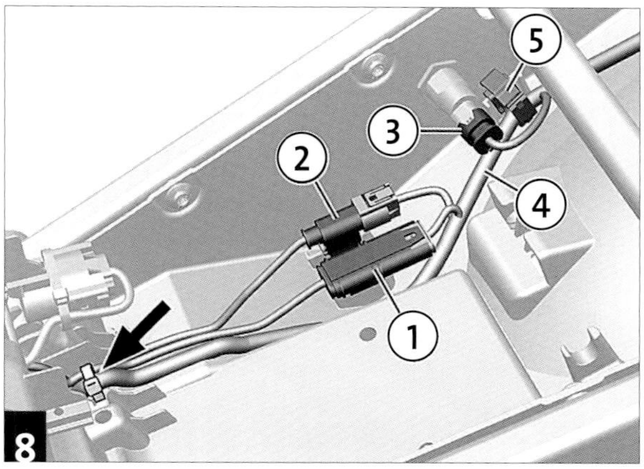

8

Radabdeckung hinten 2

- Kabelbinder (Pfeil) lösen.
- Ggf. ESA-Steckverbindungen **1** und **2** ausclipsen.
- Stecker **3** (Steckdose; Bild 9) trennen.
- Kabelstrang **4** aus Halter **5** lösen.

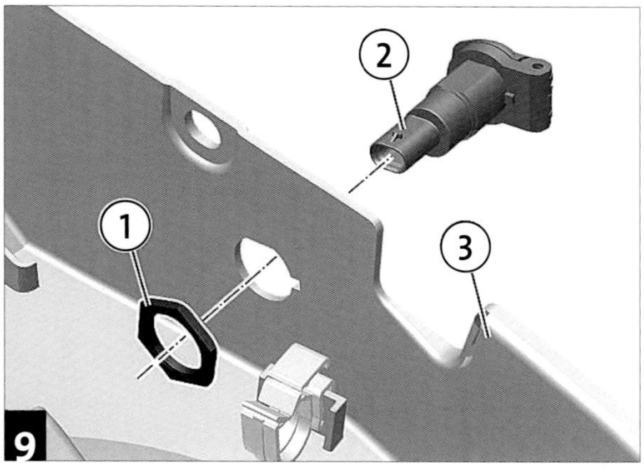

9

Steckdose

- Mutter **1** ausdrehen und Steckdose **2** von Abdeckung **3** abnehmen.

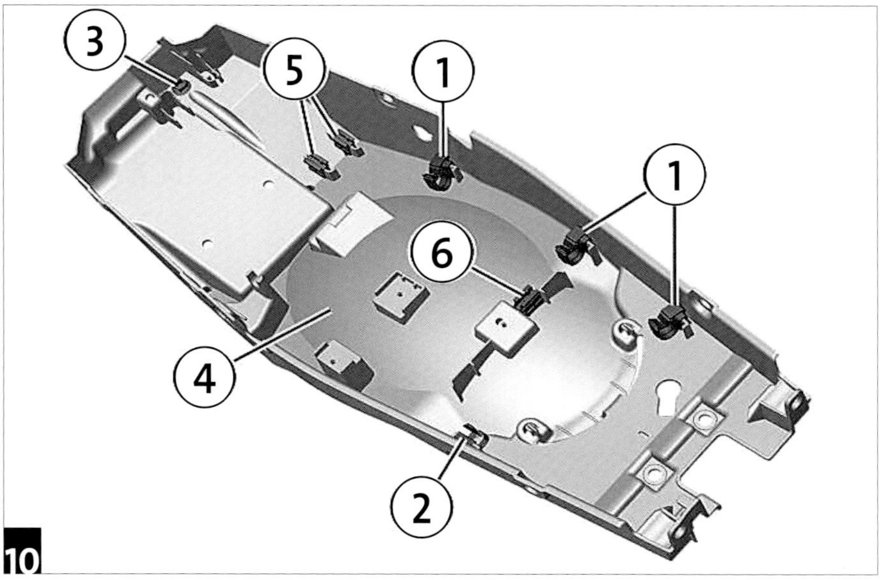

10

Hinterrad-Abdeckung

- Neue Abdeckung mit Haltern bestücken:

1 Kabelstrang
2 Blinkerkabel
3 Blinkerkabel (Kabelbinder)
4 Hinterrad-Abdeckung
5 Halter ESA-Stecker (SA)
5 Halter DWA-Stecker (SA)

- Einbau in umgekehrter Ausbaureihenfolge vornehmen.

3 Wartung

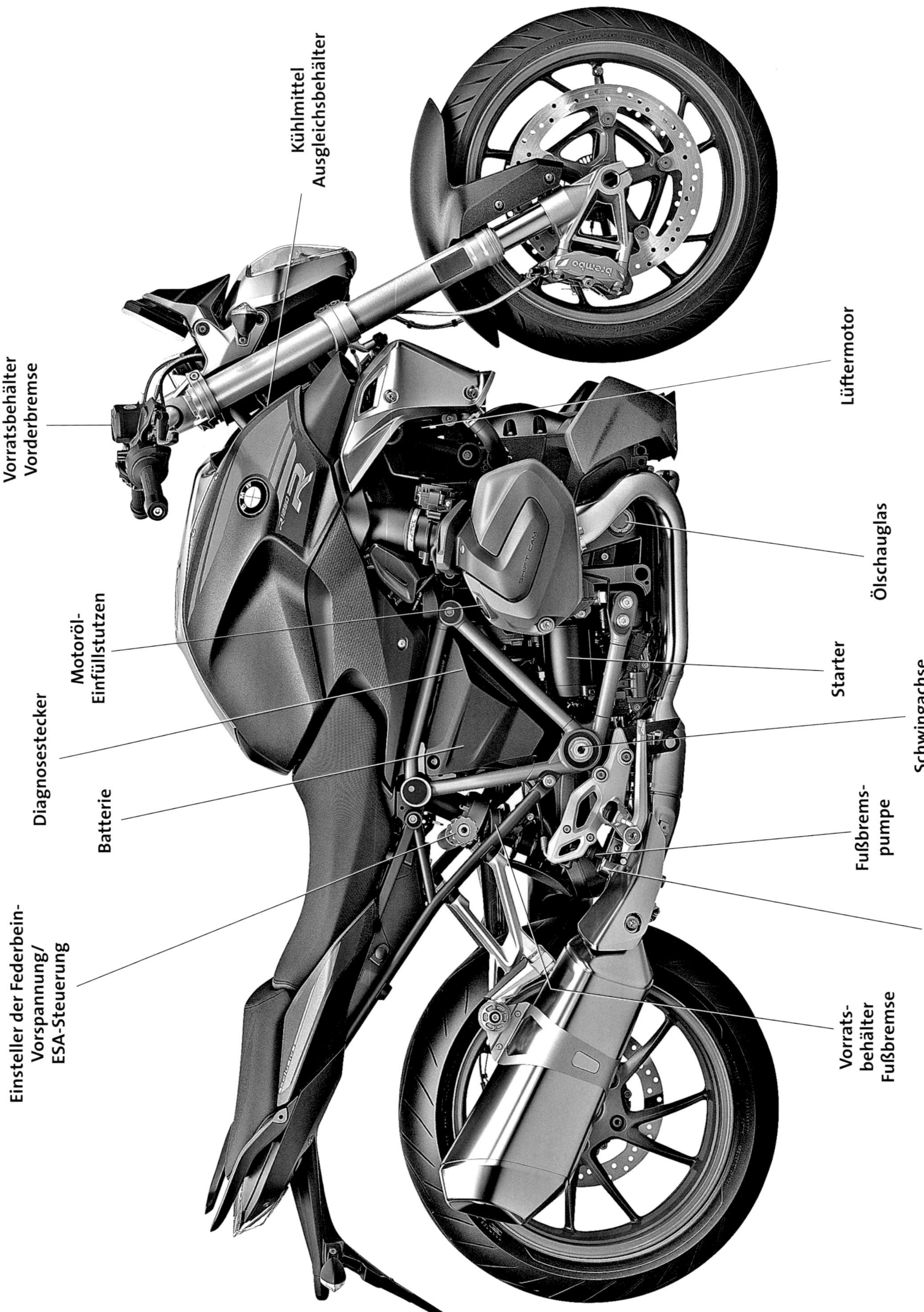
Kühlmittel
Ausgleichsbehälter
Vorratsbehälter
Vorderbremse
Lüftermotor
Ölschauglas
Motoröl-
Einfüllstutzen
Starter
Diagnosestecker
Schwingachse
Batterie
Fußbrems-
pumpe
Abgasklappe
Einsteller der Federbein-
Vorspannung/
ESA-Steuerung
Vorrats-
behälter
Fußbremse

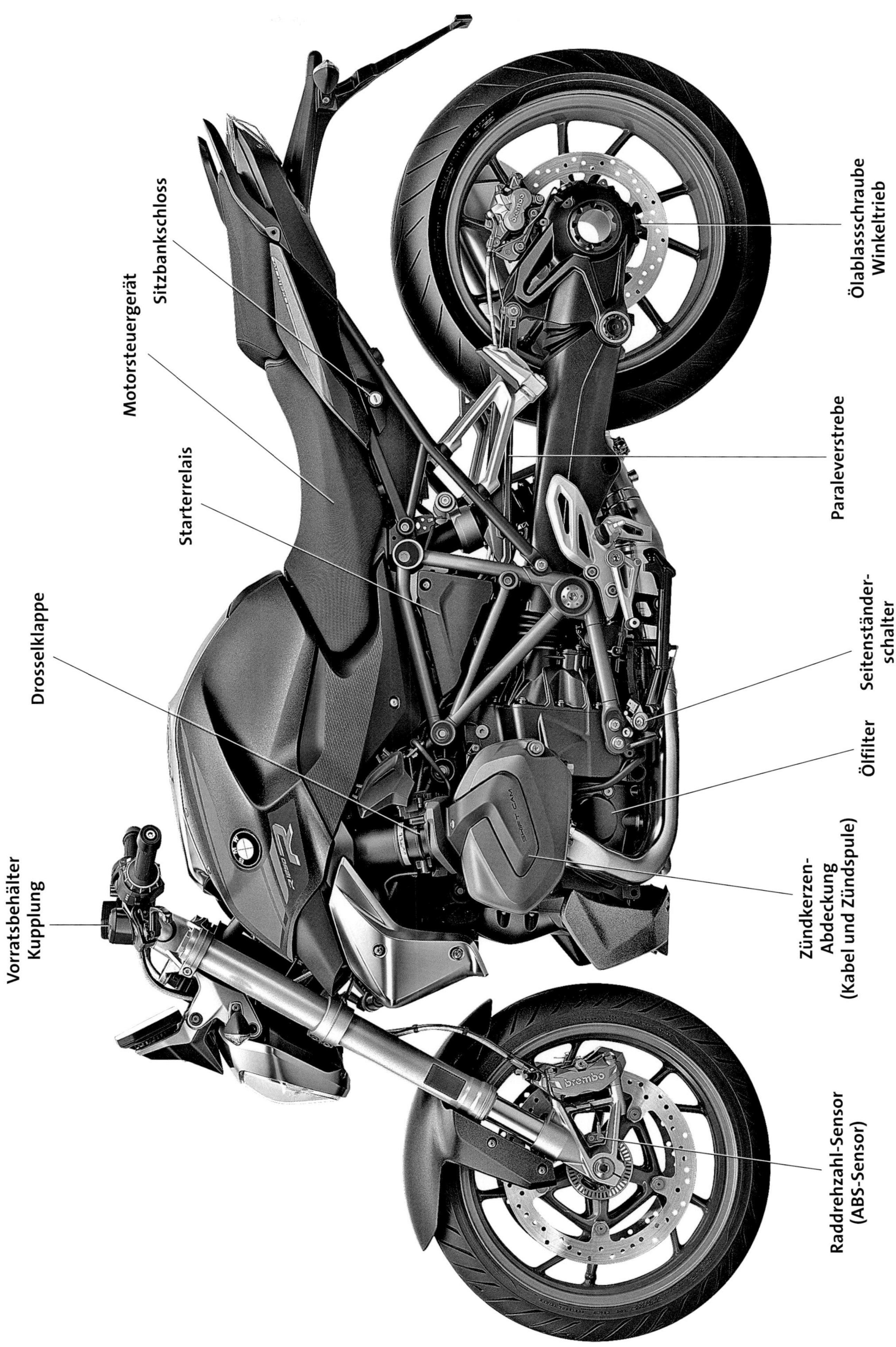
Motorsteuergerät
Sitzbankschloss
Starterrelais
Drosselklappe
Vorratsbehälter Kupplung
Ölablassschraube Winkeltrieb
Paraleverstrebe
Seitenständer-schalter
Ölfilter
Zündkerzen-Abdeckung (Kabel und Zündspule)
Raddrehzahl-Sensor (ABS-Sensor)

3 Wartung

3.2 Wartungsintervalle

Regelmäßige Wartung ist das beste Mittel für lange Freude am zuverlässigen Funktionieren der Maschine. BMWs Boxerbaureihe ist pflegeleicht, und die Wartung erfordert keinen großen Werkzeug- und Zeitaufwand. Die einfache Kontrolle des Ventilspiels fällt nur alle 20000 Kilometer an. Das ist **ein** Vorteil des Boxermotors. Allerdings erfordert das aufwendigere Einstellen mittlerweile BMW-Spezialwerkzeug.
Die Wartungsintervalle müssen bei normaler Fahrweise nicht aufs Komma genau eingehalten werden. Auf Urlaubsfahrt kann die fällige große Inspektion auch einmal um 500 bis 1000 Kilometer hinausgeschoben werden.

Bei häufigen Kurzstreckenfahrten oder Regenfahrten wird eine Fahrerin oder ein Fahrer mit Durchblick den erschwerten Bedingungen gemäß die höher beanspruchten Baugruppen (Luftfilter und Motoröl) vorzeitig wechseln.
Arbeiten an der hydraulischen Scheibenbremse dürfen aus Sicherheitsgründen nur bei entsprechenden Vorkenntnissen selbst durchgeführt werden, ansonsten ist das Motorrad in einer Fachwerkstatt besser aufgehoben.

Intervall/km ⇨ ⇩ Bauteil	1000 Einfahrkontrolle	10000 Service	20000 Service	Jahres- service
Motoröl	E*	–	E	E
Motoröl-Filter	E*	–	E	E
Kühlsystem	P	P	P	P
Endantriebsöl	–	–	E	**jährlich erneuern**
Luftfilter	–	–	E	–
Batterie	–	P	P	P
Zündkerzen	–	–	E	–
Ventilspiel	P	–	P	–
Bremsflüssigkeit	E*	P	–	**alle 2 Jahre erneuern**
Bremsbeläge und Bremsscheiben	–	P	P	–
Scheinwerfer-Einstellung	–	P	P	–
Haupt- und Seitenständer (Leichtgängigkeit)		P	P	P
Motorstart-Unterdrückung	P	–	–	P
Muttern, Schrauben und Befestigungsteile	P	–	P	–
Radaufhängung	P	–	P	–
Räder und Reifen	–	P	P	P
Lenkkopflager	P	P	P	–
Fehlerspeicher auslesen mit MODiTeC (BMW-Werkstatt)	P	P	P	P
Gabelölwechsel **	–	–	–	**alle 30T km erneuern**

* Erstmalig bei 10000 Kilometern, dann alle weiteren 2 Jahre
** wegen erhöhtem Aufwand an Spezialwerkzeug der Fachwerkstatt empfohlen

A **Anziehen**
E **Erneuern**
P **Prüfen und gegebenenfalls einstellen, reinigen, schmieren, bzw. erneuern**

Bei höheren als den aufgeführten Kilometerständen Intervalle sinngemäß wiederholen.

3.3 Motoröl

3.3.1 Ölstandkontrolle

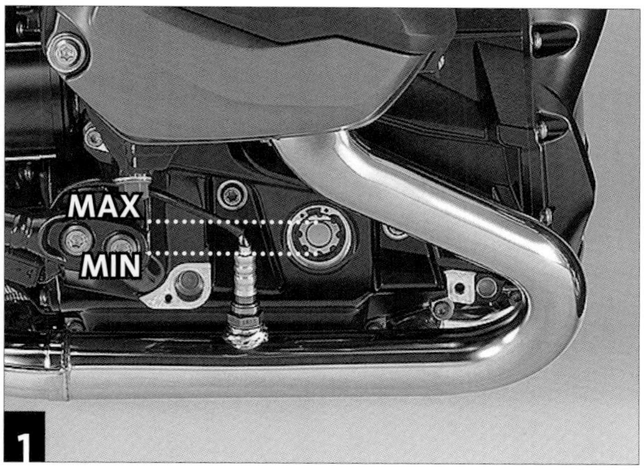

Ölstandkontrolle
- Ölpegel muss zwischen MIN und MAX liegen.
- Die Differenz zwischen MIN- und MAX-Markierung beträgt 0,95 Liter.

- Fahrzeug mit **betriebswarmem** Motor unbelastet auf ebenen Untergrund senkrecht stellen.
- ! Falls der Motor nicht wirklich betriebswarm ist, kann ein zu geringer Pegel angezeigt werden, da sich das Öl mit zunehmender Temperatur ausdehnt.
- ! Motor laufen lassen, bis der Lüftermotor anspringt.
- Motor abstellen und 5 Minuten warten.
- Falls sich Ölpegel MIN-Markierung am Schauglas nähert, Motoröl nachfüllen.
- ! Zu viel eingefülltes Öl ablassen.
- ! Finger nicht an heißer Krümmeranlage verbrennen. Auch nicht am heißen Öl!

Das Öl ist der Lebenssaft für jedes Triebwerk. Klar, dass da der Pegelstand regelmäßig kontrolliert (bei jedem zweiten Tankstopp; wer seinen Motor "kennt" wird das womöglich nicht so oft tun...) und regelmäßig erneuert wird.
- Ggf. **Motorspoiler** ausbauen (Seite 41).

3.3.2 Öl- und Filterwechsel

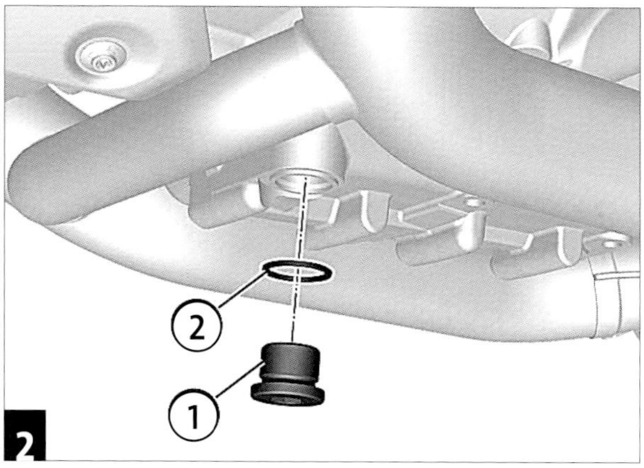

Ablassschraube
- Auffanggefäß unterstellen. Schraube **1** ausdrehen (Finger nicht verbrennen) und austropfen lassen.

1 **Anzugsmoment** mit neuer Dichtscheibe **2**
M20 x 1,5 Innensechskant SW10 .... 42 Nm

Einfüllstopfen
- Einfüllstopfen mit Knebel aus Bordwerkzeug aus- und eindrehen.

- ! Alle 20 000 km bedarf das Öl einer Erneuerung (erstmalig bei Tachostand 1000 km), mindestens aber einmal im Jahr.
- ! Im Rahmen des Ölwechsels auch Ölfilter wechseln.
- ! Motoröl bei betriebswarmer Maschine ablassen, damit sich der feine Metallabrieb noch in der Schwebe befinden und sich noch nicht abgesetzt hat.

- **Ölfüllmenge (Ölwechsel mit Filterwechsel)**
  maximal .... 4 l
  Werkstatt-Erfahrung empfiehlt 3,5 l.
  Nach Probe-fahrt/-lauf ggf. bis MAX auffüllen (Bild 1).
- Letzter Punkt ist das Reinigen des Abgaskrümmers und Motors von Tropföl.

Ölfilter
- Auffanggefäß unterstellen. Filter mit Ölfilterschlüssel (Bild 10 Seite 18) ausdrehen.
- O-Ring des neuen Filters **vollständig mit Öl benetzen** und Filter von Hand festziehen oder mit Ölfilterschlüssel eindrehen.
  Anzugsmoment .... 11 Nm
- ! Altöl und Ölfilter vorschriftsmäßig entsorgen. Jeder Ölverkäufer ist zur Rücknahme der gekauften Ölmenge verpflichtet!
- Abschließend Ölstand kontrollieren wie oben beschrieben.

Von BMW empfohlene Produkte und allgemein zulässige Viskositätsklassen

Bezeichnung .... SAE 5W-40
Spezifikation .... API SL

→

3 Wartung

3.3.2 Öl- und Filterwechsel

Fotsetzung

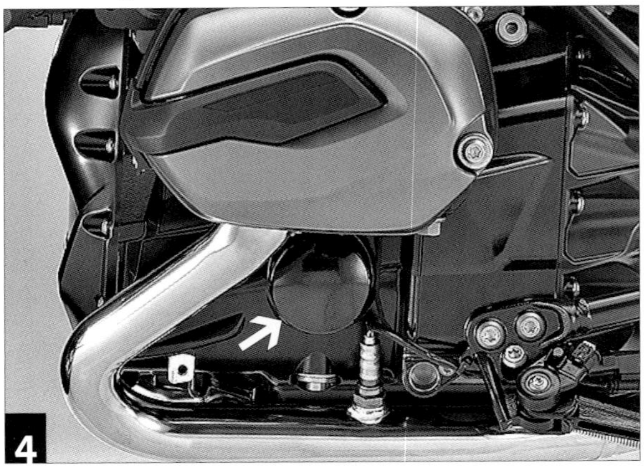

Ölfilter
- Filter mit Ölfilterschlüssel (BMW-Nr. 11 4 661/ 11 4 660 oder handelsüblich; siehe Bild 11 Seite 18) aus-/eindrehen.
  Anzugsmoment .... 11 Nm

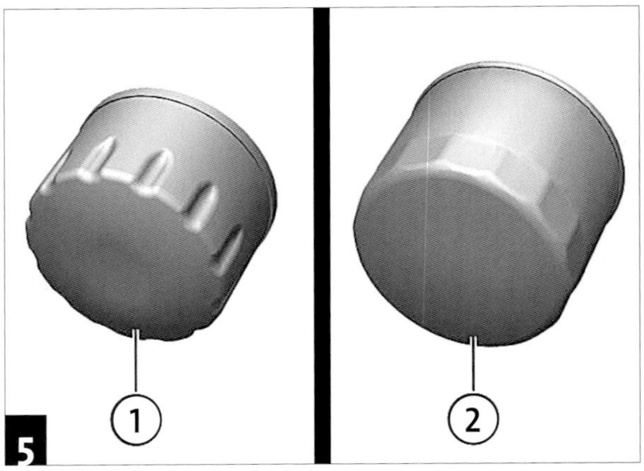

Ölfilter Varianten
1 Filter mit Ölfilterschlüssel BMW-Nr. 11 4 661
2 Filter mit Ölfilterschlüssel BMW-Nr. 11 4 660

3.4 Luftfilter

! Luftfilter alle 20 000 Kilometer erneuern.
- Sitze abnehmen.
- Tankverkleidung/ Mittelteil abnehmen. Dazu Seitenverkleidung li/re nur zum Mittelteil hin lösen und leicht auseinander ziehen, um an die Schrauben für das Mittelteil zu gelangen (Bild 5 Seite 28).

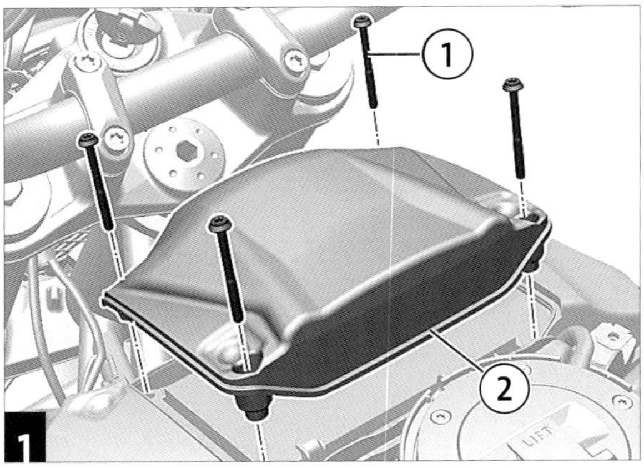

Luftfilterdeckel
- Vier Schrauben **1** ausdrehen und Deckel **2** abnehmen.
- Beim Einbau Schrauben über Kreuz eindrehen.

Anzugsmoment
1 M5 x 50 .... 3 Nm

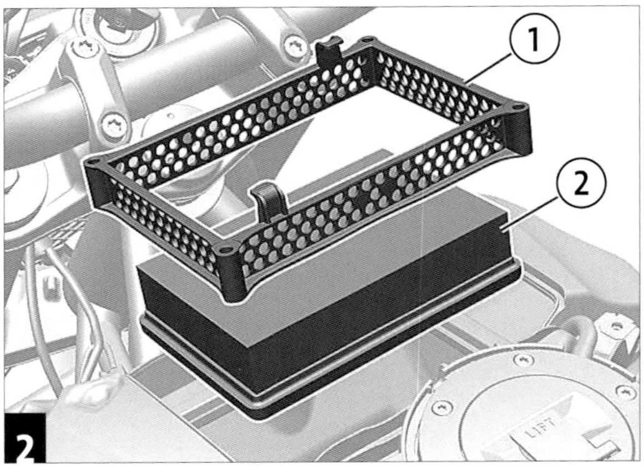

Filterelement
- Rahmen **1** mit Filterelement **2** entnehmen.
- Filterelement **2** entsorgen.
- Neues Filterelement **2** passgenau mit Rahmen **1** einsetzen.

3.5 Funktionsprüfung der Motorstart-Unterdrückung

- Die Motorstart-Unterdrückung wird laut Wartungsplan bei der Jahresinspektion durchgeführt.
- Die Prüfung stellt die Funktion von Seitenständerschalter, Getriebe-Potentiometer (Ganganzeige) und Kupplungsschalter sowie deren Signalverarbeitung in der Motorsteuerung fest.

! Wenn bei eingelegtem Gang die Kupplung gezogen wird, bevor die Zündung eingeschalten wird, erfolgt keine Startfreigabe.

- Falls das Motorrad in irgendeinem Punkt anders reagiert, muss die Not- und Sicherheits-Abstellung des Motors mit dem BMW Motorrad-Diagnosesystem geprüft werden (BMW-Werkstatt), oder mit dem GS911 analysiert werden.

Prozedere
- Not-Ausschalter in Mittelstellung schalten.
- Getriebe in NEUTRAL schalten.
- Zündung einschalten.
→ NEUTRAL-Kontrollleuchte **N** leuchtet.
- Gang einlegen.
→ NEUTRAL-Kontrollleuchte **N** geht aus.
- Starterknopf betätigen.
→ Starter läuft **nicht**.
- Seitenstütze ausklappen.
- Kupplung ziehen.
- Starterknopf betätigen.
→ Starter läuft **nicht**.
- Seitenstütze einklappen.
- Starterknopf bei gezogener Kupplung betätigen.
→ Starter läuft.

3.6 Batterie

Ausgestattet mit Elektrostarter und anspruchsvoller Elektronik empfiehlt sich eine topp geladene Batterie.

- Bei der Serien-Batterie handelt es sich um eine Blei-Vlies-Batterie (engl. Bezeichnung **A**bsorbent **G**lass **M**at – AGM). Hier ist das Elektrolyt (Schwefelsäure) in einem Glasfaser-Vlies vollständig gebunden, die Batterie kann in allen Lagen betrieben werden, und sie läuft selbst bei einem Gehäuseschaden nicht aus.
- Somit entfällt auch das Kontrollieren des Säurepegels und das allfällige Korrigieren desselben. Noch ein Vorteil: Dadurch, dass die Platten in Vlies gebettet sind, sind sie besser gegen Vibrationen und Erschütterungen geschützt.
- Die Selbstentladung liegt bei ein bis drei Prozent pro Monat. Zum Vergleich: Bei einer herkömmlichen Batterie muss mit zehn Prozent gerechnet werden.
- Dank ihres geringen Innenwiderstands können AGM-Batterien kurzzeitig höhere Entladeströme zur Verfügung stellen, etwa beim Starten des Motors, und sie erhitzen sich auch kaum bei diesen hohen Strömen. Also die ideale wirtschaftliche Motorrad-Batterie.
- Eine **Lithium-Ionen-Batterie** der glänzt dagegen mit mit weniger Gewicht, bei den selben Merkmalen bezüglich Einbaulage und Wartungsaufwand, um es kurz zu halten.
- BMW definiert den Zustand der Batterie **bei Messung im abgeklemmten Zustand** wie folgt:
  AGM-Batterie
  Sollwert .... >12,3 V
  Batterie defekt .... <12,3 V
  Lithium-Ionen-Batterie
  Sollwert .... >11 V
  Batterie defekt .... <11 V

- **Batterie einwintern** siehe Kapitel Einwintern Seite 189.

! Die durchschnittliche Lebensdauer einer Batterie beträgt vier bis fünf Jahre.

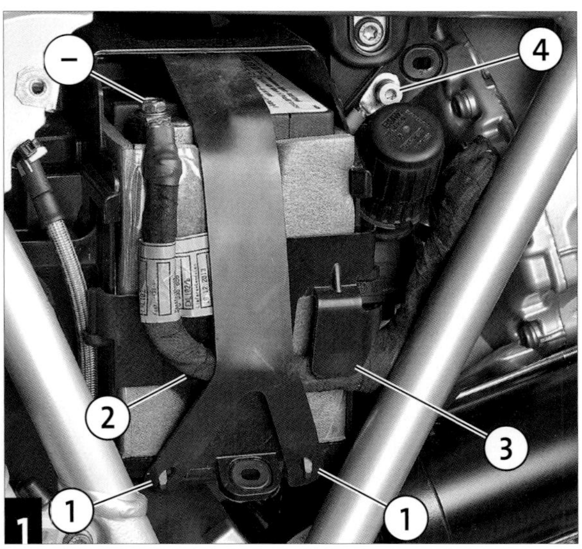

Einbaulage Batterie unter rechtem Seitendeckel

- Gummiband aus beiden Haken **1** lösen.
- Kabel **2** aus Haltelasche **3** lösen.
- Minuspol (–) lösen und Kabel abnehmen.
- Um ganz sicher zu gehen Anschluss **2** isolieren (Lupe in Bild 2).

! Batterie herausziehen und Plusleitung lösen (Bild 4 folgende Seite).

! Batteriepole in umgekehrter Reihenfolge anschließen.

3.6.1 Batterie ausbauen

- Seitendeckel/Batterie-Abdeckung rechts abnehmen (Seite 37).

! **Beim Ausbau der Batterie zuerst Minus-, dann Pluspol abnehmen!** Andernfalls kann mit einem abrutschenden Werkzeug ein Kurzschluss verursacht werden, der einem langen Batterieleben abträglich ist. Abgesehen davon ist der Ausbau eh' anders nicht möglich...

! Die Batterie muss zum Laden (siehe Folgekapitel) nicht ausgebaut werden. Der Plus-Anschluss **4** hinter Diagnose-Stecker in Bild 1 dient als Anschluss zum "externen" Laden bei Unterspannung (im Bild die 1200er GS, bei R und RS mit Abdeckung; Bild 3 übernächste Seite).

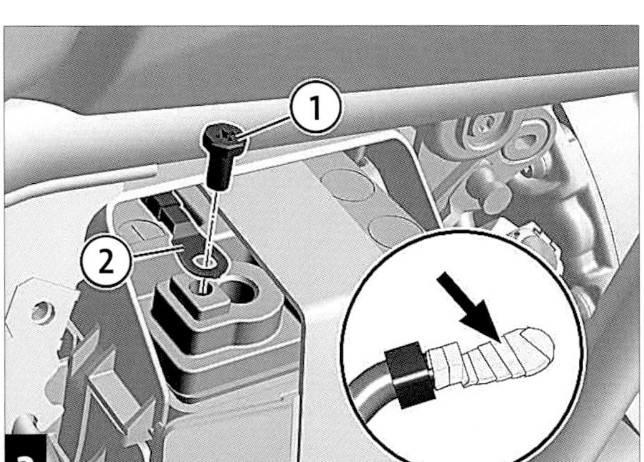

! Batteriepole in umgekehrter Reihenfolge anschließen.

1 **Anzugsmoment** M6 x 10 .... 5 Nm

3.6.1 Batterie ausbauen

Fortsetzung

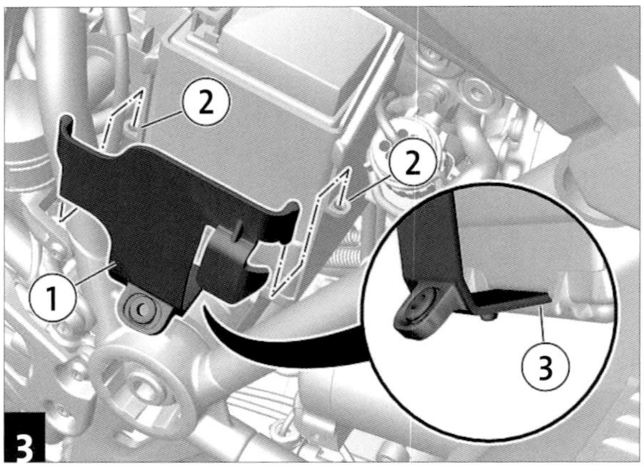

Batteriehalter

- Halter **1** nach oben aus Tüllen **2** ziehen, unten ausklinken (Lupe **3**) und abnehmen.
- Beim Einbau zuerst unten einklinken.

3.6.2 Batterie laden

- Wenn die **Batteriespannung unter 12,5 Volt** liegt, Batterie am Minus- und Pluspol laden (Bilder 2 und 3).

! An der Bordsteckdose (Bild 2) ausschließlich das BMW-Ladegerät verwenden, siehe nächste Spalte.

! Ladegerät mit Strombegrenzung verwenden.

! Darauf achten, dass die Ladespannung nicht über 14,2 Volt ansteigt.

- Maximalen Ladestrom (10 % der angegebenen Kapazität) nicht überschreiten.
  Beispiel 12 A . . . . max. 1,2 Ampère
  Ladezeit . . . . 5 – 10 Stunden
- Eine defekte oder überalterte Batterie wird trotz korrekt angezeigtem Sollwert sofort »in die Knie« gehen, wenn das Licht eingeschaltet wird.
- Anschlusspole reinigen (Messingdraht-Bürste) und mit Polfett (säurefrei) einbalsamieren.
  Batterie einbauen.
- Ggfs. Datum im Bordcomputer korrigieren.

1 Bordsteckdose

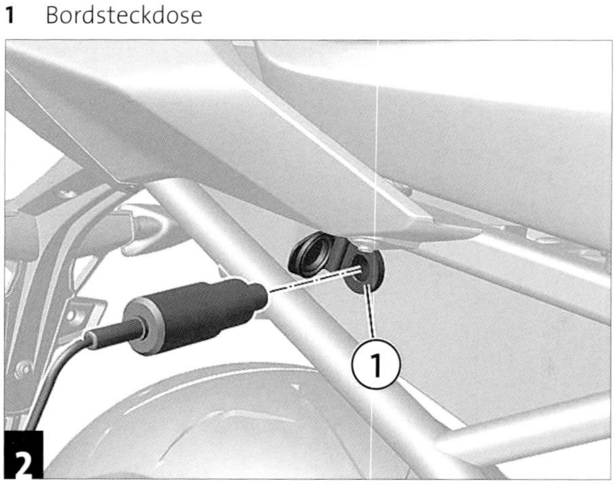

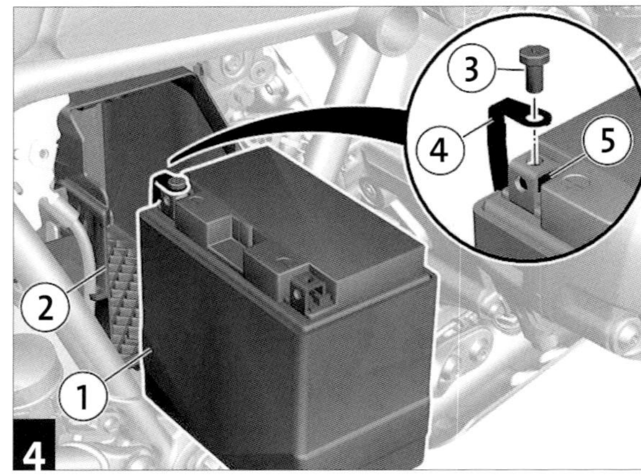

Pluspol und Batterie

- Batterie mit Wärmeschutz **1** aus Aufnahme **2** ziehen.
- Schraube **3** (Pluspol) ausdrehen und Kabel **4** abnehmen. Auf Verbleib von Mutter **5** achten.

3 **Anzugsmoment** M6 x 10 . . . . 5 Nm

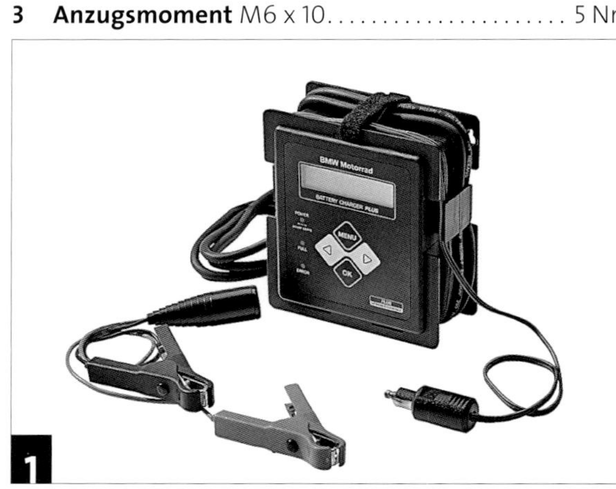

BMW-Ladegerät

- Kostenpunkt: etwa 120 Euro beim BMW-Motorradpartner.
- Batterie mit BMW-Ladegerät laden:
- Passende Ladekennlinie am Ladegerät wählen.
- Zündung einschalten.

➔ Die »Zentrale Fahrgestell-Elektronik« (ZFE) schaltet ein.

- Zündung ausschalten.

➔ Die ZFE schaltet nach 30 bis 60 Sekunden aus, wenn keine Verbraucher eingeschaltet sind (Abschaltverzögerung).

- Innerhalb der Abschaltverzögerung BMW-Batterieladegerät **zuerst** an der Bordsteckdose anschließen.

➔ Ladegerät zeigt Ladezustand der Batterie an.

- Falls die Batterie nicht voll geladen ist, BMW-Ladegerät an die örtliche Stromversorgung anschließen.

! Zeigt das BMW-Ladegerät Unterspannung an (weniger als 7 Volt), kann die Batterie nur direkt über die Batteriepole geladen werden (Bild 2), da die ZFE bei Unterspannung die Bordsteckdose abschaltet. Mithin ist eine Batterie mit dieser Unterspannung wahrscheinlich defekt und muss erneuert werden.

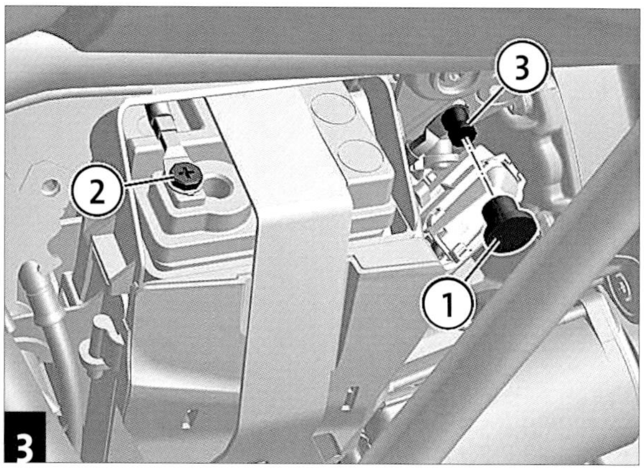

Batterie laden/Regelspannung messen

- Seitendeckel rechts abnehmen (Bild 1 Seite 37).
- Abdeckung **1** des Pluspols (Ladestützpnkt) abziehen.
- Masse-Ladekabel mit Minuspol **2** und Plus-Ladekabel mit Pluspol **3** verbinden.

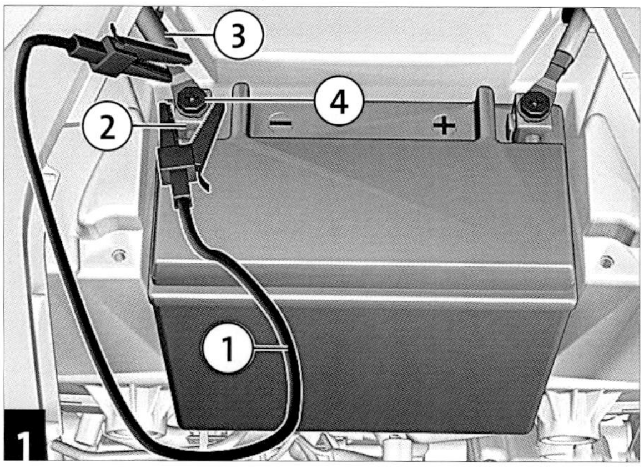

Ruhestrom messen*

- Ggf. das Abschalten der ZFE abwarten.
- Kabelbrücke **1** an Minuspol **2** und Massekabel **3** anschließen.
- Schraube **4** ausdrehen und Kabel **3** abnehmen.

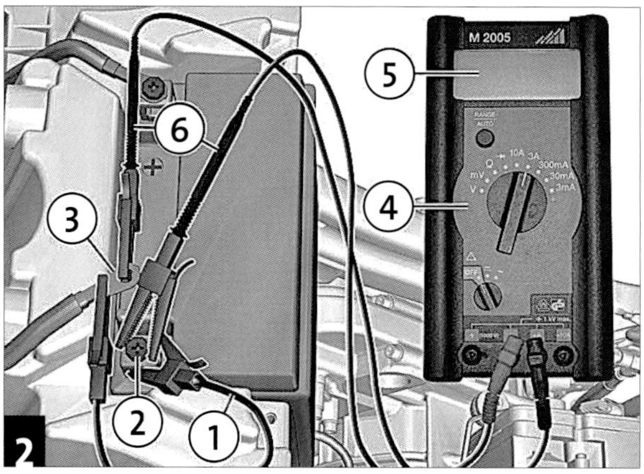

* Bilder 1 und 2 stammen von der K 1300, haben aber Gültigkeit für die 1200er und 1250er...

Regelspannung

! Zur Messung der Regelspannung muss die Batterie in gutem Zustand (Batteriespannung mindestens 12,5 V) und Motor auf Betriebstemperatur sein.
- Zündung ausschalten und Voltmeter an Batterie anschließen (positive Messspitze an Pluspol; negative an Minuspol; Bild 2).
- Motor starten und Drehzahl allmählich erhöhen.

! Spannung muss sich mit eingeschaltetem Fernlicht bei etwa 5000/min auf etwa 14 Volt einregeln.

3.6.3 Ruhestrom

- Zündung ausschalten und Lenkschloss verriegeln.

! Messgerät zuerst auf hohen Messbereich einstellen, um Sicherung des Messgeräts nicht zu beschädigen, dann auf kleinere Messbereiche umschalten.

! Damit der Bordcomputer keinen Datenverlust erleidet, wie in Bild 1 und Bild 2 gezeigt vorgehen.

! Ampèremeter darf mit aktiver Diebstahlwarnanlage (DWA) und ohne DWA maximal 2 mA anzeigen.
- Falls höherer Strom gemessen wird, systematisch Kabelbaum-Stecker nacheinander trennen, bis »Leckbereich« im Kabelbaum lokalisiert ist und dieses Teilstück des Kabelbaums erneuern bzw. reparieren. Diese Arbeit die BMW-Fachwerkstatt erledigen lassen. Evtl. kann dort das Problem auch mit einem Software-Update behoben werden.

Bei wiederholt entladener Batterie nach kürzerer Standzeit, Kabelbaum auf erhöhten **Kriech**- oder **Ruhestrom** prüfen.

! Damit die Steuergeräte nicht aktiviert werden muss eine Kabelbrücke improvisiert werden. Siehe Bilder 1 und 2.

Messvorgang/Bild 2*

- Messgerät **4** auf größten Messbereich **5** einstellen. Messspitzen **6** an Kabelschuh **3** und an Minuspol **2** anschließen.
  Auf sicheren Anschluss der Messspitzen **6** achten.
- Kabelbrücke **1** abnehmen und Messwert ablesen.
  Falls kein Messwert ablesbar ist:
- Messbereich anpassen und Messung wie oben beschrieben wiederholen.
  Ggfs. Messbereich erneut verkleinern.

! Kabelbrücke **1** wieder anschließen und Messspitzen **6** abnehmen.
- Beim Anschluss der Batterie (Pluskabel zuerst) Massekabel anschließen, dann Kabelbrücke **1** abnehmen.

3 Wartung

3.7 Zündkerze

- Die Funkenspender werden alle 20000 Kilometer erneuert.
- Bei Unregelmäßigkeiten im Fahrbetrieb (z.B. unwilliges Starten, Ruckeln oder unsauberes Ausdrehen) kann eine Kontrolle des Kerzengesichts hilfreich sein, um die Ursache festzustellen.
  Das Kerzengesicht kann Aufschluss über defekte Luftwege (z.B. Luft ziehende Ansaugstutzen) und unregelmäßige Kraftstoffzufuhr (z.B. defekter Einspritzdruck-Sensor) geben.
- Um das Kerzengesicht aussagefähig beurteilen zu können, Motor 10 Minuten warm fahren und schon beim Ausrollen abschalten.

! Längeres Laufen des Motors mit Standgas vor dem Abstellen lässt die Kerzen wieder einrußen.

👁 Kerzengesicht (siehe auch nächste Seite) soll grau- bis rehbraunen Farbton aufweisen, bei weißem bis aschgrauem Bild ist das Gemisch zu mager, der Motor läuft zu heiß.
Bei dunkel- bis schwarzbraunem Kerzenbild ist das Kraftstoffluftgemisch zu fett.
Schwarz verrußte, feucht glänzende Kerzen deuten auf mechanische Schäden wie verschlissene Ventilführungen oder abgenutzte Kolbenringe hin, durch die Öl in den Verbrennungsraum gelangt.

→ Zu mageres Gemisch kann z.B. durch Undichtheit am Einlassflansch zwischen Drosselklappengehäuse und Zylinderkopf verursacht werden.

→ Zu fettes Gemisch kann durch einen zugesetzten Luftfilter verursacht werden.

- Zündkerze(n) mit Messingdrahtbürste reinigen.

👁 Isolator auf Risse oder Absplitterungen untersuchen.

👁 Dichtring muss einwandfreie Planflächen aufweisen, bei Beschädigungen Dichtring erneuern.

👁 Mittelelektrode muss rechteckige Kanten haben.

👁 Masse-Elektrode muss gleichbleibende Dicke aufweisen.

- Bei Beschädigung Kerzen erneuern.

1

Elektrodenabstand messen

- Sollwert 0,7 – 0,9 mm

! Masse-Elektroden nicht nachbiegen – Bruchgefahr im Betrieb!

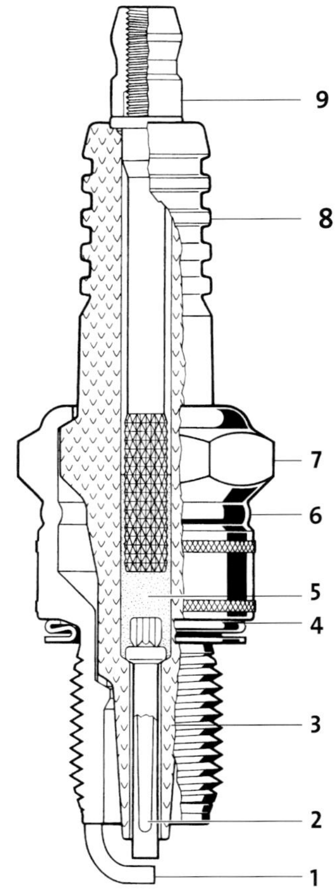

Zündkerze

1	Masseelektrode	**6**	Warmschrumpfzone
2	Mittelelektrode	**7**	Gehäuse
3	Isolatorfuß	**8**	Isolierkörper (Al_2O_3-Keramik)
4	Dichtring	**9**	Anschlussmutter
5	Leitendes Glas		

Einbau

- Zündkerze (Gewinde öl- und fettfrei) gefühlvoll von Hand einschrauben.

! Unbedingt darauf achten, dass schon der erste Gewindegang richtig greift.

! Eine schräg angesetzte Kerze ruiniert mit ihrem harten Stahlgewinde das weiche Gewinde im Aluminium-Zylinderkopf schon nach einer halben Umdrehung.

- Erst bei richtigem Sitz die Kerze mit Knebel anziehen und Stabzündspule wieder aufsetzen.
- **Anzugsmoment**
  Kerzenschlüssel SW14 .... 12 Nm

! Falls gebrauchte Zündkerze wieder verwendet wird, Kerze bis zum Aufsitzen eindrehen und um $1/4$ bis $1/3$ Umdrehung anziehen.

Zündkerzen-Hersteller und -Bezeichnung	
NGK	LMAR8D-J
Elektrodenabstand	
neu	0,7 – 0,9 mm
Verschleißgrenze	max. 1,0 mm
Anzugsmoment M10 x 1	12 Nm

Zündkerzengesichter

Normal
Isolatorfuß von grauweißer-graugelber bis rehbrauner Farbe. Motor ist in Ordnung. Wärmewert richtig gewählt. Gemischeinstellung und Zündeinstellung sind einwandfrei, keine Zündaussetzer, Kaltstarteinrichtung funktioniert.
Keine Rückstände von bleihaltigen Kraftstoffzusätzen oder Legierungsbestandteilen vom Motoröl.
Keine thermische Überlastung.

Verrußt
Isolatorfuß, Elektroden und Zündkerzengehäuse mit samtartigem, stumpfschwarzem Ruß bedeckt.
Ursache: Fehlerhafte Gemischeinstellung (Vergaser, Einspritzung): Gemisch zu fett, Luftfilter stark verschmutzt, Startautomatik nicht in Ordnung oder Starterzug (Choke) zu lange gezogen, überwiegend Kurzstreckenverkehr, Zündkerze zu kalt, Wärmewert-Kennzahl zu niedrig.
Auswirkung: Zündaussetzer, schlechtes Kaltstartverhalten.
Abhilfe: Gemisch und Starteinrichtung richtig einstellen, Luftfilter prüfen.

Verölt
Isolatorfuß, Elektroden und Zündkerzengehäuse mit ölglänzendem Ruß oder Ölkohle bedeckt.
Ursache: Zu viel Öl im Verbrennungsraum.
Ölstand zu hoch, stark verschlissene Kolbenringe, Zylinder und Ventilführungen.
Bei 2-Takt-Ottomotoren zu viel Öl im Gemisch.
Auswirkung: Zündaussetzer, schlechtes Startverhalten.
Abhilfe: Motor überholen, richtiges Kraftstoff-Öl-Gemisch, neue Zündkerzen.

Isolatorfußbruch
Ursache: Mechanische Beschädigung durch Schlag, Fall oder Druck auf die Mittelelektrode bei unsachgemäßer Handhabung. In Grenzfällen kann durch Ablagerungen zwischen Mittelelektrode und Isolatorfuß sowie durch Korrosion der Mittelelektrode der Isolatorfuß – besonders bei überlanger Betriebsdauer – gesprengt werden.
Auswirkung: Zündaussetzer, Zündfunke springt an Stellen über, die durch Frischgemisch nicht sicher erreicht werden.
Abhilfe: neue Zündkerzen.

3 Wartung

3.7.1 Zündkerzen-Wechsel

- Zündkerzen alle 20 000 Kilometer wechseln.
- ! Zündung ausschalten!
- Zündkerzen einbauen wie auf Seite 52 **Einbau** beschrieben.

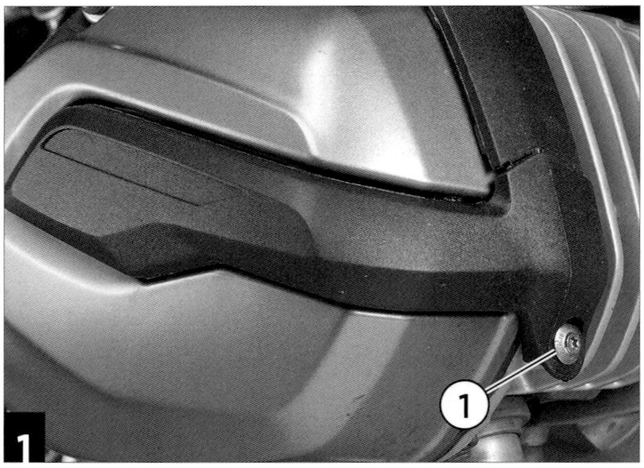

1200: Abdeckung Kabelführung
- Schraube **1** ausdrehen und Abdeckung abziehen.
  Anzugsmoment .... 10 Nm

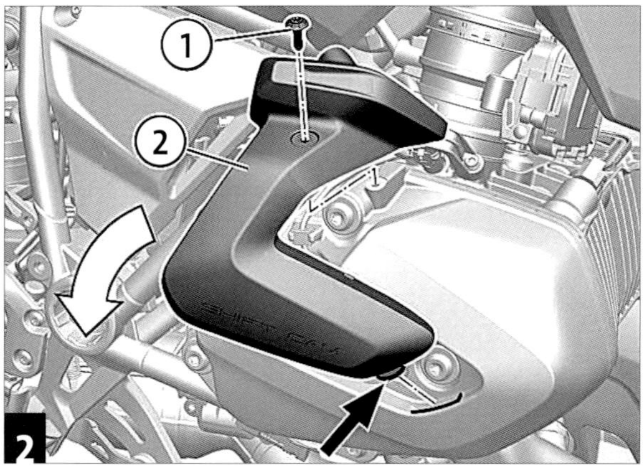

1250: Abdeckung Kabelführung
- Schraube **1** ausdrehen und Abdeckung **2** abziehen. Dabei auf Lasche achten (Pfeil).
  Anzugsmoment .... 10 Nm

1200: Stecker der Stabzündspule
- ! Stecker nach innen wegdrücken und am Kabel abziehen.
- ! Nicht versuchen die Verriegelungslasche **1** anzuheben. Sie bricht leicht ab.

1200: Stabzündspulen abziehen
- BMW-Spezialwerkzeug 12 3 561 im Einsatz, ansonsten wie Bild 6.
- Zündkerze mit Kerzennuss SW14 ausdrehen.

1250: Stecker der Stabzündspule
- ! Stecker nach innen wegdrücken und am Kabel abziehen.
- ! Nicht versuchen die Verriegelungslasche **1** anzuheben. Sie bricht leicht ab.
- ! Beim **Verbinden** des Steckers **2** muss dieser zweimal einrasten, dann mit Verriegelungslasche **1** sichern (rastet hörbar ein).

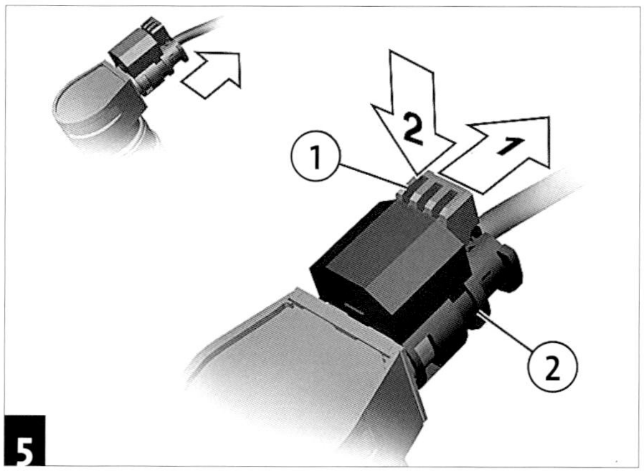

1250: Stecker der Stabzündspule
- Verriegelungslasche **1** in Pfeilrichtung **1** entriegeln.
- Verriegelungslasche **1** in Pfeilrichtung **2** drücken und Stecker **2** abziehen.

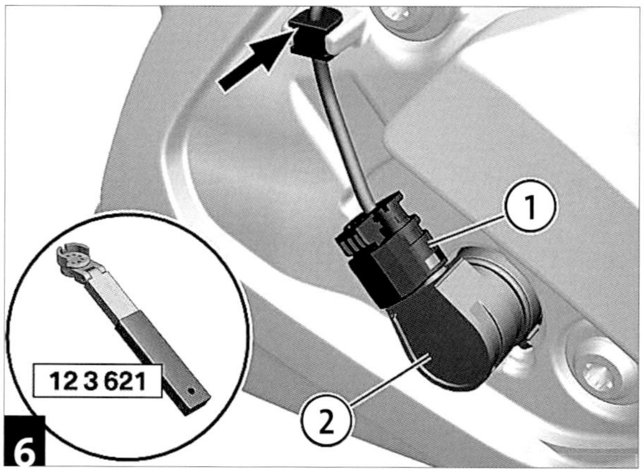

1250: Stabzündspulen abziehen
- Kabel freilegen (Pfeil), Stecker **1** trennen und Spule **2** mit BMW-Spezialwerkzeug 12 3 621 ausbauen.
- Zündkerze mit Kerzennuss SW14 ausdrehen.

3.8 Ventilspiel

Das Ventilspiel gleicht die Wärme-Ausdehnung des Motorgehäuses, Zylinders und Zylinderkopfs aus, damit die Ventile den Brennraum bei allen Betriebstemperaturen dicht abschließen.

! Ventilspiel alle 20000 Kilometer kontrollieren und gegebenenfalls einstellen.

! Ventilspiel bei kaltem Motor (unter 35 °C/ handwarm) kontrollieren und einstellen!

! Zündung ausschalten.

- Motorrad so aufbocken, dass Hinterrad frei drehbar ist, um die Kurbelwelle bei eingelegtem Gang zu drehen.
- Zündkerzen ausdrehen (vorige Seite). Dies erleichtert auch das Durchdrehen des Motors, wenn der obere Totpunkt gesucht wird.
- Beide Zylinderkopfdeckel abnehmen.

→ **R 1250 R/RS** siehe ab Seite 60.

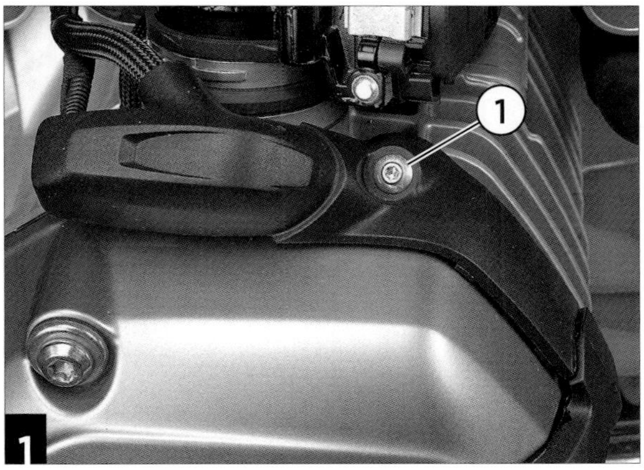

1

Abdeckung der Einspritzdüse
- Schraube **1** ausdrehen und Abdeckung abnehmen.
  Anzugsmoment M6 x 35 .... 10 Nm

2

Masse-Anschluss aus-/einbauen

1 **Anzugsmoment** M6 x 25 .... 8 Nm

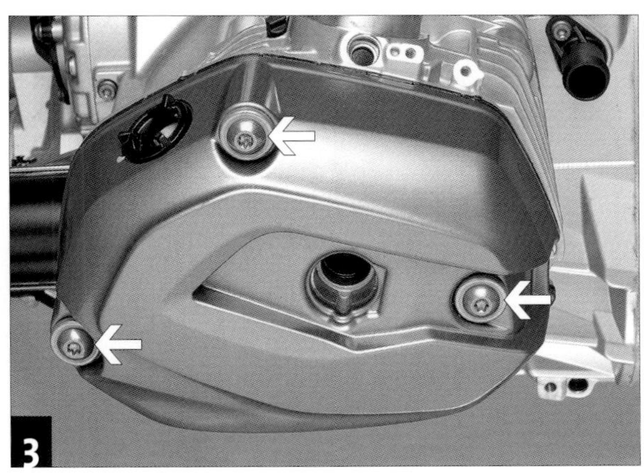

3

Zylinderkopfdeckel aus- und einbauen
- Auffanggefäß für Lecköl bereithalten.
- Deckelschrauben abwechselnd lösen und anziehen.
  Anzugsmoment M6 .... 10 Nm

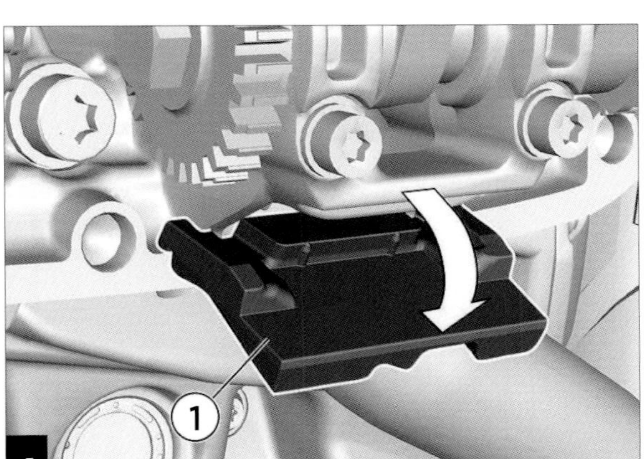

4

Verschiebeschutz
- Verschiebeschutz **1** entnehmen.

5

Zylinderkopfdeckel einbauen
- Gummis der Deckelschrauben leicht einölen.
  Anzugsmoment M6 .... 10 Nm

→

3 Wartung

3.8
Ventilspiel
Fortsetzung

6

Ventildeckel-Einbau
- Dichtgummis müssen genau sitzen.
- Die Nase (Pfeil) im Dichtgummi des Kerzenschachts weist hier am **linken** Zylinderkopf nach **oben**, am **rechten** Zylinderkopf nach **unten**.

Ventildeckel-Einbau
- Ventildeckel in umgekehrter Ausbaureihenfolge wieder einbauen.
- Verschiebeschutz (Bild 4 vorige Seite) nicht vergessen.

7

Abdeckung der Einspritzdüse einbauen
- Auf korrekte Einbaulage der Kabelführung beim Ansetzen und Befestigen der Abdeckung (Bild 1) achten.

3.8.1
Ventilspiel messen

Kurbelwelle festlegen

- Verschluss-Schraube aus-/eindrehen.
  Anzugsmoment
  M16 x 1,5 Innensehskant SW8 .... 30 Nm

- Die Ventile des betreffenden Zylinders sind im OT geschlossen (es ist Spiel spürbar) und die Ventile des gegenüberliegenden Zylinders stehen auf Überschneidung (es ist kein Spiel spürbar).
- 👁 Die Nockenwellen des zu messenden Zylinders haben die in Bild 3a **oder** Bild 3b gezeigten Stellungen.

Ventilspiel-Sollwerte

(bei kaltem Motor, maximal 35 °C)
Einlass .... 0,10 – 0,17 mm
Auslass.............................. 0,34 – 0,41 mm

- Ggfs. abweichende Werte notieren.
- Absteckdorn zurück ziehen (nicht ausdrehen) und arretieren. Hinterrad in Fahrtrichtung drehen bis Kurbelwelle um 360° weitergedreht wieder in Absteckdorn einrastet.
- Gegenüberliegenden Zylinder messen und abweichende Werte notieren.
- Ggfs. Ventilspiel einstellen, siehe nächste Seite.

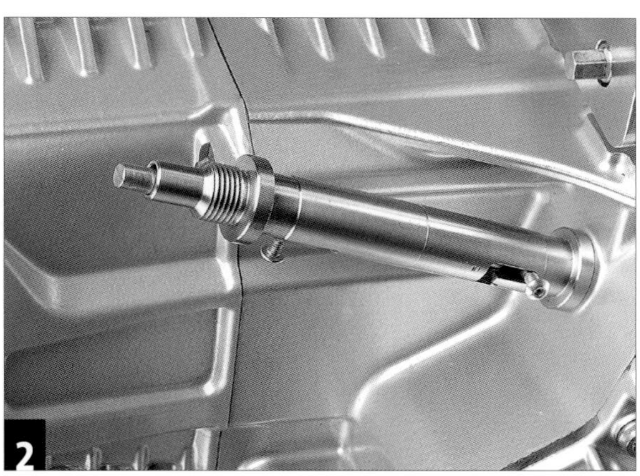

Absteckdorn

- Dorn mit der 8 mm-Seite eindrehen.
- Höchsten Gang einlegen. Hinterrad in Fahrtrichtung drehen, bis Absteckdorn im OT einrastet.

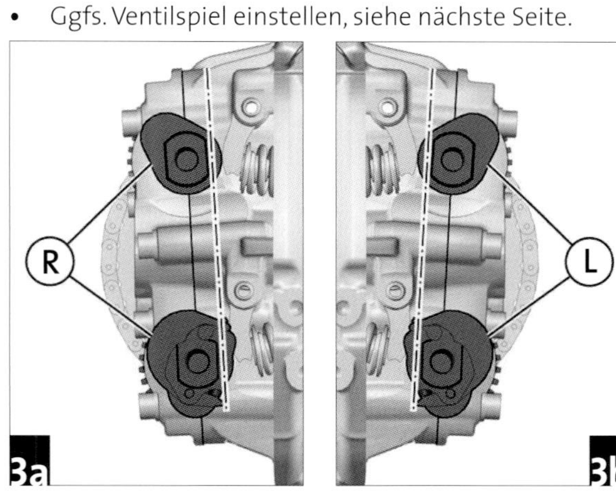

OT-Nockenwellenstellungen (Ansicht von vorn)

- Die Nocken des zu messenden Zylinders (**L**inks **oder** **R**echts) weisen nach außen. Gegenüber ist Überschneidungs-Totpunkt (kein Ventilspiel spürbar).
- 👁 Die flachen Seiten der Zweikante fluchten.

Ventilspiel messen

- Fühlerlehrenblatt muss zwischen Nocke und Schlepphebel satt passend ohne Widerstand beweglich sein.

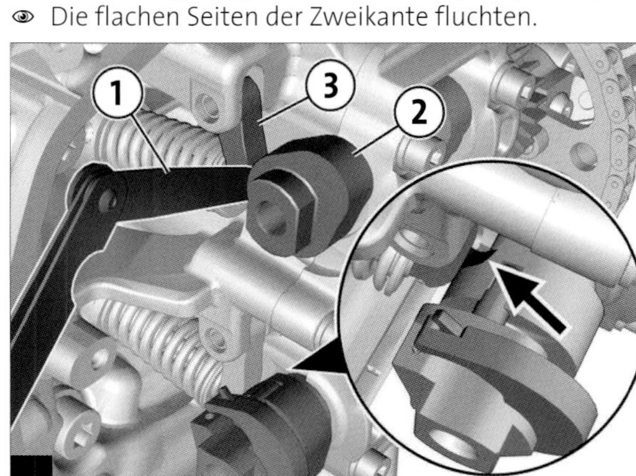

Ventilspiel-Messung

- Beim Messen mit der Fühlerlehre **1** zwischen Nocken **2** und Schlepphebeln **3** nicht an der Aussparung (Pfeil) der Nocken messen.

3.8.2 Ventilspiel einstellen

- Das Ventilspiel wird mittels unterschiedlich dicker Distanzplättchen auf den Ventilschäften eingestellt. Dazu müssen die Nockenwellen ausgebaut weden.
- Ventilspiel ggf. mittels dünnerer oder dickerer Distanzplättchen in den Toleranzbereich bringen.
- Die Plättchen sind auf dem Ersatzteilwege über Ihren BMW-Händler zu beziehen.
- Nach Einbau der neuen Plättchen und vor Ausbau der Steuerketten-Spannvorrichtung die Steuerzeiten kontrollieren (nächste Seite).

- Die **Spannvorrichtung** (Bilder 7 und 8) simuliert den Druck, dem der Steuerkettenspanner bei laufendem Motor ausgesetzt ist, da er dabei auch noch vom umlaufenden Öldruck unterstützt wird.

Steuerkettenspanner
- Steuerkettenspanner SW17 ausdrehen.

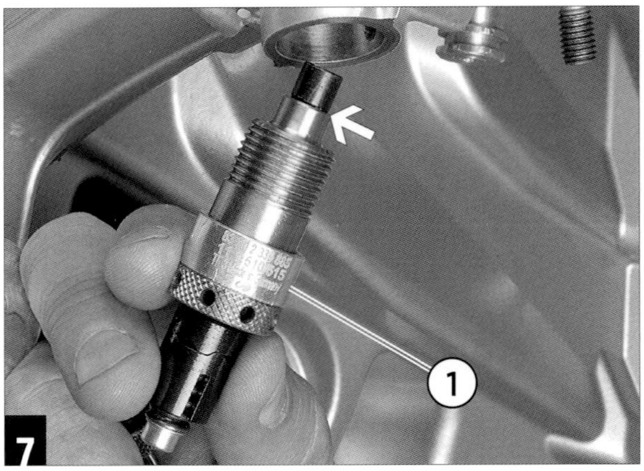

Steuerketten-Spannvorrichtung Nr. 11 1 512
- Gewinde bis Anschlag eindrehen (Pfeil).
- Spannvorrichtung mit Hülse **1** Nr. 11 1 515 eindrehen.

Steuerketten-Spannvorrichtung Nr. 11 1 512
- Spannvorrichtung bis zum Freilauf eindrehen und anschließend dreimal "abknacken" (dreimal nachziehen, bis es knackt).

Lagerdeckelschrauben
- Schrauben schrittweise über Kreuz ausdrehen und beim Einbau anziehen. Deckel abnehmen.
  Anzugsmoment M6 x 35. . . . . .10 Nm

- Nockenwellen und O-Ring **1** abnehmen.
- Beim **Einbau** darauf achten, dass Passfläche des Deckels und die Zweikante **2** an der Stirnseite der Nockenwellen fluchten. O-Ring **1** nicht vergessen. Passstift **3** beachten.

Einstellplättchen entnehmen
- Schlepphebel (Pfeil) hochklappen.
- Einstellplättchen mit Magnetheber abnehmen, Dicke messen und durch passendes ersetzen.

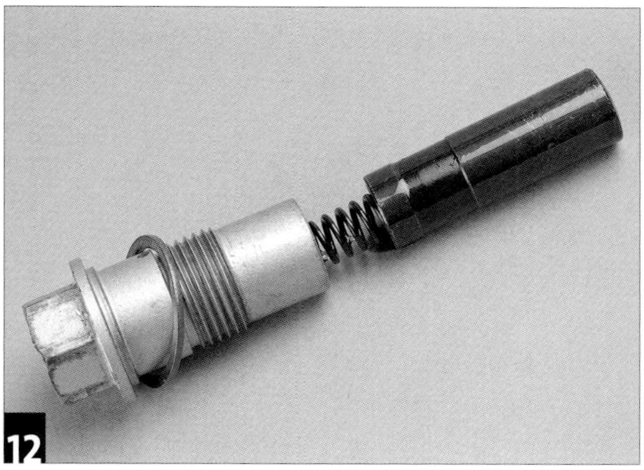

Steuerkettenspanner

- Spanner mit Dichtscheibe, Feder und Druckbolzen.

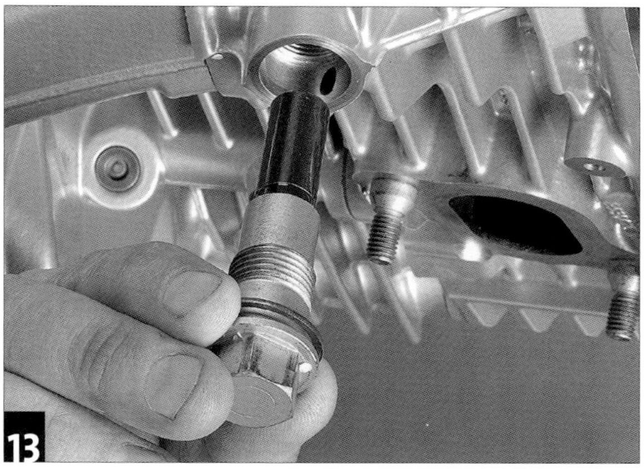

Steuerkettenspanner

- Spanner mit so gut wie neuer Dichtscheibe einbauen.
  Anzugsmoment M18 x 1,5 .... 30 Nm

- Nicht vergessen: Vor Ausbau der Spannvorrichtung Steuerzeiten kontrollieren.

Einbau

- Lagerstellen der Nockenwellen vollständig ölen.
- Nockenwellen einsetzen und Lagerdeckel aufsetzen (Bilder 9 und 10).
- Deckelmontage siehe Seite 55.

Die "Brille" muss passen...
...dann stimmen auch die Steuerzeiten.

3.8.3 Steuerzeiten kontrollieren und einstellen

- Steuerzeiten kontrollieren, wenn die Steuerketten-Spannvorrichtung und der Absteckdorn noch montiert sind!
- Bild 1: Wenn die "Brille" (Absteckvorrichtung BMW-Nr. 11 0 827) nicht passt:
- Am linken Zylinder: Geber des Nockenwellensensors ausbauen (Bild 2).
- Beide Schrauben der Nockenwellenräder lockern (Ein- und Auslass; Bild 3).
- Nockenwellen am Zweikant drehen bis Absteckvorrichtung passt (Bild 1).
- Beide Schrauben der Nockenwellenräder anziehen (Bild 3).
- "Brille" und **Absteckdorn abnehmen**.
- Kurbelwelle per eingelegtem Gang und Hinterrad weiterdrehen bis der bearbeitete Zylinder wieder im Zünd-OT steht und nochmals kontrollieren.

Geber des Nockenwellen-Sensors - linker Zylinder

- Klemmschraube (Pfeil) lösen und Geber abziehen.
- Beim Einbau im Zünd-OT Gebermarkierung auf Sensor-Markierung ausrichten.
  Anzugsmoment M6 .... 10 Nm

Schrauben der Nockenwellenräder

- **Anzugsmoment**
  M10 x 1,25 x 35 10.9 (Auslass links) .... 65 Nm
  M10 x 1,25 x 25 10.9 (übrige) .... 65 Nm

3 Wartung

3.8.4
Ventilspiel messen R 1250 R/RS

- ! Ventilspiel alle 20000 Kilometer kontrollieren und gegebenenfalls einstellen.
- ! Ventilspiel bei kaltem Motor (unter 35 °C/ handwarm) kontrollieren und einstellen!
- ! Zündung ausschalten.
- Motorrad so aufbocken, dass Hinterrad frei drehbar ist, um die Kurbelwelle bei eingelegtem Gang zu drehen. Die Feineinstellung der Nockenstellung mit Drehvorrichtung 11 0 821 (Stirnlochschlüssel; Bild 7) vornehmen.
- Zündkerzen ausdrehen (voriges Kapitel). Dies erleichtert das Durchdrehen des Motors, wenn der obere Totpunkt gesucht wird.
- Beide Zylinderkopfdeckel abnehmen.

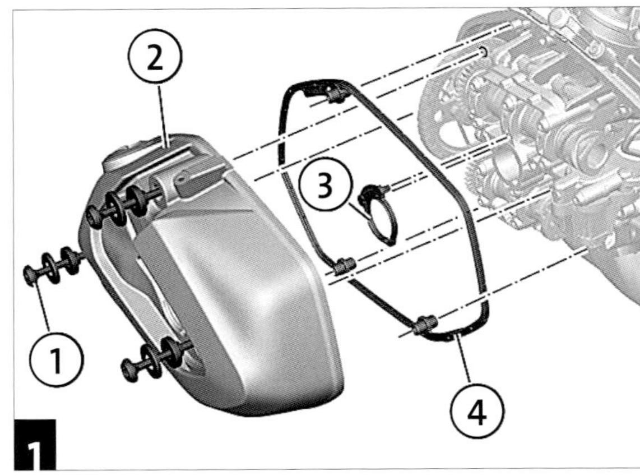

Zylinderkopfdeckel aus- und einbauen
- Auffanggefäß für Lecköl bereithalten.
- Deckelschrauben **1** T50 abwechselnd ausdrehen.
- Deckel **2** mit Dichtungen **3** und **4** abnehmen.

1 **Anzugsmoment** M6 T50 .... 10 Nm

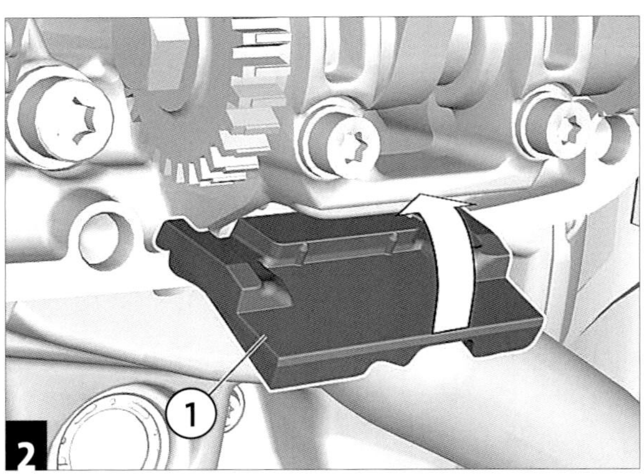

Verschiebeschutz
- Verschiebeschutz **1** einsetzen.

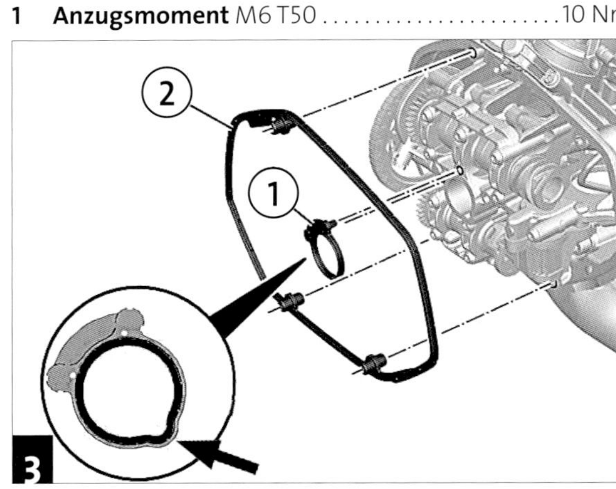

Ventildeckel-Einbau
- Dichtgummis **1** und **2** müssen genau sitzen.
- Die Nase (Pfeil) im Dichtgummi **1** des Kerzenschachts weist hier am **linken** Zylinderkopf nach **oben**, am **rechten** Zylinderkopf nach **unten**.

Zylinderkopfdeckel einbauen
- Gummis der Deckelschrauben leicht fetten.
  Anzugsmoment M6 .... 10 Nm

Kurbelwelle festlegen
- Verschlussschraube hinter linkem Zylinder ausdrehen.
  Anzugsmoment
  M16 x 1,5 Innensechskant SW8 .... 30 Nm

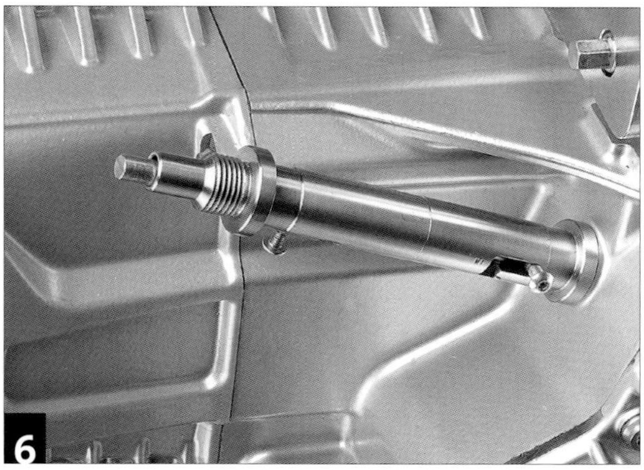

Kurbelwelle mit Absteckdorn festlegen

- Dorn mit der 8 mm-Seite eindrehen und entriegeln.
- Höchsten Gang einlegen. Hinterrad in Fahrtrichtung drehen, bis Absteckdorn in Kurbelwelle bei OT einrastet. Alternativ (Bild 7):

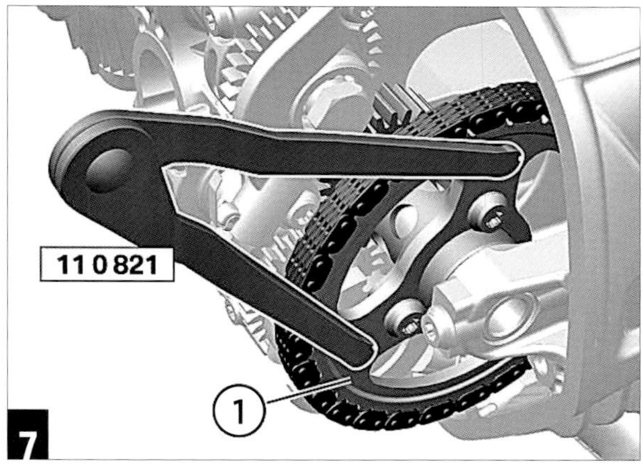

- Nockenwellen-Kettenrad **1** mit Drehvorrichtung 11 0 821 (Stirnlochschlüssel) drehen.

! **Links** (Bild 7): Gegen Uhrzeigersinn drehen bis Rastung.
! **Rechts**: Im Uhrzeigersinn drehen bis Rastung.

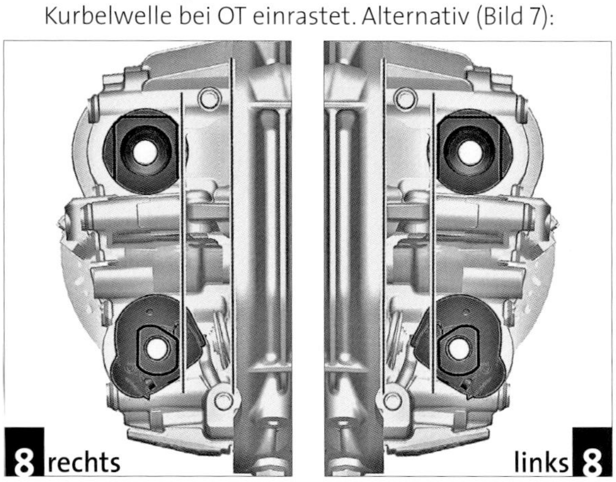

OT-Nockenwellenstellungen (Ansicht von vorn)

- Die Nocken des zu messenden Zylinders (links **oder** rechts) weisen nach außen. Gegenüber ist Überschneidungs-Totpunkt (kein Ventilspiel spürbar).

👁 Abflachungen vorn stehen prallel zur Dichtfläche.

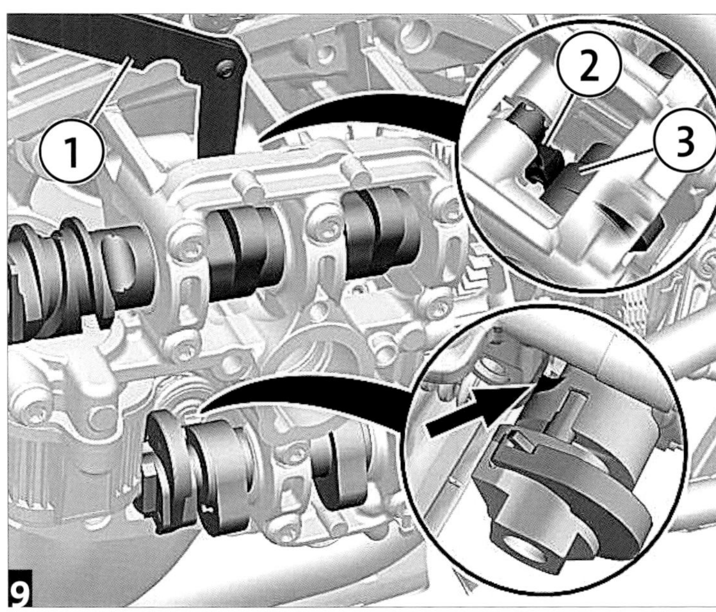

Ventilspiel-Messung

- Beim Messen mit der Fühlerlehre **1** zwischen Nocken **2** und Schlepphebeln **3** nicht an der Aussparung (Pfeil) der Nocken messen.

Ventilspiel-Sollwerte

(bei kaltem Motor, maximal 35 °C)
Einlass .... 0,10 – 0,17 mm
Auslass..............................0,34 – 0,41 mm

- Ggfs. abweichende Werte notieren.
- Absteckdorn zurück ziehen (nicht ausdrehen) und arretieren. Hinterrad in Fahrtrichtung drehen bis Kurbelwelle um 360° weitergedreht wieder in Absteckdorn einrastet.
- Gegenüberliegenden Zylinder messen und abweichende Werte notieren.
- Ggf. Ventilspiel einstellen: Folgeseite.

Ventilspiel messen

- Fühlerlehrenblatt muss zwischen Nocke und Schlepphebel satt passend ohne Widerstand beweglich sein (im Bild die 1200er).

3.8.5
Ventilspiel einstellen R 1250 GS

- Das Ventilspiel wird mittels unterschiedlich dicker Distanzplättchen auf den Ventilschäften eingestellt. Dazu müssen die Nockenwellen ausgebaut werden.
- Ventilspiel ggf. mittels dünnerer oder dickerer Distanzplättchen in den Toleranzbereich bringen.
- Die Plättchen sind auf dem Ersatzteilweg über Ihren BMW-Händler zu beziehen.
- Nach Einbau der neuen Plättchen und vor Ausbau der Steuerketten-Spannvorrichtung die Steuerzeiten kontrollieren (Seite 65).
- Die **Steuerketten-Spannvorrichtung Nr. 11 1 512** (Bild 2) simuliert den Druck, dem der Steuerkettenspanner bei laufendem Motor ausgesetzt ist, da er dabei auch noch vom umlaufenden Öldruck unterstützt wird.

Steuerkettenspanner
- Steuerkettenspanner SW17 ausdrehen.

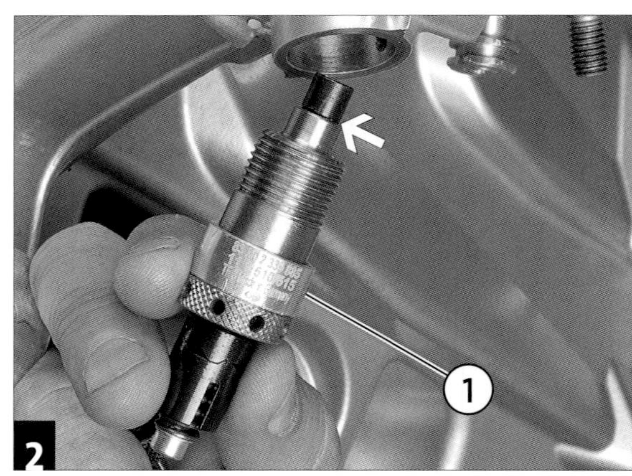

Steuerketten-Spannvorrichtung Nr. 11 1 512
- Gewinde bis Anschlag eindrehen (Pfeil).
- Spannvorrichtung mit Hülse **1** Nr. 11 1 515 eindrehen.

Steuerketten-Spannvorrichtung Nr. 11 1 512
- Spannvorrichtung bis zum Freilauf eindrehen und anschließend dreimal "abknacken" (dreimal weiterdrehen bis es knackt).

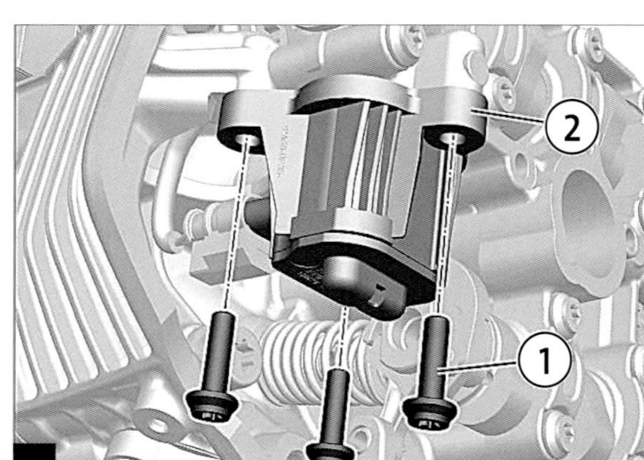

Schaltnocken-Verstelleinheit
- Schrauben **1** ausdrehen und Schaltnocken-Verstelleinheit **2** lösen.

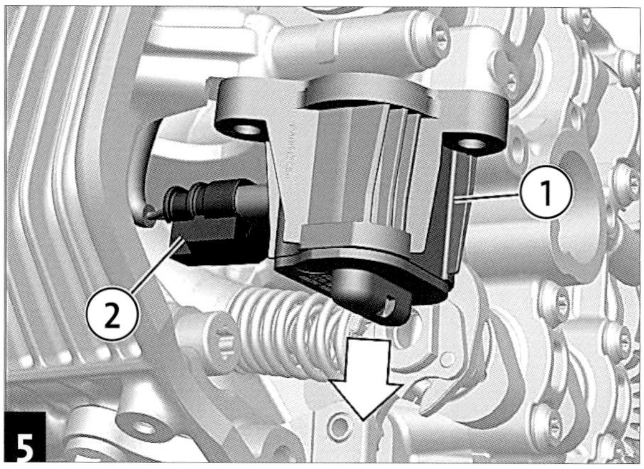

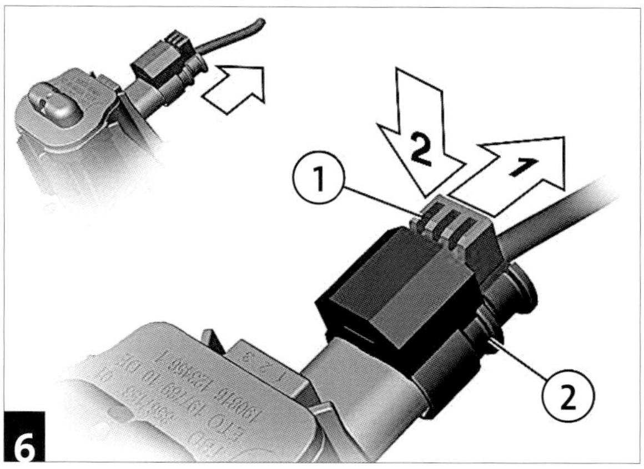

- Stecker **2** lösen und Verstelleinheit **1** abnehmen.

! Stecker von der Verriegelungslasche **1** wegdrücken, nicht die Lasche abheben oder verbiegen (Bruchgefahr).

- Verriegelungslasche **1** in Pfeilrichtung (Pfeil 1) entriegeln.
- Verriegelungslasche **1** in Pfeilrichtung (Pfeil 2) drücken und Stecker **2** trennen.

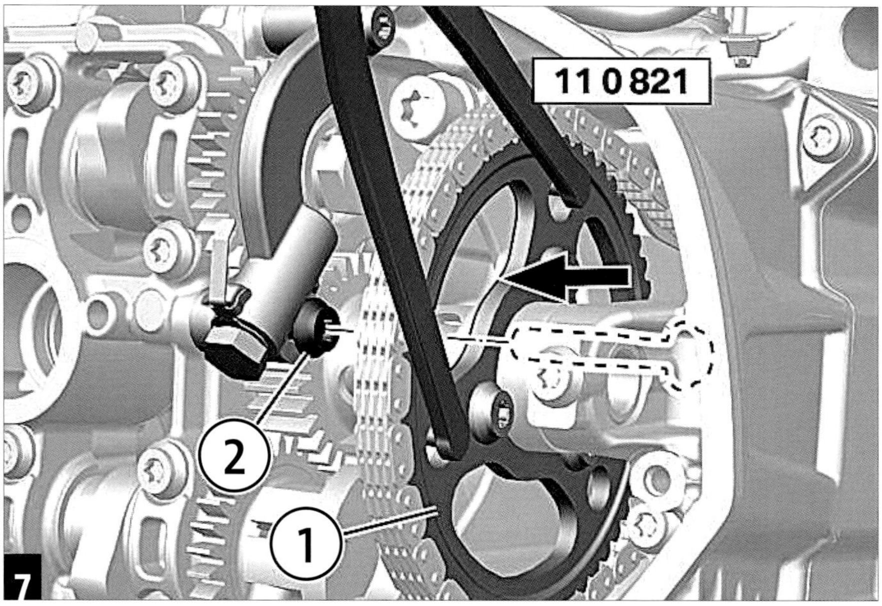

Haltebügel Axialfixierung ausbauen

- Ggf. Absteckdorn (Bild 6 Seite 61) zurückziehen.
- Mit Drehvorrichtung 11 0 821 (Stirnlochschlüssel) am Kettenrad **1** ansetzen und Motor im Uhrzeigersinn soweit durchdrehen, dass sich Schraube **2** durch Aussparung (Pfeil) ausbauen lässt.

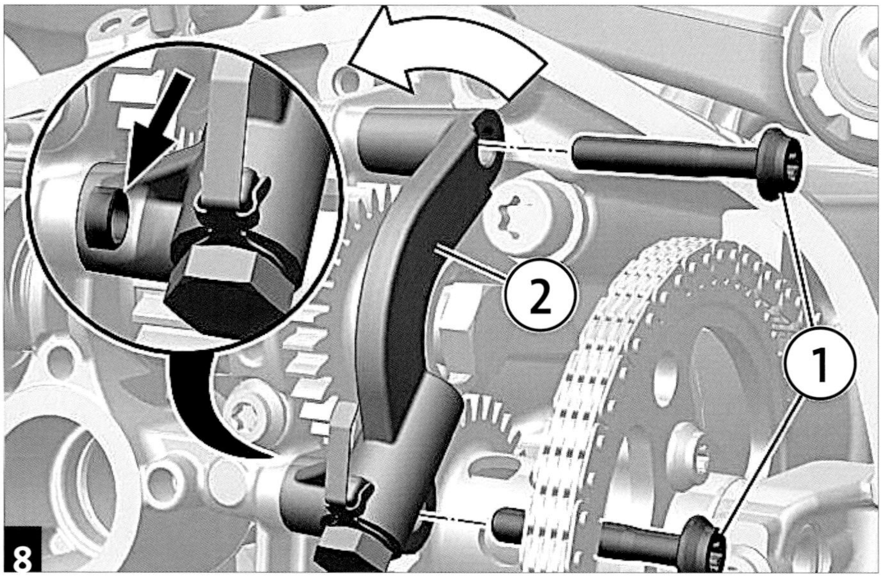

- Schrauben **1** ausdrehen und Haltebügel **2** abnehmen (Pfeil). Dabei auf Führungshülse achten (Pfeil in Lupe).

Anzugsmoment

1 M6 x 35 ....10 Nm

3.8.5
Ventilspiel einstellen R 1250 GS

Fortsetzung

Lagerdeckelschrauben

- Zehn Schrauben **1** schrittweise über Kreuz ausdrehen und anziehen. Deckel **2** abnehmen.
- Auf Verbleib von O-Ring **3** achten.

1 Anzugsmoment
M6 x 35.........10 Nm

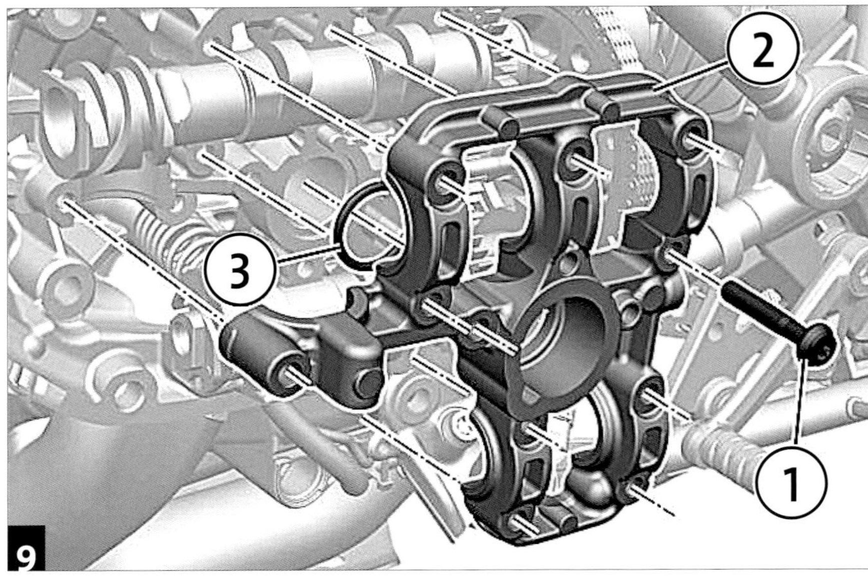

9

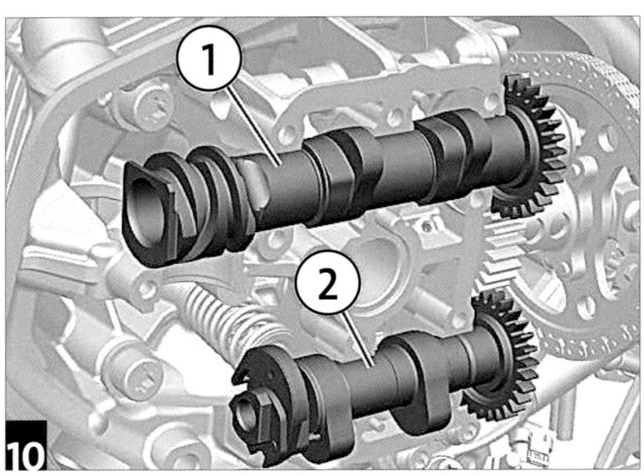

10

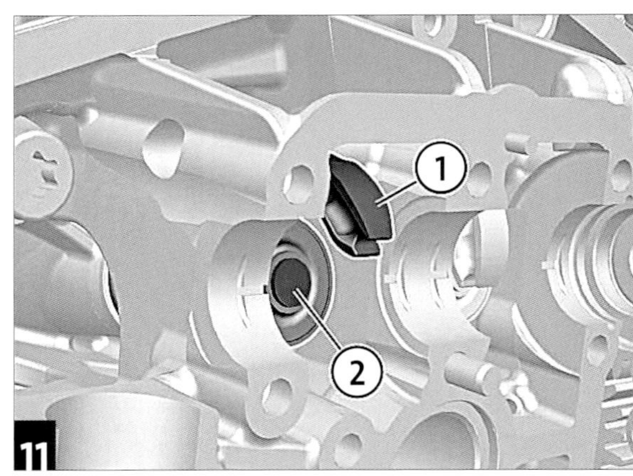

11

Nockenwellen

- Einlass- **1** und Auslass-Nockenwelle **2** abnehmen.
- Einbaulage rechts/gegenüber natürlich spiegelbildlich...

Einstellplättchen entnehmen

- Schlepphebel **1** hochklappen.
- Einstellplättchen **2** mit abweichenden Werten mit Magnetheber abnehmen, in natura bei der 1200er Bild 11 Seite 58 zu sehen.
- Dicke der Plättchen mit abweichenden Werten messen und gegen entsprechend dickere oder dünnere Plättchen austauschen, um Spiel wieder in die Toleranz zu bringen.

Ventilspiel-Sollwerte

(bei kaltem Motor, maximal 35 °C)
Einlass ....0,10 – 0,17 mm
Auslass....................0,34 – 0,41 mm

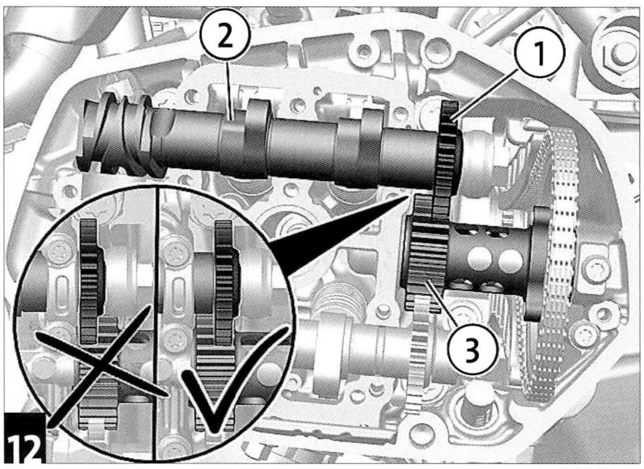

Nockenwellen einbauen

- Einlass-Nockenwelle **2** so ansetzen, dass Zahnrad **1** hinten am Zwischenwellenrad **3** eingreift, so dass die "zahmen" Nocken auf die Schlepphebel wirken.

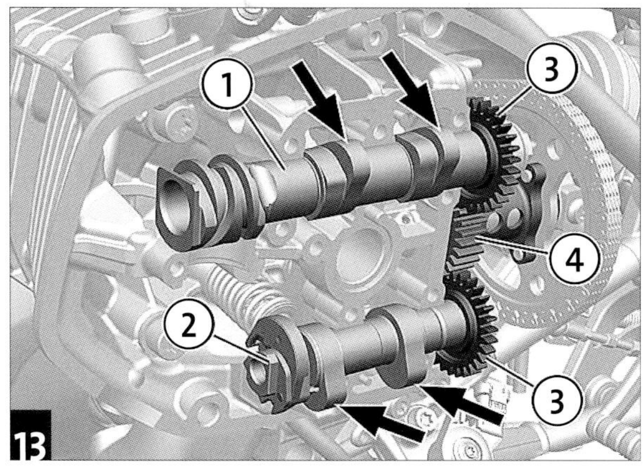

Nockenwellen einbauen

- Einlass- **1** und Auslass-Nockenwelle **2** so einsetzen, dass Nocken nach außen weisen (Pfeile), und die Zahnräder **3** in Zwischenwellenrad **4** eingreifen.
- Siehe auch Bild 14.
- Lagerdeckel montieren (Bild 9).

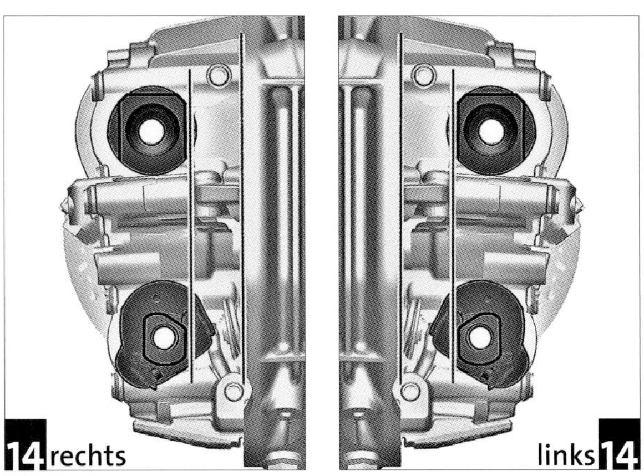

OT-Nockenwellenstellungen (Ansicht von vorn)

- Die Nocken des zu bearbeitenden Zylinders (links **oder** rechts) weisen nach außen.
- 👁 Abflachungen vorn (Stirnseite der Nockenwellen) stehen parallel zur Dichtfläche.

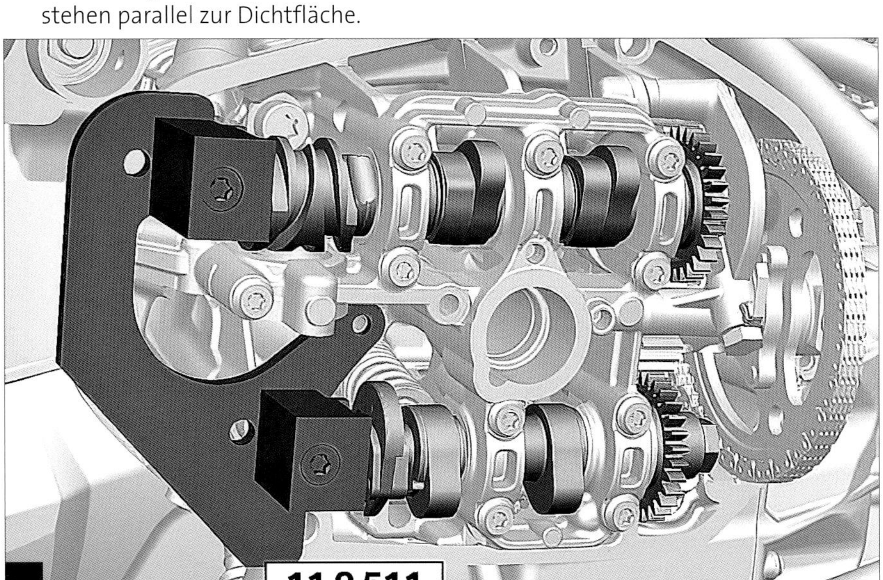

Steuerzeiten kontrollieren

- Mit Absteckvorrichtung 11 2 511 (links) bzw. 11 2 512 (rechts) die korrekte Zünd-OT-Stellung kontrollieren.
- Falls sich die Absteckvorrichtung nicht aufstecken lässt, Steuerzeiten einstellen wie auf den folgenden Seiten beschrieben.
- Falls sich die Absteckvorrichtung aufstecken lässt, Deckel montieren (Bilder 1 bis 4 Seite 60).

3.8.6
Steuerzeiten einstellen R 1250 GS

Nockenwellensensor ausbauen

- Mit Drehvorrichtung am Zwischenrad Motor im Uhrzeigersinn so drehen, bis Zwischenradposition (Pfeil) erreicht ist.

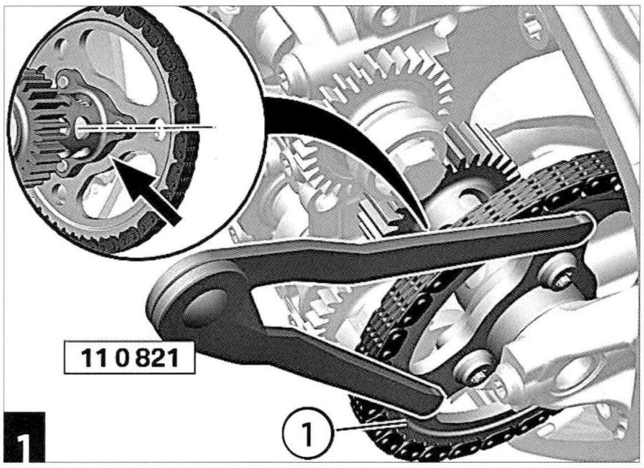

- Schraube **1** lockern.
- Geber **2** so ausrichten, dass Aussparung (Pfeil) nach oben weist.
- Geber **2** abnehmen.

Steuerzeiten einstellen

- Schrauben **1** lockern.
- Nockenwellen **2** und **3** drehen, bis sich Absteckvorrichtung aufschieben lässt.
- Beim Einbau des Lagerdeckels darauf achten, dass Passfläche des Deckels und die Zweikante an der Stirnseite der Nockenwellen fluchten.
O-Ring nicht vergessen.

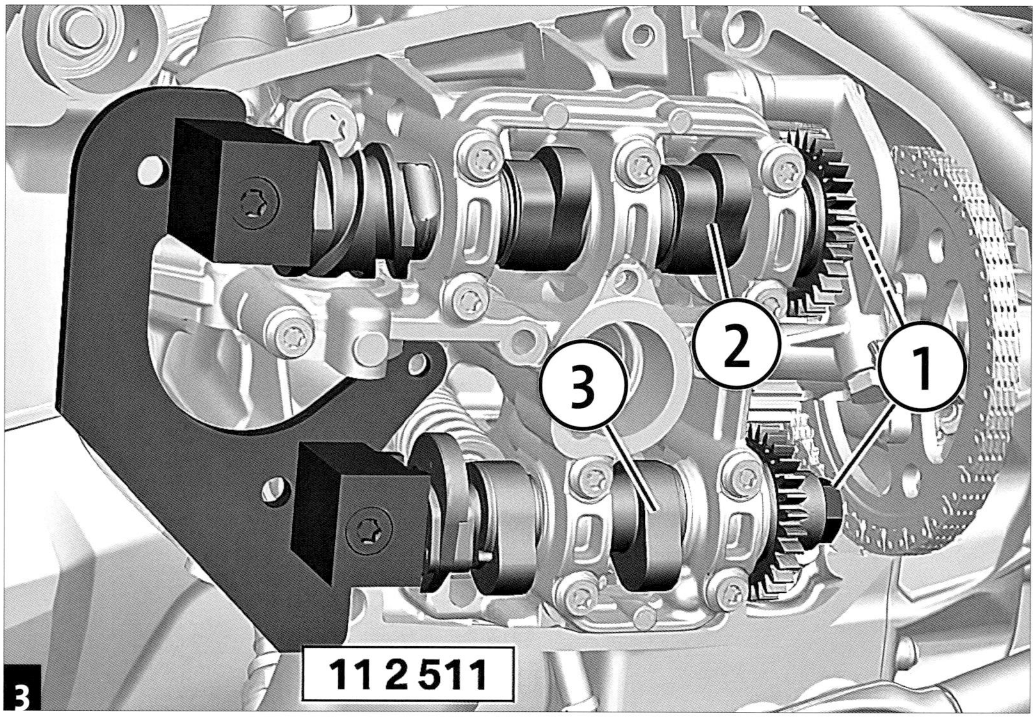

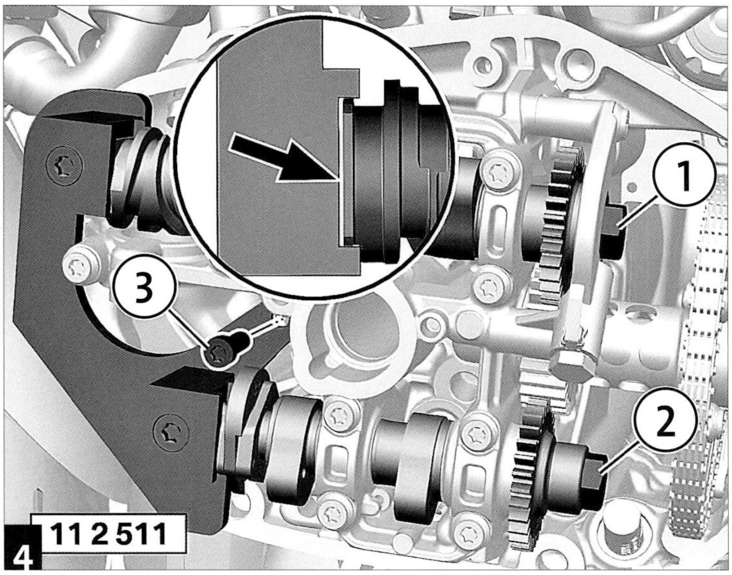

- Auf korrekten Sitz der Absteckvorrichtung achten (Pfeil).
- Schraube **3** handfest eindrehen und so Absteckvorrichtung fixieren.
- Schrauben **1** und **2** anziehen.
- **Anzugsmoment**
  M10 x 1,25 x 35 10.9
  (Auslass links) .... 65 Nm
  M10 x 1,25 x 25 10.9
  (übrige)........................60 Nm

Nockenwellensensor einbauen

- Geber so ausrichten, dass Aussparung (Pfeil) nach oben weist und auf Nockenwelle aufschieben (Bild 2).
- Geber **1** so ausrichten, dass Markierung (Pfeil) auf Nut im Nockenwellensensor **2** weist.
- Schraube **3** anziehen.
  Anzugsmoment
  M5 x 20...6 Nm
- Deckel montieren (Bilder 1 bis 4 Seite 60).
- Vorarbeiten in umgekehrter Reihenfolge durchführen.

3 Wartung

3.9 Kühlsystem

3.9.1 Kühlmittelstand

Das Kühlsystem ist ein geschlossenes System. Der Ausgleichsbehälter dient zur Aufnahme des Kühlmittels, wenn es erwärmt wird und sich dann ausdehnt – und zur Kontrolle des Pegels.
Wenn das Kühlmittel wieder abkühlt und sich zusammenzieht, wird vom Ausgleichsbehälter wieder »abgesaugt«.

! Spritzer auf der Haut und vor allem den Augen sofort mit Wasser abwaschen.
- Kühlmittelstand alle 10 000 Kilometer kontrollieren.
- Kühlmittelstand bei kaltem Motor kontrollieren.
- Maschine senkrecht auf Hauptständer abstellen.
- Pegel muss sich zwischen oberer (MAX) und unterer Markierung (MIN) befinden.
- Falls sich Kühlmittelstand unter der Minimum-Markierung befindet:
- Mittelteil und rechte Seitenverkleidung abnehmen (ab Seite 28).
- Ausgleichsbehälter mit einer Mischung aus weichem (entionisiertem/destilliertem) Wasser und handelsüblichem Frostschutzmittel für Leichtmetallmotoren und -kühler (Mischungsverhältnis 1:1) bis zur MIN-Markierung auffüllen.

! Nur nitritfreie Langzeit-Frost- und Korrosionsschutzmittel verwenden!

! Falls unterwegs »Notbefüllung« mit Leitungswasser (möglichst weiches Trinkwasser) vorgenommen werden muss, sobald wie möglich komplettes System mit entionisiertem/destilliertem Wasser durchspülen und neu befüllen. Die im Leitungswasser gelösten Mineralien verursachen Ablagerungen und Korrosion der Kühlkanäle.

- Komplettes System bei gelegentlicher Verkleidungsdemontage und betriebswarmer Maschine im Leerlauf auf Dichtheit sichtprüfen.
- Festsitz der Schlauchschellen kontrollieren.
- Schmutz, der sich in den Kühlerlamellen festgesetzt hat, mit weichem (!) Wasserstrahl oder Druckluft von der Rückseite nach vorn herausspülen.

Ablaufbohrung
- Am linken Zylinder befindet sich eine Ablaufbohrung der Wasserpumpe (Pfeil Bild 3). Wenn sich hier Wasser sammelt bzw. austritt, sind die Keramik-Dichtringe defekt, die das Kühlmittel vom Motoröl und umgekehrt trennen.
  Damit bei einem Defekt das Kühlmittel nicht das Motoröl verdünnt, tritt das Kühlmittel hier aus.
- Bei Leckage wird die Pumpe komplett getauscht.
  Siehe Seite 118.

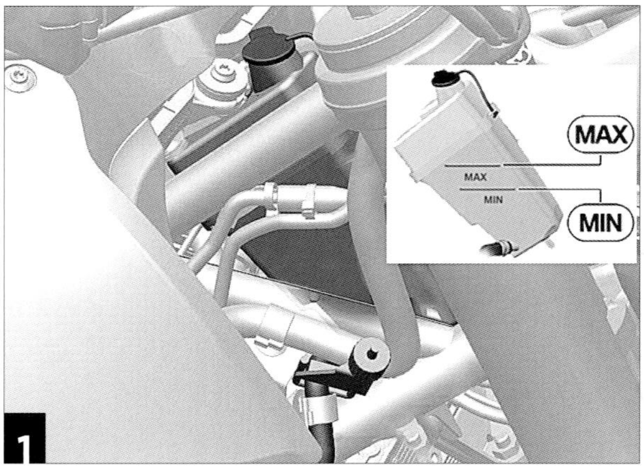

Kühlmittelstand
- Pegel **1** am Ausgleichsbehälter von rechts kontrollieren.
- Pegel **1** muss zwischen MIN- und MAX-Markierung liegen.

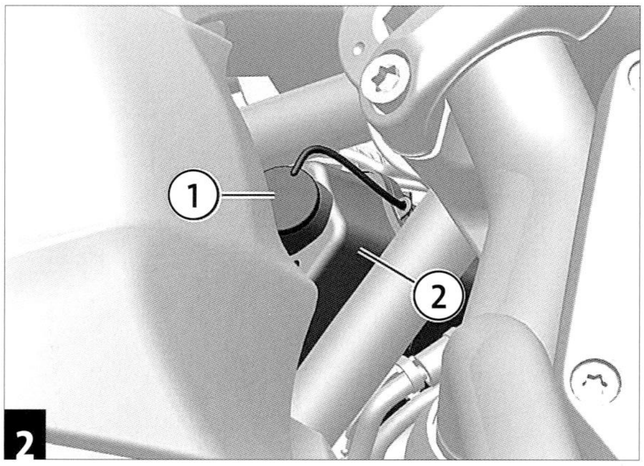

Kühlmittelstand
- Kühlmittel am Ausgleichsbehälter **2** nachfüllen.
- Deckel **1** abziehen und Kühlmittel auffüllen.
- MIN- und MAX-Markierung beachten.
- Deckel **1** aufdrücken.

Ablaufbohrung der Wasserpumpe
- Einbaulage: vor linkem Zylinder unten.

Kühlmittel-Qualität
- Spätestens im Herbst die Zusammensetzung des Kühlmittels prüfen, um ausreichenden Frostschutz zu gewährleisten (im Bild F 650 GS-Einzylinder).

3.9.2 Kühlmittelwechsel

Es gibt seitens des Werks keine Angaben über einen turnusmäßigen Wechsel des Kühlmittels, trotzdem ist der gelegentliche Wechsel empfehlenswert. Allerdings wird das Kühlmittel nach BMW-Art natürlich nicht einfach 'reingekippt und das Entlüften mehr oder weniger sich selbst überlassen, sondern das frische Kühlmittel wird per Unterdruck-Pumpe in das fein verästelte System "gesaugt". Wenn also nach der "üblichen" Methode gewechselt wird, entsprechend den Kühlmittelstand nicht nur im Ausgleichsbehälter im Auge behalten, sondern auch am Kühler auf korrekte Füllhöhe kontrollieren. Und zwar nicht nur direkt nach dem Befüllen, sondern auch nochmals eine kurze Wegstrecke danach!

- Kühlmittel mindestens alle vier Jahre wechseln.
- Motorrad sicher aufbocken.
- Auffanggefäß unter die Ablässe links und rechts stellen (Bilder 1 und 2).

! Verbrühgefahr. Motor auskühlen lassen. Umgang mit heissem Kühlmittel vermeiden!

Kühlmittel
Mischung aus weichem (entionisiertem/destilliertem) Wasser und handelsüblichem Frostschutzmittel für Leichtmetallmotoren und -kühler (Verhältnis 1:1).

Füllmengen
Kühlmittelkreislauf gesamt ....1,5 l
Ausgleichsbehälter ....0,25 l

Kühlmittelablass am Zylinder rechts unten

- Geeigneten Trichter verwenden, um Kühlmittel in Auffanggefäß aufzufangen.
  Anzugsmoment mit neuer Dichtscheibe..... 12 Nm

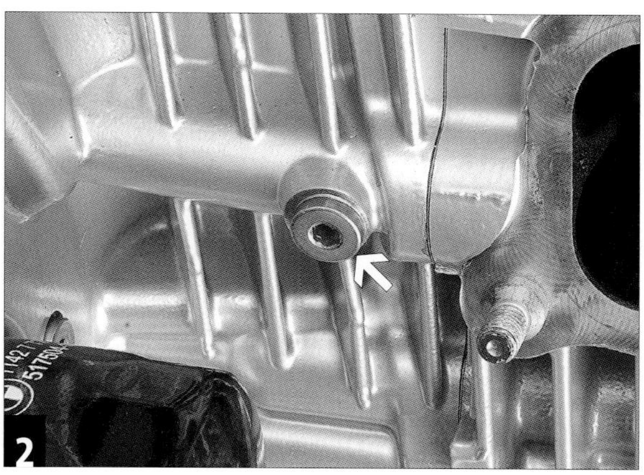

Kühlmittelablass am Zylinder links unten

- Geeigneten Trichter verwenden, um Kühlmittel in Auffanggefäß aufzufangen.
  Anzugsmoment mit neuer Dichtscheibe..... 12 Nm

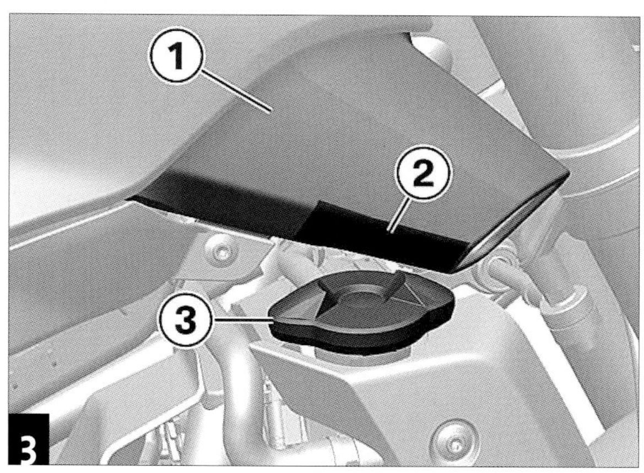

Kühlerdeckel am Kühler rechts/R 1200 R

- Ansaugschnorchel **1** im Bereich **2** abkleben (Bauteileschutz) und Kühlerdeckel **3** abnehmen.

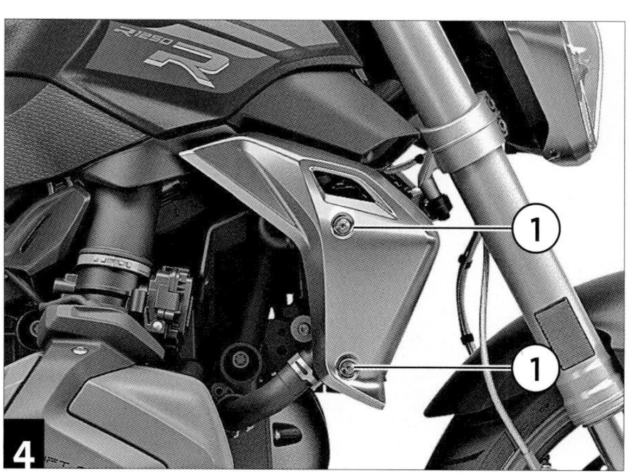

R 1250 R: Kühlerblende

- Zwei Schrauben **1** ausdrehen und Kühlerblende abnehmen.

RS: Seitenverkleidung rechts

- Tank-/Seitenverkleidung rechts abnehmen für den Zugang zum Kühlerdeckel **1** (ab Seite 29).

Kühlmittel einfüllen

- Motorrad auf Hauptständer stellen, bzw. so aufbocken, dass es senkrecht steht.
- Kühlmittelablass links und rechts eindrehen (Bilder 1 und 2).
- Ausgleichsbehälter befüllen (0,25 Liter).
- Kühlerdeckel abnehmen (Bild 3).
- Kühler bis zur **Unterkante des Einfüllstutzens** befüllen (etwa 1,5 Liter). Dabei geduldig warten, Wasserschläuche kneten und wieder nachfüllen.
- Abschließend Motorrad auf Seitenständer stellen (Einfüllstutzen ist dann am höchsten Punkt des Sytems) und Prozedur wiederholen.
- Motor starten und kurz laufen lassen.

👁 Pegel kontrollieren und ggf. nachfüllen.

3.10
Bremsanlage

! Auf die Bremsanlage der BMWs ist Verlass. Deshalb Wartungsarbeiten an der Bremshydraulik nur bei fundierten Vorkenntnissen vornehmen.
! Beim geringsten Zweifel am eigenen Können ist die Fachwerkstatt die bessere Wahl.
! Auf sicheren Stand der Maschine achten.
! Zum Abschluss aller Arbeiten freie Drehbarkeit der Räder und den gewohnt knackigen Druckpunkt an Hebel und Pedal kontrollieren.

Bremsscheibendicke prüfen
- Dicke der Bremsscheibe an mehreren Stellen (innen/außen) kontrollieren (etwa alle 60° bis 90°).

3.10.1
Dicke der Bremsscheibe

! Eine unterschiedlich dicke Bremsscheibe verursacht Bremsrubbeln (→ schlechte Dosierbarkeit).
! Eine zu dünne Bremsscheibe kann die Wärme nicht mehr ausreichend abführen und sich dadurch verziehen oder gar brechen.
- Bremsscheiben wechseln siehe Seite 158.

Verschleißgrenze
vorn (neu 4,5 mm) .... 4 mm
hinten (neu 5 mm) .... 4,5 mm

3.10.2
Belagkontrolle

Auch die beste Bremse funktioniert nur mit ordentlichen Belägen. Deshalb regelmäßig die Belagstärken kontrollieren.
- Bremspedal/-hebel betätigen, damit Beläge an Bremsscheibe anliegen.
👁 Belagdicke sichtprüfen (Bild 1; Sattel muss dazu nicht abgenommen werden...nur zu Fotozwecken).
! Im Zweifelsfall Beläge lieber zu früh als zu spät mit zerschrappter Bremsscheibe wechseln!
! Bremsbeläge nur im Satz auswechseln, auch wenn nur ein Belag (je Sattel) die Verschleißgrenze erreicht hat.

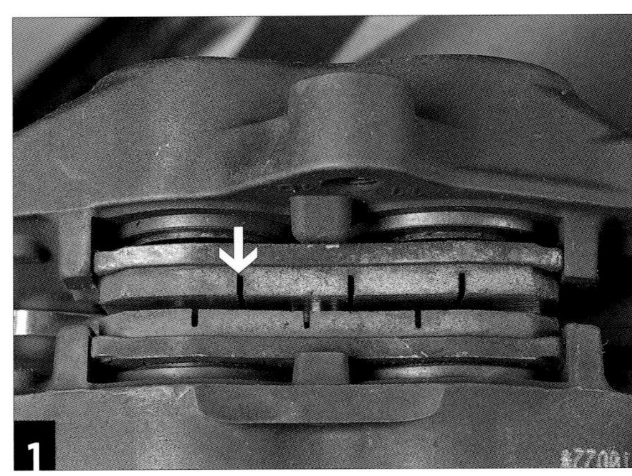

Belagdicke sichtprüfen
👁 Beläge spätestens wechseln, wenn Beläge bis zum Grund der Verschleiß-Anzeigenuten (Pfeil) aufgebraucht sind.
(Im Bild bei abgenommenem Sattel.)
Verschleißgrenze .... 1 mm

3.10.3
Belagwechsel vorn

! Bei ausgebautem Bremssattel/-belägen Hebel nicht betätigen, damit Kolben nicht herausfahren.
- Bremskolben mit **alten** Bremsbelägen mit geeigneten Werkzeug in den Sattel eindrücken, um Platz zu machen für neue dicke Beläge.
  Im Zubehörhandel sind dafür auch spezielle Kolbenrücksetz-Vorrichtungen erhältlich, die dann bei ausgebauten Belägen eingesetzt werden.

! Beläge je Bremssattel wechseln. Dies, um den Pegel im Ausgleichsbehälter nicht übermäßig ansteigen zu lassen.

👁 Pegel im Ausgleichsbehälter beobachten und ggf. Bremsflüssigkeit absaugen, bevor Behälter überläuft.

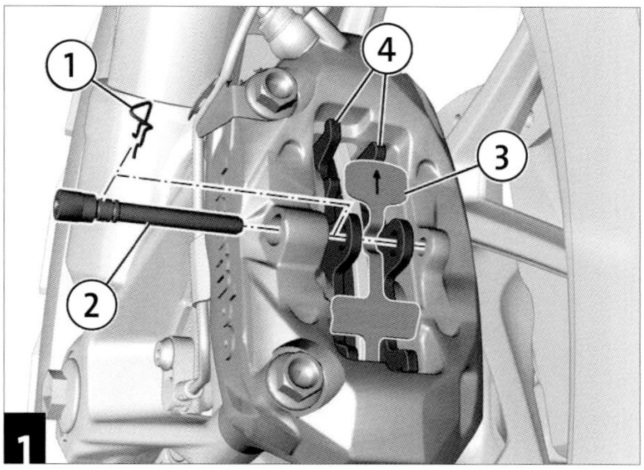

Belagwechsel vorn
- Sicherungssplint **1** mit Zängchen herausziehen.

2 Belagstift
3 Belagfeder
4 Beläge

Belagwechsel vorn
- Belagstift herausdrehen.

Beläge wechseln
- Beläge nach oben aus Bremssattel entnehmen (im Bild bauartgleiche Vorgängerausführung).

Belagfeder

👁 Pfeil auf der Belagfeder weist in Drehrichtung.

! Nach Einbau der neuen Beläge am Hebel pumpen, bis die Beläge an der Bremsscheibe anliegen und der Druckpunkt klar spürbar ist. Erst dann ist das System betriebsbereit!

3 Wartung

3.10.4
Belagwechsel hinten

! Bei ausgebautem Bremssattel/-belägen Pedal nicht betätigen, damit Kolben nicht herausfahren.

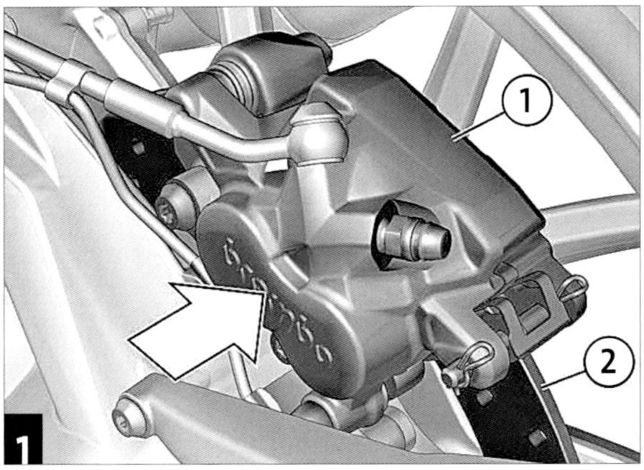

Kolben eindrücken hinten
- Bremssattel **1** mit der Kolbenseite von Hand gegen Bremsscheibe **2** drücken, um Platz zu machen für neue, dicke Beläge.

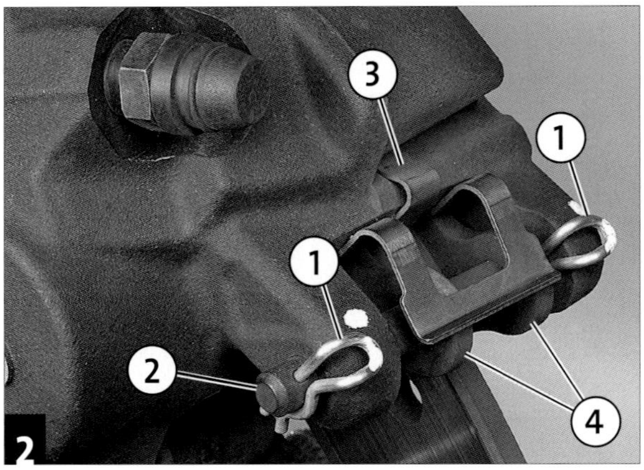

Belagwechsel
1 Sicherungssplinte
2 Belagstift
3 Belagfeder
4 Beläge

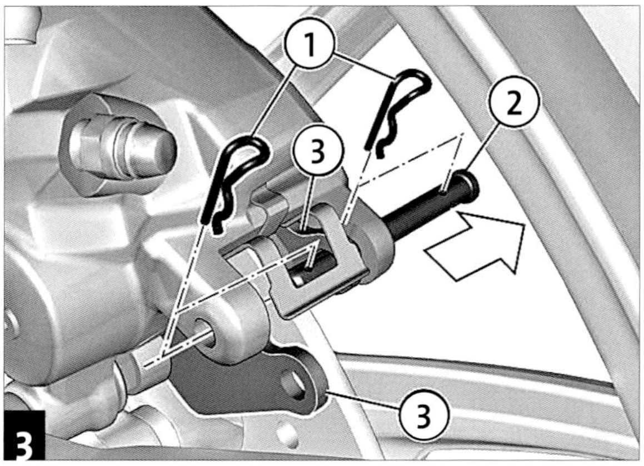

Belagwechsel
- Sicherungssplinte **1** mit kleiner Zange herausziehen.
- Belagstift **2** mit passendem Dorn und Hämmerchen von außen nach innen herausschlagen.
- Beläge **3** nach hinten aus Bremssattel herausnehmen.

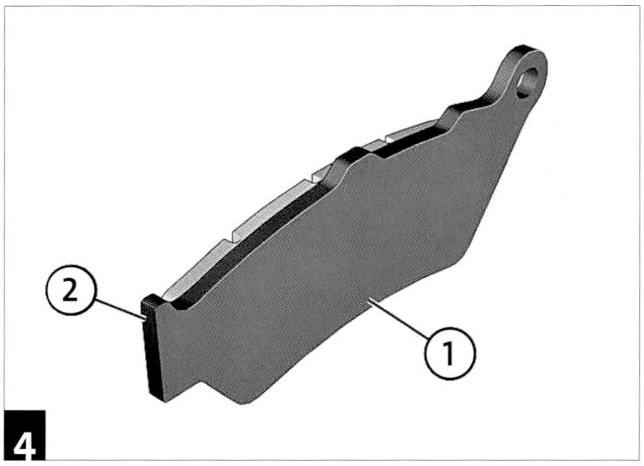

Beläge hinten
- Belagträgerplatte **1** an stirnseitiger Belagführung **2** **dünn** mit Bremsklotzpaste schmieren (Never Seeze Compound). Siehe auch Bild 5.

Beläge einbauen
- Neue Beläge **1** Bild 5 von hinten in Bremssattel einschieben. Dabei darauf achten, dass sie richtig in ihre Aufnahmefeder **2** Bild 5 eingreifen.
- Belagstift **2** Bild 2 eintreiben und mit den Splinten **1** Bild 2 sichern.

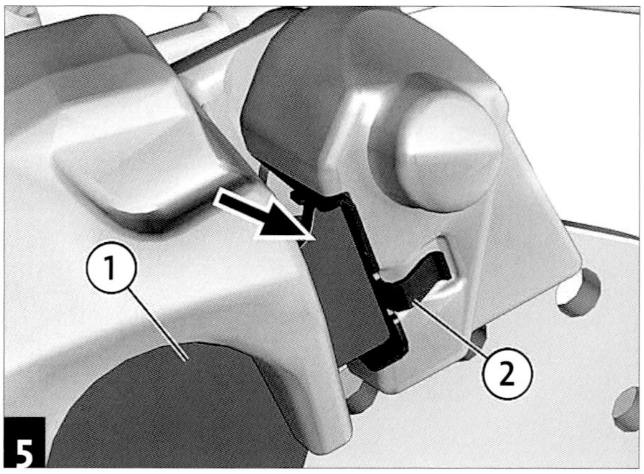

! Nach Einbau der neuen Beläge am Pedal pumpen, bis die Beläge an der Bremsscheibe anliegen und der Druckpunkt klar spürbar ist.
Erst dann ist das System betriebsbereit**!**

3.10.5 Bremsflüssigkeit

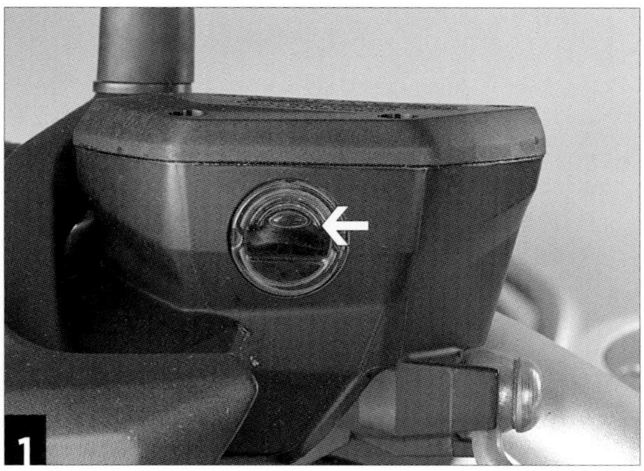

Bremsflüssigkeitsbehälter vorn

- Pegel muss immer sichtbar sein.

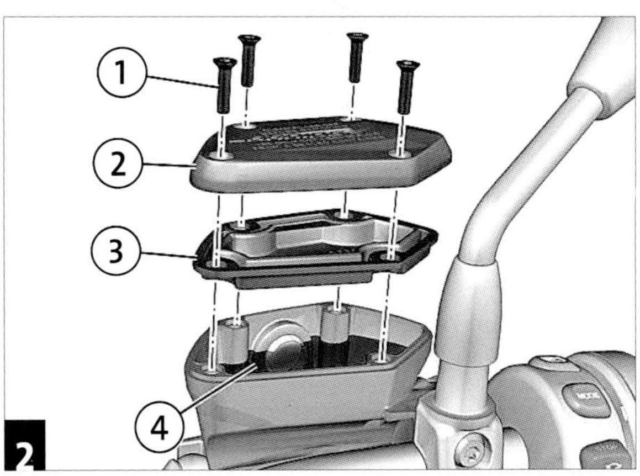

Bremsflüssigkeitsbehälter vorn

1 Deckelschrauben
2 Deckel
3 Membran/Faltenbalg
4 Bremsflüssigkeit

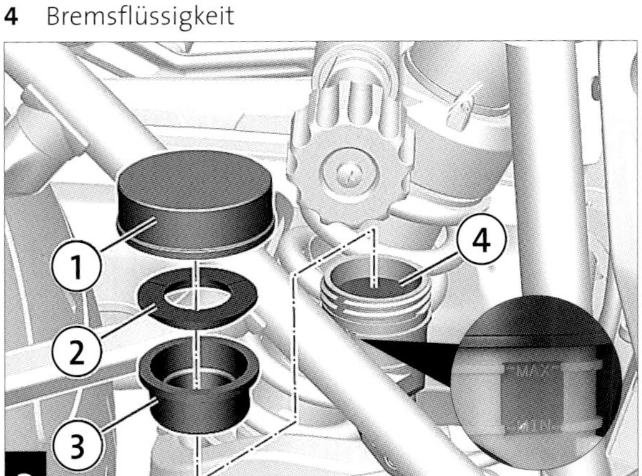

Bremsflüssigkeitsbehälter hinten

👁 Pegel muss sich zwischen MIN und MAX befinden.

1 Deckel
2 Dichtung
3 Membran/Faltenbalg
4 Bremsflüssigkeit

! Das Volumen der Bremsflüssigkeit im Ausgleichsbehälter reicht aus, um die Beläge von »neu« bis zur Verschleißgrenze unter Druck zu setzen.
- Bremshebel betätigen, bis Druckpunkt deutlich spürbar ist (Druck aufbauen).

! Falls dazu mehr als der halbe Hebelweg oder gar »Nachpumpen« notwendig ist, ist Entlüften des Hydrauliksystems dringend angeraten.
- Lenker so einschlagen bzw. Fahrzeug so aufbocken (Hinterradbremse), dass Bremsflüssigkeitsbehälter waagrecht steht.

👁 Pegelstand kontrollieren (Bild 1 und 3).

! Falls sich Pegel unterer MIN-Markierung nähert, zuerst Belagstärke der Bremsklötze kontrollieren (Bremsbelagverschleiß wird mit nachfließender Hydraulikflüssigkeit ausgeglichen).
- Falls Bremsbeläge nicht abgenutzt sind und wenn Flüssigkeitsstand rasch absinkt, komplettes System unter Druck setzen und nach Undichtigkeiten – hier vor allem die Schlauchanschlüsse – absuchen.

! Leckagen sofort beseitigen (neue Dichtringe einsetzen und System entlüften)!

! Bremsflüssigkeit der Qualität **DOT 4** verwenden!

- Lumpen für vertrielte Bremsflüssigkeit bereithalten.
- Beim Öffnen des Deckels muss Behälter waagrecht stehen, damit keine Bremsflüssigkeit überschwappt, die sich sehr aggressiv verhält und **Lack angreift**.

! Vertrielte Bremsflüssigkeit sofort abwischen!

! Es dürfen keine Fremdkörper in das System oder den Ausgleichsbehälter gelangen!
- Da sich Bremsflüssigkeit hygroskopisch verhält (Wasser anzieht), muss Behälter immer gut verschlossen sein (mit Wasser im System sinkt der Siedepunkt und führt so zu Dampfblasenbildung → Luft im System).
- Zum Nachfüllen beim Entlüften (folgende Seiten) Deckel abnehmen (Bilder 2 und 3).
- Deckel und Gummimembran abnehmen.
- Pegelstand bis zur MAX-Markierung auffüllen.
- Rand des Vorratsbehälters säubern.
- Deckel mit einwandfreier Membran montieren.

3.10.6
Bremsflüssigkeit wechseln und entlüften

! Das Entlüften einer ABS-Bremsanlage ist beim geringsten Zweifel an den eigenen Fähigkeiten der BMW-Werkstatt vorbehalten! Andernfalls besteht die Gefahr, dass Restluft im Regelkreis des ABS-Systems verbleibt!

! Das Entlüften »von Hand« am Hebel oder Pedal dauert mit ABS natürlich länger als bei einem "normalen" Bremssystem.

! Bremsflüssigkeit alle zwei Jahre erneuern und System entlüften.

- Fahrzeug sicher aufbocken.

- Die Arbeitsgänge für Vorder- und Hinterrad-Bremse entsprechen sich.

- Deckel des Bremsflüssigkeitsbehälters samt Membran abnehmen.
- Kolbenseite des **Bremssattels hinten** von Hand gegen Bremsscheibe drücken, damit der Raum für die alte Bremsflüssigkeit möglichst klein wird. Dabei erhöht sich zwangsläufig der Pegel im Vorratsbehälter. Vor Überlaufen der Flüssigkeit wie folgt beschrieben absaugen!
- Alte Bremsflüssigkeit mit Einwegspritze o.Ä. absaugen, damit nicht die komplette alte Flüssigkeit durch die Leitung durchgepumpt werden muss. Dabei darauf achten, dass Nachlaufbohrung am Boden des Vorratsbehälters nicht »trocken läuft« und immer mit Bremsflüssigkeit bedeckt bleibt.
- Ringschlüssel SW8 und passenden, durchsichtigen Schlauch über das Entlüftungsventil am Bremssattel (hinten wie vorn) stülpen. Schlauch im Auffanggefäß enden lassen.
- Bei geöffnetem Entlüftungsventil kann es vorkommen, dass Bremsflüssigkeit am Gewinde des Entlüftungsventils austritt. Deshalb Putzlappen zum sofortigen Abwischen der Bremsflüssigkeit bereithalten, die keinesfalls auf Bremsbeläge oder -Scheibe gelangen darf (ähnliche Wirkung wie Öl auf Bremsbelägen!).
- Behälter mit frischer Flüssigkeit auffüllen.
- Bremshebel anziehen (bei Luft in der Leitung gegebenenfalls mehrmals pumpen, bis Druck im System aufgebaut ist) und Entlüftungsventil mit $1/4$ bis $1/3$ Umdrehung gegen Uhrzeigersinn öffnen. Am Ende des Pumpvorgangs Hebel gezogen halten und Entlüftungsventil schließen.
  Anzugsmoment .... 7 Nm
- Pumpbewegungen am Bremshebel fördern so Flüssigkeit zum Auffanggefäß.
- Schön langsam pumpen. Hebel zwischendurch immer einige Sekunden in Ruhestellung belassen, um zu gewährleisten, dass sich System luftfrei füllt.
- Hebel wieder anziehen und sobald Druckpunkt spürbar, Ventil wieder öffnen und schließen wie beschrieben.
- Währenddessen in Behälter Bremsflüssigkeit nachgießen, damit keine Luftbläschen ins System gelangen können (sobald Nachlaufbohrung frei ist, gelangt Luft in Leitung). So wird mit neuer Bremsflüssigkeit die alte weggespült.
- Tritt am Entlüftungsventil keine Luft bzw. trübe alte Bremsflüssigkeit mehr aus, wie beschrieben Bremshebel/-pedal noch einmal langsam anziehen und gleichzeitig Entlüftungsventil schließen (Bild 3).
- Mit **neuen** Belägen Bremsflüssigkeit bis MAX auffüllen und Behälter mit Deckel schließen.

TIPP
Eine Erleichterung kann darin bestehen, den Lenker so einzuschlagen, dass die Nachlaufbohrung der Handpumpe am höchsten Punkt der Hydraulik steht und der Pumpenzylinder außen nach oben steht.
Dann kann mit leichtem Hebeldruck (Hebel nicht ganz anziehen) »nach oben« entlüftet werden (Luftbläschen treten durch Nachlaufbohrung im Ausgleichsbehälter nach oben aus; Bild 1).

👁 In hartnäckigen Fällen auf den Verlauf der Schläuche achten und auf eventuelle Luftpolster kontrollieren.

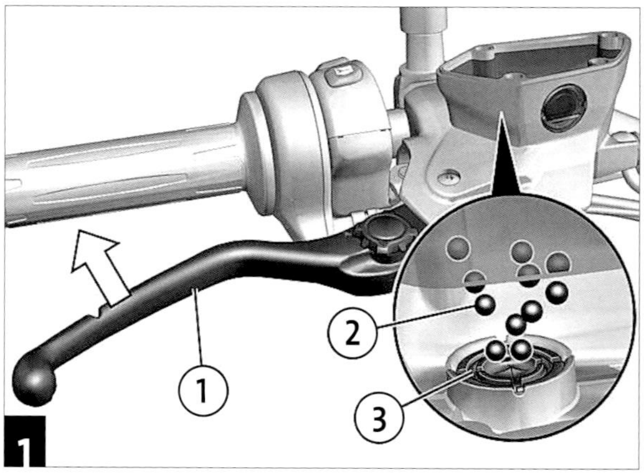

1

Nach oben entlüften
- Bei kurzen kleinen Hüben am Hebel **1** treten an der Nachlaufbohrung **3** kleine Bläschen **2** aus.

2

Entlüfter vorn

- Entlüfter vorn mit Gummikappe (einer je Bremssattel...).

3

Bremse entlüften

- Entlüftungsventil SW8 mit 1/4 bis 1/3 Umdrehung gegen Uhrzeigersinn öffnen.
  Anzugsmoment .... 7 Nm

Bilder 1 und 2 stammen von der luftgekühlten R 1200 GS, haben aber volle Gültigkeit für die LC-Modelle.

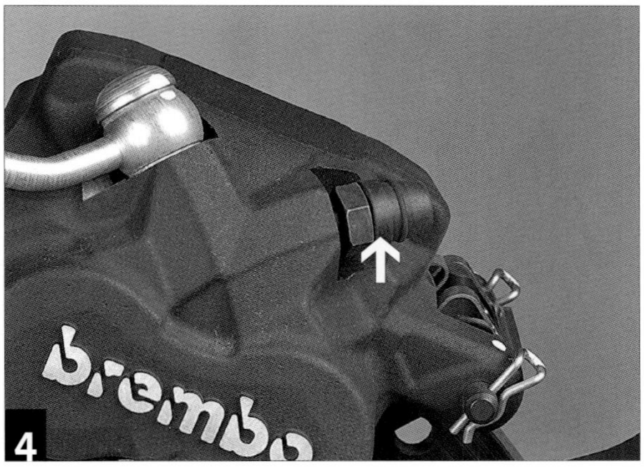

4

Entlüfter hinten

- Entlüfter hinten mit Gummikappe.
  Anzugsmoment .... 7 Nm

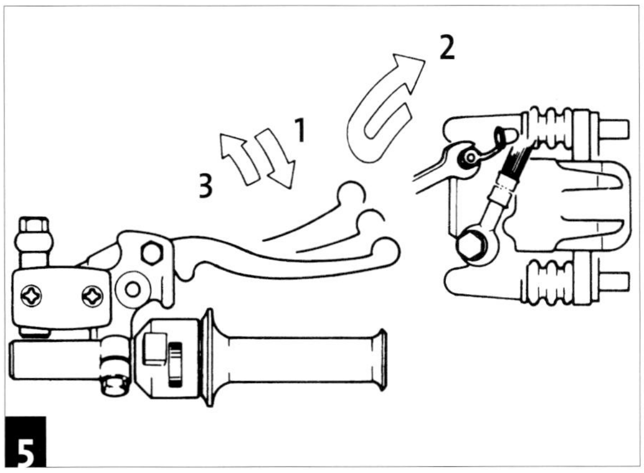

5

Hydrauliksystem entlüften

1 Hebel/Pedal anziehen.
2 Ventil öffnen (1/4 bis 1/3 Umdrehung) und gleich wieder schließen.
3 Hebel/Pedal herauslassen.

3.10.7 Handbremshebel

Die Lage des Handbremshebels kann der Ergonomie und/oder den Vorlieben des Fahrers angepasst werden.

- Defekte, angeschliffene Handbremshebel erneuern (Seite 156).

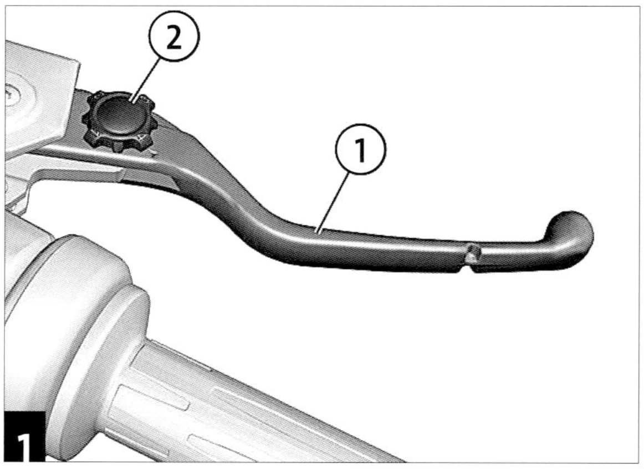

Handbremshebel

- Hebel **1** nach vorn ziehen und am Einstellrad **2** gewünschte Position einstellen. Zwischenstellungen vermeiden.

3.11 Schaltpedal

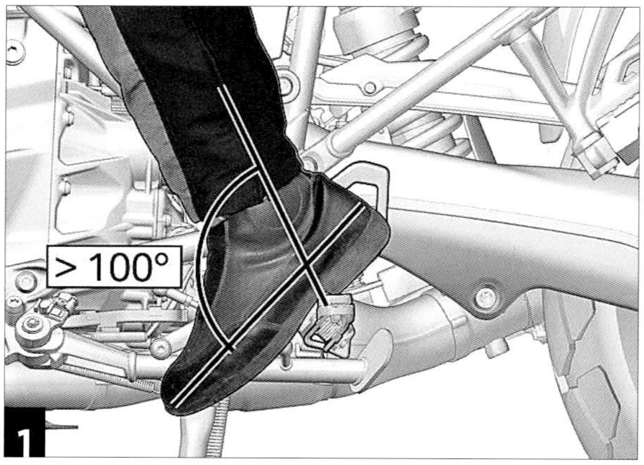

Pedalstellung 1

- Beim Hochschalten ist der Winkel zwischen Fuß und Schienbein etwas größer als 100° ideal.

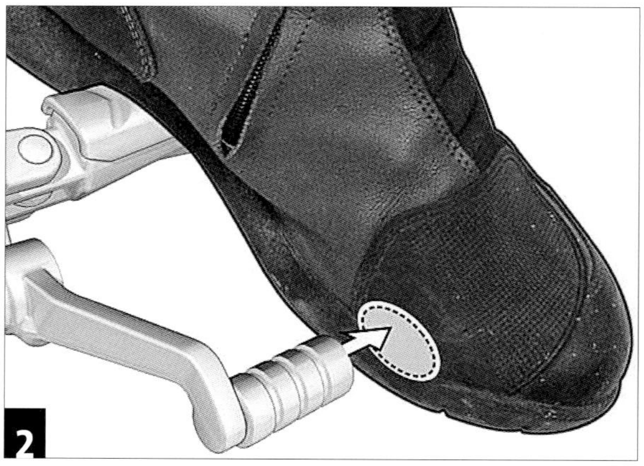

Pedalstellung 2

- In entspannter Ruhestellung soll Pedal wie gezeigt stehen.

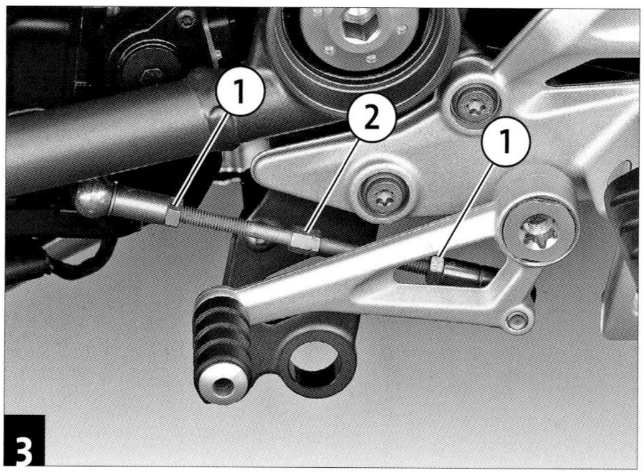

Pedal einstellen

- Gegenmuttern **1** (Rechts-/Linksgewinde) lockern und Pedalstellung durch Drehen des Sechskants **2** anpassen. Dabei Maß **A** Bild 4 beachten.

1 **Anzugsmoment** M6 .... 8 Nm

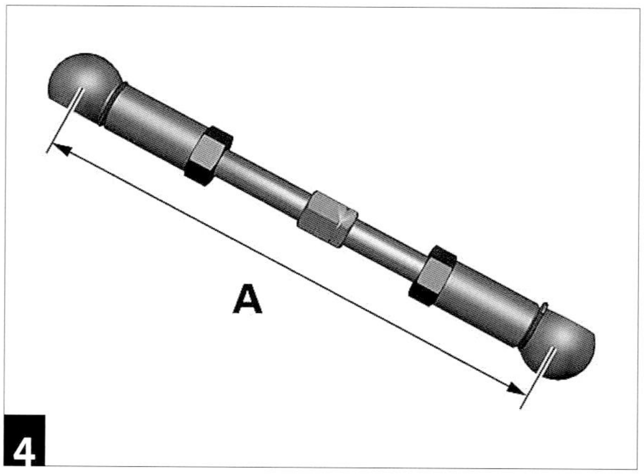

Schaltstange

- Maß **A** (Mittenabstand der Kugelpfannen) darf maximal 145 mm betragen, andernfalls verbleiben zu wenige Gewindegänge im Muttergewinde.

3.11.1
Pedal erneuern

Pedal ausbauen

- Hülse (Pfeil/T60) gegenhalten.
- Beim Einbau Hülse fetten.

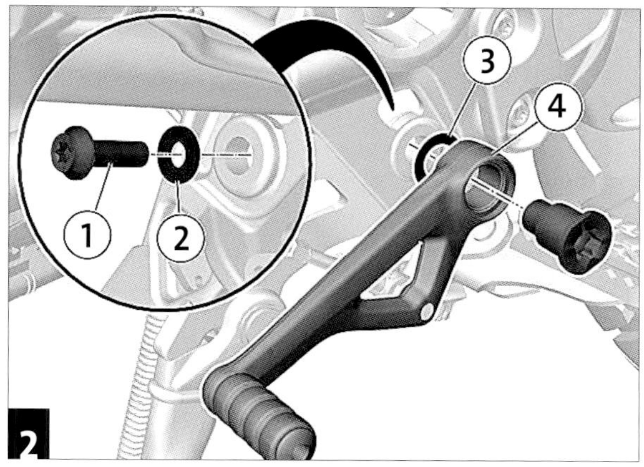

- An Rückseite Schraube **1** ausdrehen und Pedal **4** mit Scheiben **2** und **3** abnehmen.

1 **Anzugsmoment** M8 x 25. . . . . 19 Nm

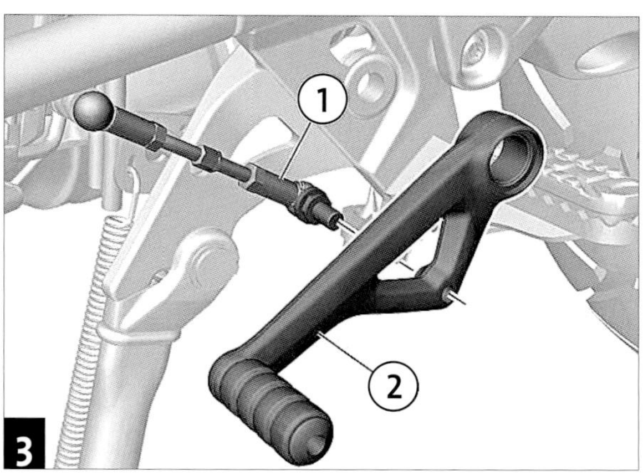

- Schaltstange am Kugelkopf **1** mit Gabelschlüssel vom Pedal **2** abschrauben.

1 **Anzugsmoment** M8 . . . . 19 Nm

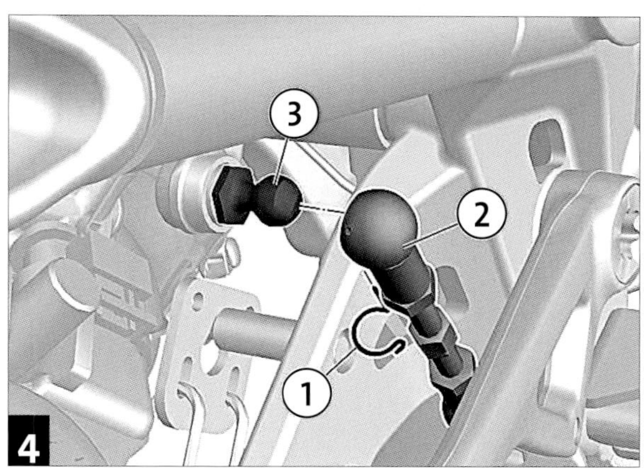

Kugelkopf aus- und einbauen

- Federbügel **1** ausklappen und aus Kugelpfanne **2** herausziehen
- Kugelpfanne **2** von Kugelkopf **3** abziehen.
- In umgekehrter Reihenfolge montieren.

3 Wartung

3.12
Seitenständer und -Schalter

- Seitenständer auf leichtes Zurückschwingen prüfen (Ständer muss zügig einklappen).
- Ggf. Ständer bei Pflegedienst und Inspektion am Drehpunkt mit Spray-Öl einnebeln und einwirken lassen.
- Überschüssiges Öl abwischen.
- Falls es mit der Spray-Öl-Behandlung nicht getan ist, Ständer ausbauen, die Lagerung säubern und die Fettpackung der Lagerung erneuern.
- Bei der Montage des Seitenständers im Werk wird die Drehbuchse gefettet eingesetzt und mit mikroverkapselter Zapfenschraube montiert.

→ Bei Erneuerung der Fettpackung neue Schraube verwenden oder die alte unter Beigabe von mittelfester Schraubensicherung einbauen.

! Beim Aus- und Einbau der Seitenständer-Federn mit aller höchster Vorsicht zu Werke gehen! Gefahr durch umherfliegende Teile!

- Im Zuge des Seitenständer-Ausbaus wird der **Seitenständer-Schalter** abgenommen (nicht vom Kabelbaum getrennt).
  Die Trennung des Schalters vom Kabelbaum – zum Erneuern des Schalters – ist im folgenden Kapitel beschrieben.

Seitenständer-Bolzen

- Bolzen **1** ausdrehen und Seitenständer **2** abnehmen.
- Bolzengewinde reinigen.
- Bolzen **1** mit Schraubensicherung (Loctite 243; mittelfest) montieren.
  Anzugsmoment M10 x 1 .... 40 Nm

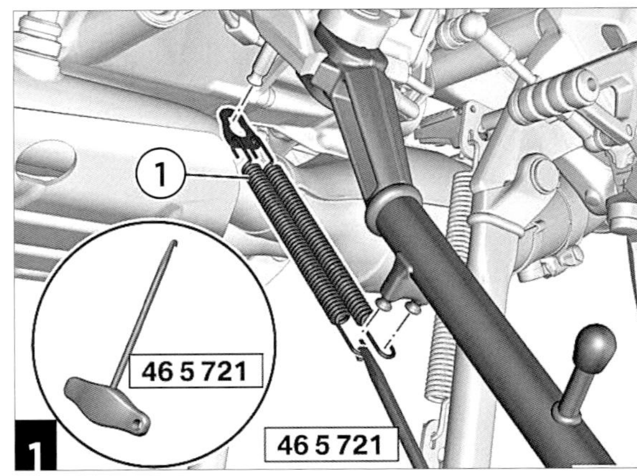

Seitenständer-Federn

- Ständer ausklappen und Federn **1** mit Federhaken aus- und einbauen. Der Federhaken im Bild mit seiner BMW-Teilenummer, qualitativ sehr gut...

! Mit aller höchster Vorsicht zu Werke gehen!

Seitenständer-Schalter

- Schraube **1** ausdrehen und Schalter abnehmen.
- Schraube **1** mit Schraubensicherung (Loctite 243; mittelfest) montieren (Beispielbild von der GS).
  Anzugsmoment M6 x 16 .... 6 Nm

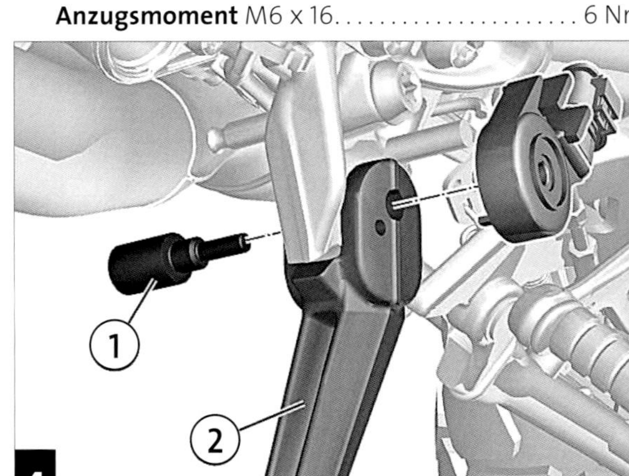

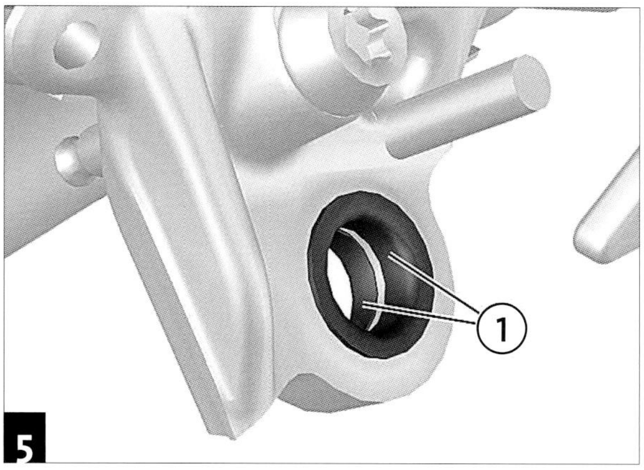

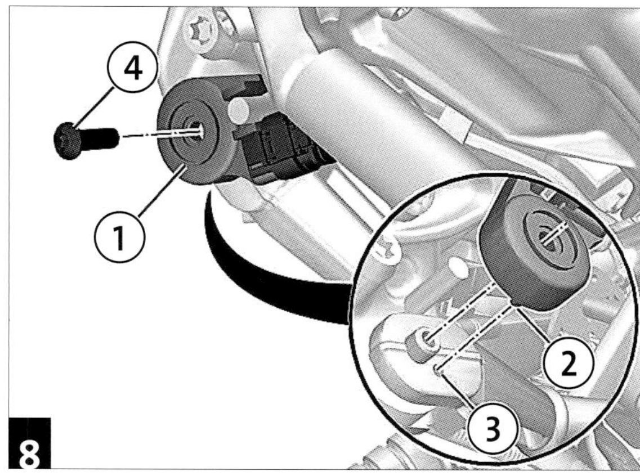

Seitenständer-Buchsen

- 👁 Bundbuchsen **1** reinigen und auf Verschleiß oder Beschädigung sichtprüfen. Ggf. mit passendem Schraubendreher o. ä. aushebeln und erneuern.
- Bundbuchsen **1** neu fetten (Unirex S2).

Seitenständer-Schalter

- Schalter **1** so aufsetzen, dass Zapfen **2** in Bohrung **3** eingreift. Neue Schraube **4** (mikroverkapselt) eindrehen (Bild 2).

4 Anzugsmoment M6 x 16...................... 6 Nm

3.12.1
Seitenständer-Schalter

Ein versehentlich ausgeklappter Seitenständer kann im Fahrbetrieb die fatalsten Stürze verursachen.
Aber auch das schlichte Verweigern des Startvorgangs kann auf mangelnde Funktion des Schalters zurückzuführen sein.
Deshalb und wegen der exponierten Lage des Schalters ist seine regelmäßige Funktionsprüfung so wichtig.

- Funktionsprüfung gemäß der »Funktionsprüfung Motorstart-Unterdrückung« durchführen (Seite 48).
- Bei entsprechender Anzeige des Diagnose-Programms (MoDiTec oder GS911) Schalter auswechseln.
- In diesem Zusammenhang auch den Kupplungs-Schalter nicht aus dem Blickfeld verlieren (siehe Seite 181).
- Schalter aus- und einbauen, siehe Vorkapitel (Bilder 2 und 8).
- Schalter vom Kabelbaum und Stecker trennen siehe Bilder 1 und 2.

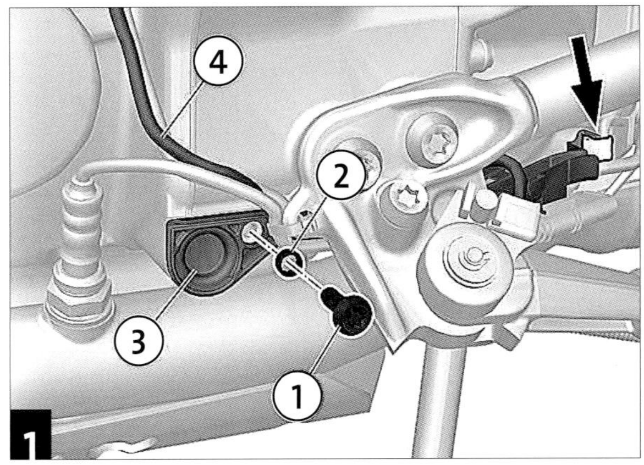

Seitenständer-Schalter/Kabelkanal

- Schraube **1** ausdrehen und mit Scheibe **2** abnehmen.
- Kabelkanal **3** abnehmen und Kabel **4** freilegen.
- Bei Montage Kabelkanal **3** mit Halteblech (Pfeil) einbauen.

1250: Seitenständer-Schalter

- Stecker trennen wie auf Seite 63 Bild 6 gezeigt.

3.13
Hauptständer

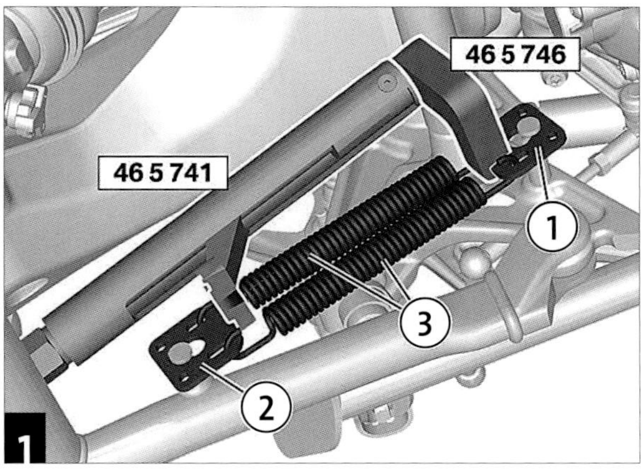

Hauptständer-Federn

- Federn mit BMW-Federspanner Federn **3** ausbauen. Dabei an den Federblechen **1** und **2** ansetzen. Falls Werkzeug nicht zu Verfügung steht, mit allerhöchster Vorsicht zu Werke gehen!

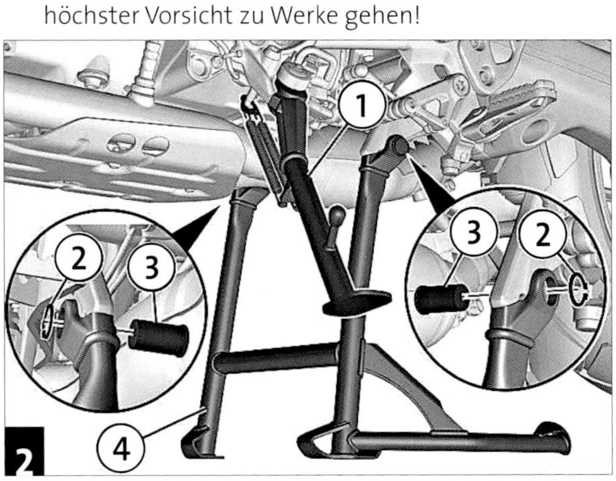

Hauptständer-Lagerung

- Seitenständer **1** ausklappen.
- Seegerring **2** ausfedern und Hülsen **3** nach innen abnehmen.
- Hauptständer **4** abnehmen.

- Ständer auf leichtes Zurückschwingen prüfen.
- Ständerfedern auf Beschädigung und Spannungsverlust untersuchen (Ständer muss zügig einklappen).
- Bei der Montage des Ständers Drehbuchse gefettet einsetzen.
- Ständer bei Pflegedienst und Inspektion am Drehpunkt mit Sprayöl einnebeln.
- Überschüssiges Öl abwischen.
- Hauptständer ausbauen:
- Fahrzeug mit Hinterradständer (handelsüblich) aufbocken.

! Beim Aus- und Einbau der Ständer-Federn mit aller höchster Vorsicht zu Werke gehen! Gefahr durch umherfliegende Teile!

Lenkkopflager prüfen

- Bei **freiem** Vorderrad: Vor- und Zurückdrücken der Tauchrohre (im Bild F 650 GS).

3.14
Lenkkopflager

Wenn es beim kurzen Antippen der Vorderradbremse verdächtig im Lenker knackt, dann hat das Lenkkopflager Spiel.

! Sämtliche Bauteile auf Festsitz prüfen.
! Defekte Teile umgehend auswechseln.

- Lenkung prüfen:
- Maschine so aufbocken, dass Vorderrad freikommt.
- Lenker von Anschlag zu Anschlag schwenken und auf ungleichmäßige Bewegung oder Rastung (Mittelstellung) achten. Darauf achten, dass Seilzüge oder Kabelstränge Lenkereinschlag nicht behindern.
- Falls es beim Vor- und Zurückdrücken der Tauchrohre knackt (Bild 1), Lenkkopflager nachstellen.

! Eventuelles Knacken der Tauchrohre kann natürlich auch von ausgeschlagenen Gleitbuchsen der Gabel herrühren, tritt aber erst bei extrem hoher Laufleistung auf und ist sehr selten.

→

3 Wartung

3.14
Lenkkopflager
Fortsetzung

Lenkkopflager einstellen
Vorarbeiten

- ! Bereich der Gabelholme, Scheinwerferblende und Vorderrad-Abdeckung gegen Beschädigung/Kratzer schützen, abkleben. Windschild (RS) mit dicker Stofflage (altes Handtuch) vor Kratzern sichern.
- Ab Modelljahr 2023 ist für die RS auch eine Rohrlenker-Ausführung erhältlich. Ggf. Ausbau der oberen Gabelbrücke wie bei der R-Version vornehmen (Lenkrohr siehe Seite 169).

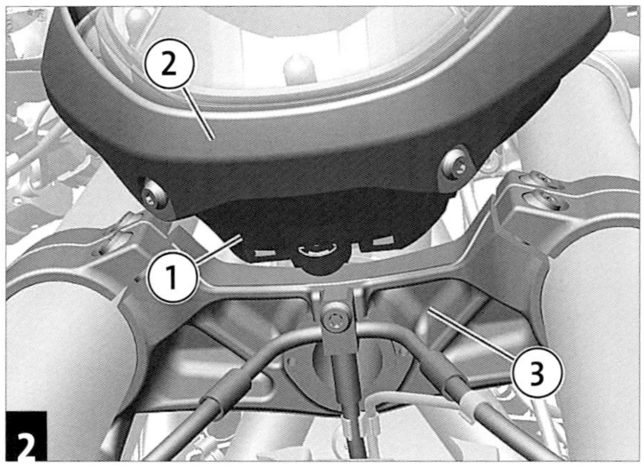

R: Obere Gabelbrücke lösen
- Beim Bewegen der Gabelbrücke darauf achten, dass Scheinwerfer **1** und Scheinwerferblende **2** nicht an Gabelbrücke **3** mit Anbauteilen hängen bleibt.

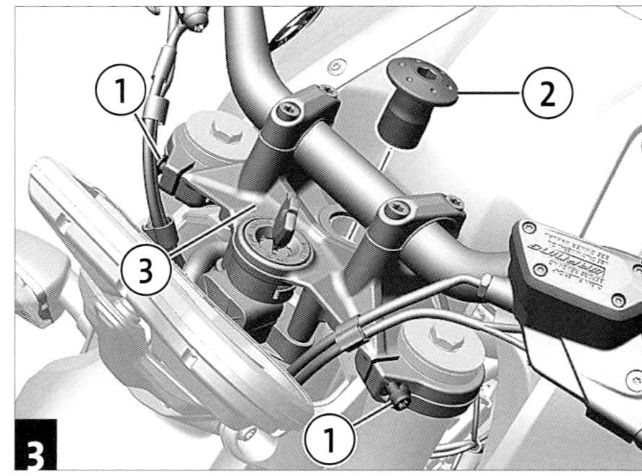

R: Gabelbrücke
- Schrauben **1** lockern und Lenkkopfschraube **2** lösen.
- Gabelbrücke **3** mit Anbauteilen nach oben ziehen. Lenkkopfschraube **2** abnehmen. Gabelbrücke fixieren.

1 **Anzugsmoment** M8 x 30 T40 .... 19 Nm

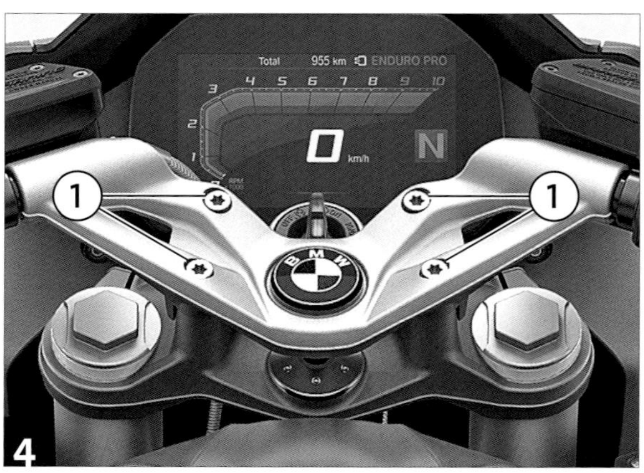

RS: Lenker aus-/einbauen
- Vier Schrauben **1** ausdrehen.

1 **Anzugsmoment** M8 x 35..................... 19 Nm

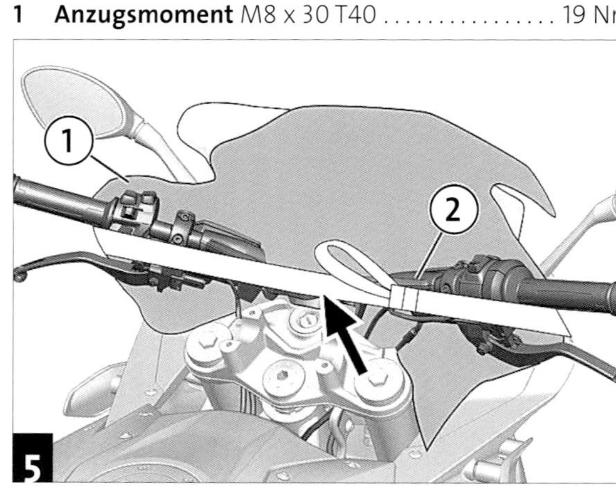

RS: Lenker sichern
- Windschild mit Decke **1** oder altem Handtuch vor Kratzern schützen und Lenker **2** mit Spanngurt (Pfeil) festlegen.

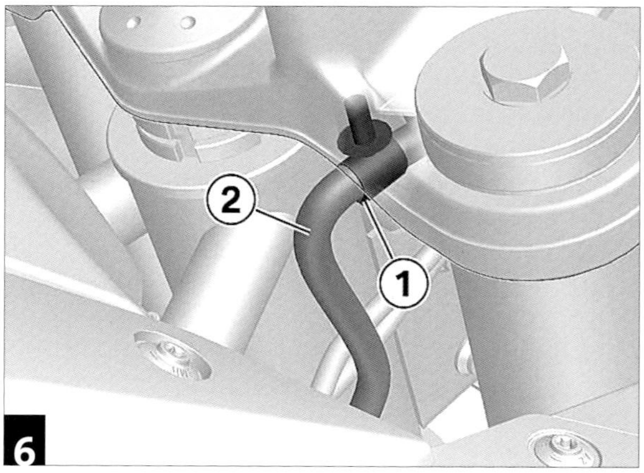

RS: Gabelbrücke
- Halter **1** öffnen und Leitung **2** lösen.

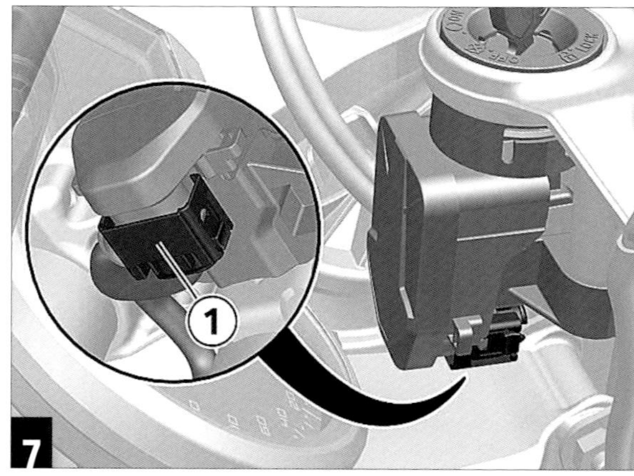

RS: Gabelbrücke/Zündschloss
- Stecker **1** (Zündschloss) trennen.

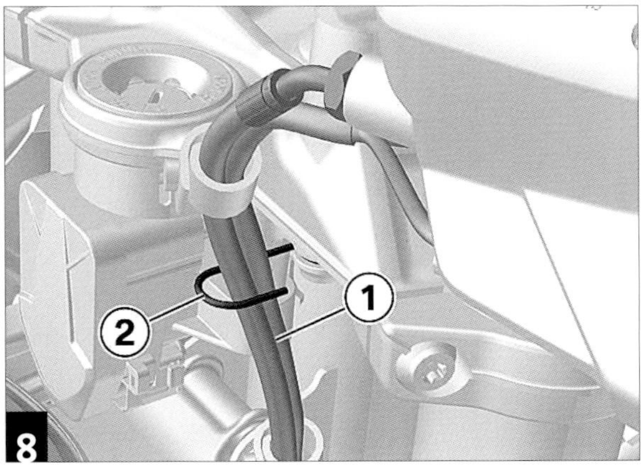

RS: Gabelbrücke

- Leitungen **1** aus Haltebügel **2** lösen.

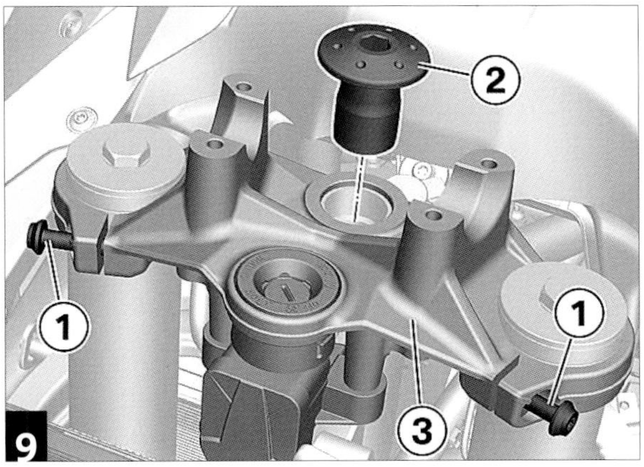

RS: Gabelbrücke

- Klemmschrauben **1** lockern Lenkkopfschraube **2** ausdrehen.
- Gabelbrücke **3** ausbauen.

1 **Anzugsmoment** M8 x 30 T40 . . . . 19 Nm

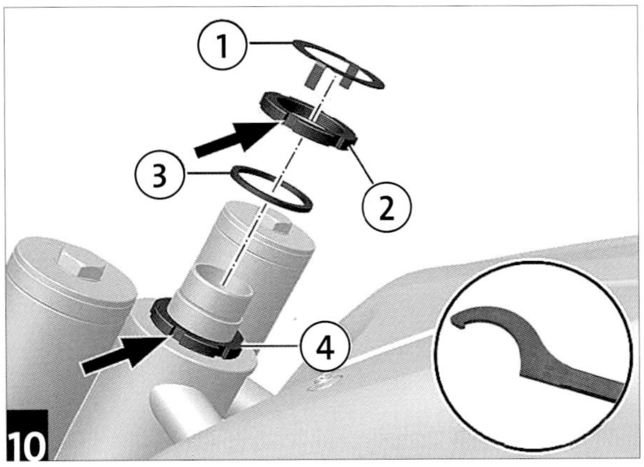

R/RS: Lenkkopflager einstellen

! Fahrzeug so abstellen, dass das Vorderrad fest auf dem Boden steht.

- Sicherungsblech **1** abnehmen. Nutmutter **2** ausdrehen (handelsüblichen Hakenschlüssel verwenden) und Gummischeibe **3** abnehmen.
- Gabel nach rechts bis zum Anschlag schwenken.
- Untere Mutter **4** mit passendem Nutmutterschlüssel und Adapter oder passendem Hakenschlüssel (handelsüblich) anziehen.

4 **Anzugsmoment** M35 x 1 . . . . .15 Nm

- Gummischeibe **3** einsetzen.
- Obere Nutmutter **2** anziehen.

2 **Anzugsmoment** M35 x 1 . . . . .1 Nm
Nutmutter **2** weiterdrehen, bis die Nuten (Pfeile) von Mutter **2** und **4** fluchten, damit das Sicherungsblech **1** eingesetzt werden kann.

- Gabelbrücke aufsetzen (Bilder 3 bzw. 9). Klemmschrauben **1** Bild 3 bzw. Bild 9 noch nicht anziehen.

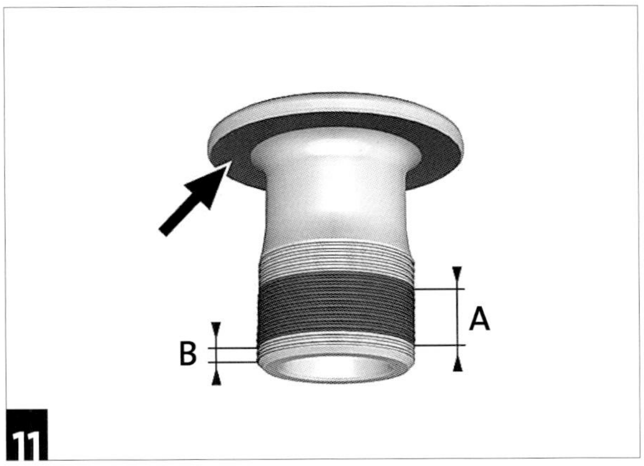

R/RS: Lenkkopfschraube

- Gewinde der Lenkkopfschraube und des Lenkkopfrohrs reinigen.
- Lenkkopfschraube **umlaufend** im gezeigten Bereich mit Schraubensicherung (Loctite 243/mittelfest) benetzen.

A Breite auf Gewinde . . . . .ca. 10 mm
B Abstand zu Gewindeende . . . . .ca. 3 mm

- Lenkkopfschraube an Unterseite des Kopfs (Pfeil) mit Klüberplex Fluoroplan T PTFE dünn schmieren. Dies ist ein lufthärtender PTFE-Gleitlack in einem organischen Bindemittel. Der aufgebrachte und ausgehärtete Gleitlack zeichnet sich durch gute Verschleißfestigkeit, eine niedrige Reibungszahl und ruckfreies Gleiten bei niedriger Geschwindigkeit aus.
- Gabelbrücke mit Anbauteilen vorsichtig aufsetzen.
- Lenkkopfschraube ansetzen.
- Gabelbrücke nach unten drücken und Lenkkopfschraube (Bilder 3 bzw. 9) anziehen.
Anzugsmoment M28 x 1,5 . . . . 130 Nm
- Klemmschrauben **1** Bild 3 bzw. Bild 9 anziehen.
- **RS**: Lenker montieren (Bilder 4 bis 8).

3 Wartung

3.15 Federbein

- Maschine am Heck mehrmals kräftig einfedern und die Federbewegung in Hinsicht auf Dämpferwirkung beobachten (Einfedern geht schneller als Ausfedern).
- Falls Heck unkontrolliert nachfedert (Gummiball-Effekt), ist Federbeindämpfer verschlissen oder die Dämpfung (Zugstufe) nicht richtig eingestellt.
- Federbein auf Ölverlust kontrollieren.

Einstellung

Modelle ohne ESA-Fahrwerk bieten die Möglichkeit, die Federvorspannung und die Dämpfung der Zuladung, den Straßenverhältnissen und den Fahrervorlieben von Hand anzupassen.

! Erhöhte Zuladung mit mehr Federvorspannung anpassen.

! Erhöhte Federvorspannung mit erhöhter Zugstufen-Dämpfung anpassen.

Grundeinstellung der Federvorspannung (Bild 1)

- Solobetrieb ohne Beladung:
  Einstellrad bis zum Anschlag in Richtung LOW drehen
- Solobetrieb mit Beladung:
  Einstellrad bis zum Anschlag in Richtung LOW drehen, dann 15 Umdrehungen Richtung HIGH.
- Soziusbetrieb mit Beladung:
  Einstellrad bis zum Anschlag in Richtung HIGH drehen.

Grundeinstellung der Hinterraddämpfung (Bild 2)

- Solobetrieb ohne Beladung:
  Einsteller im Uhrzeigersinn bis zum Anschlag, dann 6 Klicks gegen Uhrzeigersinndrehen.
- Solobetrieb mit Beladung:
  Einsteller im Uhrzeigersinn bis zum Anschlag, dann 4 Klicks gegen Uhrzeigersinn drehen.
- Soziusbetrieb mit Beladung:
  Einsteller im Uhrzeigersinn bis zum Anschlag drehen.

Federvorspannung einstellen

- Federvorspannung am Einstellrad **1** einstellen (siehe linke Spalte).

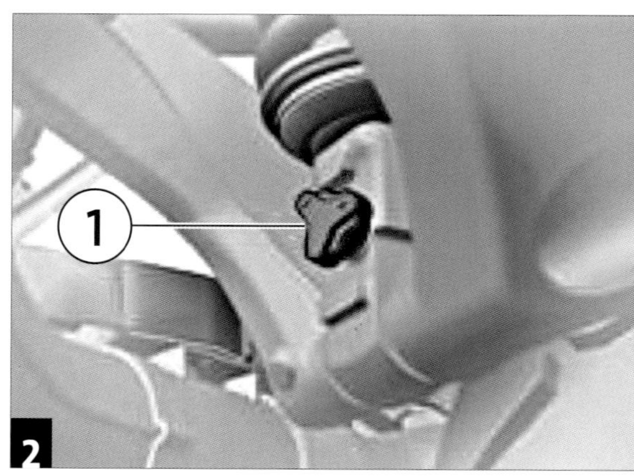

Dämpfung unten am Federbein einstellen

- Dämpfung am Einsteller **1** einstellen (siehe linke Spalte).
  Einstellung von linker Fahrzeugseite vornehmen.

3.16
Winkeltrieb

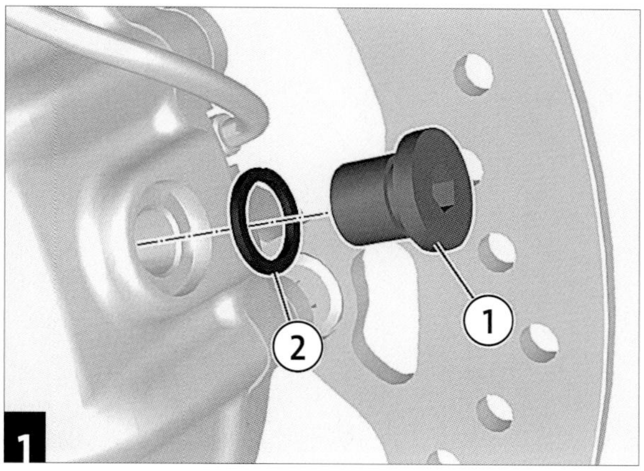

Einfüllschraube des Winkeltrieböls

- Schraube **1** ausdrehen.
- Auf Verbleib des Dichtrings **2** achten.
  Anzugsmoment mit neuem Dichtring
  M12 x 1,5 Innensechskant SW6 .... 20 Nm

Alle zwei Jahre oder alle 20 000 Kilometer werden die 180 Kubikzentimeter Öl im Winkeltriebgehäuse erneuert.

- Endantriebsöl im **betriebswarmen** Zustand wechseln.
- Fahrzeug sicher aufbocken.
- Fahrzeug so positionieren, dass Ablassöffnung möglichst senkrecht nach unten weist.
- Auffanggefäß unter Endantriebsgehäuse positionieren.

Endantriebsöl .... Hypoid Axle Oil G3

Füllmenge
bei Wechsel .... 180 ml
bei Neubefüllung............................ 200 ml

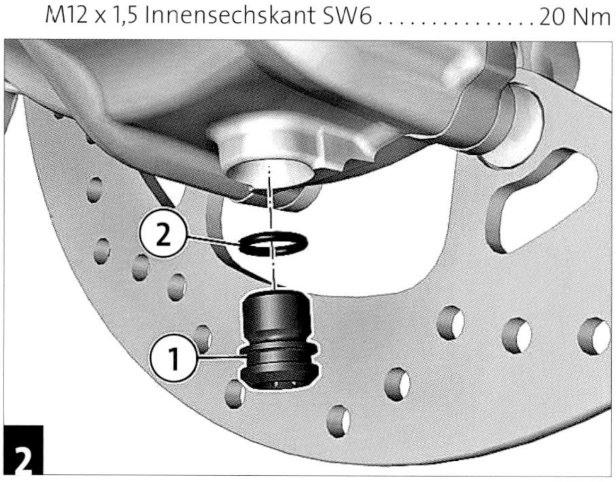

Ablassschraube des Winkeltrieböls

- Schraube **1** ausdrehen und Öl austropfen lassen.
- Auf Verbleib des O-Rings **2** achten.

1 **Anzugsmoment**
M12 x 1 mit O-Ring Innensechskant SW6 ..... 20 Nm

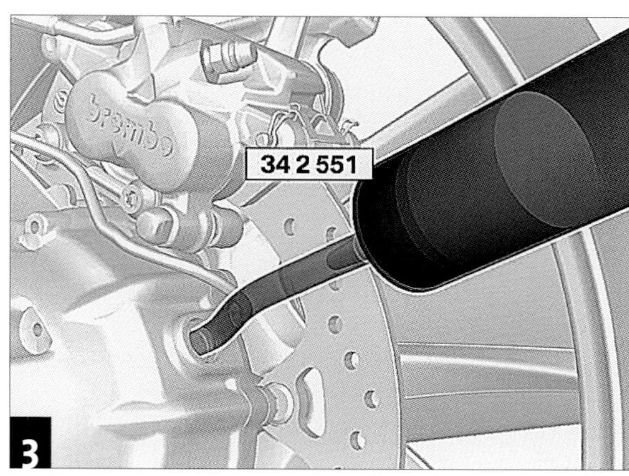

Winkeltrieböl einfüllen

- Schraube **1** Bild 2 mit so gut wie neuem O-Ring eindrehen und festziehen.
- Öl mit geeigneter Spritze und Schlauch langsam einfüllen.
- Einfüllschraube eindrehen und festziehen (Bild 1).

3 Wartung

3.17
Räder und Reifen

! Beim harten Aufprall auf einen Randstein können die Laufräder Schaden nehmen.
- Felgenhörner und Felgen auf Beschädigungen und Haarrisse untersuchen.
- Eine behelfsmäßige Ermittlung des Felgenschlags folgendermaßen durchführen:
- Maschine so aufbocken, dass Rad frei dreht.
- Stift oder Schraubendreher so positionieren, dass er einen festen Abstand (etwa 2 bis 3 mm) zur Felge hat. (Am Hinterrad bietet sich die Schwinge als Auflage an, vorn muss improvisiert werden.)
- Rad langsam drehen und gleichbleibenden Abstand zwischen Felge und Stift kontrollieren.
  Falls sich bei dieser Methode schon Auffälligkeiten zeigen, Rad ausbauen und »Werkstatt-mäßig« prüfen wie ab Seite 162 beschrieben.
- Reifen auf Risse, Beschädigung und eingearbeitete Fremdteile absuchen.
- Reifenluftdruck in »kaltem« Zustand messen (Reifentemperatur gleich Umgebungstemperatur).

Luftdruckwerte

empfohlen von Soziusbetrieb bis Sporteinsatz
vorn .... 2,5 bar
hinten .... 2,9 bar

Profiltiefe

! Reifen erneuern, wenn Profiltiefe in der Mitte gemessen vorn nur noch 2 mm und hinten 3 mm beträgt.
(Der Gesetzgeber in Deutschland toleriert als Minimum 1,6 mm.)
- Darauf achten, dass die Felgenlinie auf dem Reifen parallel zur Felge verläuft.

Höhenschlag prüfen

Seitenschlag prüfen

Reifenmontage
- Farbmarkierung befindet sich auf Höhe des Ventils.

3.18
Scheinwerfereinstellung

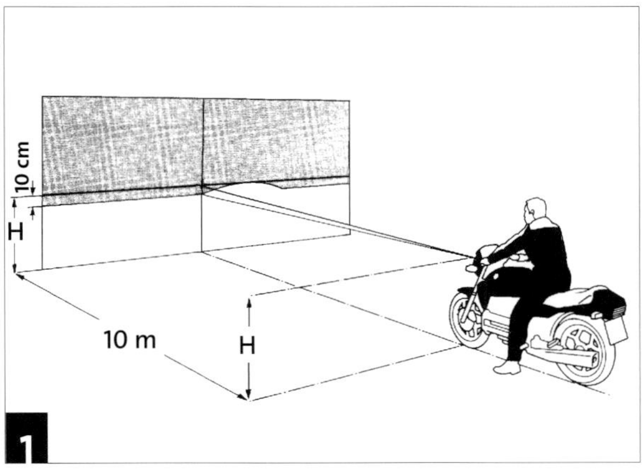

Scheinwerfer-Einstellung

! Auf korrekten Reifenluftdruck, Fahrzeugbelastung (85 kg) und Fahrwerkseinstellung (solo) achten (ESA-Modus "Solobetrieb").

H Scheinwerfermitte

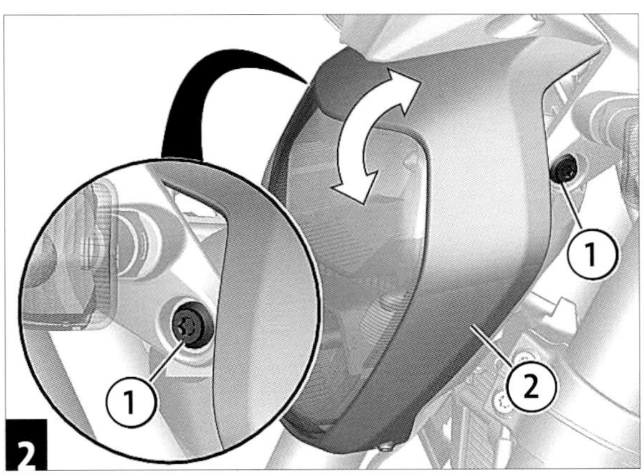

Höheneinsteller R

- Zur Einstellung der Höhe Schrauben **1** lockern.
- Scheinwerfer **2** gegen leichten Widerstand nach oben oder unten drücken und Lichtkegel einstellen. Beim Anziehen der Schrauben **1** Lichtkegel nicht verstellen.

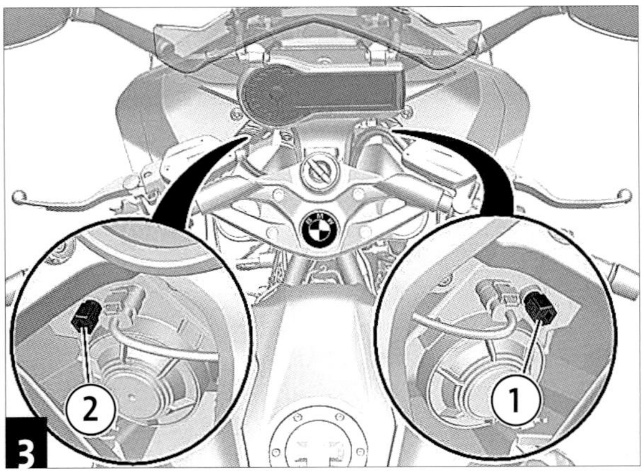

Höheneinsteller RS

- Leuchtweite mit Steckschlüssel (Nuss) einstellen.

1 Abblendlicht/Fahrlicht

2 Fernlicht

Die Kontrolle der Beleuchtungs- und Signalanlage gehört zu den unbedingt sicherheitsrelevanten Tätigkeiten am Motorrad.
Ein Beleuchtungs- und Blinkercheck ist schnell gemacht – Aufwand und Nutzen stehen für den Fahrer in äußerst günstiger Relation und bringt ein unverzichtbares Sicherheitspolster – freilich ohne Gewähr!

! Wesentlicher Sicherheitsfaktor bei Nachtfahrten ist ein korrekt eingestellter Scheinwerfer.

1 Motorrad mit korrektem Reifenluftdruck und Federbeineinstellung auf Solobetrieb auf Rädern stehend und mit Fahrer belastet im Abstand von 10 Metern (ab Vorderradmitte) vor heller Wand auf ebenen Boden aufstellen.

- Abstand Boden/Scheinwerfermitte auf Wand übertragen und mit Kreuz markieren.
- Zehn Zentimeter unter diesem Kreuz ein zweites Kreuz zeichnen.
- Abblendlicht/Fahrlicht einschalten.

Höheneinstellung

- Die Hell-Dunkel-Grenze (Ausleuchtung) soll bis zur Mitte des unteren Kreuzes reichen, ab Fahrzeugmitte bis zur Höhe des oberen Kreuzes nach rechts ansteigen und dann wieder abfallen (Bild 1).

→ Hinweise zum **Wechsel der Beleuchtungselemente** erhalten Sie ab Seite 88.

4 Licht & Kombiinstrument

4
Licht & Kombiinstrument

- Aus- und Einbau des **Rück-/ Bremslicht**s (Heckleuchte) siehe ab Seite 38.

! Beim Einsetzen neuer Leuchtmittel (besser bekannt als Birnchen und Lämpchen) diese grundsätzlich nicht mit der bloßen Hand einsetzen. Sauberes trockenes Tuch verwenden.
Ggf. Fettabdrücke mit Aceton oder Bremsenreiniger entfernen.

! Zündung ausschalten!

4.1
R: Fern-, Fahr- und Standlicht

- Für sicheren Stand des Fahrzeugs sorgen.
- Ggf. Windschild ausbauen (Bild 1 Seite 29).

Leuchtmittel

Fahrlicht/Abblendlicht	H7 12 V 55 W
Fernlicht	H7 12 V 55 W
Standlicht	W5W 12 V 5 W

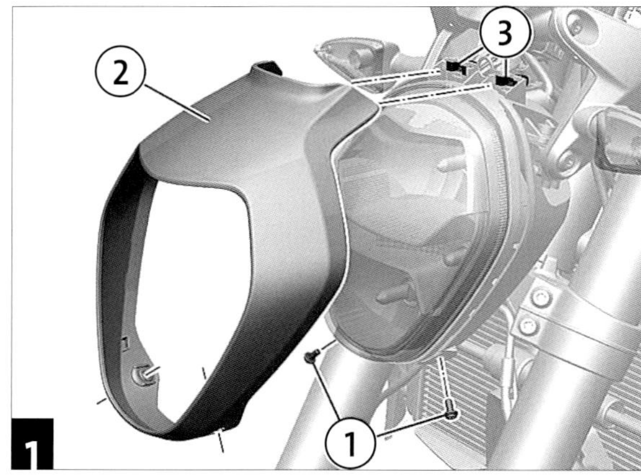

Scheinwerfer-Blende
- Schrauben **1** ausdrehen, Blende **2** abnehmen und aus Halter **3** abziehen.
Umgekehrt montieren.

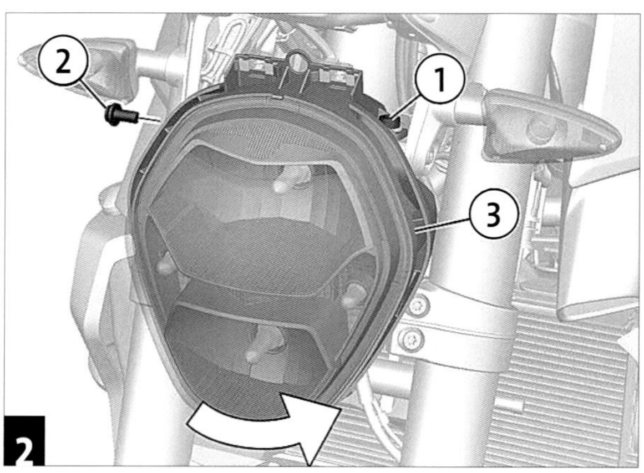

Scheinwerfer lösen
- Schraube **1** lockern, Schraube **2** ausdrehen und Scheinwerfer **3** zur Seite schwenken.

1 **Anzugsmoment** M6 .... 6 Nm
2 **Anzugsmoment** M8 x 16 .... 19 Nm

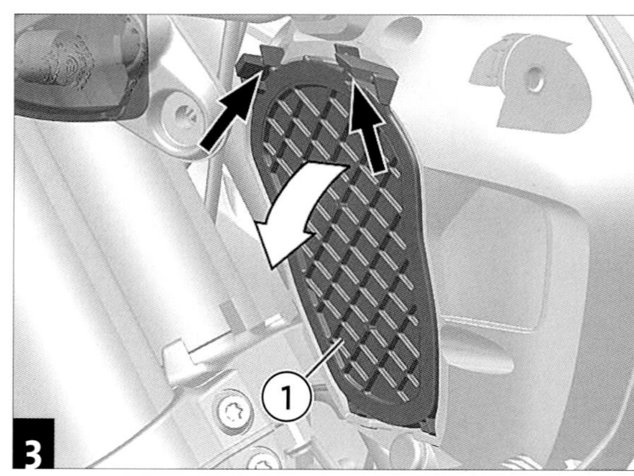

Leuchtmittel-Abdeckung
- Abdeckung **1** an den Rasthaken (Pfeile) aushaken und abziehen.

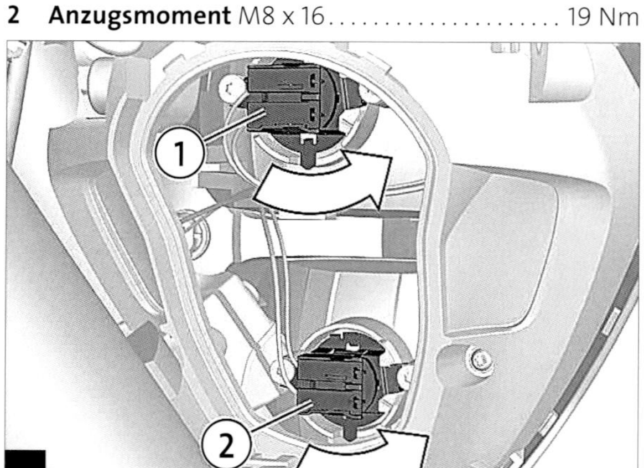

- Stecker mit Lampenträger gegen den Uhrzeigersinn ausdrehen.

1 Fahrlicht
2 Fernlicht

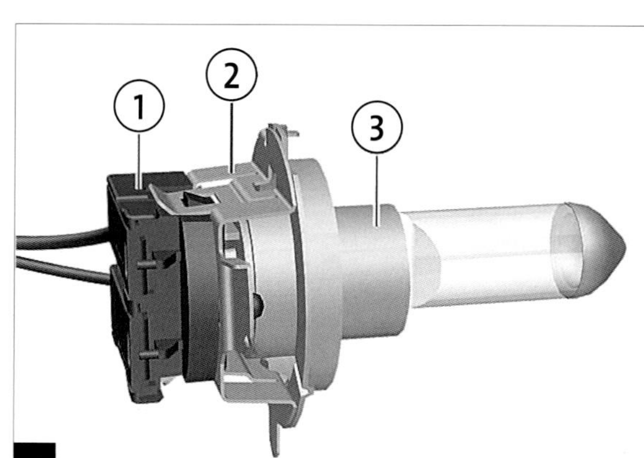

- Glühlampe **3** aus Stecker **1** ziehen. Dabei darauf achten, dass Halterung **2** auf Stecker **1** bleibt.

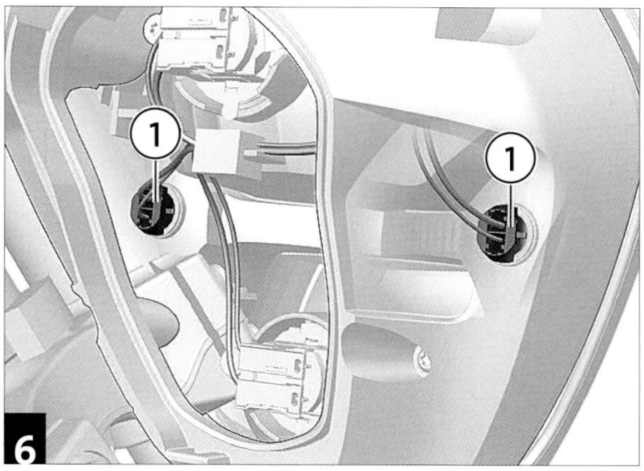

Standlicht aus-/einbauen

- Abdeckung **1** Bild 3 abnehmen.
- Lampenträger **1** abnehmen. Beim Einbau leicht fetten.

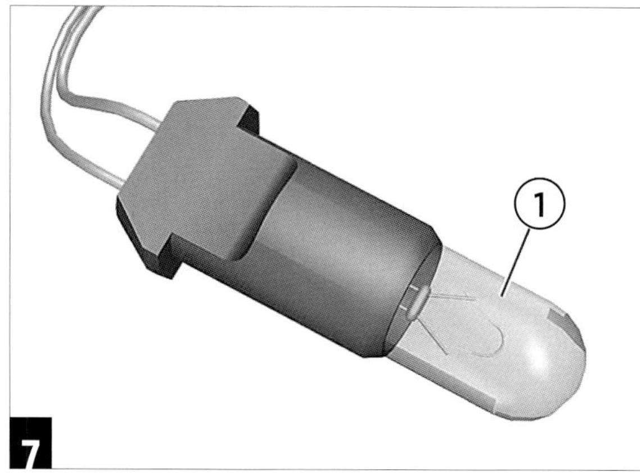

Standlicht aus-/einbauen

- Glühlampe **1** abziehen. Umgekehrt montieren.

4.2 R: Scheinwerfer

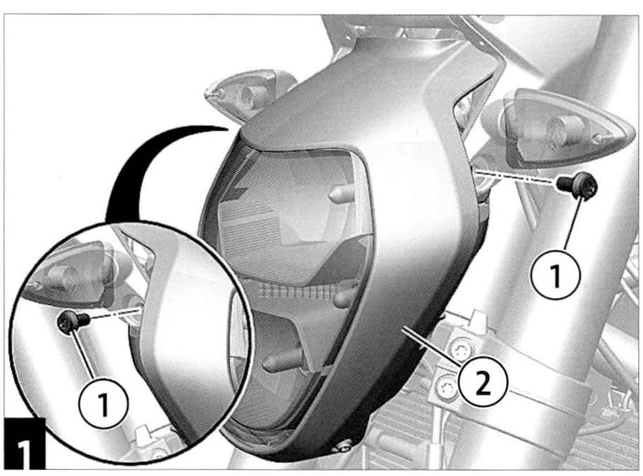

R: Scheinwerfer

- Schrauben **1** ausdrehen und Scheinwerfer **2** lösen.
- In umgekehrter Reihenfolge montieren. Dabei Schrauben **1** erst nach Einstellung der Leuchtweite anziehen.

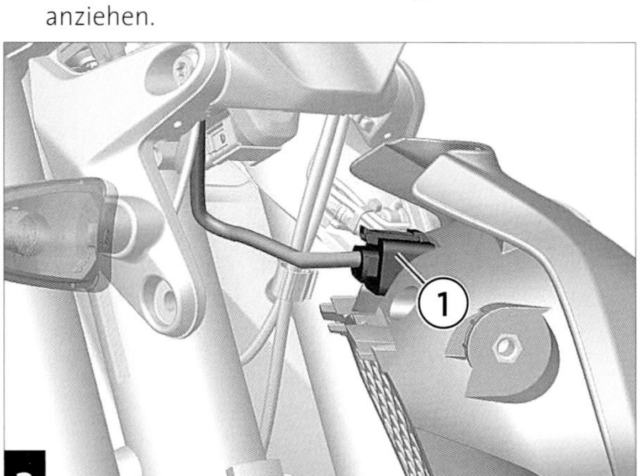

- Stecker **1** trennen und Scheinwerfer abnehmen.

4 Licht & Kombiinstrument

4.3 R 1200 RS: Scheinwerfer

Vorarbeiten/Ausbauen
(links/Fernlicht oder rechts/Abblendlicht)

- Innenabdeckung
- Spiegel
- Windleitflügel
- Windschild
- Verkleidungsmittelteil
- Verkleidungsoberteil (Seite 31).
- Baustand der Bilder 1/2 muss im Reparaturfall auf neueren Baustand (Bilder 3/4) umgerüstet werden.
- Das entscheidende Detail gegenüber der Vorversion (Bilder 1/2) ist der Niederhalter **2** Bilder 3 und 4.

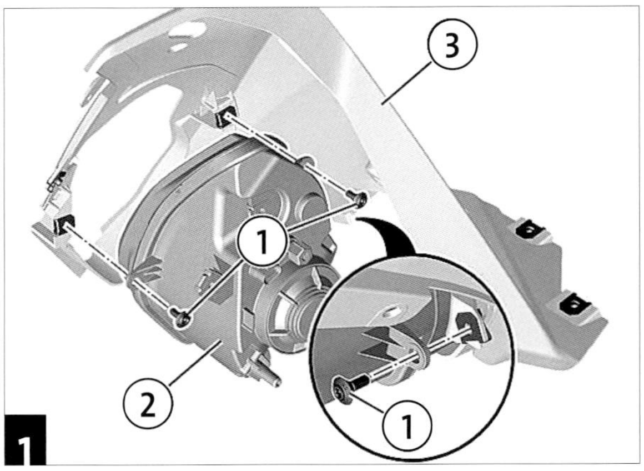

1

RS: Scheinwerfer bis Mitte 2017 (Abblendlicht rechts)

- Schrauben **1** ausdrehen und Scheinwerfer **2** aus Verkleidung **3** lösen.
- In umgekehrter Reihenfolge montieren.

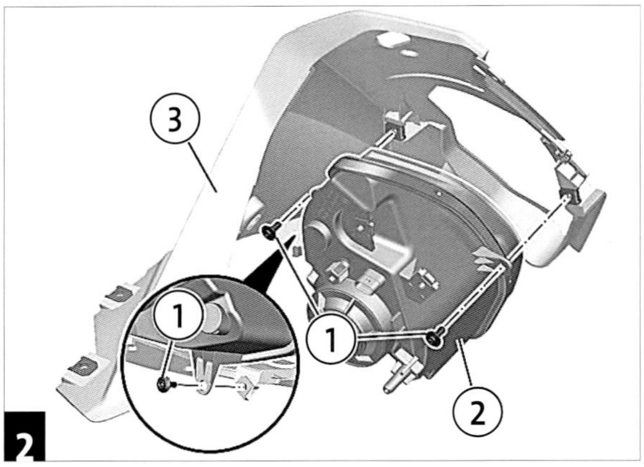

2

RS: Scheinwerfer bis Mitte 2017 (Fernlicht links)

- Schrauben **1** ausdrehen und Scheinwerfer **2** aus Verkleidung **3** lösen.
- In umgekehrter Reihenfolge montieren.

Leuchtmittel

Fahrlicht .... H7 12 V 55 W
Fernlicht .... H7 12 V 55 W
Standlicht .... W5W 12 V 5 W

- Zum **Wechsel der Leuchtmittel** Abdeckung **5** gegen den Uhrzeigersinn ausdrehen und Leuchtmittel wechseln wie Seite 88 Bilder 4 und 5/R 1200 R.

RS: Scheinwerfer ab Mitte 2017 (Fernlicht links)

- Schraube **1** ausdrehen und Niederhalter **2** abnehmen. Schrauben **3** ausdehen und Scheinwerfer **4** abnehmen. In umgekehrter Reihenfolge montieren.

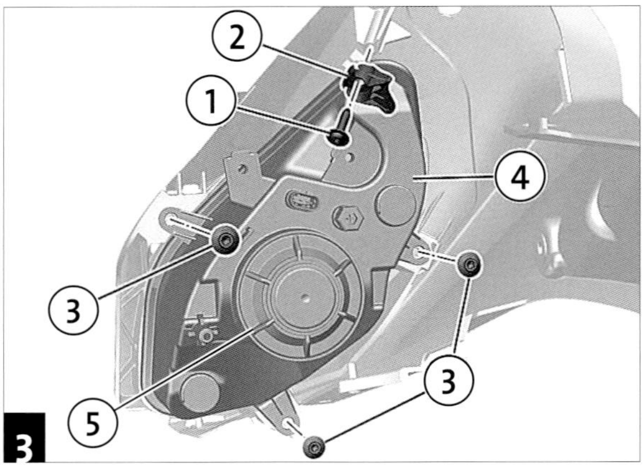

3

RS: Scheinwerfer ab Mitte 2017 (Abblendlicht rechts)

- Schraube **1** ausdrehen und Niederhalter **2** abnehmen. Schrauben **3** ausdehen und Scheinwerfer **4** abnehmen.
- In umgekehrter Reihenfolge montieren.

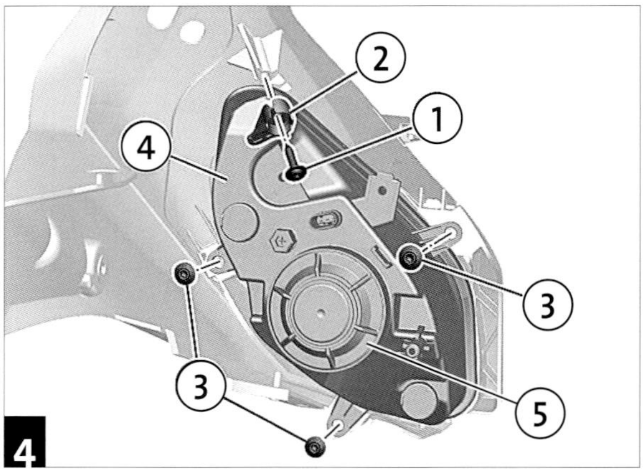

4

4.4 R 1250 RS: Scheinwerfer

Vorarbeiten/Ausbauen
- Siehe R 1200 RS (gegenüberliegende Seite).

1250 RS: Scheinwerfer
- Kabelbinder (Pfeil) trennen.
- Scheinwerferstecker **1** abziehen.

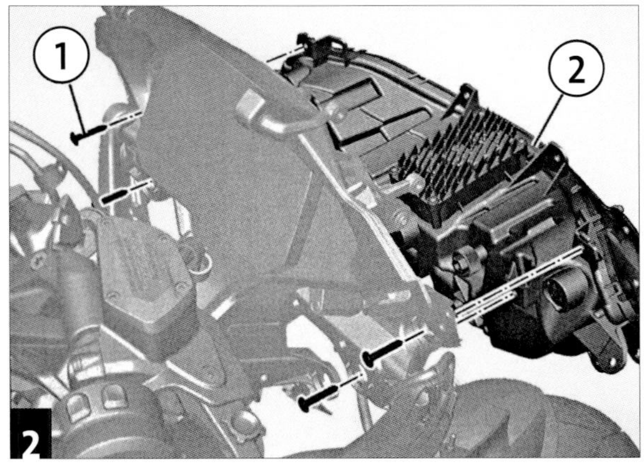

1250 RS: Scheinwerfer
- Schrauben **1** ausdrehen und Scheinwerfer **2** abnehmen.
- In umgekehrter Reihenfolge montieren.

4.5 Blinklicht

Leuchtmittel
- LED-Blinker komplett ersetzen.

Blinker vorn R:
- Ggf. Windschild ausbauen.
- Scheinwerferblende ausbauen und Scheinwerfer zur Seite schwenken (Bilder 1 und 2 Seite 88).

Blinker vorn RS:
- Jeweiliges Seitenteil (links o.rechts) abnehmen (Bilder 14 und 15 Seite 33).

Blinker hinten:
- Soziussitz abnehmen.
- Kabel freilegen und Stecker trennen (Bilder 6 bis 8/9 ab Seite 39).

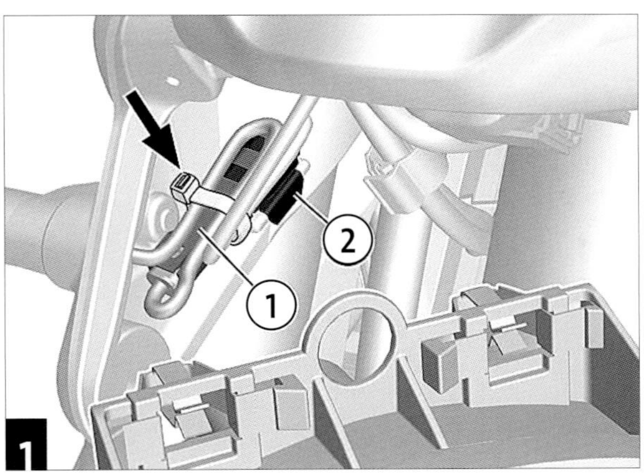

Blinker vorn R
- Kabelbinder (Pfeil) trennen.
- Stecker **1** (Blinker) aus Halter **2** lösen und trennen.

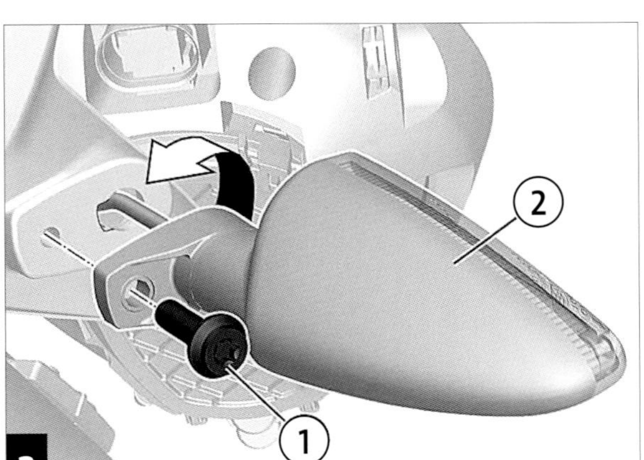

Blinker vorn R
- Schraube **1** T30 ausdrehen. Blinker **2** nach oben drehen und abnehmen. In umgekehrter Reihenfolge montieren.

Anzugsmoment

1 M6 x 20 T30 .... 3 Nm

4 Licht & Kombiinstrument

4.5 Blinklicht
Fortsetzung

Anzugsmoment
Schraube **1** Blinker
M6 x 20 T30 .....3 Nm

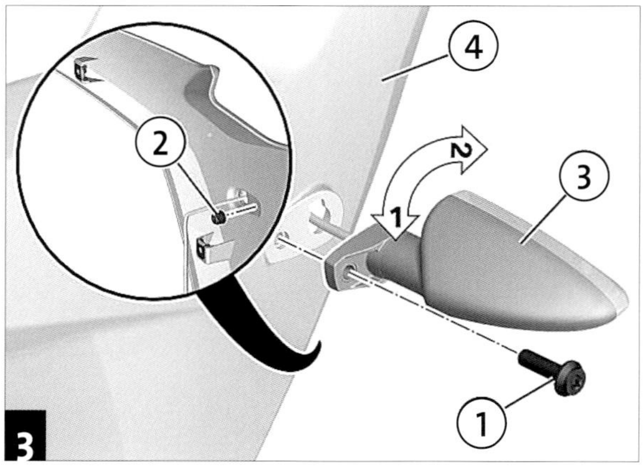

Blinker vorn RS
- Schraube **1** und Mutter **2** ausdrehen.
- Blinker **3** nach oben drehen und von Seitenteil **4** abnehmen. In umgekehrter Reihenfolge montieren.

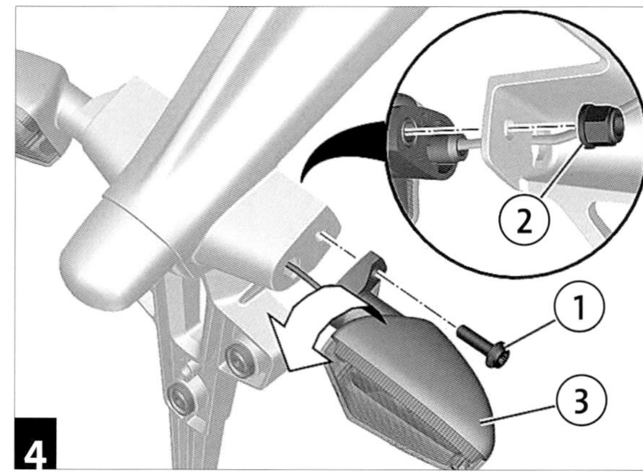

Blinker hinten
- Schraube **1** und Mutter **2** ausdrehen.
- Blinker **3** nach unten drehen und mit Kabel abnehmen. In umgekehrter Reihenfolge montieren.

4.6 Kombiinstrument

Vorarbeiten
- Ggf. Windschild bzw. Halter ausbauen (ab Seite 29).

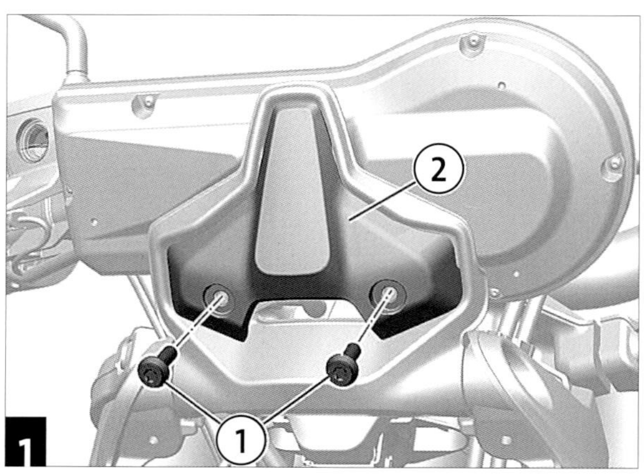

1200 R: Kombiinstrument-Abdeckung
- Schrauben **1** ausdrehen und Abdeckung **2** abnehmen.

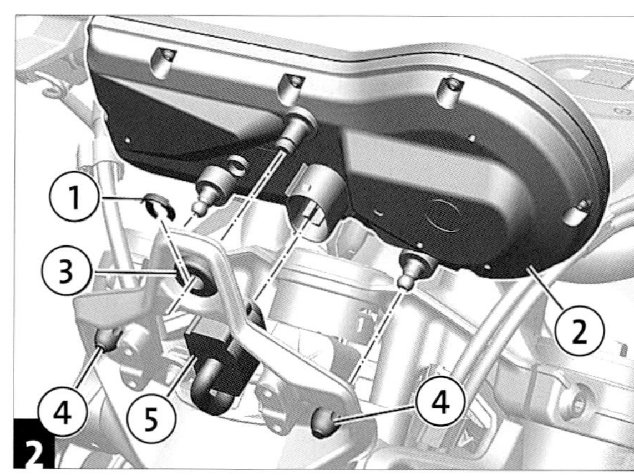

1200 R: Kombiinstrument
- Sicherungsclip **1** ausbauen. Kombiinstrument **2** aus Gummitülle **3** und Rasthüllen **4** lösen.
- Stecker **5** trennen und Kombiinstrument **2** abnehmen.

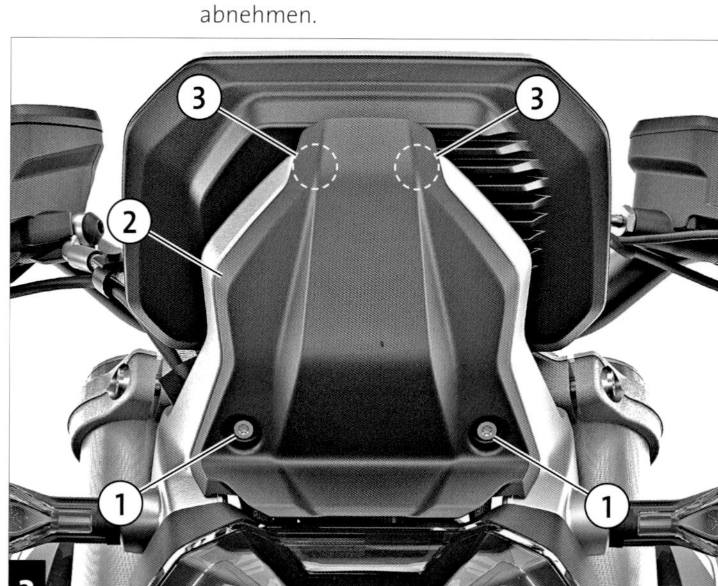

1250 R: Kombiinstrument-Abdeckung
- Schrauben **1** ausdrehen.
- Abdeckung **2** unten leicht anheben und oben aus Rastbolzen **3** abziehen.

Einbau
- Rastbolzen **3** auf ihre Tüllen ausrichten und eindrücken.
- Abdeckung **2** nach unten eindrücken und Schrauben **1** eindrehen.

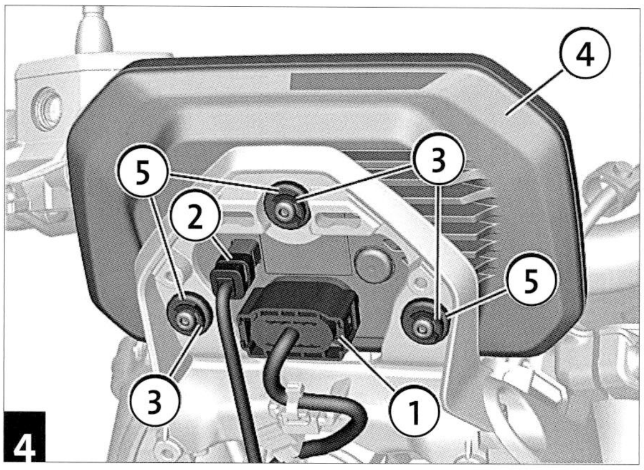

1250: Kombiinstrument

- Stecker **1** (Kombiinstrument) und ggf. Stecker **2** (Navigations-Vorbereitung) trennen.
- Sicherungsclips **3** lösen.
- Kombiinstrument **4** aus Tüllen **5** abnehmen.

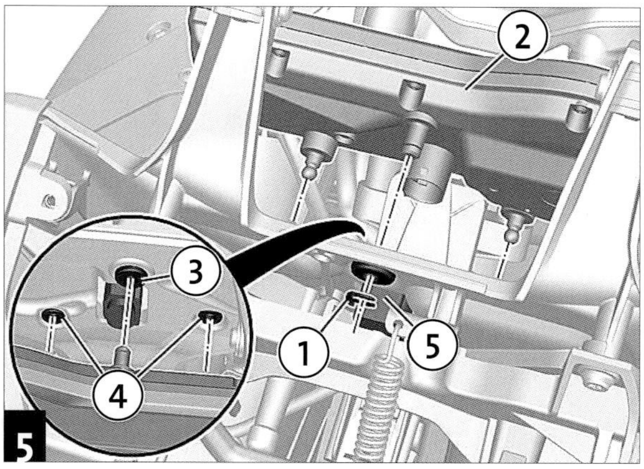

Vorarbeiten RS

- Windschild und Halter ausbauen.
- Abdeckung für Windschild-Verstellung ausbauen. Siehe ab Seite 29.

RS: Kombiinstrument

- Stecker trennen siehe Bild 4.
- Sicherungsclips **1** abnehmen und Kombiinstrument **2** aus Gummitülle **3** und Rasthüllen **4** abnehmen.

5 Einspritzsystem & Tank

5.1 Tank

Vorarbeiten
- Sitze ausbauen (Seite 27).
- **Tankverkleidung** ausbauen wie beschrieben ab Seite 28 (R), bzw. ab Seite 29 (RS):
- Seitenteil links/ rechts ausbauen.
- Seitenblende links/ rechts ausbauen.
- Tankabdeckung links/rechts ausbauen.
- Tankabdeckung Mitte ausbauen.

Das, was früher unter der Rubrik »Vergaser« abgehandelt wurde, ist heute ein komplexes System, das nicht nur die Gemischaufbereitung, sondern auch die Auslösung des Zündfunkens steuert.
Zeitgemäß wird dies durch die BMS (**B**MW-**M**otor-**S**teuerung) besorgt.
Im Folgenden wird der Aus- und Einbau seiner Komponenten behandelt.
Die **Prüfung** des Systems wird alle 10 000 Kilometer sowie einmal im Jahr in der BMW-Werkstatt mit dem MODiTeC (Diagnosegerät) durchgeführt.

! Vorsicht beim Umgang mit Benzin (leicht entzündlich).

! Einschlägige Sicherheitsvorkehrungen beachten (Rauchen, offenes Feuer und Funkenflug vermeiden, geschlossene Räume ausgiebig belüften).

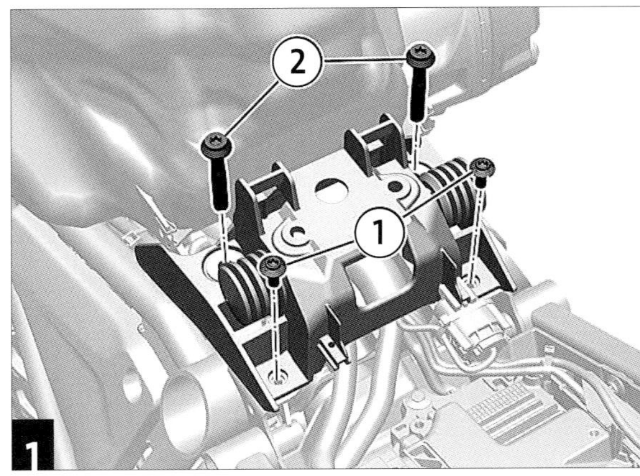

Lagerbock Fahrersitz
- Schrauben **1** und **2** ausdrehen.

Anzugsmoment

1 M6 x 14,5 .... 8 Nm
2 M8 x 45 .... 19 Nm

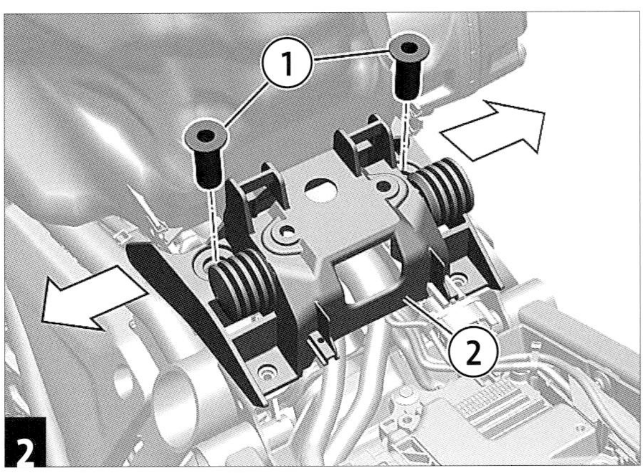

Lagerbock Fahrersitz
- Buchsen **1** abnehmen.
- Lagerbock **2** vorn vorsichtig leicht auseinander biegen und nach hinten ablegen.

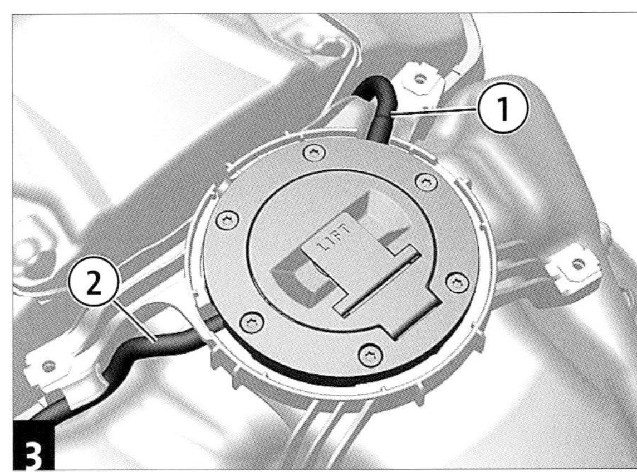

Tankschläuche
- Entlüftungsschlauch **1** und Überlaufschlauch **2** abziehen.

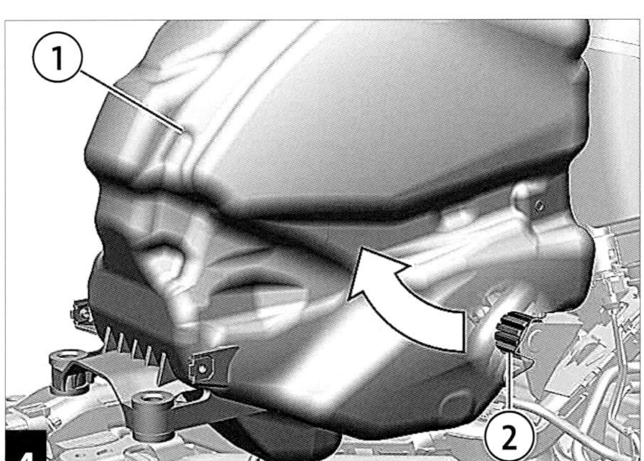

- Tank **1** etwas nach hinten von den Lagern **2** abnehmen.

- In umgekehrter Reihenfolge einbauen.
- Beim Einbau der Tankanschlüsse Bild 7 Seite 96 beachten.

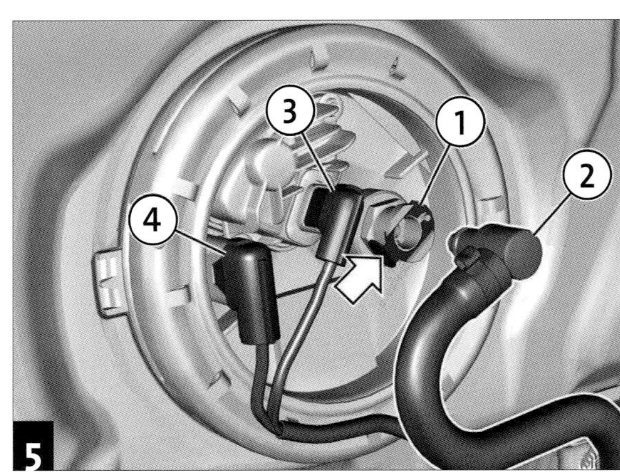

Tankanschlüsse an Tankunterseite
- Riegel am Schlauchanschluss **1** eindrücken (Pfeil) und Schlauch **2** abnehmen. Stecker Benzinpumpe **3** und Füllstandsensor **4** trennen. Tank abnehmen.

5

5.2 Benzinpumpe

Elekronik-Baustein

- Zwei Schrauben (Pfeile) ausdrehen und Elekronik-Baustein abnehmen.

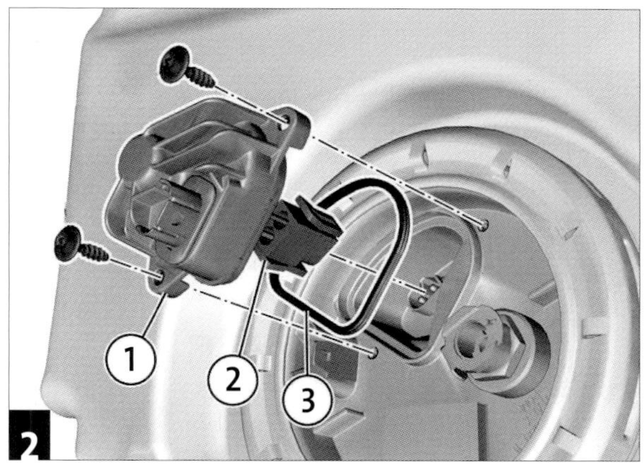

- Elekronik-Baustein **1** abnehmen und Stecker **2** trennen.

Elekronik-Baustein

- 👁 Bei korrodierten Anschlüssen am Stecker Baustein ersetzen.
- 👁 Falls Dichtgummi **3** aufgequollen ist, ersetzen.
- Dichtgummi **3** beim Einbau **dünn** schmieren (Silikofett)
- Elekronik-Baustein anschließen (Stecker **2**) und ohne Verkanten aufsetzen.

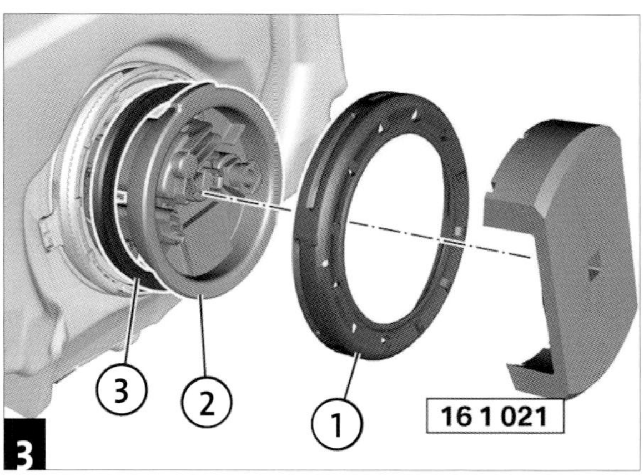

Benzinpumpe

- Überwurfmutter **1** mit Zapfenschlüssel 16 1 021 oder wie in Bild 4 gezeigt ausbauen.
- Pumpe **2** aus Tank **herausziehen**, nicht heraushebeln! Durch Hebeln kann die Dichtlippe **3** beschädigt werden.

Überwurfmutter der Kraftstoffpumpe

- Mit etwas Geschick kann die Überwurfmutter mit kräftigem Schraubendreher und "Anklopfen" ausgebaut werden. (Im Bild Pumpe eines Vorgängermodells.)
  Anzugsmoment .... 35 Nm

! **Bild 3**: Benzinpumpe senkrecht nach oben herausziehen und mit Dichtung entnehmen. Benzinpumpe nicht mit Schraubendreher o.ä. aushebeln! Andernfalls droht Undichtheit bei Wiederverwendung!

- Aufgeqollene Dichtlippe ersetzen.
- Tank mit Handpumpe o.ä. entleeren.

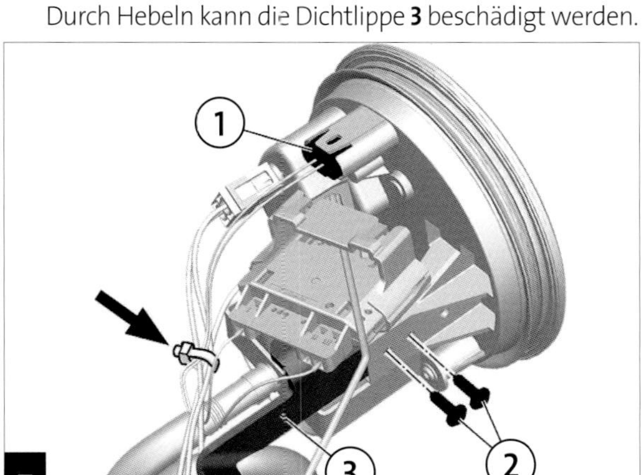

Füllstandsensor

- Kabelbinder (Pfeil) und Stecker **1** des Sensors trennen.
- Schrauben **2** ausdrehen und Verbindungsstück **3** lösen.

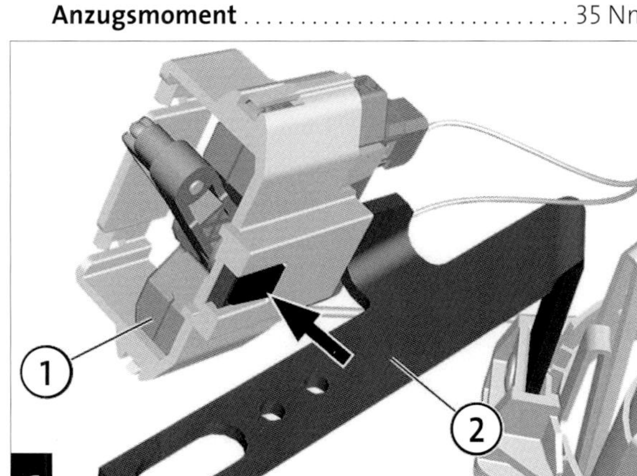

- Nase (Pfeil) anheben und Füllstandsensor vom Verbindungsstück abnehmen.

→

5 Einspritzsystem & Tank

5.2 Benzinpumpe

Fortsetzung

Schnellkupplung:

- Die Kupplungsbuchse kann durch leichte Berührung verriegeln. Wenn die Schnellkupplung in diesem Zustand zusammen gedrückt wird, können die O-Ringe beschädigt und undicht werden.
- ! Schnellkupplung nur bei offener bzw. gedrückter Verriegelung zusammenstecken.
- O-Ringe der Schnellkupplung kontrollieren (Pfeile Bild 7).
- Als Montage-Erleichterung O-Ringe dünn fetten (Molykote 111).
- Schnellkupplung muss hörbar einrasten.

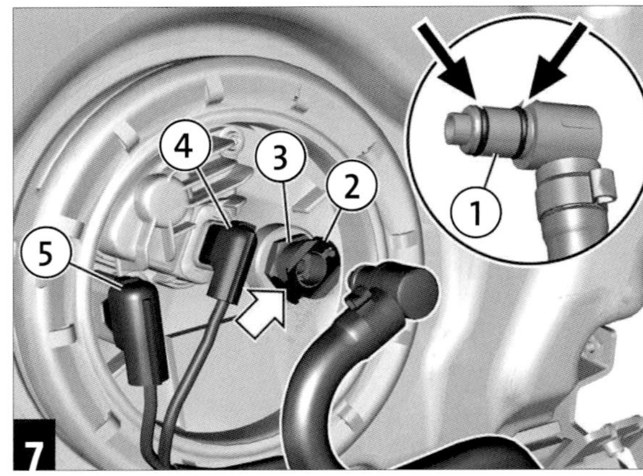

Benzinpumpe anschließen

1 Schnellkupplung
2 Verriegelung
3 Buchse
4 Stecker Benzinpumpe
5 Stecker Füllstandsensor

5.3 Luftfiltergehäuse

Vorarbeiten

- Tank ausbauen (Vorkapitel).

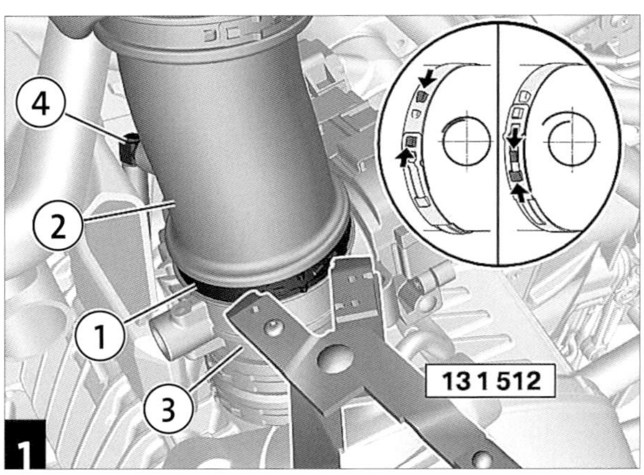

Ansaugrohr links

- Schelle **1** öffnen und Ansaugrohr **2** vom Drosselklappenstutzen **3** abziehen.
- Nebenluftschlauch **4** trennen.
- Einlass des Drosselklappenstutzens abkleben.

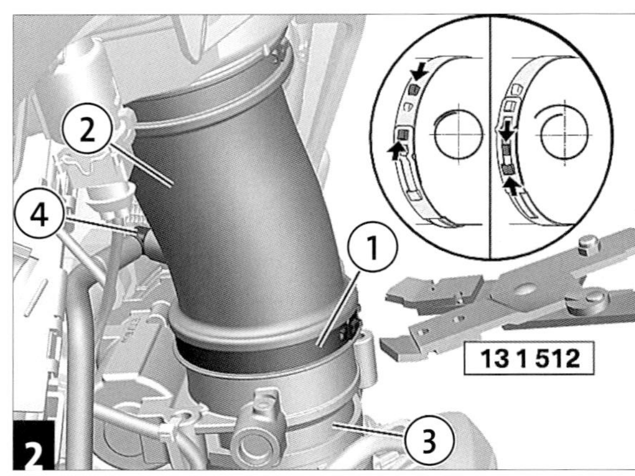

Ansaugrohr rechts

- Schelle **1** öffnen und Ansaugrohr 2 vom Drosselklappenstutzen 3 abziehen.
- Nebenluftschlauch **4** trennen.

Schlauchschellen öffnen

- Schlauchschelle mit selbstgebastelter Schlauchschellen-Zange oder 13 1 512 öffnen (Bild 20 Seite 23).

Schlauchschellen schließen

- Schlauchschelle zusammenziehen, bis Endstück in Nase (Pfeil) einrastet.

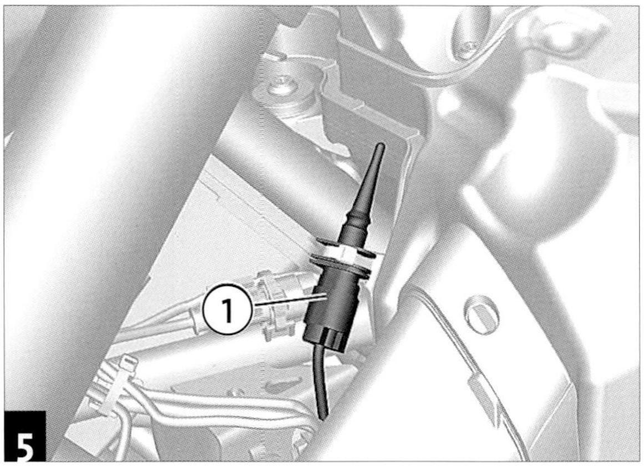

R: Außentemperatur-Sensor

- Stecker **1** trennen.

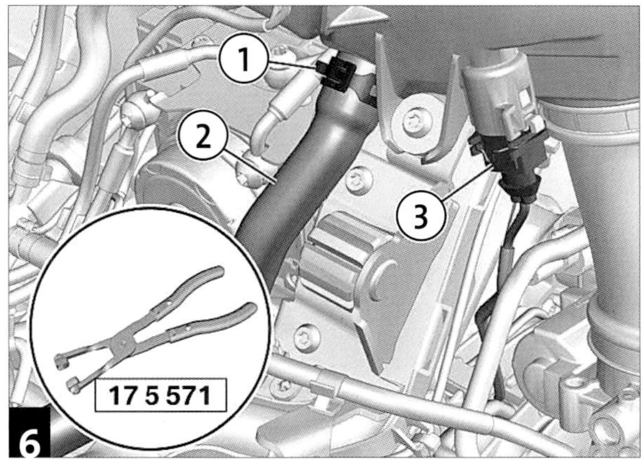

Ansauglufttemperatur-Sensor und Entlüftungsschlauch

- Schelle **1** lösen und nach hnten auf Entlüftungsschlauch **2** schieben.
- Stecker **3** trennen. Siehe auch Bild 8.

Luftfiltergehäuse

- Federschelle **1** lösen (siehe auch Bild 6).
- Beim Einbau Schlauch bis zur Markierung auf Stutzen aufschieben.
- Stecker **2** des Ansauglufttemperatur-Sensors trennen (siehe Bild 8).
- Schrauben **3** ausdrehen. Scheiben abnehmen.

3 Anzugsmoment
M6 x 25 ....8 Nm

Ansauglufttemperatur-Sensor

- Drahtbügel eindrücken und Stecker abziehen. (Im Bild prinzipgleicher Stecker.)

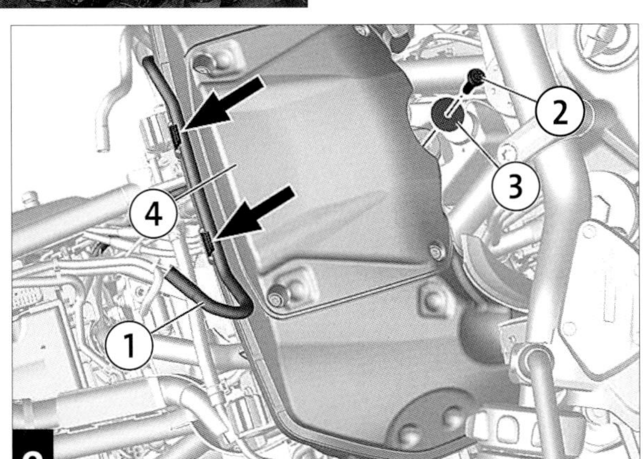

- **Bild 9**: Tankentlüftungsschlauch **1** aus Haltern (Pfeile) abnehmen.
- Schraube **2** ausdrehen und Scheibe **3** abnehmen.
- Luftfiltergehäuse **4** abnehmen.

2 Anzugsmoment
M6 x 25 ......8 Nm

5 Einspritzsystem & Tank

5.4 Drosselklappen

- Die Drosselklappen können auch bei montiertem Luftfiltergehäuse aus- und eingebaut werden.
- Entsprechendes Seitenteil der Verkleidung und Seitenblende ausbauen.

Schlauchschellen
- Schlauchschellen wie auf Seite 96 gezeigt lösen und schließen.

Drosselklappe
- Kabelbinder **1** und Stecker **2** trennen.
- Schlauchschellen lösen (vorige Seite).
- Drosselklappe abziehen.

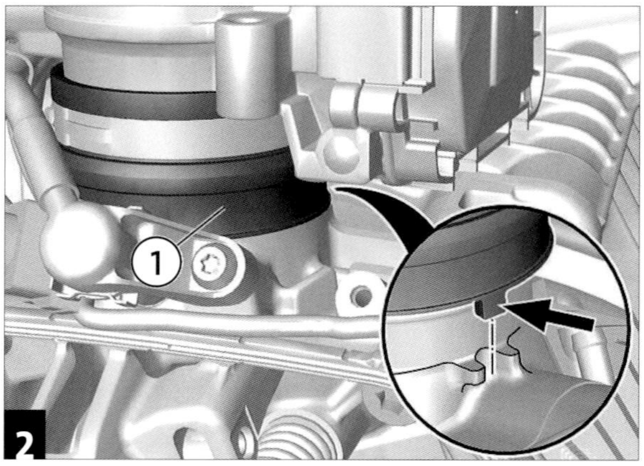

Drosselklappen ansetzen
- Darauf achten, dass Ansaugstutzen **1** mit Nase (Pfeil) in Aussparung eingreift.

5.5 Einspritzventil

Einspritzdüse-Stecker
- Federbügel eindrücken und Stecker abziehen.

- Schraube ausdrehen und Einspritzventil mit Benzinleitung abziehen.

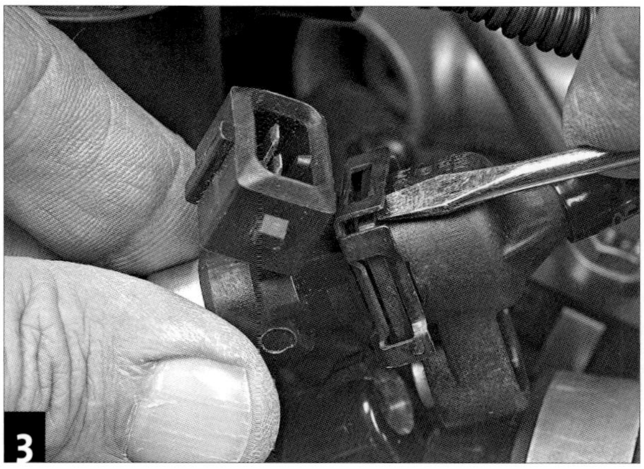

3

- Klammer abziehen und Benzinleitung abziehen.
- Beim Einbau Benzinleitung nur soweit eindrücken, dass Klammer eingesetzt werden kann.

4

Kraftstoffverteiler/Druckregler

- Kraftstoffverteiler aus Halterung ausfedern und Stecker trennen.
  Einbaulage: Links neben Bremsmodulator.

5.6
Prüfen und Vermessen

Förderdruck

- Der Förderdruck wird bei laufendem Motor (Leerlauf) geprüft. Diagnose-Stecker mit GS 911 an IBM-kompatiblen Computer anschließen (die BMW-Werkstatt verwendet ihr MoDiTec-Gerät).
- **Sollwert** .... 3,5 - 4,5 bar

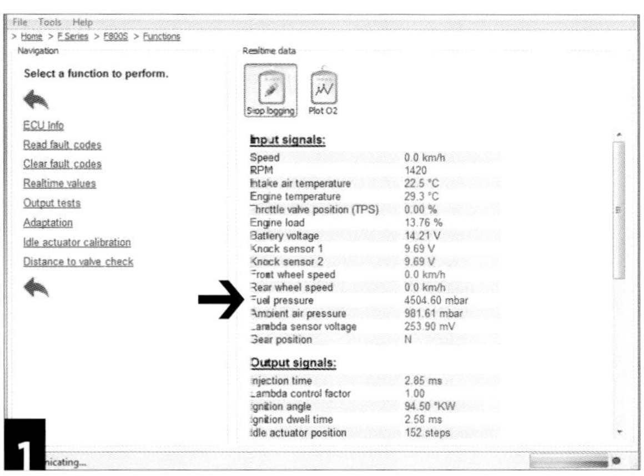

1

Förderdruck

- Der Förderdruck (Fuel pressure) wird mit dem GS 911-Diagnoseprogramm bei laufendem Motor unter »Functions« angezeigt.

2

Einspritzdüse

👁 Einspritzdüse mit so gut wie neuen O-Ringen montieren (leicht fetten).

5 Einspritzsystem & Tank

5.7
Aktivkohlefilter

Vorarbeiten
Ausbauen:
- Sitze Seite 27
- Tank Seite 29
- Luftfiltergehäuse Seite 96
- R: Kühlerblende rechts Seite 69
- Kühlmittel ablassen Seite 69
- Kühler und Luftführungen lösen (Seite 106).
- Thermostat lösen (Seite 109).

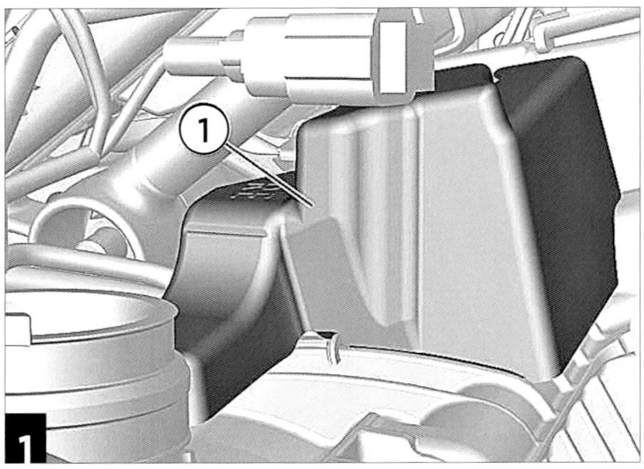

Wärmeschutz rechts
- Wärmeschutz rechts **1** ausbauen.

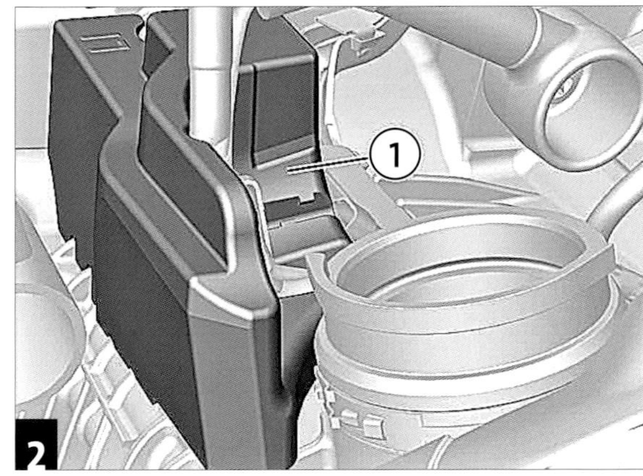

Wärmeschutz links
- Wärmeschutz links **1** ausbauen.

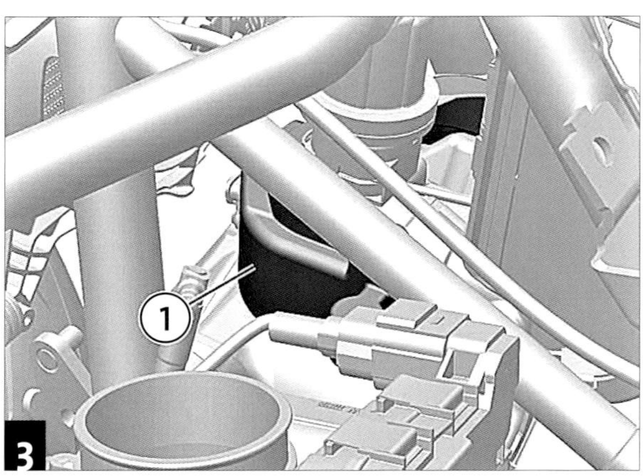

Wärmeschutz Mitte
- Wärmeschutz Mitte **1** ausbauen.

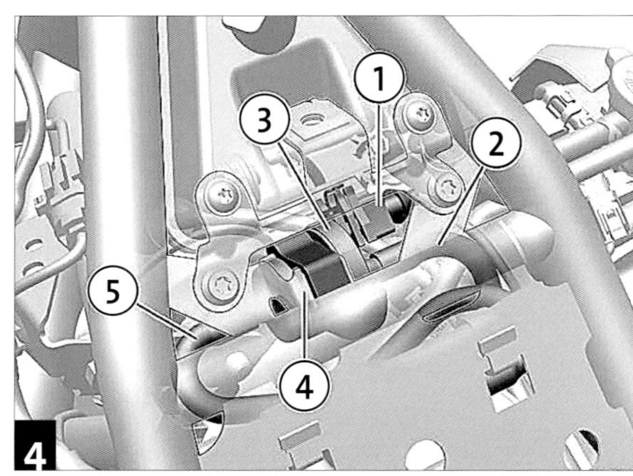

Tankentlüftungsventil
- Stecker **1** und Schlauch **2** (zum Zylinder) trennen.
- Tankentlüftungsventil **3** von Halter **4** lösen.
- Tankentlüftungsventil **3** nach links ausbauen.
- Schlauch **5** (zum Aktivkohlefilter) trennen.

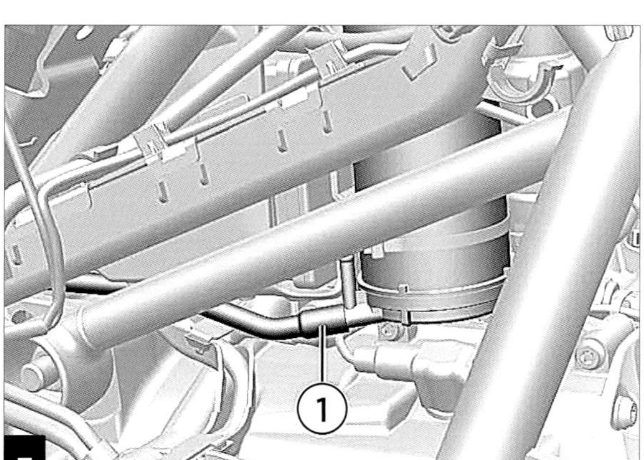

Aktivkohlefilter aus-/einbauen
- Belüftungsschlauch **1** trennen.

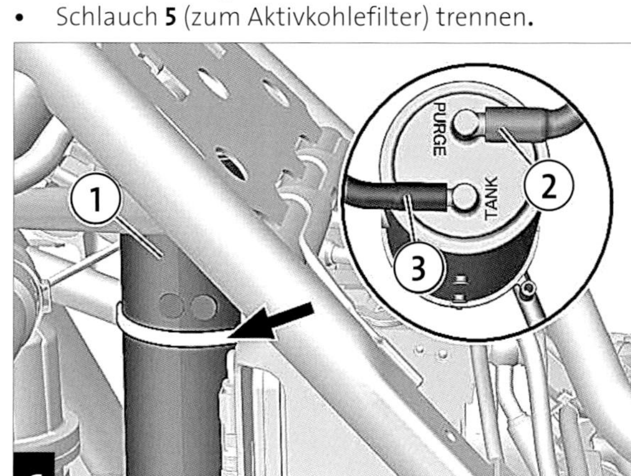

- Kabelbinder (Pfeil) trennen.
- Aktivkohlefilter **1** nach links ausbauen und Schlauch **2** (zum Tankentlüftungsventil) und Schlauch **3** (zum Tankdeckel) trennen.

Starter

6

6.1
Aus- und Einbau

! Bei ausgeschalteter Zündung zuerst Massekabel von der Batterie abnehmen.
- Der **Einbau** erfolgt in umgekehrter Reihenfolge.
- Informationen zum **Startrrelais** befinden sich im Elektrik-Kapitel (ab Seite 180).

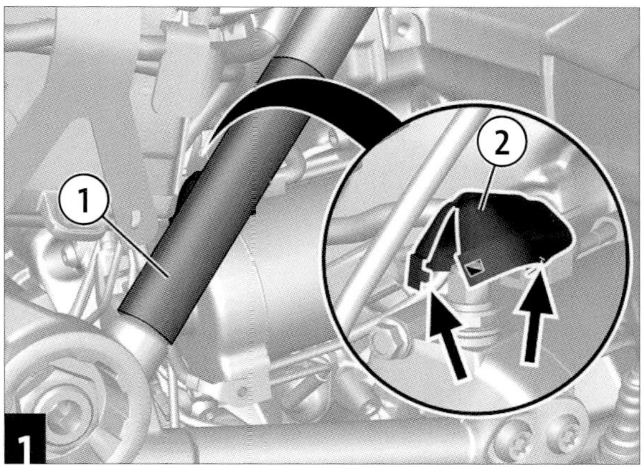

Starter aus-/einbauen
- Arbeitsbereich **1** abkleben.
- Schutzkappe an Laschen **2** (Pfeile) öffnen und abnehmen.

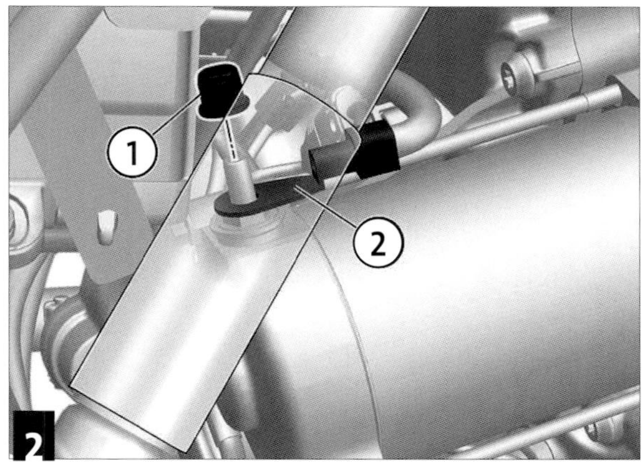

Starter-Kabel
- Mutter **1** ausdrehen und Starter-Pluskabel **2** abnehmen.
- Beim Einbau Mutter **1** erneuern.

1 **Anzugsmoment** Mutter M6 .... 8 Nm

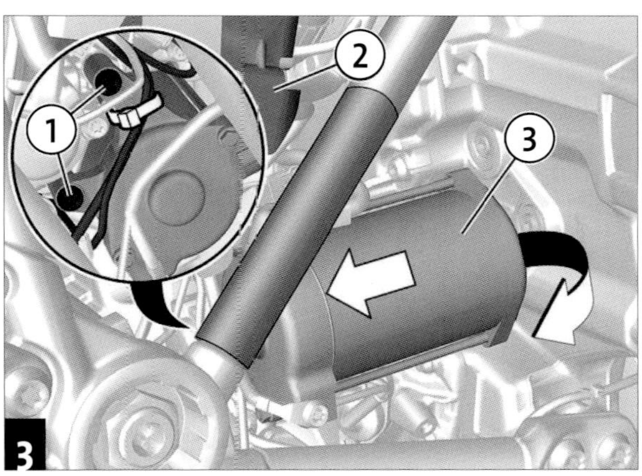

Starter aus-/einbauen
- Schrauben **1** ausdrehen und Batteriefach **2** anheben.
- Starter **3** nach hinten abziehen und zur Seite herausnehmen.

1 **Anzugsmoment** M6 x 40 .... 12 Nm

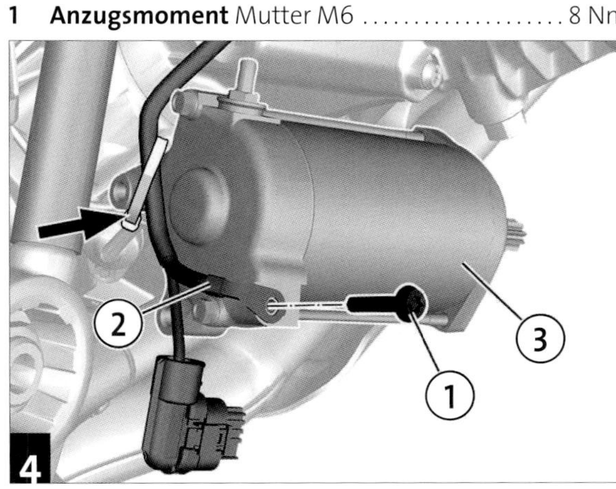

Starter aus-/einbauen
- Kabelbinder (Pfeil) trennen, Schraube **1** ausdrehen und Massekabel **2** abnehmen. Starter **3** abnehmen

1 **Anzugsmoment** M6 x 10........................ 8 Nm

Starter einbauen
- Starter mit so gut wie neuen O-Ring (leicht geölt) einsetzen und befestigen.

7 Auspuffanlage

7.1 Schalldämpfer Aus- und Einbau

! Darauf achten, dass Auspuffanlage abgekühlt ist, bevor sie angefasst wird!
- Maschine sicher aufbocken.

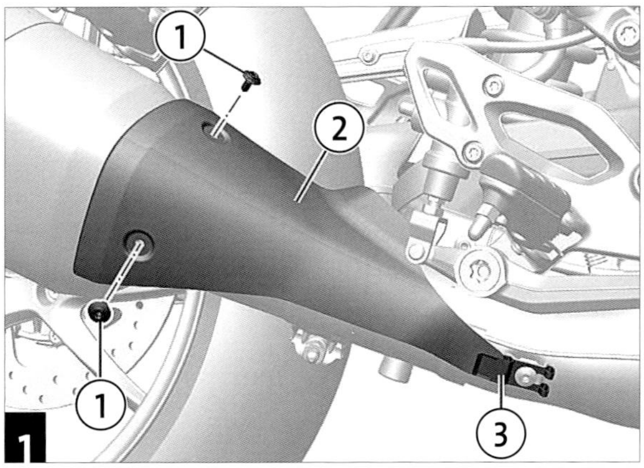

Schalldämpfer-Abdeckung
- Schrauben **1** ausdrehen und Abdeckung **2** aus Halter **3** abziehen.

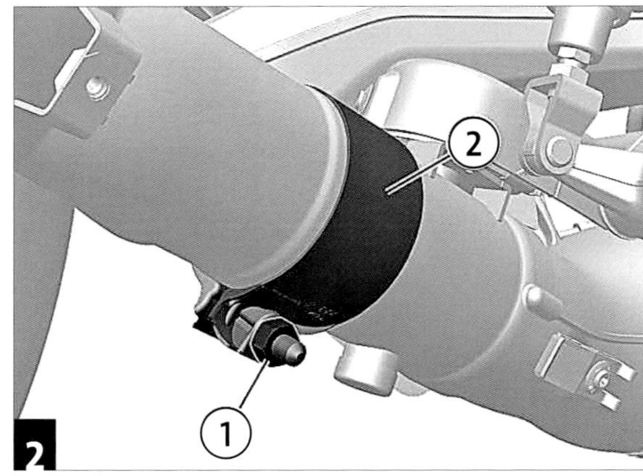

Schalldämpfer ausbauen
- Schellenmutter **1** lockern und Schelle **2** nach hinten schieben.

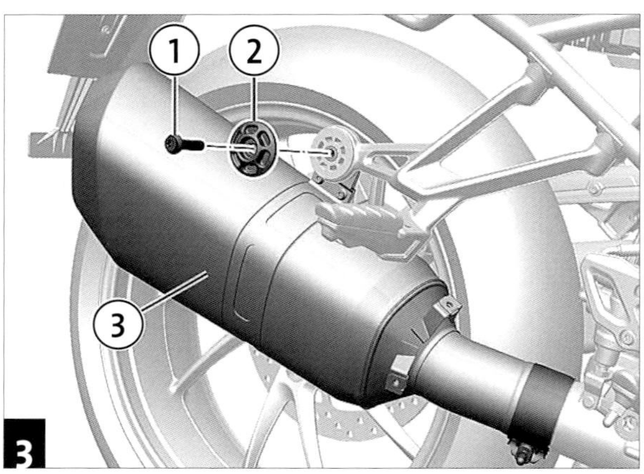

Schalldämpfer ausbauen
- Schraube **1** ausdrehen und mit Formscheibe **2** abnehmen.
- Schalldämpfer **3** abnehmen.

Schalldämpfer einbauen
- Dämpfer aufschieben und befestigen (Bilder 5 und 6).
- Schraube **1** mit Formscheibe **2** eindrehen.

1 **Anzugsmoment** M8 x 35 .... 19 Nm

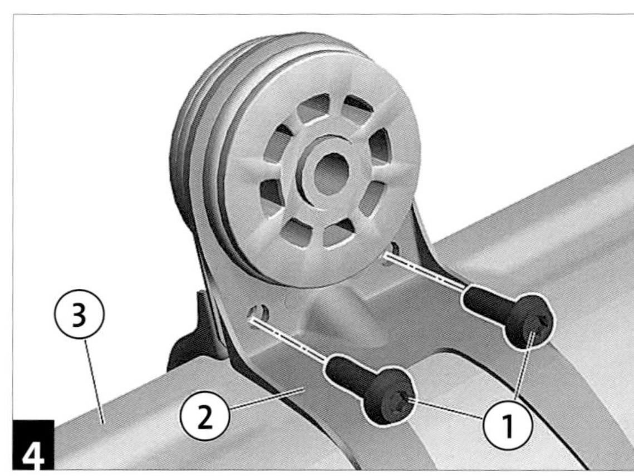

Befestigungsschelle aus-/einbauen
- Schrauben **1** ausdrehen und Schelle **2** abnehmen.
- Schalldämpfer **3** gegebenenfalls entsorgen.
- Beim Einbau auf neuen Dämpfer Schelle innen dünn schmieren (Optimoly TA).

! Das Verschieben der Schelle kann Kratzer auf der Dämpferhülle verursachen. Schelle soweit wie möglich öffnen, innen leicht einfetten (Optimoly TA) und so wenig wie nötig verschieben.
- Die endgültige Position der Befestigungsschelle ergibt sich **nach** Aufstecken und Befestigen des Dämpfers am Krümmer (Bilder 5 und 6).
- Schrauben **1** mit mittelfester Schraubensicherung (Loctite 243) festdrehen.

  Anzugsmoment M5 x 16 .... 6 Nm

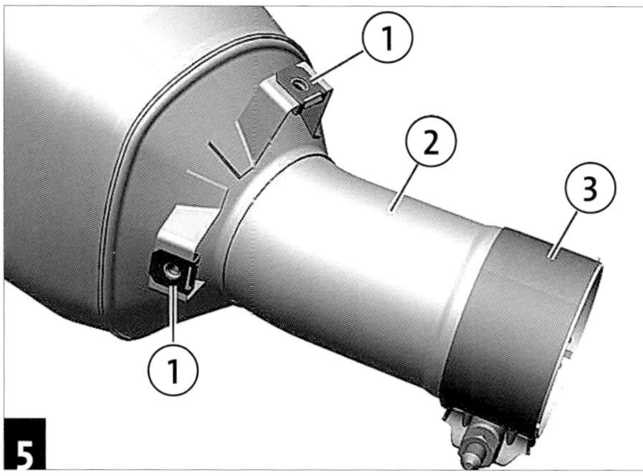

Schalldämpfer einbauen

- Steckmuttern **1** an neuem Dämpfer **2** anbringen.
- Schelle **3** innen dünn schmieren (Optimoly TA) und aufschieben.

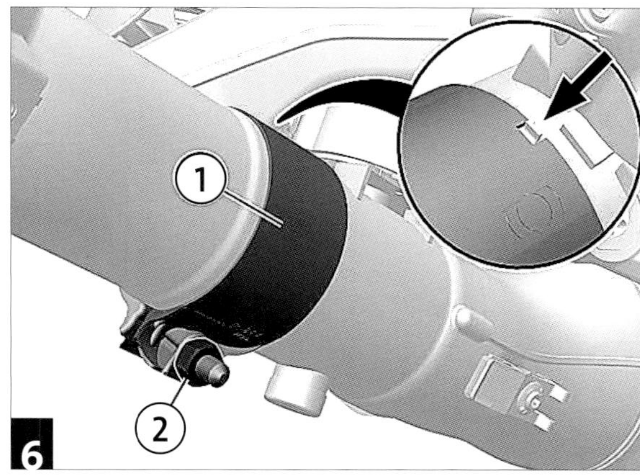

Schalldämpfer an Krümmer

- Schelle **1** so anbringen, dass Nase in Nut eingreift (Pfeil).
- Mutter **2** anziehen und Abdeckung Bild 1 anbringen.

2 **Anzugsmoment** .... 22 Nm

7.2 Krümmer Aus- und Einbau

- Motorspoiler links und rechts ausbauen (Seite 41).
- Schalldämpfer-Abdeckung und Schalldämpfer ausbauen (siehe voriges Kapitel).

Einbau

- Krümmer in umgekehrter Ausbaureihenfolge montieren. Dabei Krümmer und Dämpfer zuerst nur handfest montieren und spannungsfrei ausrichten, dann Muttern und Schrauben anziehen, beginnend am Zylinderkopf/ Krümmer.

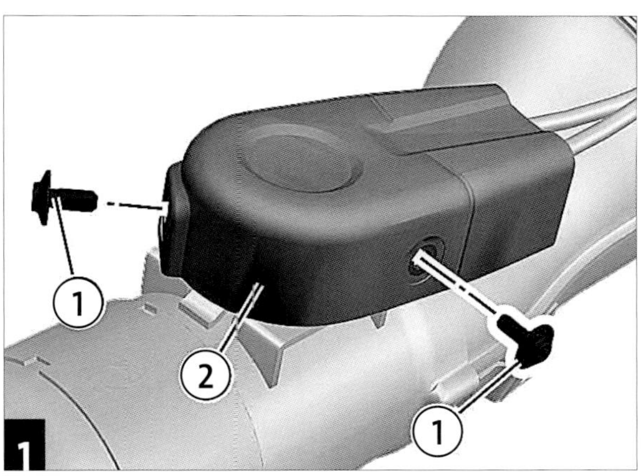

Bowdenzüge der Abgasklappe

- Schrauben **1** ausdrehen und Abdeckung **2** abnehmen.

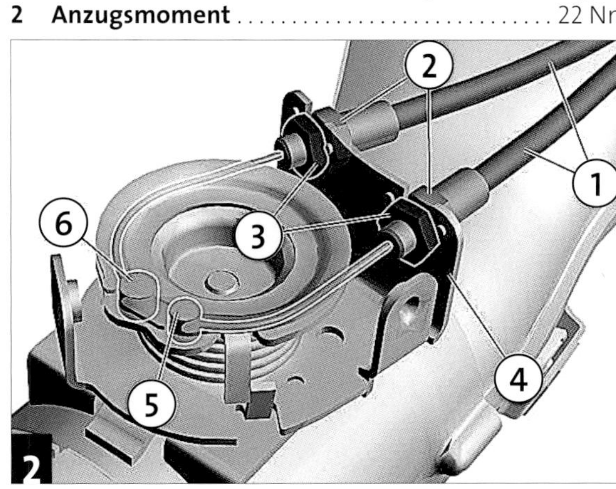

- Hitzeschutz **1** von Bowdenzugschrauben **2** abziehen.
- Schrauben **2** und Gegenmuttern **3** lockern.
- Bowdenzüge von Halter **4** lösen.
- Rückstellzug **5** und Betätigerzug **6** aushängen.

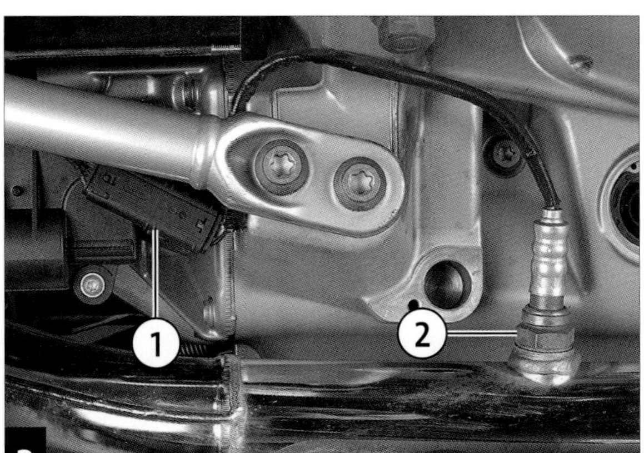

1200: Lambdasonde mit Stecker rechts

- Stecker **1** ausklinken und trennen.
- Lambdasonde **2** ggfs. am Sechskant ausdrehen.

2 **Anzugsmoment** M18 x 1,5 (Optimoly TA)...... 45 Nm

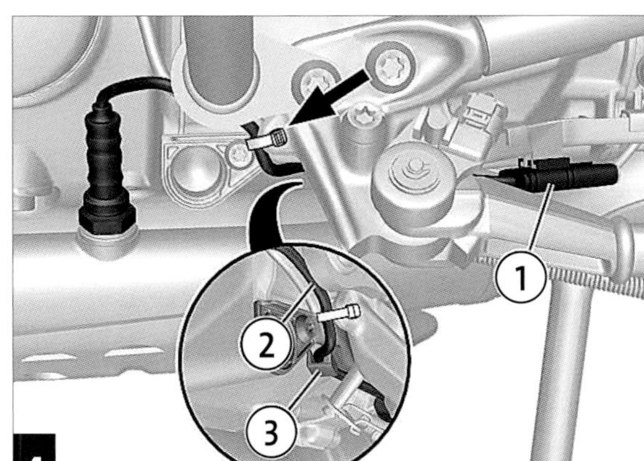

1200: Lambdasonde mit Stecker links

- Kabelbinder (Pfeil) trennen.
- Stecker **1** (Lambdasonde) ausklinken und trennen.
- Kabel **2** aus Kabelkanal **3** freilegen.

7 Auspuffanlage

7.2 Krümmer Aus- und Einbau

Fortsetzung

1250: Lambdasonde mit Stecker

- Stecker lösen: siehe Seite 184 Bild 1.
- Stecker trennen: siehe Seite 54 Bild 5.

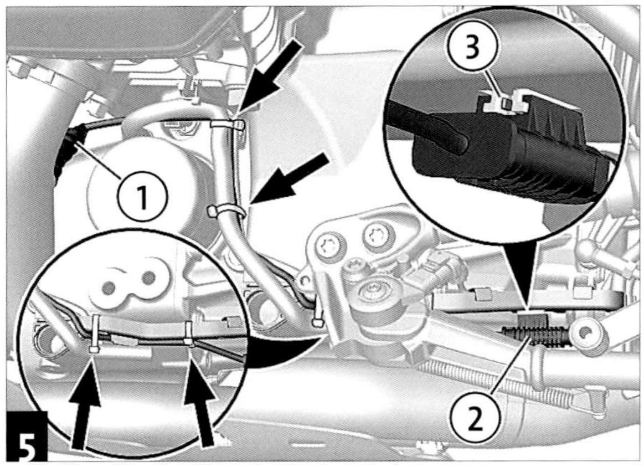

1250: Lambdasonde mit Stecker links

- Kabelbinder (Pfeile) trennen.
- Verriegelung **3** lösen und Stecker **2** aushängen und trennen. Lambdasonde **1** ausdrehen.

1 **Anzugsmoment** M18 x 1,5 (Optimoly TA). . . . . . 45 Nm

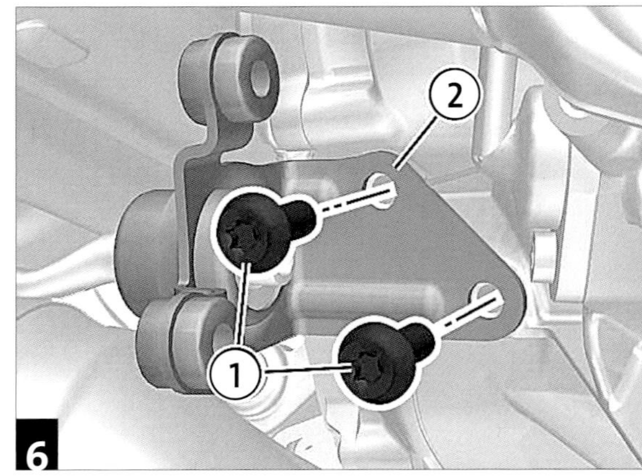

Krümmer-Halter

- Zwei Schrauben **1** ausdrehen und Halter **2** abnehmen.
  Anzugsmoment M8 x 20 . . . . 19 Nm

Krümmer an Zylinderkopf 1200

- Zwei Muttern (Vielzahn SW11) links und rechts ausdrehen und Krümmer abnehmen.

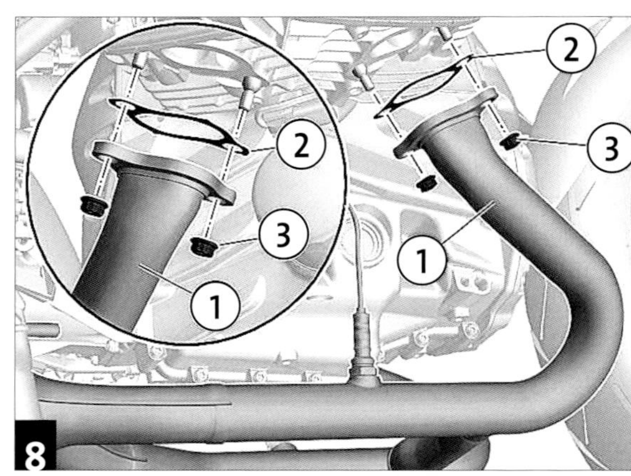

Krümmer-Einbau 1200

- Krümmer **1** mit neuer Dichtung **2** ansetzen und Muttern **3** schrittweise abwechselnd anziehen.

3 **Anzugsmoment** M8 mit neuer Dichtung. . . . . 28 Nm

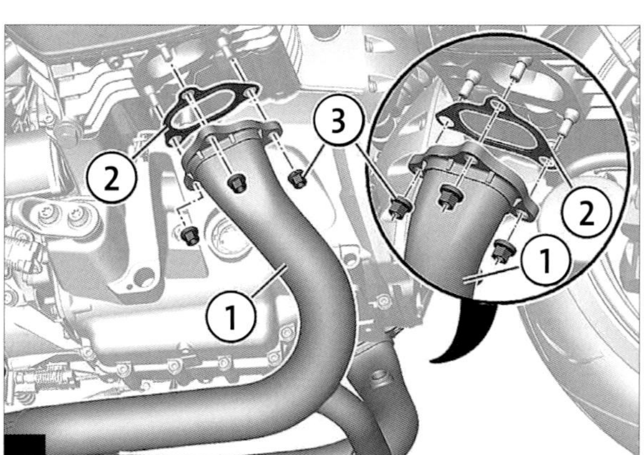

Krümmer-Einbau 1250

- Krümmer **1** mit neuer Dichtung **2** (Bild 10) ansetzen und **neue** Muttern **3** je Seite schrittweise anziehen.

3 **Anzugsmoment** M8 mit neuer Dichtung. . . . . 21 Nm

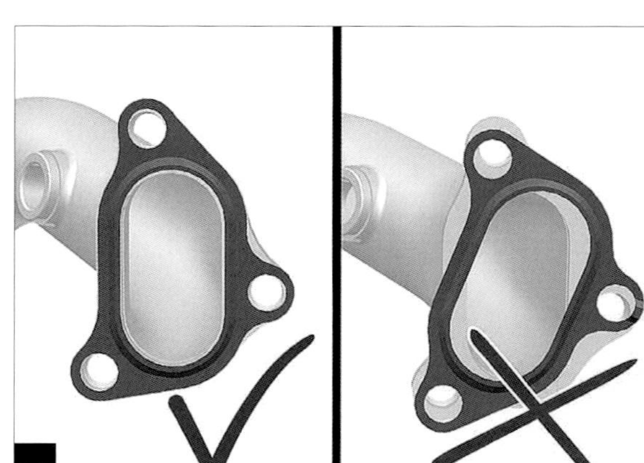

Krümmer-Einbau 1250

👁 Auf richtige Einbaulage der Dichtung achten!

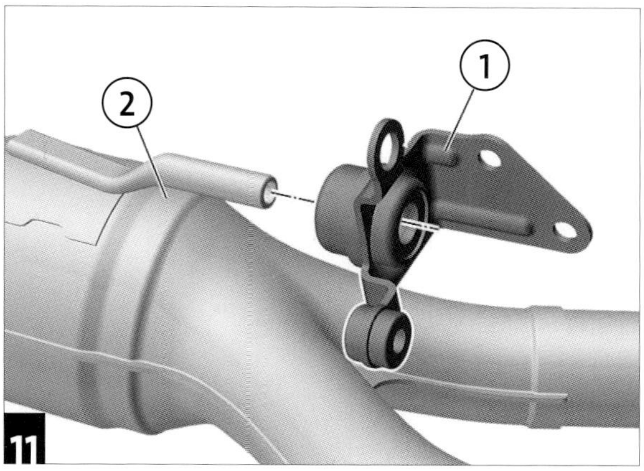

Krümmer-Halter Einbau

- Halter **1** an Krümmer **2** ansetzen. Siehe auch Bild 6.

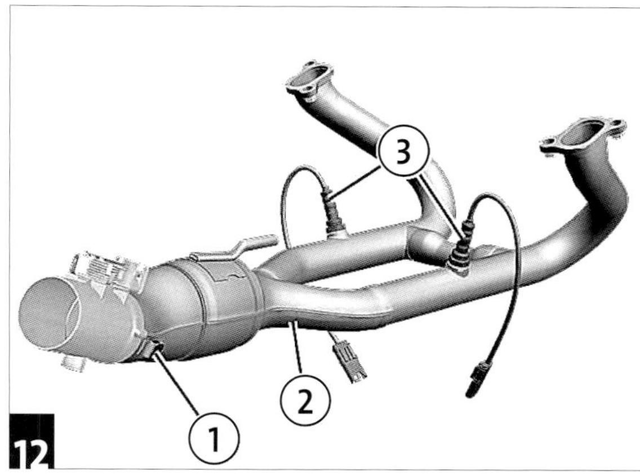

Lambdasonden an Krümmer

- Ggf. Steckmutter **1** an neuem Krümmer **2** anbringen.
- Bei der Montage der Lambdasonden **3** Optimoly TA auf Gewinde auftragen.

3 **Anzugsmoment** M18 x 1,5 .... 45 Nm

7.3
Stellmotor der Abgasklappe

- Bowdenzüge an der Abgasklappe aushängen wie auf Seite 103 Bilder 1 und 2 beschrieben.

Stellmotor ein- und ausbauen

- Stecker **1** trennen und ausclipsen.
- Schraube **2** ausdrehen und mit Scheibe abnehmen.
  Anzugsmoment M6 x 25 T20 .... 8 Nm

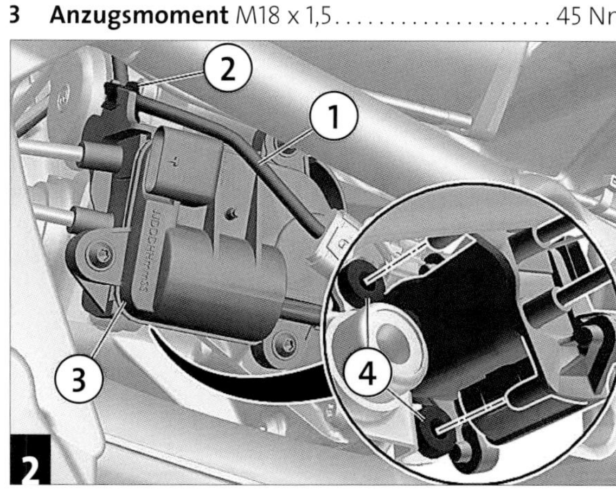

Stellmotor ein- und ausbauen

- Kabel **1** aus Halter **2** und Stellmotor **3** aus Gummitüllen **4** abziehen.

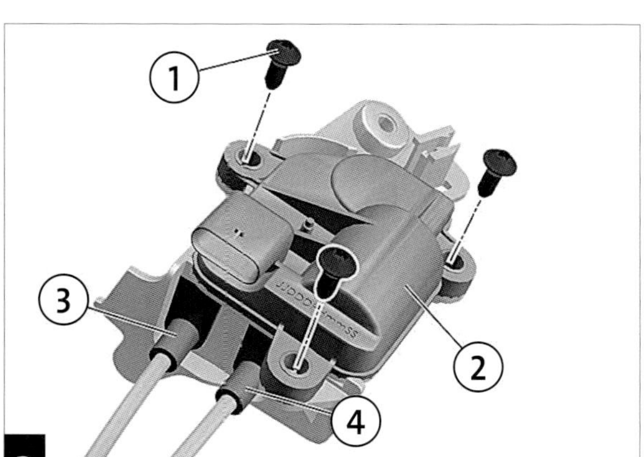

Stellmotor: Bowdenzüge aus-/einbauen

- Schrauben **1** ausdrehen.
- Stellmotor **2** mit Rückstellerzug **3** und Betätigerzug **4** abnehmen.

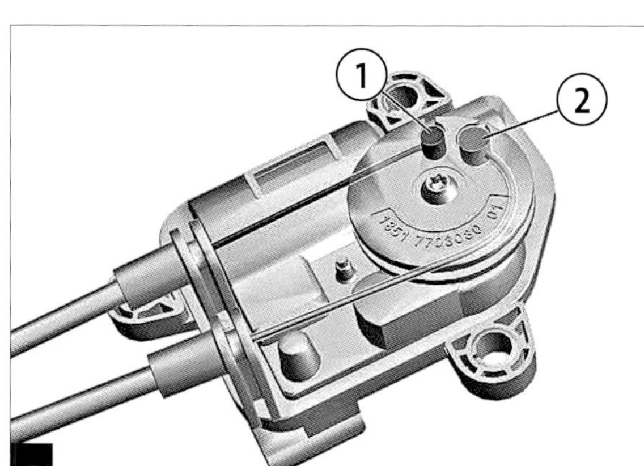

Bowdenzüge aus-/einbauen

- Betätigerzug **1** und Rückstellerzug **2** abnehmen und Nippel aus Aufnahmen nehmen.
- In umgekehrter Ausbaureihenfolge montieren.

8 Kühler

8.1 R: Kühler Aus- und Einbau

R und RS Vorarbeiten

! Arbeiten am Kühlsystem nur in kaltem Zustand (Kühlmittel-Temeratur gleich Umgebungs-Temperatur) durchführen.

- Kühlmittel ablassen (Seite 69).

! Der gelöste Kühler kann leicht mit dem Lenkungsdämpfer kollidieren. Um die empfindlichen Kühlerlamellen zu schützen Lenker nicht zu weit einschlagen und festlegen (z. B. mit Spannbändern oder Vorderrad-Fixierer aus dem Zubehörhandel).

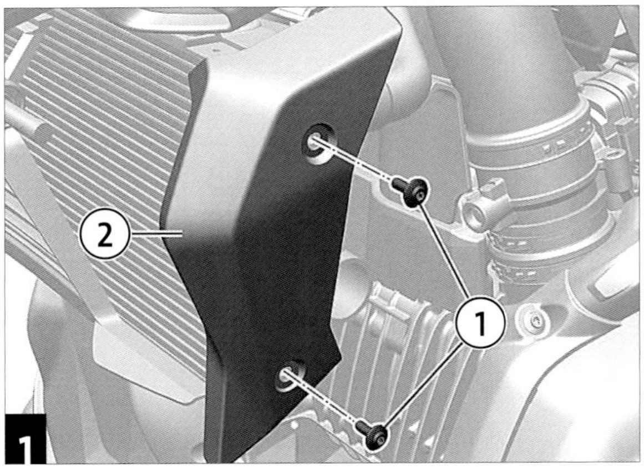

Kühlerblende links

- Schrauben **1** ausdrehen und Kühlerblende **2** abnehmen.

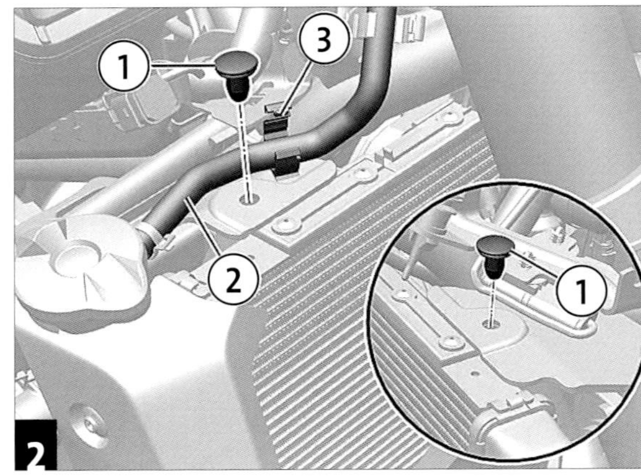

Kühler lösen 1

- Spreizniete **1** links und rechts ausbauen.
- Überlaufschlauch **2** aus Halter **3** lösen.

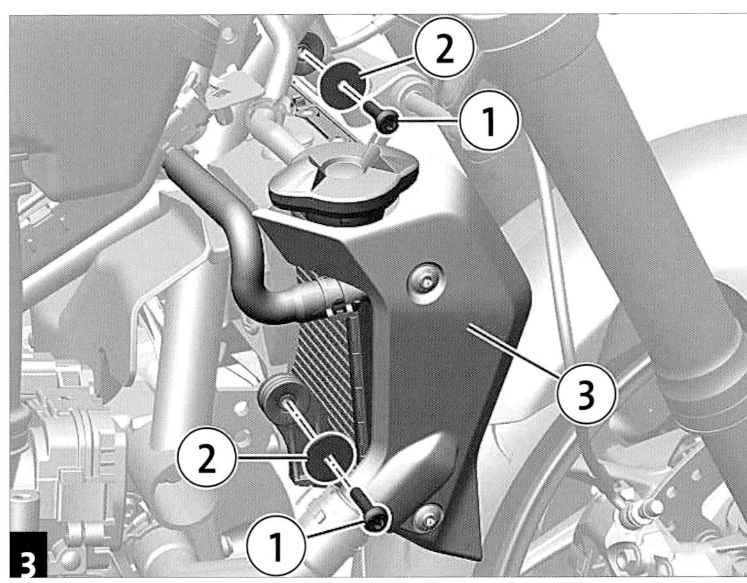

Kühler lösen 2

- Schrauben **1** und Scheiben **2** ausbauen.
- Kühler **3** nach rechts ziehen und lösen.

1 **Anzugsmoment** M6 x 25.... 8 Nm

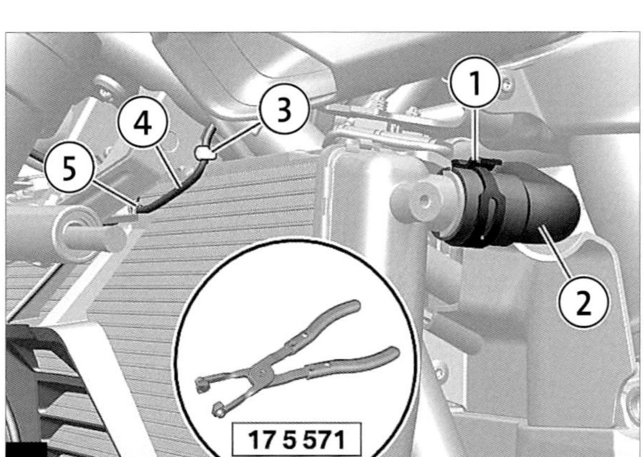

Kühler lösen 3

- Schelle **1** mit Zange (BMW-Nr. im Bild) und nach hinten schieben. Schlauch **2** (Vorlauf) trennen und Restflüssigkeit auffangen. Kabelbinder **3** lösen.
- Drehzahlsensorkabel **4** aus Halter **5** lösen.

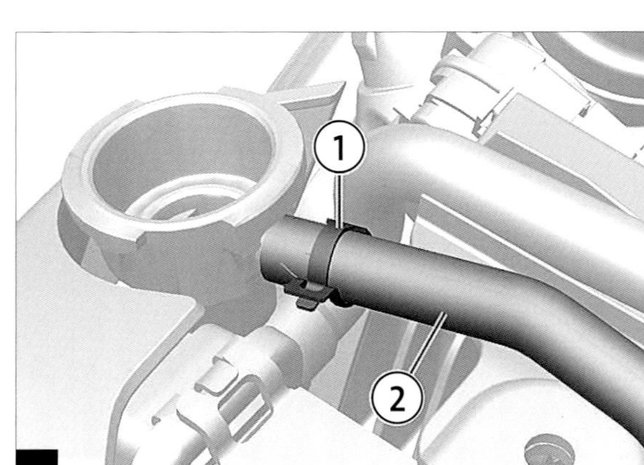

Kühler lösen 4

- Schelle **1** öffnen und Überlaufschlauch **2** abziehen.

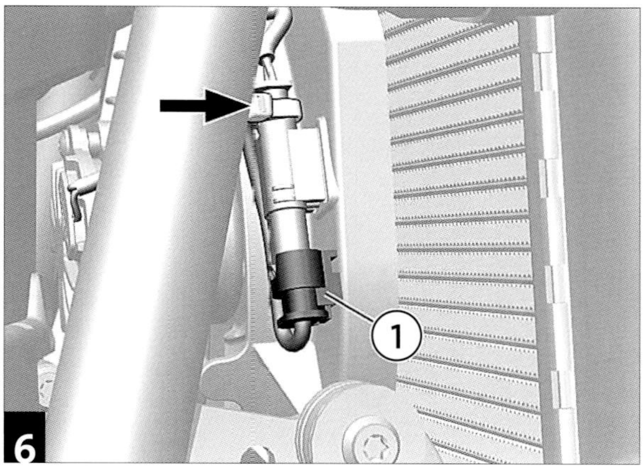

Lüftermotorstecker

- Kabelbinder (Pfeil) trennen Stecker **1** (Lüftermotor) trennen.

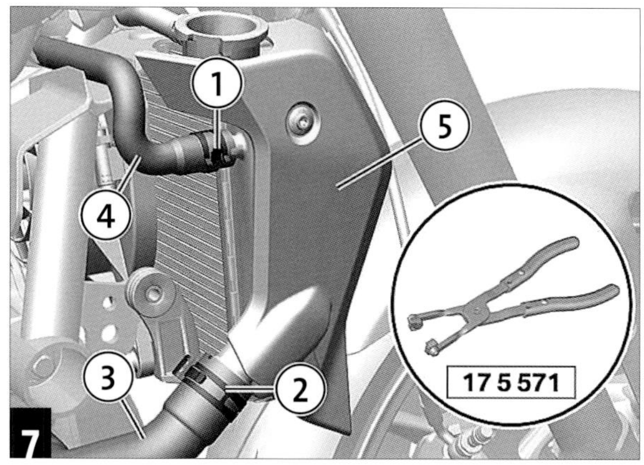

Kühler ausbauen

- Schellen **1** und **2** mit Zange öffnen (BMW-Nr. im Bild oder handelsüblich) .
- Rücklaufschlauch **3** und Bypass-Schlauch **4** lösen.
- Kühler **5** abnehmen.

8.2 RS: Kühler Aus- und Einbau

- Verkleidungs-Seitenteil links und rechts abbauen (Seite 33).

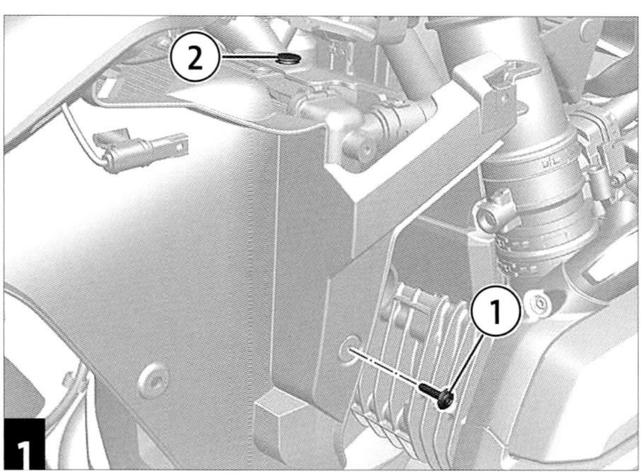

Kühler lösen 1

- Schraube **1** und Spreizniete **2** ausbauen.

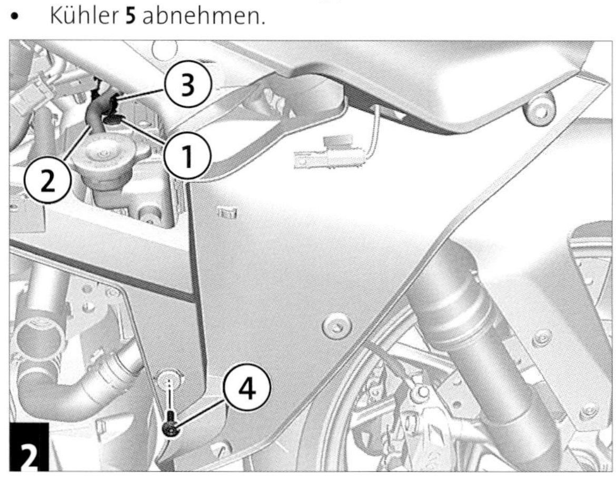

Kühler lösen 2

- Spreizniete **1** ausbauen.
- Überlaufschlauch **2** aus Halter **3** lösen.
- Schraube **4** ausdrehen.

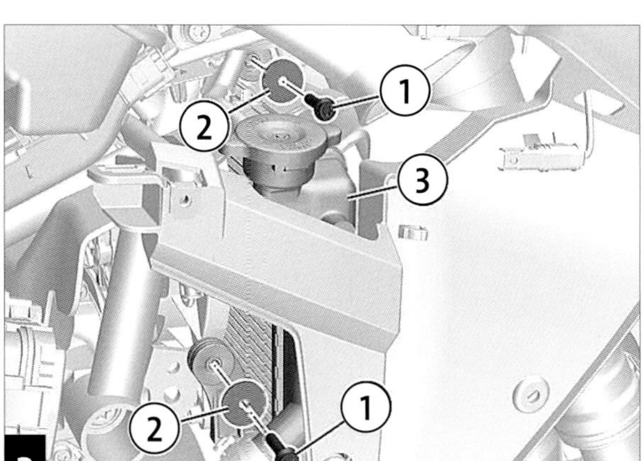

Kühler lösen 3

- Schrauben **1** und Scheiben **2** ausbauen.
- Kühler **3** nach rechts ziehen und lösen.

1 Anzugsmoment M6 x 25 .... 8 Nm

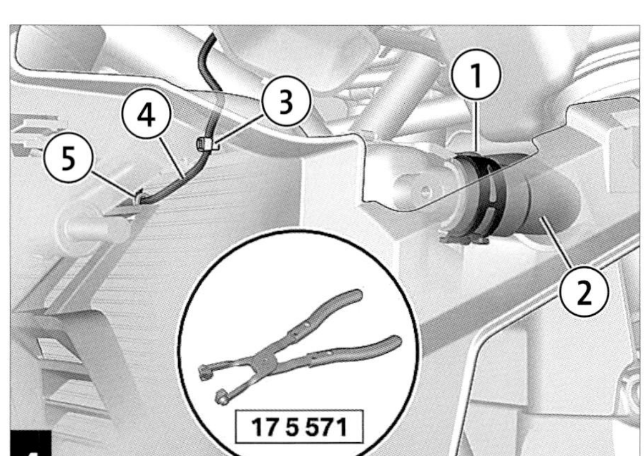

Kühler ausbauen 1

- Schelle **1** mit Zange (BMW-Nr. im Bild) und nach hinten schieben. Schlauch **2** (Vorlauf) trennen und Restflüssigkeit auffangen. Kabelbinder **3** lösen.
- Drehzahlsensorkabel **4** aus Halter **5** lösen.

8 Kühler

8.2
RS: Kühler Aus- und Einbau
Fortsetzung

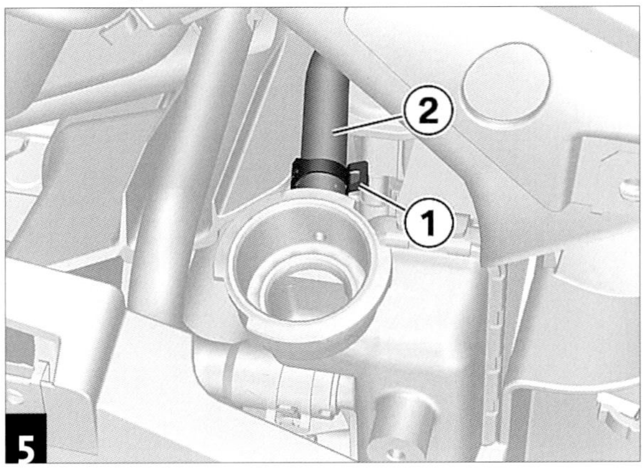

Kühler ausbauen 2
- Schelle **1** öffnen und Überlaufschlauch **2** abziehen.
- Bild 6 Seite 107: Kabelbinder (Pfeil) trennen Stecker **1** (Lüftermotor) trennen.

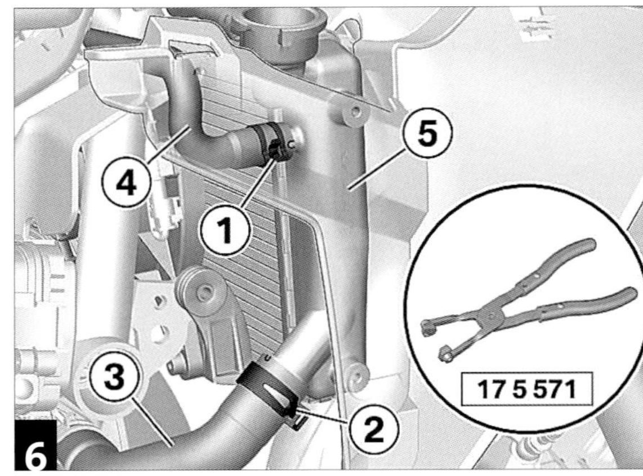

Kühler ausbauen 3
- Schellen **1** und **2** mit Zange öffnen (BMW-Nr. im Bild oder handelsüblich) .
- Rücklaufschlauch **3** und Bypass-Schlauch **4** lösen.
- Kühler **5** abnehmen.

8.3
Lüftermotor
Vorarbeiten
- Sitze ausbauen.
- Windleitflügel beidseitig ausbauen (RS).
- Ggf. Motorspoiler links ausbauen.
- RS: Tankverkleidung rechts ausbauen.
- RS: Verkleidungs-Seitenteil li./re. ausbauen.
- Schlauch **1** Bild 1 abklemmen und Kühlmittel ablassen.
- Kühler lösen (nicht ausbauen). Siehe Vorkapitel.
- Vorlaufschlauch lösen (Bild 2) und Stecker **1** Bild 6 Seite 107 (Lüftermotor) trennen

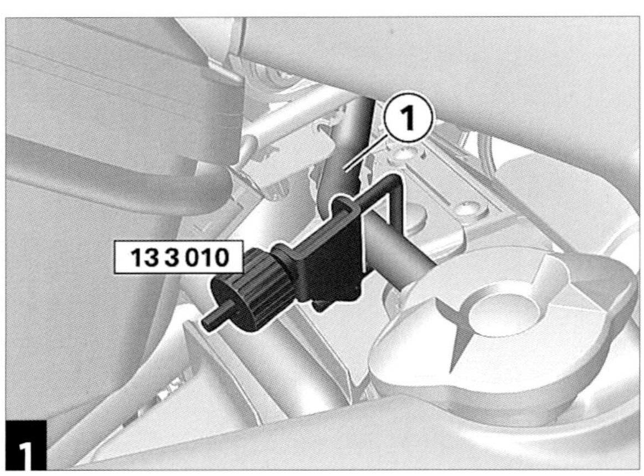

Schlauch zum Ausgleichsbehäter
- Schlauch **1** mit Schlauchklemme (BMW-Nr. im Bild oder handelsüblich) abklemmen.

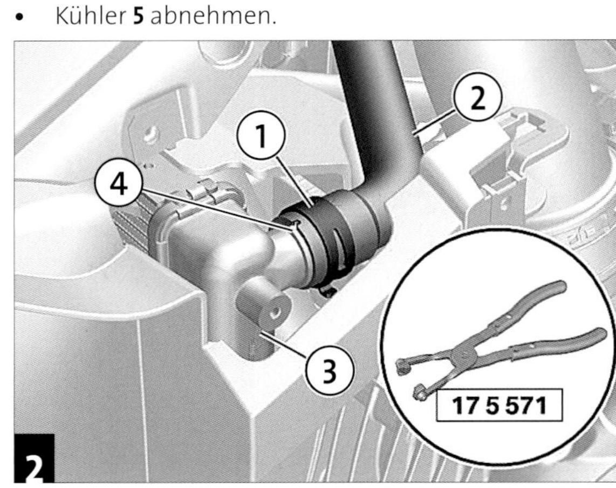

Vorlaufschlauch
- Schelle **1** öffnen und Kühlerschlauch **2** abziehen.
- Kühler **3** nach unten hängen lassen und Restflüssigkeite auffangen.
- Beim Einbau Schlauch **2** auf Nase **4** ausrichten.

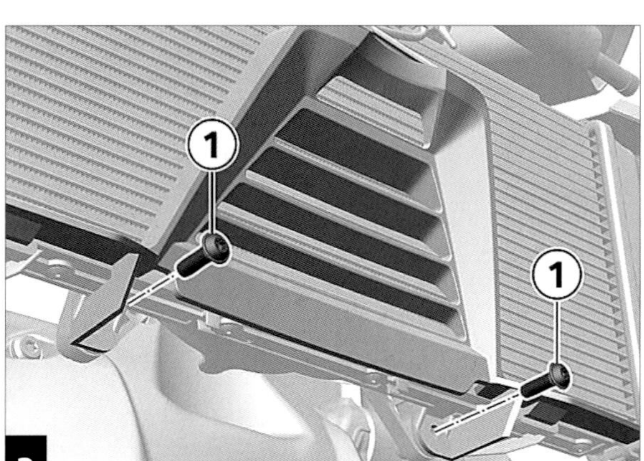

Lüfter ausbauen 1
- Schrauben **1** ausdrehen.

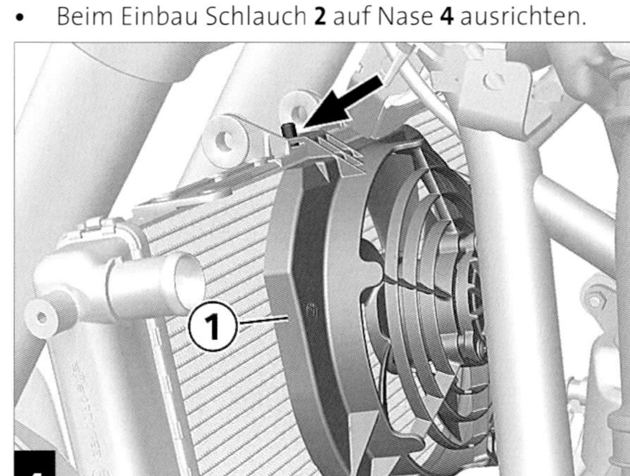

Lüfter ausbauen 2
- Lüfter **1** Ivon Nase (Pfeil) lösen und ausbauen.

8.4 Thermostat

Vorarbeiten
- Verkleidungs-Seitenteil li./re. ausbauen.
- Schlauch **1** Bild 1 Seite 108. abklemmen und Kühlmittel ablassen.
- Kühler lösen (nicht ausbauen). Siehe Vorkapitel.
- Vorlaufschlauch lösen (Bild 2) und Stecker **1** Bild 6 Seite 107 (Lüftermotor) trennen.

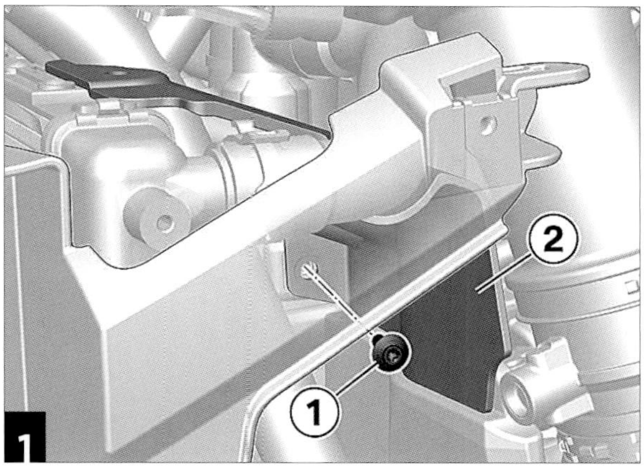

Luftführung links
- Schraube **1** ausdrehen und Luftführung **2** ausbauen.

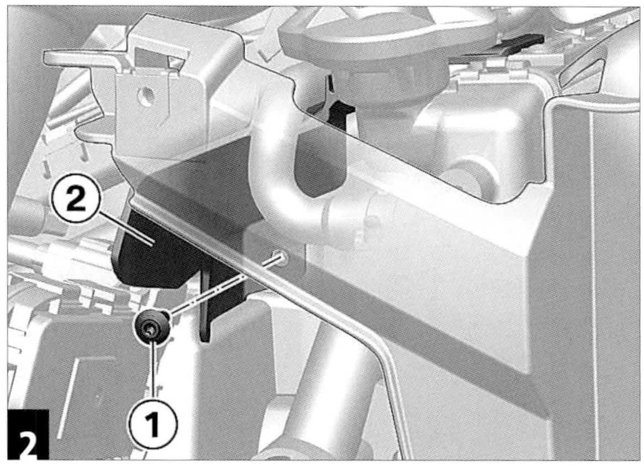

Luftführung rechts
- Schraube **1** ausdrehen und Luftführung **2** ausbauen.

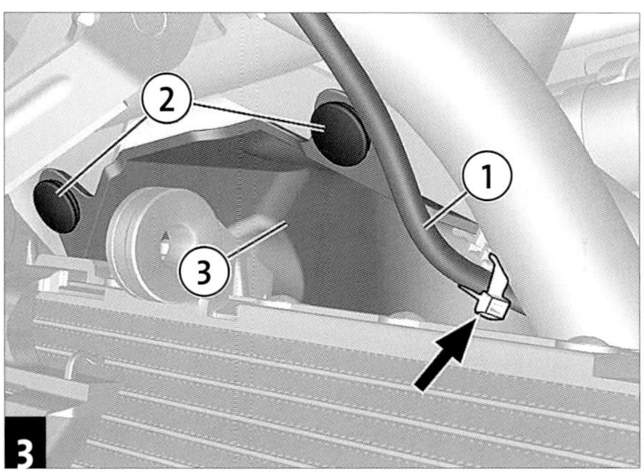

Luftführung Mitte
- Kabelbinder (Pfeil) trennen und Kupplungsleitung **1** lösen.
- Spreiznieten **2** ausbauen.
- Luftführung **3** ausbauen.

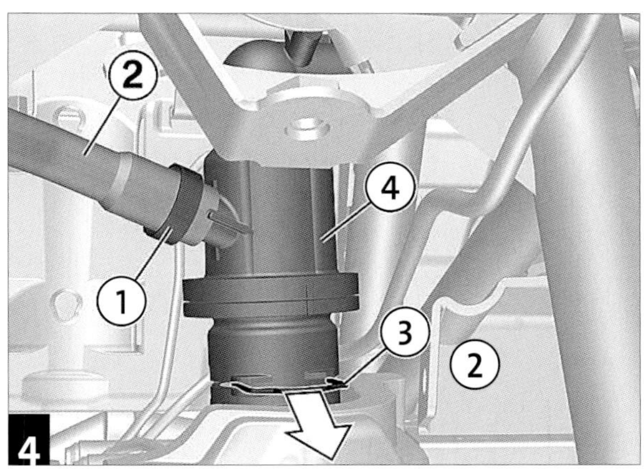

Thermostat ausbauen
- Schelle **1** mit geeigneter Zange ausbauen.
- Schlauch **2** trennen.
- Federdrahtbügel **3** in Pfeilrichtung abziehen und Thermostat **4** ausbauen.

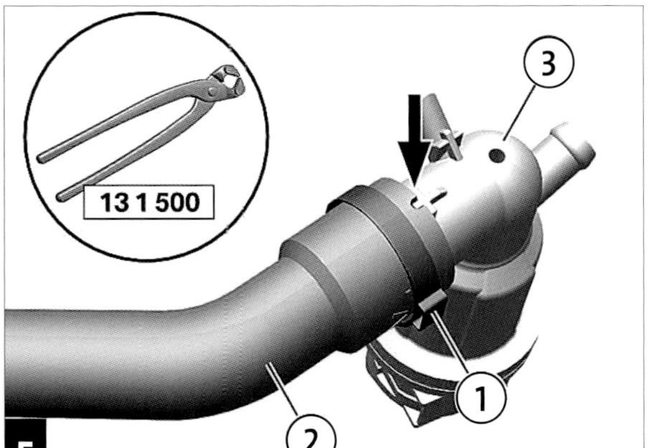

Thermostat ersetzen
- Schelle **1** ausbauen und Schlauch **2** trennen. Mit neuer Schelle **1** an neuen Thermostat **3** umbauen.
- Schlauch **2** auf Nase (Pfeil) ausrichten.
- Neue Schelle **1** verquetschen (Zange im Bild).

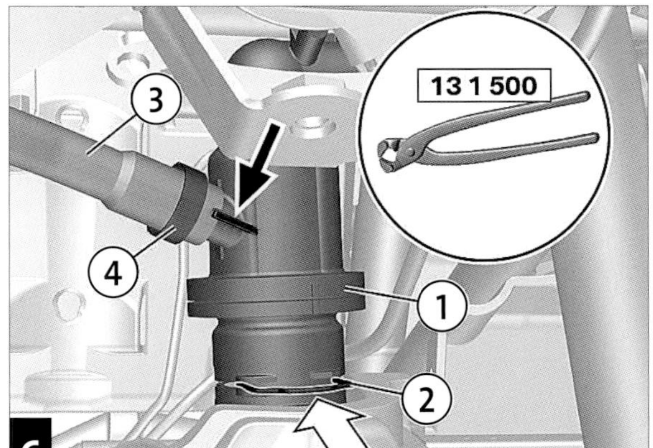

Thermostat einbauen
- Thermostat **1** einbauen und mit Federdrahtbügel **2** befestigen. Schlauch **3** mit neuer Schelle **4** aufschieben und an Nase (Pfeil) ausrichten.
- Neue Schelle **4** verquetschen (Zange im Bild).

9 Kupplung

9.1 Ausbau

Kupplungslamellen und -Federn

! Der Wechsel/Ausbau beschränkt sich neben den Vorarbeiten auf die Arbeitsschritte in Bild 1 bis 4.
Die Kurbelwelle muss nicht blockiert werden (Vorarbeiten).

- Der **Einbau** ist ab Seite 113 beschrieben.

Da der rechte Zylinder seine Taktung, d.h. seinen Steuerketten-Antrieb über die Kupplung erfährt, ist der Aufwand an Vorarbeiten mit "normalen" Ölbadkupplungen nicht zu vergleichen. Auch kann der Kupplungskorb nicht beliebig auf seiner Welle angebracht werden, sondern nur so, dass die Steuerzeiten nicht ins Schleudern kommen.

- Fahrzeug kippsicher aufbocken.
- Motorspoiler ausbauen (Seite 41) und Motoröl ablassen (Seite 47).
- Rechten Zylinder auf Zünd-OT stellen und mit Absteckdorn blockieren (ab Seiten 57/61 Ventilspiel und Steuerzeiten-Kontrolle).
- Beim Einbau des Kupplungskorbs werden eine neue Mutter und neue Scheiben (Bild 5 und 6) verwendet. Die alte Mutter (Bild 6) kann zum Messen des Zahnflankenspiels benützt werden.

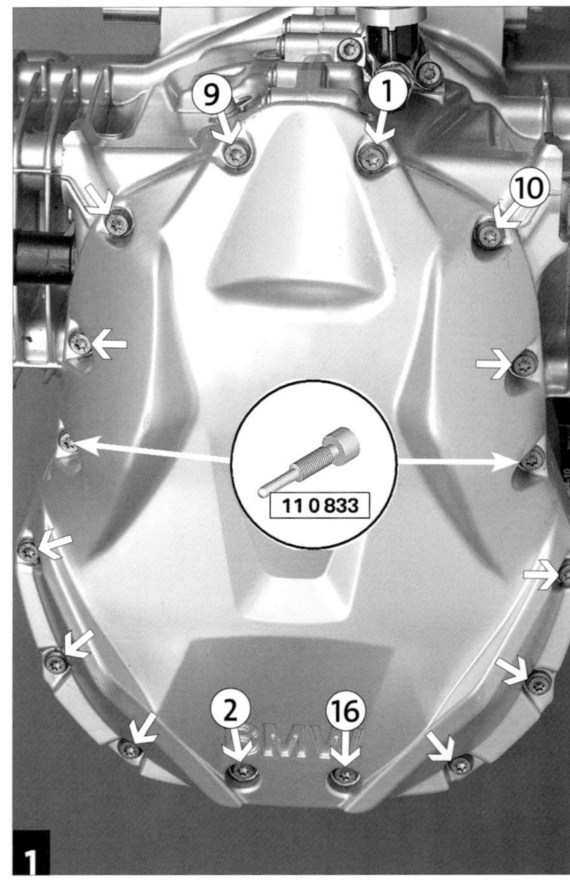

1

Deckelschrauben

- Schrauben schrittweise über Kreuz ausdrehen.
- Falls schwergängig, Gehäusedeckel mit Deckelabdrücker (BMW-Nr. im Bild) an den gezeigten Gewinden lösen und abnehmen.

Gehäusedeckel einbauen

- Schrauben **1** bis **16** (alle) handfest einbauen.
- Schraube **1** festziehen, dann Schrauben **2** bis **9** und **10** bis **16** im Uhrzeigersinn festdrehen.
Anzugsmoment M6 x 20 T30 .... 10 Nm

2

Befestigungsplatte und Schrauben

- Drei Schrauben abwechselnd ausdrehen und Befestigungsplatte abnehmen.
Anzugsmoment M6 x 30 Gewinde geölt ..... 10 Nm

3

Druckplatte und Federn

- Drei Federn und Druckplatte abnehmen.

4

Druckstück

- Druckstück abnehmen.
- Reib- und Stahlscheiben entnehmen.

! In Ausbaureihenfolge aufbewahren!

Kupplungsnabe aus-/einbauen

- Arretierungsscheibe **1** BMW-Nr. 11 0 828 einsetzen.
- Mutter **2** ausdrehen. Es folgt eine Scheibe.
- Nabe **3** abnehmen.

Kupplungskorb

- Mitnehmerscheibe **1** abnehmen (Neuteil verbauen).
- Mutter **2** mit Fön auf 150 °C erwärmen und mit langer Nuss SW46 ausdrehen. Es folgt Scheibe. Korb abnehmen. Neue Mutter und Scheibe einbauen!

Kupplungskorb-Lagerlaufbuchse

- Lagerlaufbuchse auf Verschleiß untersuchen (Ausbrüche in der Lagerlauffläche, eingelaufene Laufbahn der Lagerkörper oder gar beschädigte Laufkörper). Ggf. ausbauen und ersetzen.

Lager in der Druckplatte

- Festsitz des Lagers prüfen.
- Lager auf Spiel und ruhigen Lauf prüfen (Fingerprobe).

Kupplungskorb-Klassifizierung

- Die drei Größen des Kupplungskorbs werden anhand von 1 bis 3 Kerben an den Zähnen gekennzeichnet. Im Bild Korb mit drei Kerben entspricht dem größten Durchmesser.

Kupplungskorb-Einbau/Zahnflankenspiel

- Zahn **1** an Markierungspunkt (Pfeil) mit Stift markieren.

- Bei Ausbau des Kupplungskorbs Absteckvorrichtung ("Brille") an den Nockenwellen des rechten Zylinderkopfs anbringen (ab Seiten 57/61).

9.2 Prüfen und Vermessen

Zahnflankenspiel

- Das Spiel muss in folgenden Fällen geprüft werden:
  - Ersatz des Kupplungskorbs oder Motorgehäuse
  - Ersatz der Kurbelwelle oder des Kurbelwellenlagers
  - Ersatz der Ausgleichswelle oder deren Lager
- Korb mit **neuer** Scheibe Bild 6 und **alter** Mutter handfest einbauen.
- Es werden drei Klassen von Kupplungskörben verbaut, um das Zahnflankenspiel in der engen Toleranz zu halten, die notwendig ist, um eine exakte Ventilsteuerung des rechten Zylinders zu gewährleisten (Bild 3).
- Zur Messung des Zahnflankenspiels Steuerkettenspanner rechts ausbauen (Seite 59).

9 Kupplung

9.2
Prüfen und Vermessen
Fortsetzung

Zahnflankenspiel/Kupplungskorb montieren

- Korb mit Scheibenfeder fluchtend auf Welle aufschieben. Zur Orientierung gibt's eine Punktmarkierung auf der Welle (Pfeil).

Kupplungskorb

- Kupplungskorb **1** mit Welle **2** so drehen, dass markierter Zahn **3** (Bild 4 vorige Seite) auf Punktmarkierung (Pfeil) des Kurbelwellen-Zahnrads **4** ausgerichtet ist.

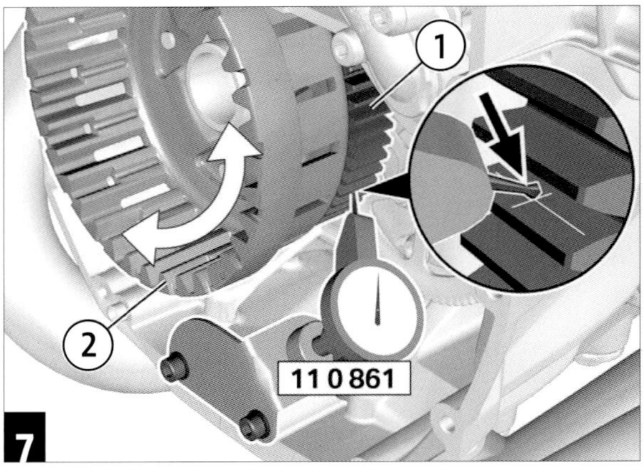

Zahnflankenspiel

- Taster der Messuhr liegt mittig und vorgespannt auf Zahnflanke des Zahnrads **1**.
- Korb **2** ohne Kraftaufwand hin und her bewegen.
Sollwert .... 0,003 – 0,020 mm

9.3
Einbau

Kupplungskorb

! Kurbelwelle ist blockiert im OT (Seite 61).
- Gewinde der Welle reinigen (fettfrei).
- Kupplungskorb wie in Bild 4 Seite 111 gezeigt markieren und entsprechend Bilder 5 und 6 gegenüberliegende Seite aufschieben.
- Kupplungskorb mit Neuteilen montieren: Scheibe, Mutter und Mitnehmerscheibe (Bild 6 Seite 111).

! Neue Mutter (mikroverkapselt) muss vom Ansetzen bis zum Endanzug innerhalb einer Minute montiert werden, da das Schraubensicherungsmittel schnell aushärtet.

Anzugsmoment M36 x 1,5
1. .... 170 Nm
2. ....Mutter wieder lockern, Drehwinkel 90°
3. .... 250 Nm

Kupplungsnabe

- Kupplungsnabe mit Arretierungsscheibe BMW-Nr. 11 0 828 in Kupplungskorb einsetzen (Bild 5 Seite 111).
- Neue Mutter verwenden. Muttergewinde ölen.
- **Anzugsmoment** M20 x 1,5
  1. .... 150 Nm
  2. .... Mutter vollständig lockern
  3. .... 150 Nm

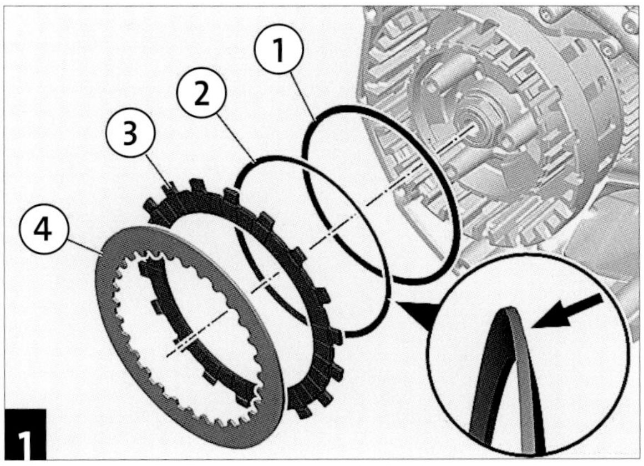

Lamellen einbauen
- Distanzscheibe **1** und Ausrückfeder **2** (Wölbung weist nach innen; Pfeil) einbauen, gefolgt von Belaglamelle **3** mit größerem Innendurchmesser.
- Glatte Stahllamelle **4** einsetzen.

Lamellen einbauen
- Punktplanierte Stahllamellen **1** und Belaglamellen **2** einbauen.

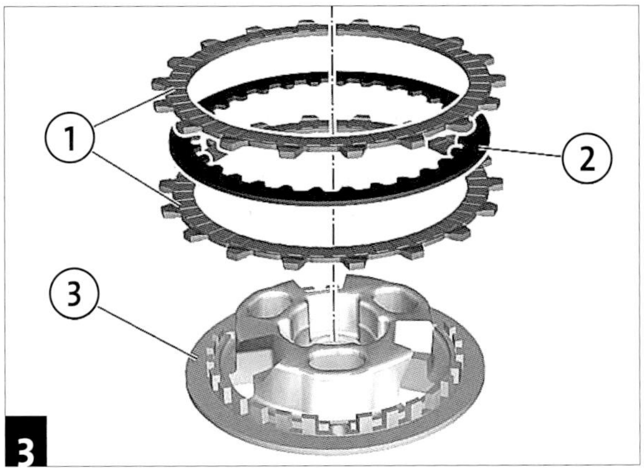

Druckplatte bestücken
- Belaglamellen **1** und punktplanierte Stahllamelle **2** mit **größerem Innendurchmesser** in Druckplatte **3** einsetzen.

9 Kupplung

9.3 Einbau

Fortsetzung

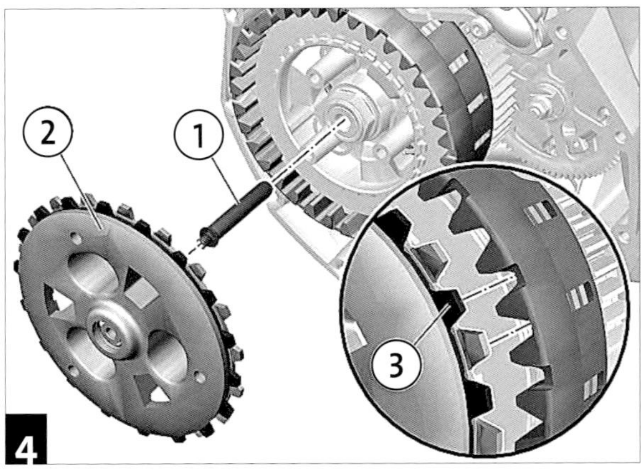

Druckplatte einbauen

- Druckstück **1** und Druckplatte **2** einbauen.

! Letzte Belaglamelle **3** versetzt einbauen.

Einbau-Kontrolle

👁 Letzte Belaglamelle ist versetzt eingebaut.

Druckplatte

👁 Unterlagen der Kupplungsfedern in Druckplatte auf Vollständigkeit kontrollieren.

- Federn einsetzen und Befestigungsplatte montieren (Bilder 2 und 3 Seite 110).

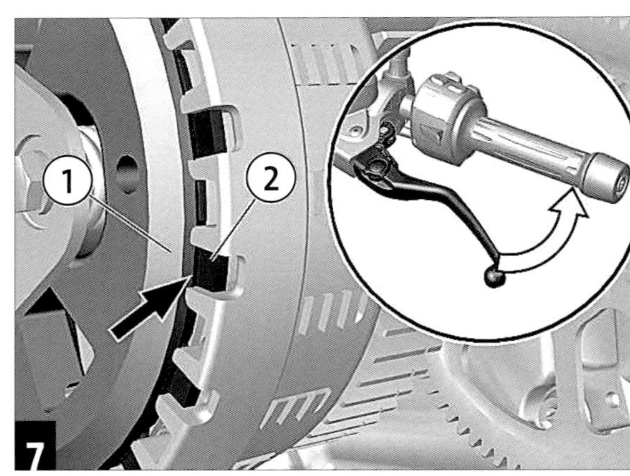

Einbau-Kontrolle

👁 Zwischen Druckplatte **1** und Belaglamelle **2** ist kein Spiel!

👁 Kupplungshebel lässt sich komplett durchziehen und Lamellen werden gelockert.

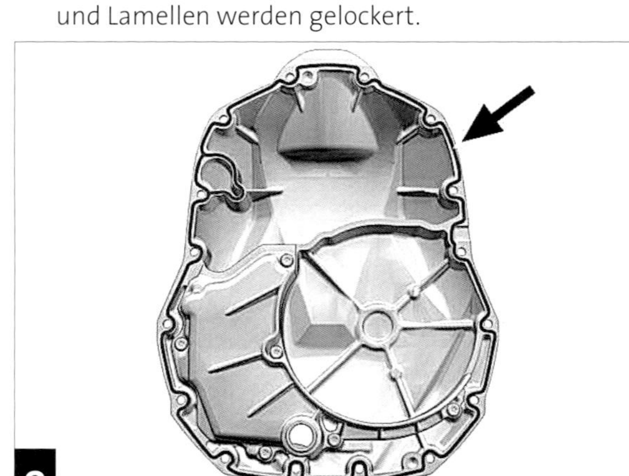

Dichtmittel auftragen

- Dichtmittel (Silikondichtmasse) auf öl- und fettfreie Dichtfläche wie gezeigt auftragen.

👁 Passhülsensitz kontrollieren (Bild 9).

- Gehäusedeckel einbauen (Bild 1 Seite 110).

9

Passhülsen

- Festsitz der zwei Passhülsen (Pfeile) kontrollieren.
- Übrige Arbeitsschritte (**Vorarbeiten**) in umgekehrter Ausbaureihenfo ge durchführen.

! Ölstand korrigieren.

10 Kupplungshydraulik

10.1
Aus- und Einbau

Die Hydralikflüssigkeit bedarf keiner routinemäßigen Erneuerung (auch keine Kontrolle des Pegels). Lediglich bei Beschädigung oder Undichtheit besteht Handlungsbedarf.

- Motorrad sicher aufbocken.
- Batterieabdeckung abnehmen (Seite 37) und Batterie abklemmen (Seite 49).
- Starter ausbauen (Seite 101).
- Auspuffanlage komplett abbauen. Stellmotor der Abgasklappe lösen (ab Seite 102).

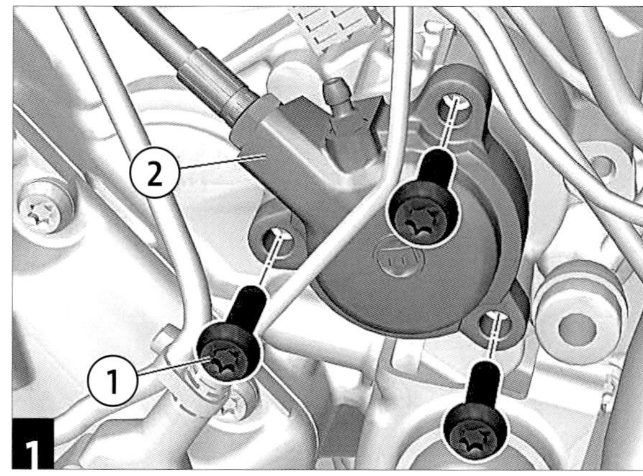

Kupplungsnehmerzylinder aus- und einbauen

- Schrauben **1** lösen und Nehmerzylinder **2** abnehmen.
- Nehmerzylinder aus Fahrzeugrahmen herausführen und System befüllen/entlüften (folgende Seite).

1 **Anzugsmoment** M6 x 20 (zwei Durchgänge). . 8 Nm

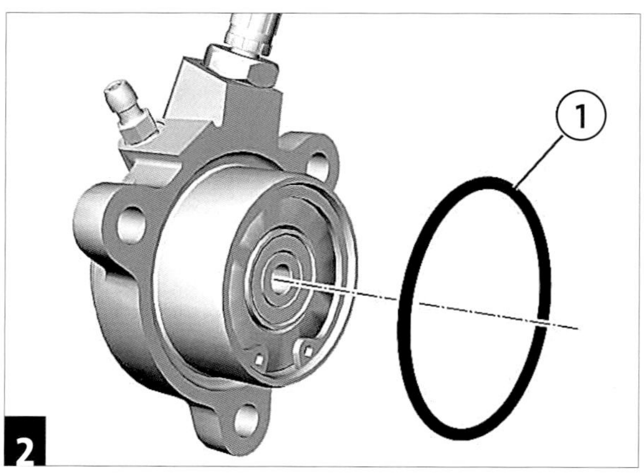

Nehmerzylinder

- So gut wie neuen O-Ring **1** in seine Nut einsetzen.

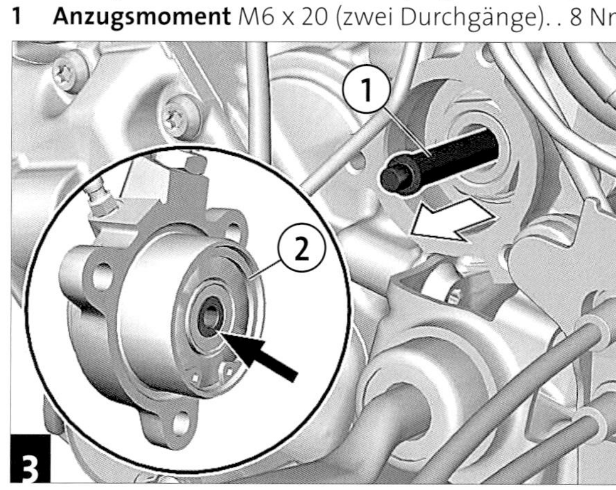

Nehmerzylinder einbauen

- Druckstange **1** etwas herausziehen und in Aufnahme des Zylinders **2** ansetzen. Zylinder ansetzen und Schrauben gleichmäßig anziehen (Bild 1).

Kupplungshebel-Einbau

- Hebel-Einheit so einsetzen, dass Druckstange **5** im Kolbensitz **6** einrastet.
- Auf korrekten Sitz der Muffe **4** achten.
- Schraube **2** mit Teflonspray schmieren und eindrehen.
- Neue Mutter **1** eindrehen (Schraube **2** gegenhalten).

1 **Anzugsmoment** M5 . . . . .6 Nm

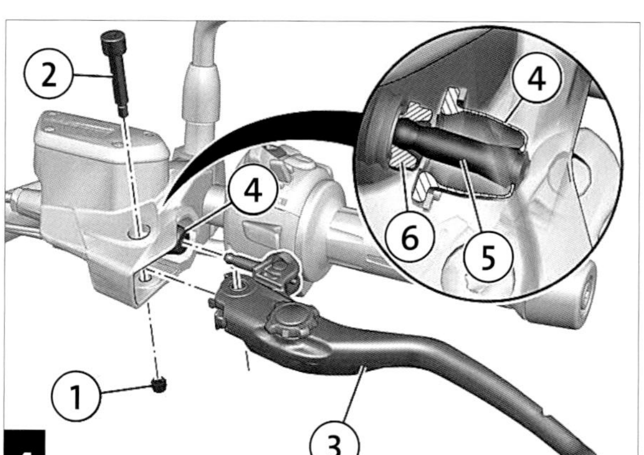

Kupplungshebel

- Mutter **1** ausdrehen, dann Schraube **2**.
- Hebel **3** abnehmen (auf Muffe **4** achten).

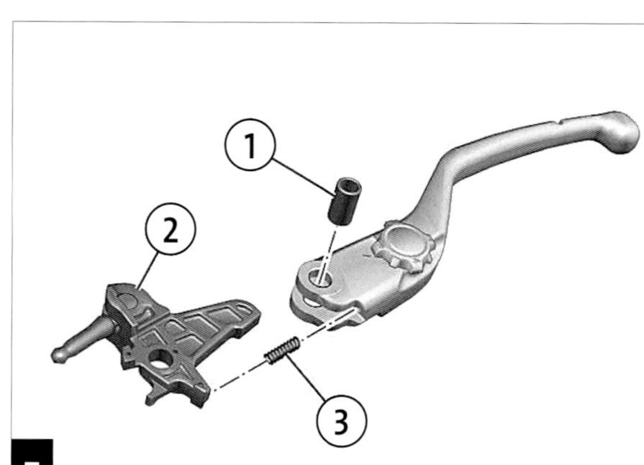

Kupplungshebel-Einheit

- Hülse **1** ausbauen.
- Hebelaufnahme **2** mit Druckstange und Feder **3** ausbauen.

10.2 Befüllen und Entlüften

! Beim Befüllen des Systems wird eine Spritze mit Schlauch verwendet. Spritze und Schlauch dürfen ausschließlich mit Hydraulikflüssigkeit verwendet werden. Schon geringste Mengen an Bremsflüssigkeit oder Öl können die Dichtungen angreifen und beschädigen.

! Keinesfalls Bremsflüssigkeit verwenden.

Hydraulikflüssigkeit.................... **Hyspin V10**

- Fahrzeug-Lenker so einschlagen, dass die Nachlaufbohrung im Boden des Behälters am höchsten Punkt des Systems ist.

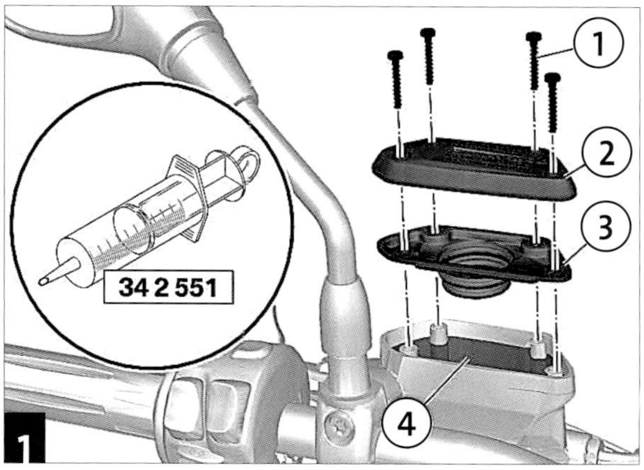

Hydraulikflüssigkeit absaugen
- Vier Schrauben **1** T20 ausdrehen und Deckel **2** mit Faltenbalg **3** abnehmen und säubern.
- Hydraulikflüssigkeit mit Spritze (gibt's auch als BMW-Werkzeug) aus Behälter **4** absaugen.

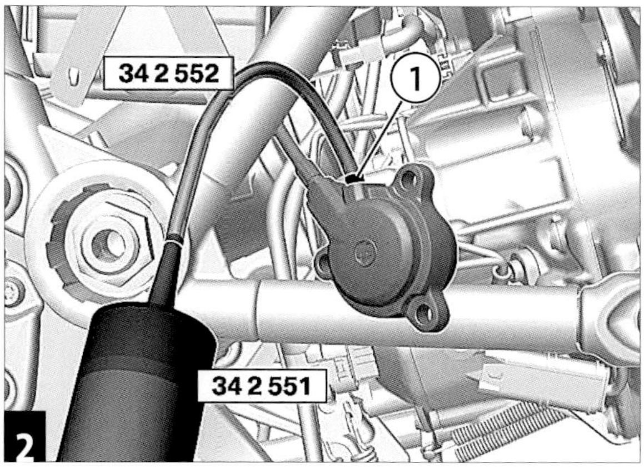

Hydraulikflüssigkeit absaugen
- Schlauch mit Spritze am Entlüfterventil **1** (muss ggfs. nachgerüstet werden!) anschließen, Entlüfterschraube öffnen und restliche Flüssigkeit absaugen.
- Entlüfterschraube schließen und Spritze entleeren.

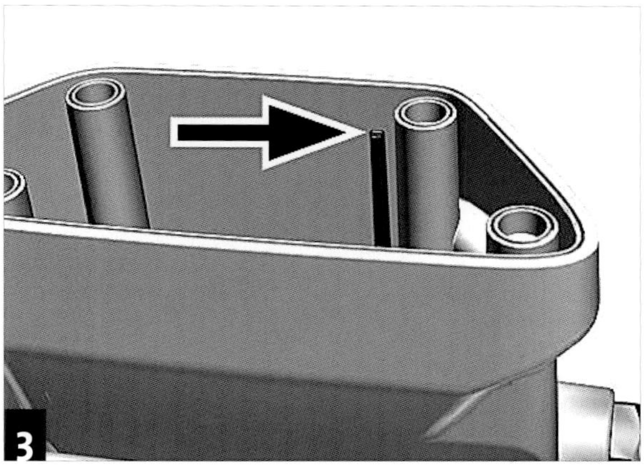

Hydraulikflüssigkeit befüllen
- Behälter bei neuen Reibscheiben bis zur Markierung im Behälter befüllen.

! Der Pegel darf die Markierung keinesfalls überschreiten! **Anders als bei der Bremshydraulik, wo der Pegel mit dem Belagverschleiß sinkt, steigt hier der Pegel bei zunehmendem Verschleiß**: je dünner die Belagscheiben werden, desto weiter wird die mehrteilige Druckstange Richtung Nehmerzylinder gedrückt.

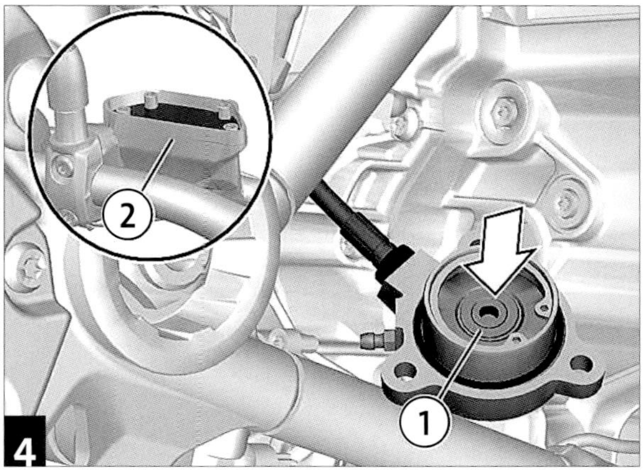

System entlüften 1
- Kolben **1** langsam ganz zurückdrücken. Dabei darauf achten, dass am Behälter **2** keine Flüssigkeit an der Nachlaufbohrung herausspritzt, ggfs. abdecken.

System entlüften 2
- Abwarten bis Kolben **1** Bild 4 wieder in Ausgangsstellung ist und Vorgang wiederholen, bis am Behälter keine Luftbläschen mehr aufsteigen.

- Kolben mit Spannzange o.ä. festlegen. Mit mehreren kleinen kurzen Hüben am Handhebel „nach oben entlüften" (wie bei der Bremshydraulik Seiten 74/75).
- Sobald im Behälter keine Luftbläschen mehr aufsteigen, muss Druckpunkt deutlich spürbar sein.

11 Wasserpumpe

11.1 Aus- und Einbau

- Die Wasserpumpe wird ggfs. komplett getauscht.
- Kühlmittel ablassen/befüllen (Seite 69).
- Gehäusefrontdeckel aus-/einbauen (Bild 1 Seite 110).

1

Wasserpumpe

- Schrauben (Pfeile) ausdrehen und Pumpe abnehmen.
  Anzugsmoment M6 x 40 .... 12 Nm

2

Einbau

- Pumpe so einsetzen, dass Antrieb und Kurbelwelle eingreifen.

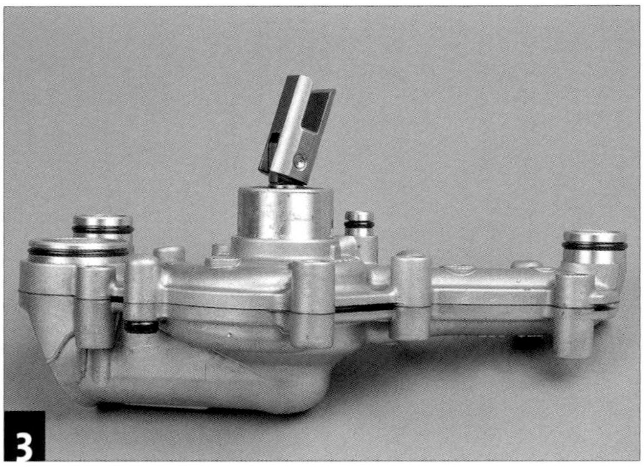

3

Wasserpumpe Rückseite

- Vier neue O-Ringe beim Einbau leicht ölen.

4

Ablaufkanal

- Ablaufkanal auf freien Durchlass kontrollieren (Druckluft).

Ölpumpe 12

12.1 Aus- und Einbau

- Gehäusefrontdeckel aus-/einbauen (Seite 110).
- Kupplung ausbauen (ab Seite 110).

Ausgleichsgewicht
- Ausgleichsgewicht abnehmen.

Ölpumpe Antriebsrad
- Mutter ausdrehen.
  Anzugsmoment M6, Mutter erneuern (Schraubensicherung /mechanisch) .... 10 Nm
- Mitnehmerstück und Antriebsrad abnehmen.

Ölpumpe Gehäusedeckel
- Schrauben ausdrehen und Deckel abnehmen.
  Anzugsmoment M6 x 16..................... 12 Nm

Welle und Rotoren
- Welle und Rotoren aus Gehäuse entnehmen.

Welle und Rotoren
- Welle und Rotoren in gezeigter Reihenfolge montieren (Teile ausgiebig ölen).

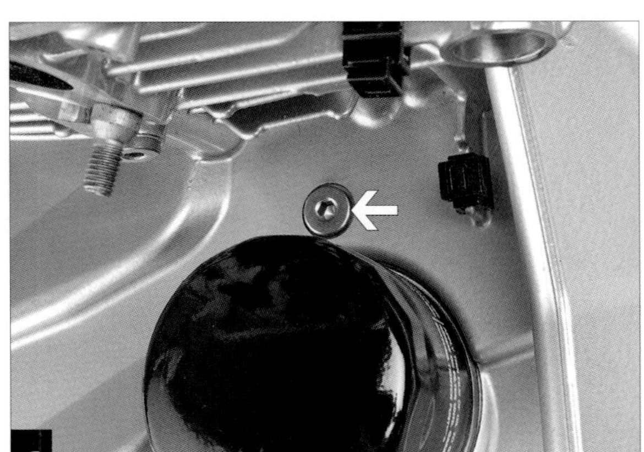

Öldruck
- Stopfen ausdrehen und Öldruckmanometer anschließen.

Motoröldruck
Motoröl betriebswarm
bei Leerlaufdrehzahl
............0,8 – 1,5 bar
bei Drehzahl
min. 5000 min^{-1}
...............4 – 5 bar

13 Zylinderkopf

13.1 Aus- und Einbau

Die Zylinderköpfe können bei eingebautem Motor demontiert werden – so leicht, wie wohl bei keiner anderen Motorenbauart. Der Ausbau der Ventile ist nur bei entsprechendem Schadensbild notwendig, d.h. bei »rauchendem« Motor, und zwar im Schiebebetrieb. Dabei »saugt« der Motor durch ausgeschlagene Ventilführungen bzw. verschlissene Ventilschäfte Öl in den Verbrennungsraum. Damit einher geht oft auch der undichte Ventilsitz: Der Ventilteller wandert und verbreitert immer mehr seine Dichtfläche, dichtet nicht mehr richtig gegen seinen Sitz ab und der Druck entweicht. Was sich in nachlassender Leistung bemerkbar macht.

Folgende Arbeitsgänge werden bei **montierten Nockenwellen** durchgeführt:

- **Axialspiel** und **Zahnflankenspiel** der Nockenwellen prüfen (Seite 129).
- **Nockenwellen-Zahnräder** aus-/einbauen (Seite 126).

Folgender Arbeitsgang wird bei **montierten Ventilen** durchgeführt:

- **Dichtheit der Ventile** prüfen (Zylinderkopf ausgebaut; Seite 127).

Die **Vorarbeiten** gelten für die **1200er** und die **1250er** gleichermaßen:

- Seitenteil rechts bzw. links ausbauen (ab Seiten 28/29).
- Zündkerze(n) ausbauen (Seite 52).
- Kühlmittel ablassen (Seite 69).
- Schelle des Drosselklappen-Stutzen des betreffenden Zylinders lösen (Seite 98).
- Schalldämpfer und Krümmer ausbauen (Seite 102).
- Zylinderkopf-Deckel, Masse-Anschluss, Steuerkettenspanner und Nockenwellen ausbauen (ab Seite 55 – Ventilspiel einstellen).
- Kurbelwelle mit Absteckdorn im Zünd-OT des betreffenden Zylinders blockiert belassen (Seite 57 – Ventilspiel einstellen).

Kettenrad mit Zwischenwelle aus-/einbauen

- Schraube **1** ausdrehen und Welle **2** ausziehen.
- Steuerkette vom Kettenrad abnehmen und Kettenrad mit Zwischenwelle abnehmen.

1 Anzugsmoment M6 x 14 .... 8 Nm

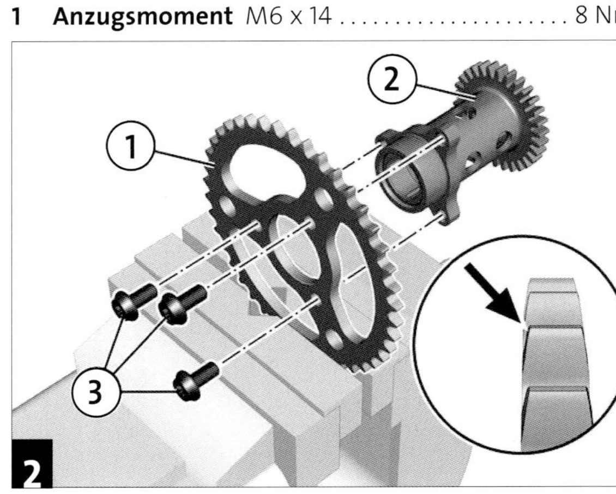

Kettenrad aus-/einbauen

- Kettenrad **1** mit Schutzbacken einspannen, Schrauben **3** ausdrehen und Welle **2** abnehmen.
- Kettenrad mit abgeflachter Seite (Pfeil) nach außen weisend montieren. **Anzugsmoment** M6 x 12 ...10 Nm

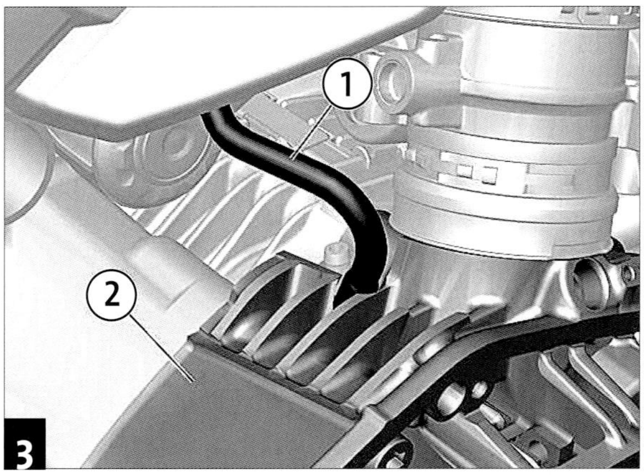

1200: Nebenluftschlauch rechts

- Nebenluftschlauch **1** von Zylinderkopf **2** abziehen.

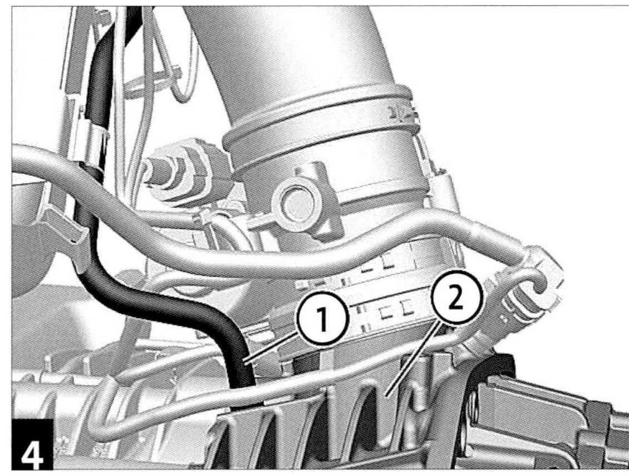

1250: Nebenluftschlauch rechts

- Nebenluftschlauch **1** von Zylinderkopf **2** abziehen.

Schlepphebel und -Achsen
- Stifte **1** abziehen. Schlepphebelachsen **2** ausziehen und Schlepphebel **3** abnehmen.

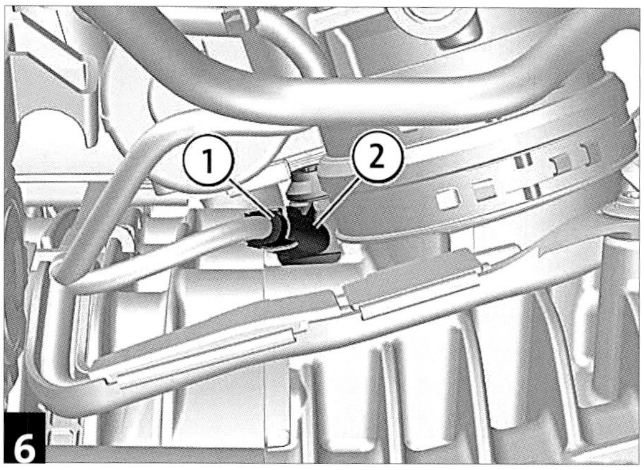

1200: Klopfsensor aus-/einbauen
- Stecker **1** des Klopfsensors **2** abziehen, wie in Bild 5 Seite 54 gezeigt (Beschädigungsgefahr!).

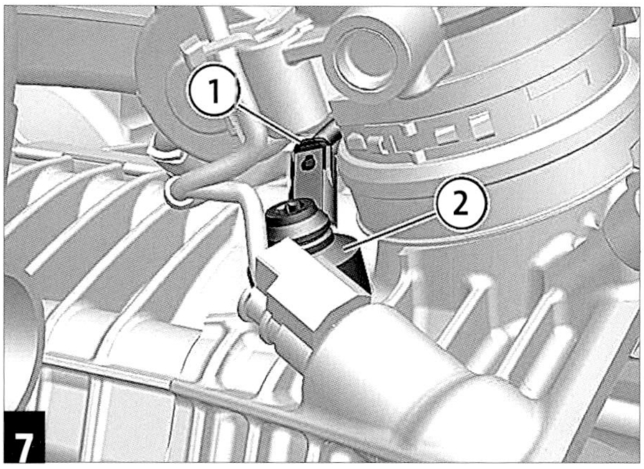

1250: Klopfsensor aus-/einbauen
- Stecker **1** des Klopfsensors **2** abziehen, wie in Bild 5 Seite 54 gezeigt (Beschädigungsgefahr!).

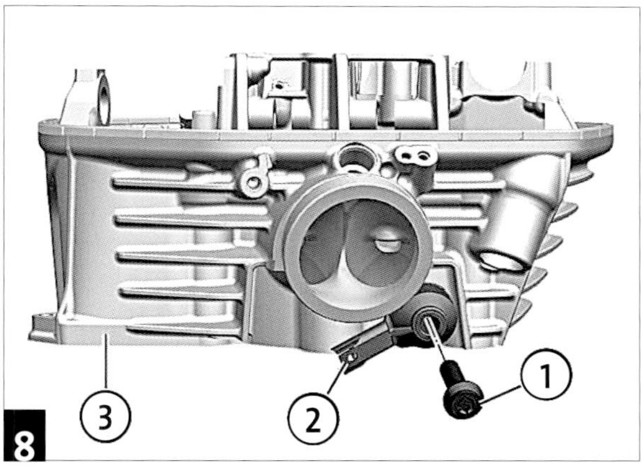

1250: Klopfsensor aus-/einbauen
- Schraube **1** ausdrehen und Klopfsensor **2** vom Zylinderkopf **3** abnehmen.

1 **Anzugsmoment** M8 x 30.................... 20 Nm

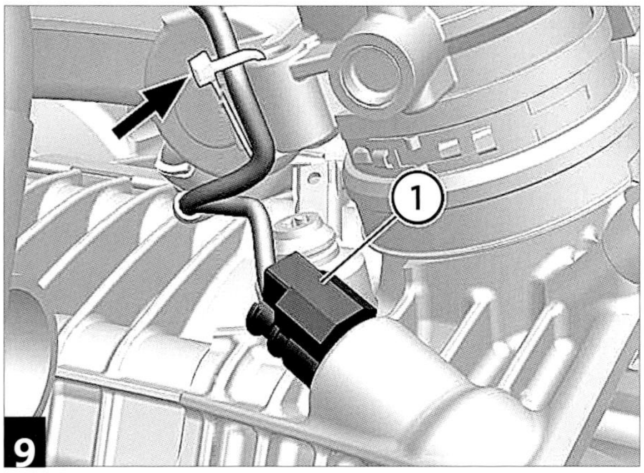

1250: Verstelleinheit
- Kabelbinder (Pfeil) trennen und Stecker **1** der Verstelleinheit abziehen, wie in Bild 6 Seite 63 gezeigt (Beschädigungsgefahr!).

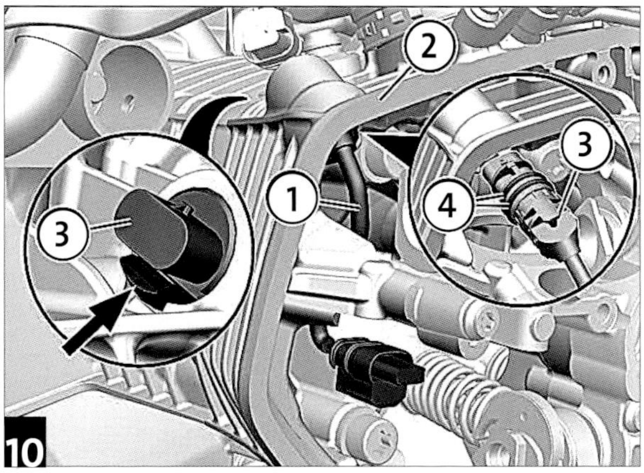

1250: Verstelleinheit-Stecker und -Kabel
- Kabel **1** in Zylinderkopf **2** verlegen.
- Stecker **3** mit so gut wie neuen O-Ringen **4** einsetzen, bis Nase (Pfeil in Lupe) einrastet.

→

13 Zylinderkopf

13.1 Aus- und Einbau

Fortsetzung

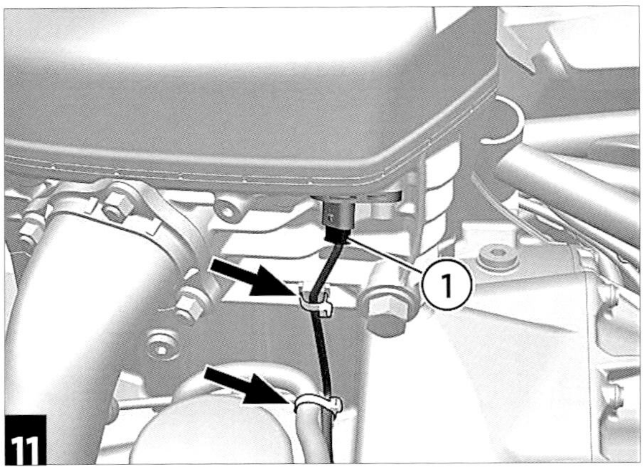

Nockenwellensensor

- Kabelbinder (Pfeile) trennen und Kabel des Nockenwellensensors **1** freilegen.

Nockenwellensensor

- Schraube (Pfeil) ausdrehen und Nockenwellensensor abnehmen.

Zylinderkopf rechts

- Zuerst zwei Schrauben **1**, dann Schrauben **2** schrittweise über Kreuz ausdrehen.

14

Zylinderkopf links

- Zuerst zwei Schrauben **1**, dann Schrauben **2** schrittweise über Kreuz ausdrehen.

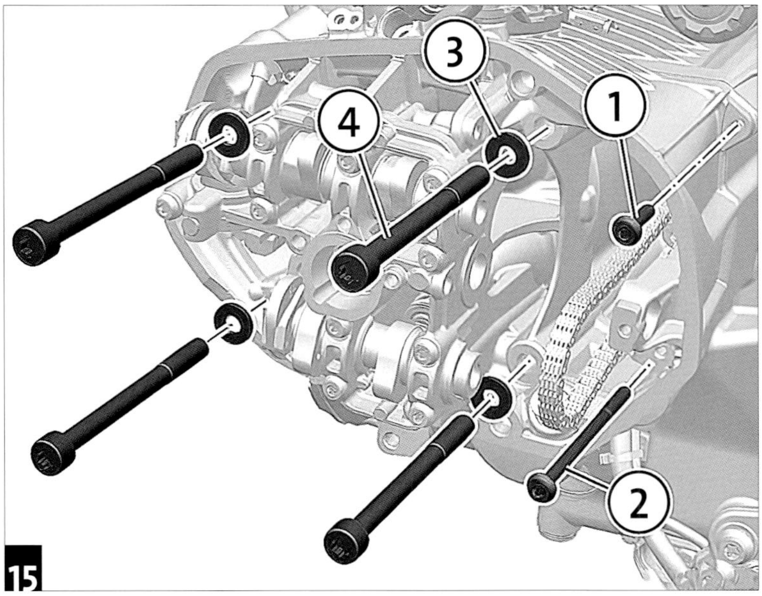

15

Zylinderkopf 1250

- Zuerst Schrauben **1** und **2** ausdrehen, dann Schrauben **4** mit Scheiben **3** schrittweise über Kreuz.

R 1200 GS: Anzugsmomente Zylinderkopf

M10 x 90 über Kreuz anziehen

1.	5 Nm
2.	20 Nm
3.	40 Nm
4.	Weiterdrehwinkel 120°
M6 x 25	12 Nm
M6 x 95	12 Nm

R 1250 GS: Anzugsmomente Zylinderkopf

M10 x 90 über Kreuz anziehen

1.	5 Nm
2.	20 Nm
3.	40 Nm
4.	Weiterdrehwinkel 150°
M6 x 25	12 Nm
M6 x 95	12 Nm

13 Zylinderkopf

Ventile

- 👁 Dichtheit der Ventilsitze im eingebauten Zustand prüfen.
- Die Beispielfotos stammen von der F 650 GS (Einzylinder).

13.1 Aus- und Einbau

Fortsetzung

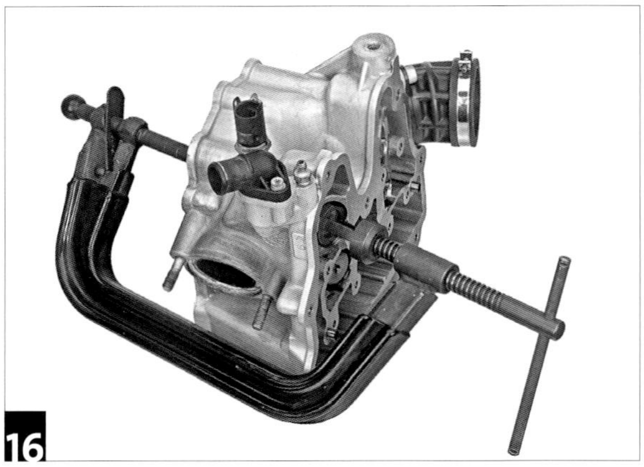

16

17

- Ventile mit Ventilfederspanner ausbauen.
- ! Ventile so aufbewahren, dass sie wieder an ihrem ursprünglichen Platz eingebaut werden können.

- Ventilfedern nur so weit zusammendrücken, bis die Ventilkeile aus ihren Nuten entnommen werden können. Magnetheber oder Pinzette benutzen.
- ! Federn nicht weiter als nötig zusammendrücken.

Ventilausbau

- Aus-/Einbau mit BMW-Spezialwerkzeug.

1 Federteller oben
2 Ventil
3 Ventilkeil
4 Feder

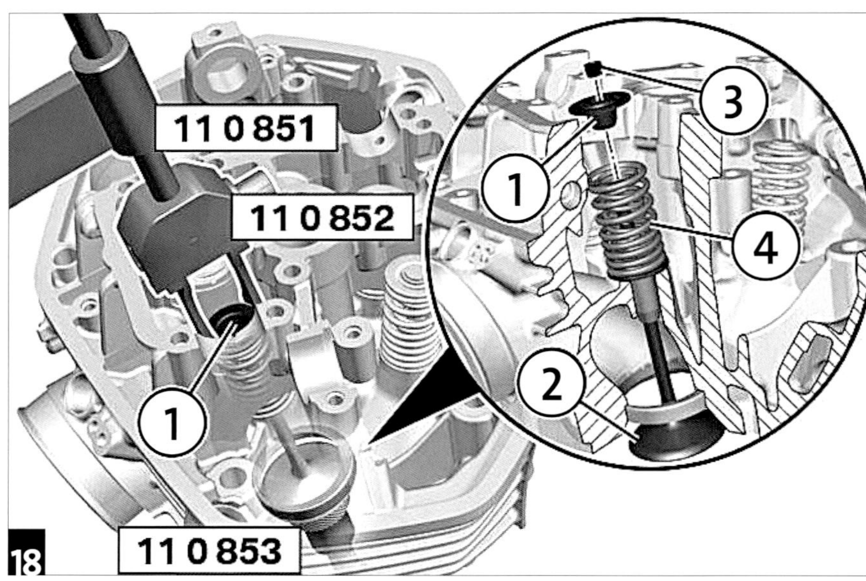

18

Ventilschaftdichtungen

- Ausbau mit BMW-Spezialwerkzeug.

1 Ventilschaftdichtung
2 Federteller unten

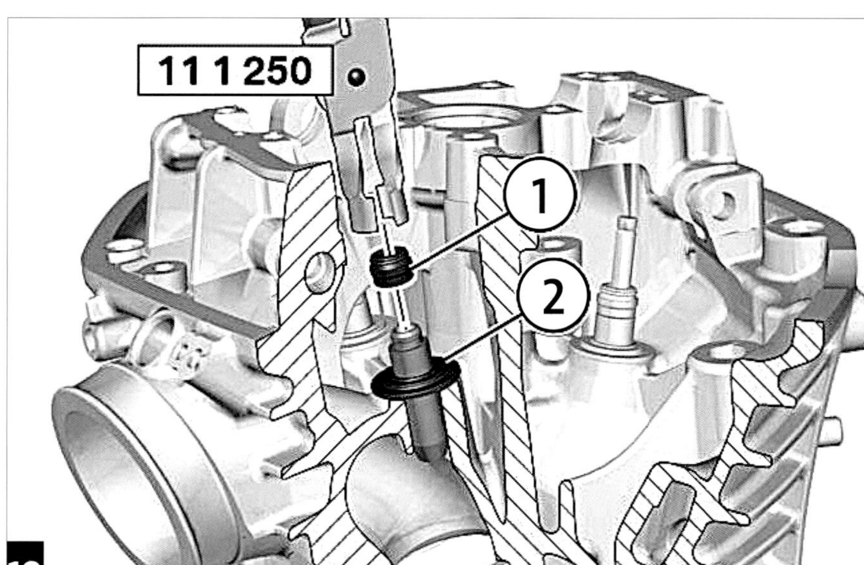

19

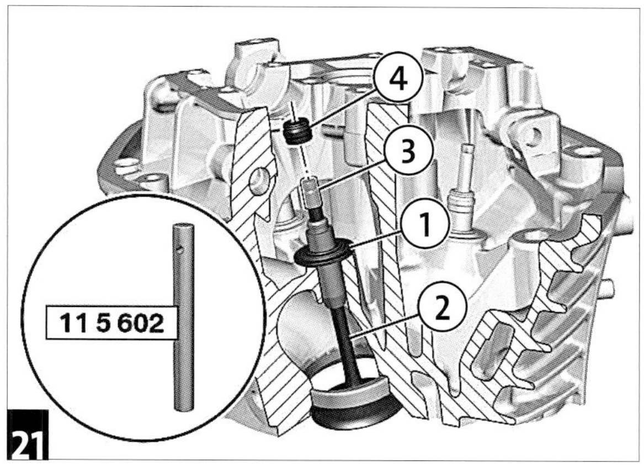

1 Ventilteller unten
2 Ventil
3 Schlupfhülse
4 Ventilschaftdichtung

Ventilschaftdichtungen
- Ventilschaftdichtungen mit Zängchen abziehen.

! Unbedingt Neuteile montieren!

Ventilschaftdichtungen
- Einbau mit BMW-Spezialwerkzeug.
- Ventilschaftdichtungen mit passendem Rohr aufdrücken.

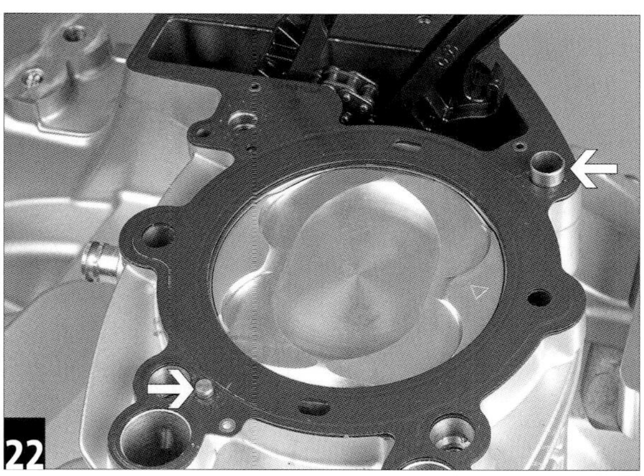

Zylinderkopfdichtung auflegen
- Saubere Dichtflächen entfetten (Bremsenreiniger oder Aceton) und neue Dichtung auflegen.
- Auf Festsitz von Passstift und Passhülse (Pfeile) achten.

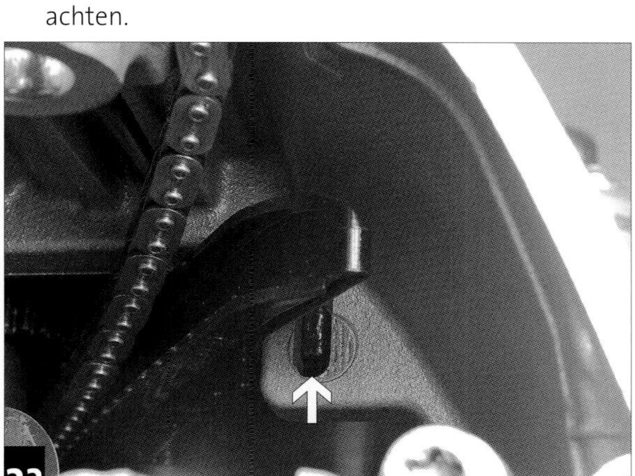

Zylinderkopf ansetzen
- Darauf achten, dass Gleitschiene in Halte-Öffnung eingreift (Pfeil).

Einbau
- Zylinderkopf aufs Peinlichste säubern.
- Zylinderkopf komplett mit Druckluft freiblasen.
- Ventile, Schlepphebel und -achsen wieder an ihrem angestammten Platz einbauen.
- Schlepphebel mit geölter Lagerung aufschieben.

! Um die empfindlichen Dichtlippen der Schaftdichtungen nicht zu verletzen, wendet der penible Schrauber folgende Methode an, die sich auf jeden Fall empfiehlt, auch wenn die BMW-Ventile mit abgerundeten Keilnuten verwendet werden, und nicht etwa solche mit scharfkantiger Keilnut:

- Ventile vollständig geölt einschieben.
- Falls Schlupfhülse **3** Bild 21 nicht zur Verfügung steht:
- Knapp passenden Schrumpfschlauch auf Ventilschaft aufschieben, bis er die Keilnut abdeckt.
- Schrumpfschlauch erwärmen.
- Ventilschaftdichtung gefettet mit passendem Rundmaterial auf Schrumpfschlauch und Ventilführung schieben. Schrumpfschlauch abziehen.
- Statt mit Schrumpfschlauch kann auch mit Klebefilm improvisiert werden, um die Dichtlippen zu schützen.
- Federsitze, Federn und Federteller einsetzen.
- Damit die Federn nicht frühzeitig erlahmen, diese nicht weiter als nötig zusammendrücken.
- Ventilkeile einsetzen (leicht fetten zur Fixierung). Federspanner vorsichtig entlasten und abnehmen.
- Mit leichtem Gummihammer die Ventilschäfte "anklopfen", damit sich Venikeile setzen.
- Dichtung auflegen (Bild 22) und sauberen Zylinderkopf so ansetzen, dass Gleitschiene und Ansaugstutzen eingreifen (Bilder 23 bis 25).
- Zylinderkopfschrauben anziehen (Bilder 13 und 14 Seite 122/123).
- Übrige Arbeitsschritte in umgekehrter Ausbaureihenfolge.
- Ventilspiel und Steuerzeiten einstellen (ab Seiten 59/R 1200 bzw. 66/R 1250).

13 Zylinderkopf

13.1 Aus- und Einbau

Fortsetzung

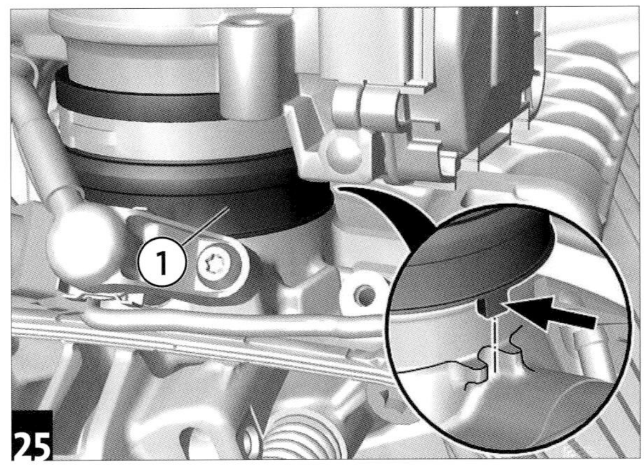

Zylinderkopf ansetzen

- Darauf achten, dass Ansaugstutzen **1** mit Nase (Pfeil) in Aussparung eingreift.

Zahnräder der Nockenwellen

- Zahnräder bei montierten Nockenwellen ausbauen.
- 1250: Haltebügel Axialfixierung ausbauen (Seite 63).
- Nockenwellen mit Absteckvorrichtung im OT festlegen.
- Befestigungsschraube der Absteckvorrichtung handfest eindrehen.

Schrauben der Nockenwellenräder

- **Anzugsmoment**
  M10 x 1,25 x 35 10.9 (Auslass links)............65 Nm
  M10 x 1,25 x 25 10.9 (übrige)..................65 Nm

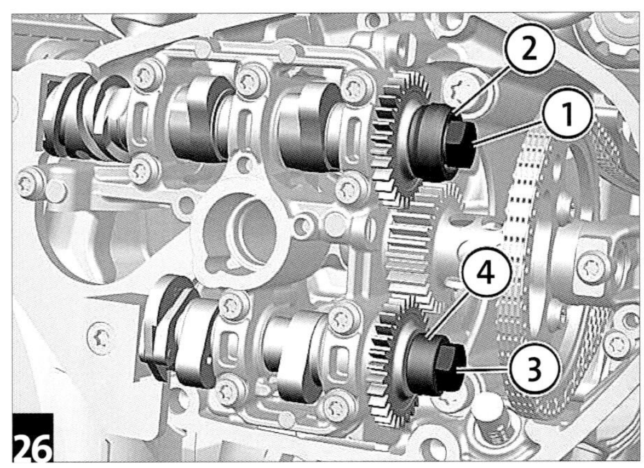

1250: Zahnräder der Nockenwellen

- Schraube **1** ausdrehen und Lager **2** abnehmen.
- Schraube **3** ausdrehen und Hülse **4** abnehmen.

1250: Zahnräder der Nockenwellen

- Zahnrad **1** mit Reibscheibe **2** abnehmen.
- Zahnrad **3** mit Reibscheibe **4** abnehmen.

13.2
Prüfen und Vermessen

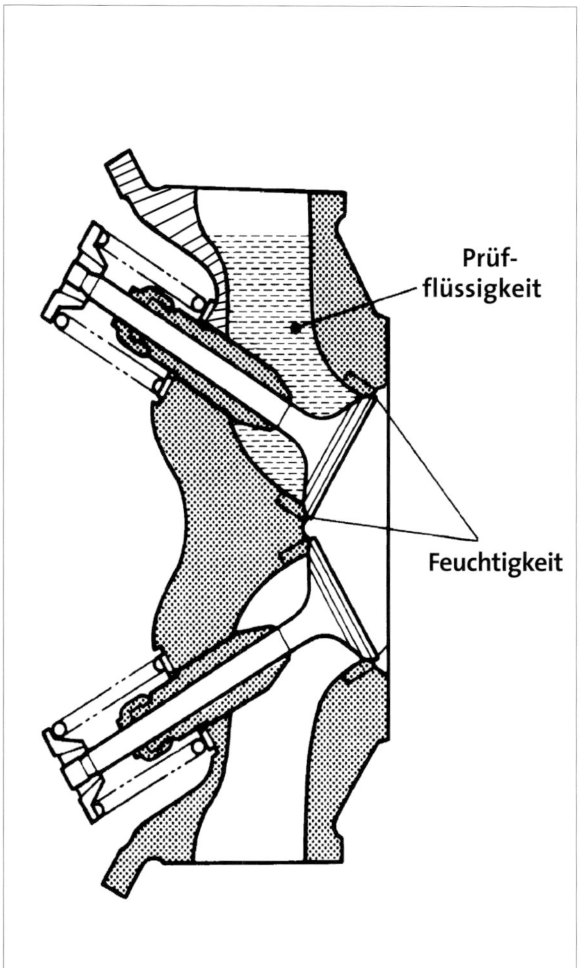

1

! Als »Prüfflüssigkeit« bietet sich Kraftstoff an. Dann aber die einschlägigen Sicherheitsmaßnahmen im Umgang mit Kraftstoff beachten!

- Zylinderkopf mit eingebauten Ventilen so halten, dass der Ventilsitz des zu prüfenden Ventils unter dem Pegel der Prüfflüssigkeit steht und Prüfflüssigkeit in den betreffenden Kanal gießen (Bild 1).
- Am Ventilteller darf nichts auslaufen. Dabei darf sich bei Alltagsmotoren – nicht bei Wettbewerbsmotoren! – mit der Zeit schon mal leichte Feuchtigkeit am Ventilsitz zeigen.
- Wer mag, kann die »Feuchte« wie weiter untenbeschrieben in einigermaßen erträgliche Bereiche zurückführen. Wobei sich das beschriebene »Einläppen« der Ventilsitze für den Privatmann durchaus lohnen kann, wenn es darum geht, die anfällige Erneuerung der Ventile und Führungen vielleicht um zehntausend Kilometer hinauszuschieben, wenn die übrigen Verschleißdaten in Ordnung sind.
- ! Für präzise eingepasste neue Ventile und Führungen empfiehlt sich Ihre BMW-Fachwerkstatt, in der die neuen Ventile so präzise eingepasst werden, dass sich das Einläppen erübrigt.
- Betreffendes Ventil ausbauen und Ventil und Ventilsitz aufeinander einläppen:
- Läppmittel (fein) dünn auf Ventilsitz auftragen, Ventil einführen und von der Brennraumseite her mit Gummisauger quirlen (mit etwa 2 kg Druck). (Läpppaste und Gummisauger sind im Werkzeughandel erhältlich.)
- ! Läpppaste darf keinesfalls zwischen Ventilschaft und Führung geraten!
- Ventile wieder einbauen und Prüfung nochmals durchführen.
- Genügt Nachläppen nicht zum Abdichten, Ventil im Fachbetrieb erneuern lassen (inklusive Einfräsen der Ventilsitzflächen).

Dichtheit der Ventilsitze

Dichte Ventilsitze sind grundsätzliche Voraussetzung für die souveräne Leistungsabgabe der Boxer-Twins.
Die folgende Prüfung und das eventuelle »Reparaturverfahren« sind meist nur für Motoren mit extrem hoher Laufleistung angezeigt. Und extrem hohe Laufleistung heißt, dass diese die Laufleistung der Kolben/Zylinder-Garnitur leicht übertrifft.

2

Zylinderkopf/Brennraum

- Zylinderkopf mit stumpfem Werkzeug reinigen.
- Schön zu erkennen: Die hohe thermische Belastung des unteren Auslassventils (der luftgekühlten GS...).

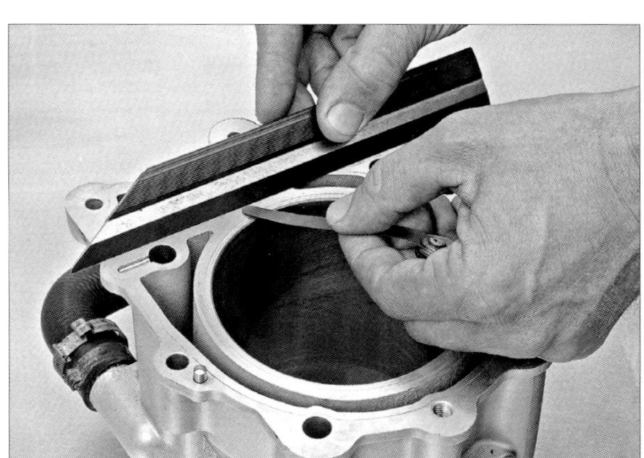

- Zylinderkopf- und Zylinderdichtfläche mit Haarlineal in mehreren Richtungen (auch diagonal!) auf Verzug prüfen. Im Beispielbild die F 650 GS.

Verschleißgrenze .... 0,09 mm

Zylinderkopf

- Mit passendem Hartholzstückchen Ölkohle aus Brennraum und Ventiltellern entfernen (keine Kratzer hinterlassen!).
- Besonders den Bereich zwischen Ventilsitzen und Zündkerzenbohrung auf feine Haarrisse kontrollieren. Ggf. in Fachbetrieb um Reparatur/Planen nachfragen.

→

13 Zylinderkopf

13.2 Prüfen und Vermessen

Fortsetzung

Nockenwellen-Verschleiß

- Lagerflächen der Nockenwellen und -Lagerdeckel auf Riefen, Kratzer oder Anzeichen unzureichender Schmierung untersuchen.

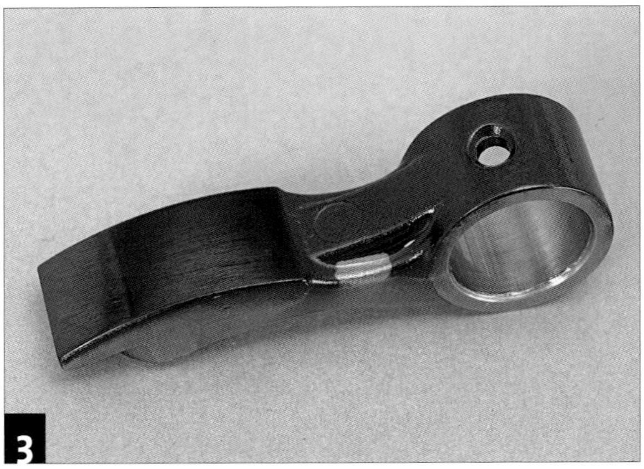

3

Schlepphebel

- Schlepphebel auf Ausbrüche in der Härteschicht (Pitting → unzureichende Schmierung) untersuchen. Bei Beschädigung der Lauffläche erneuern.

4

- Nockenlauffläche auf Ausbrüche in der Härteschicht (Pitting → unzureichende Schmierung) untersuchen. Bei Beschädigung der korrespondierenden Lauffläche ebenfalls Schlepphebel erneuern.

Nockenwellen-Lagerspiel

- **Radialspiel** mit »Plastigage« Typ PG-1, grün (0,025 – 0,076 mm) oder Typ PR-1, rot (0,051 – 0,152 mm; beide im gut sortierten Werkzeughandel erhältlich) messen:
- Öl und Fett von Lagerzapfen der Nockenwellen, Lagerlaufflächen und Passflächen des Lagerdeckels abwischen.
- Nockenwellen einlegen. Bei montierten Ventilen und Schlepphebeln weisen die Nocken nach außen – wie Stellung Zünd-OT.

5

Lagerspiel der Nockenwellen messen

- Plastigage-Messstreifen über Lagerzapfen einlegen.
- ! Messstreifen nicht über Ölbohrung legen!
- ! Nockenwellen nicht mehr drehen!

- Lagerdeckel ölfrei mit korrektem Anzugsmoment montieren (10 Nm; Bild 9 Seite 58 bzw. Bild 9 Seite 64).
- Lagerdeckel-Schrauben wieder ausdrehen und Lagerdeckel abnehmen.
- Bild 6:
  Einbaumaß .... 0,020 – 0,71 mm
  Verschleißgrenze .... 0,085 mm
- Eventuell genügt eine neue Nockenwelle, um Spiel wieder in die Toleranz zu bringen.
  Viel Glück!

- **Axialspiel** erfühlen wie in Bild 9 gezeigt (und eben in diesem Betriebszustand – Zünd-OT). Dazu an geeigneter Stelle mit Fühlerblatt-Lehre das Spiel ermitteln.
  Einbaumaß .... 0,05 – 0,25 mm
  Verschleißgrenze .... 0,35 mm

6

Lagerspiel der Nockenwellen messen

- Messstreifen mit Skala vergleichen. Je breiter der Messstreifen gequetscht ist, desto weniger Spiel besteht.

Axialspiel der Nockenwellen

- Ein- **1** und Auslassnockenwelle **2** müssen sich hin- und herschieben assen. Andernfalls ist das Zahnflankenspiel nicht korrekt.

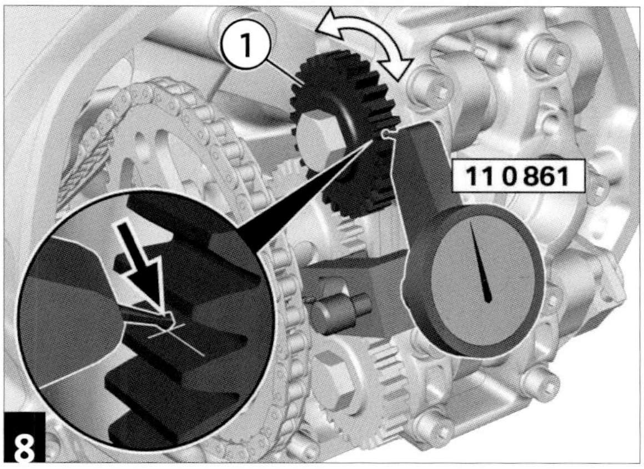

Zahnflankenspiel

- Bei der Messung wird ein Zahnrad mit dem Antriebsrad blockiert und das freie Zahnrad **1 ohne Kraftaufwand** gedreht. Sollwert 0,003 – 0,020 mm!

- Beim Erfühlen und Messen des **Axialspiels** und **Zahnflanken-Spiels** muss Kolben im Zünd-OT stehen!
- Der Messwerkzeug-aufwand bestimmt diese Arbeit der BMW-Werkstatt.
- Dort wird das Zahnrad einer höheren oder niedrigeren Klassifizierung bestimmt (vier Klassen sind erhältlich.)

Ventilschaftspiel

- Beim Hin- und Herdrücken darf kein »Knacken« spürbar sein (natürlich bei ausgebauter Ventilfeder...).

Steuerketten-Spanner- und Gleitschienen

- Spannerschiene in montiertem Zustand auf freie Beweglichkeit kontrollieren.
- Die Steuerkette darf sich maximal 0,8 mm tief in die Spannerschiene »eingraben«.

- Steuerketten-Spanner- und Gleitschienen sind erst nach Zerlegen des Motors zugänglich.

Ventile und Ventilführungen

- Ventildichtflächen am Ventil und Zylinderkopf auf Verschleiß (Grübchenbildung oder Ausbrüche) untersuchen.

! Ventilsitz muss glattes und riefenfreies Tragbild zeigen.
Falls Sitzfläche am Ventilteller verbrannt ist oder ungleichmäßigen Kontakt mit Ventilsitz hat, Ventil erneuern.

- Gegebenenfalls das Ventil erneuern und den Sitz im Kopf neu fräsen lassen.
- Das Ventilschaftende darf keinen anormalen Verschleiß (Ausbrüche oder Aufwerfungen) aufweisen. Eventuell kann das Schaftende im Fachbetrieb nachgeschliffen werden (Härteschicht nicht komplett abschleifen – Ventilspiel geht gleich wieder flöten!).
- Jedes Ventil muss sauber und spielfrei in seiner Führung gleiten.
- Das Spiel zwischen dem Ventilschaft und der Ventilführung im Zweifel im Fachbetrieb begutachten lassen, der über entsprechend feines (d. h. teures) Messwerkzeug verfügt.
Mit etwas Gefühl kann aber auch anhand des »Knackens« des Ventilschafts beim Hin- und Herdrücken in der Führung schon eine Diagnose gemacht werden.
- Gegebenenfalls Führungen in BMW- oder Fachwerkstatt erneuern lassen, was auf jeden Fall das Nachfräsen der Ventilsitze nach sich zieht!
- Ventile auf Kratzer, Verbiegung und übermäßigen Verschleiß am Schaft untersuchen.

14 Motor

14.1 Aus- und Einbau

Vorarbeiten

- Motorspoiler und Halter ausbauen (Seite 41).
- Motoröl ablassen (Seite 47).
- Sitze ausbauen (Seite 27).
- Tankabdeckung, Seitenteile und Seitenblende links/rechts ausbauen (ab Seite 28).
- Tank ausbauen (Seite 94).
- Ansaugschnorchel links und rechts lösen und Luftfiltergehäuse ausbauen (Seite 96).
- Kerzenschachtzündspulen trennen und Massekabel an Zylinderköpfen lösen (ab Seite 52).
- Einspritzventil rechts/links lösen (Seite 98).
- Drosselklappen rechts/links ausbauen (Seite 98).
- Schalldämpfer, Krümmer und Stellmotor für Abgasklappe ausbauen (ab Seite 102).
- Kühlmittel ablassen (Seite 69) und Kühler ausbauen (Seite 106).
- Batterieabdeckung und Batterie ausbauen (Seiten 49).
- Starter ausbauen (Seite 101).

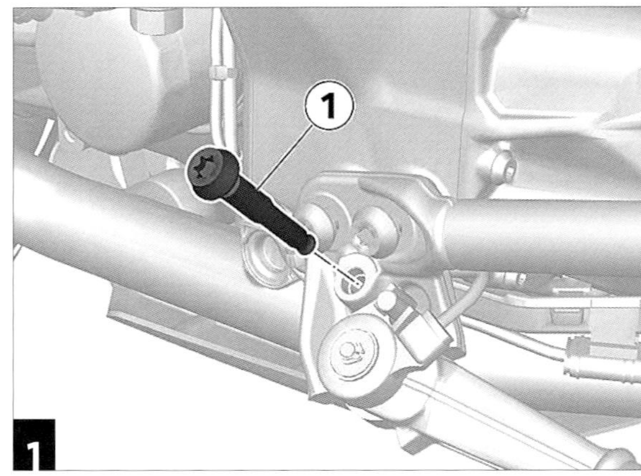

Gewindebolzen der Seitenständer-Zugfedern

- Seitenständerfedern ausbauen (Seite 78 Bild 1).
- Gewindebolzen ausdrehen.
  Anzugsmoment M10 x 1,5 .... 38 Nm

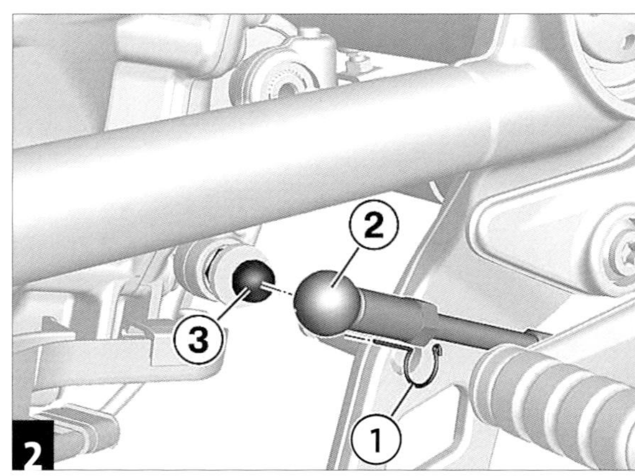

Schaltstange

- Federbügel **1** ausfedern und Kugelkopf **2** von der Kugel des Schalthebels **3** abnehmen.

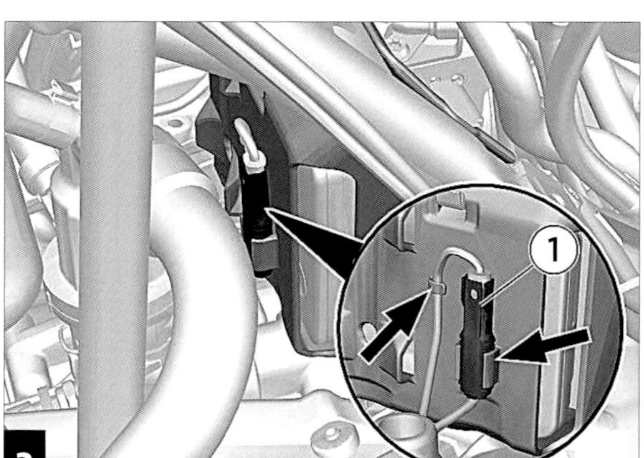

Stecker für Kurbelwellensensor

- Stecker **1** mit Kabel aus Halter (Pfeile) abnehmen und Stecker trennen.

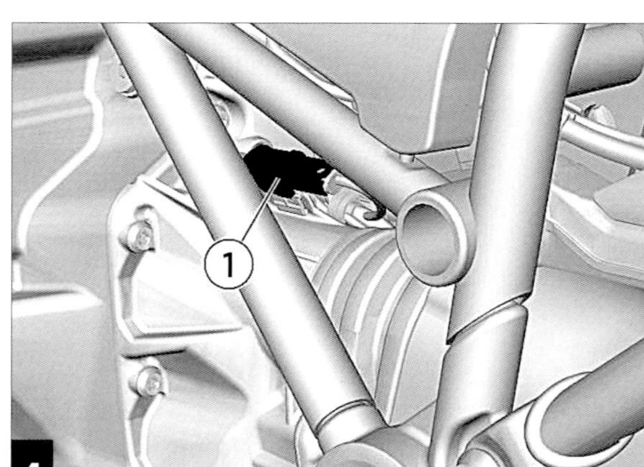

Stecker für Ölstandgeber/Öltemperatur

- Stecker **1** trennen.

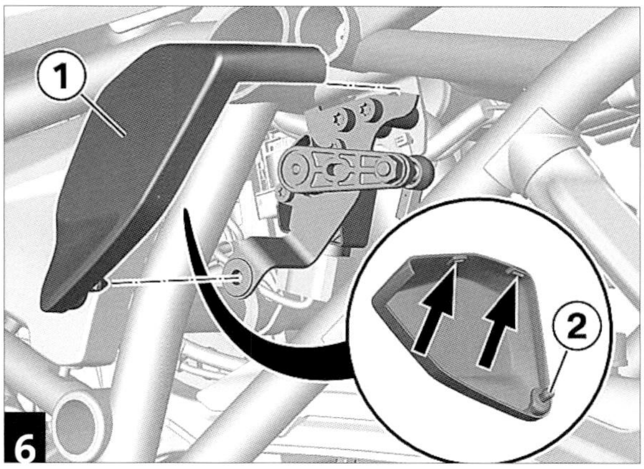

ESA: Abdeckung für Höhenstandsensor

- Abdeckung **1** aus Zapfen **2** ausziehen und aus Haltenasen (Pfeile) abnehmen.

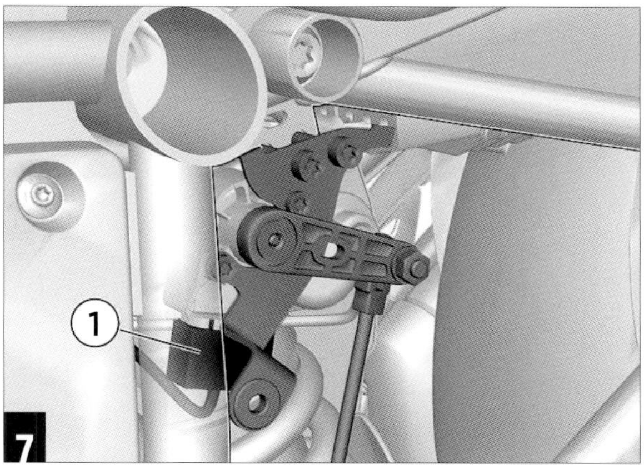

ESA: Stecker für Höhenstandsensor

- Stecker **1** trennen.

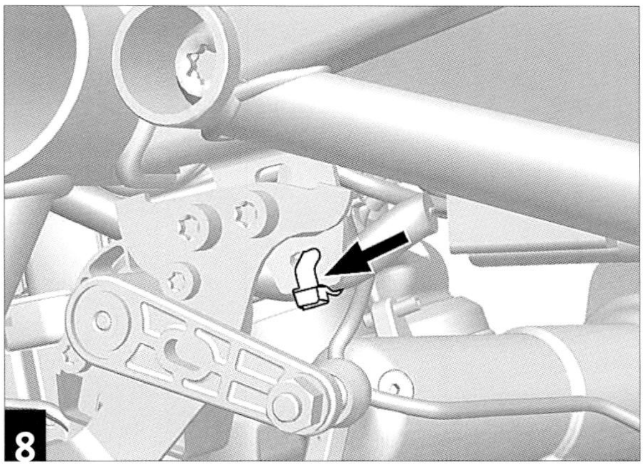

Generatorkabel freilegen

- Kabelbinder (Pfeil) trennen.

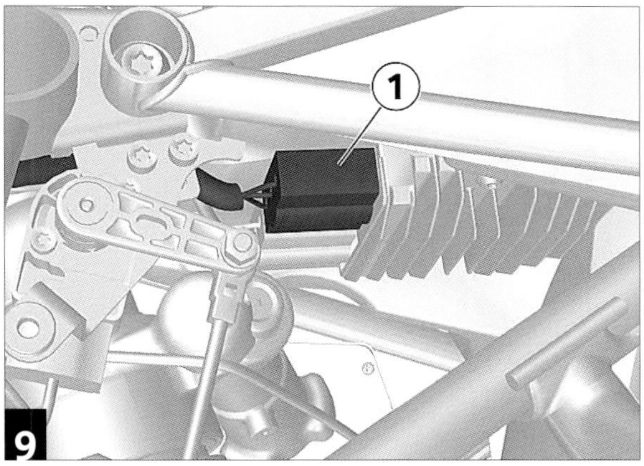

Generatorkabel trennen

- Stecker **1** am Spannungsregler trennen.

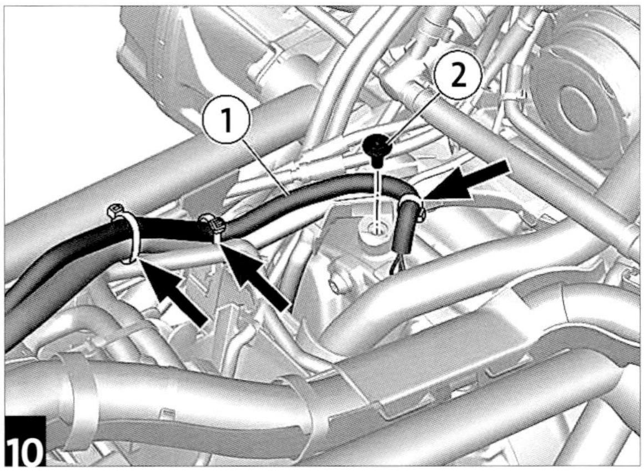

Generatorkabel freilegen

- Kabelbinder (Pfeile) trennen.
- Schraube **2** ausdrehen.
- Generatorkabel **1** nach vorn durchfädeln.

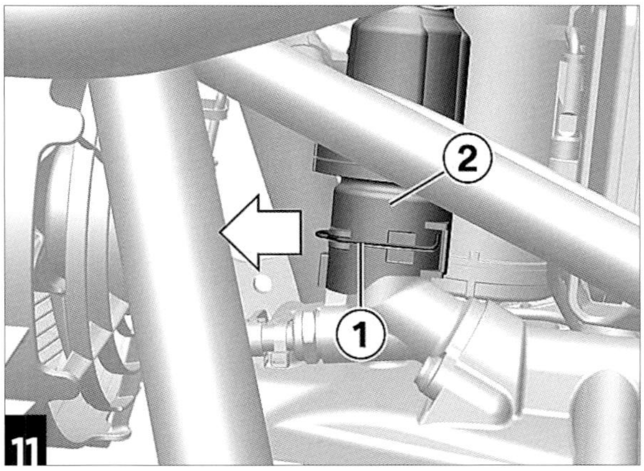

Thermostat

- Federbügel **1** abnehmen und Thermostat **2** nach vorn abnehmen.

→

14 Motor

14.1 Aus- und Einbau

Fortsetzung

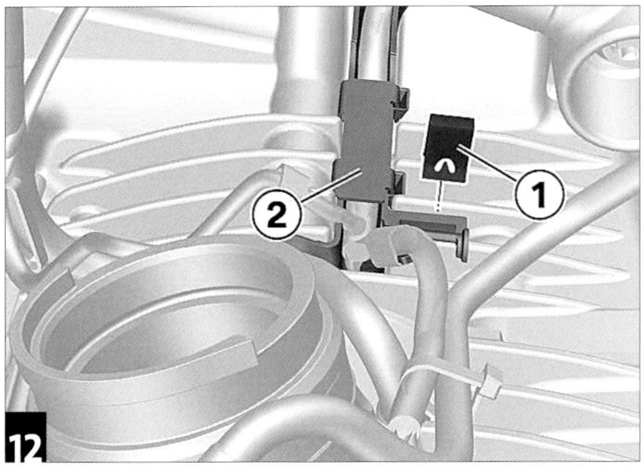

Elektrik an Zylinder links und rechts

- Klammer **1** abnehmen und Kabelkanal **2** lösen.

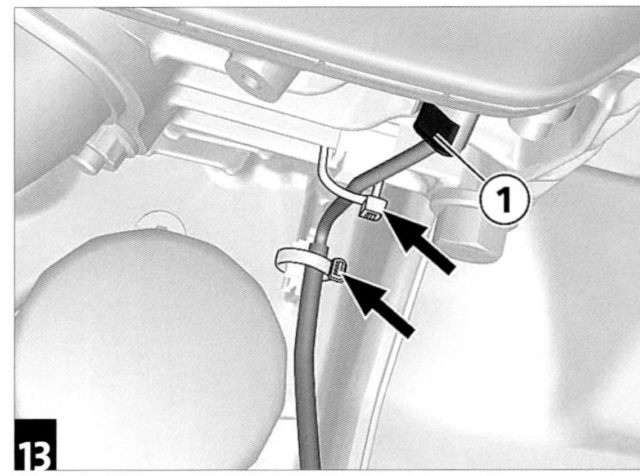

- Kabelbinder (Pfeil) trennen und Stecker **1** Nockenwellensensor) abziehen.

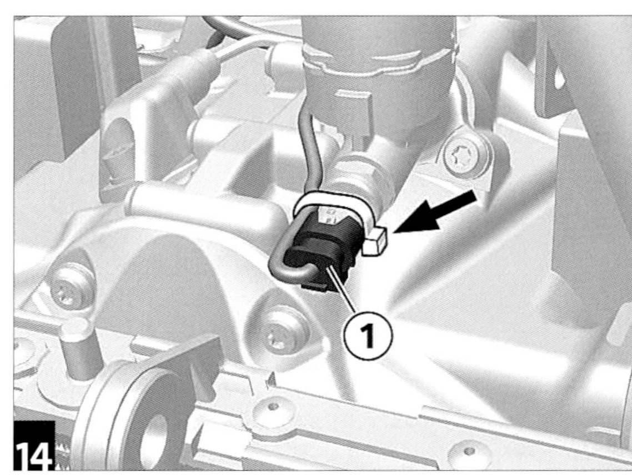

Kühlmitteltemperatur-Sensor

- Kabelbinder (Pfeil) trennen und Stecker **1** abziehen.

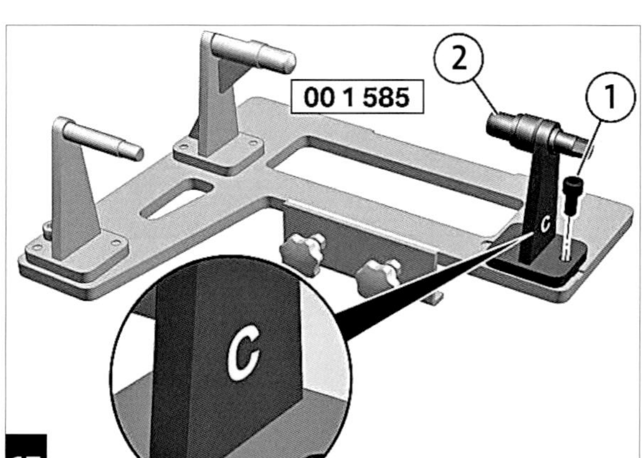

Motorheber einbauen 1

- Schraube **1** ausdrehen und Aufnahme C **2** abnehmen.

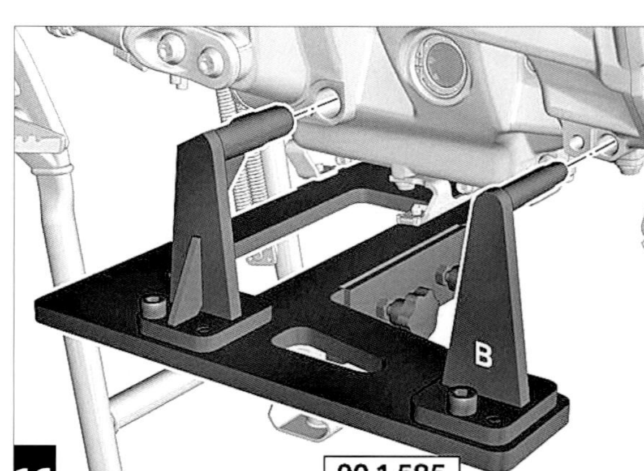

Motorheber einbauen 2

- Motoraufnahme rechts einsetzen.

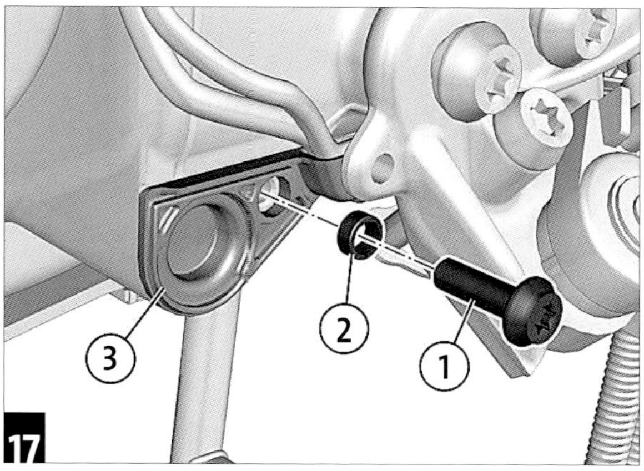

Motorheber einbauen 3

- Schraube **1** ausdrehen.
- Buchse **2** und Kabelkanal **3** abnehmen.

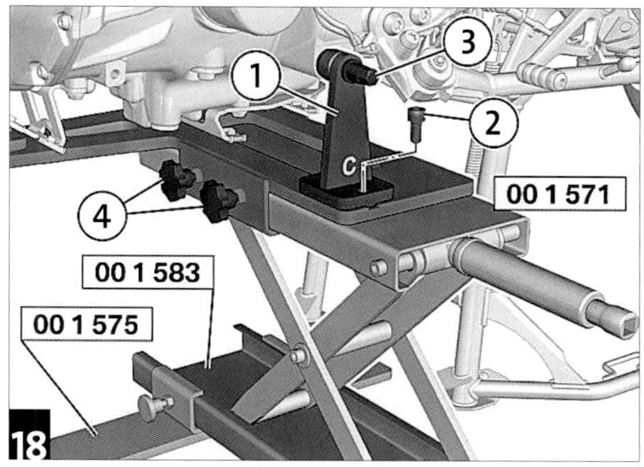

Motorheber einbauen 4

- Aufnahme C **1** mit Schraube **2** befestigen.
- Motoraufnahme mit Schraube **3** fixieren.
- Scherenheber mit Schiene und Verbreiterung einbauen. Rändelschrauben **4** festziehen.

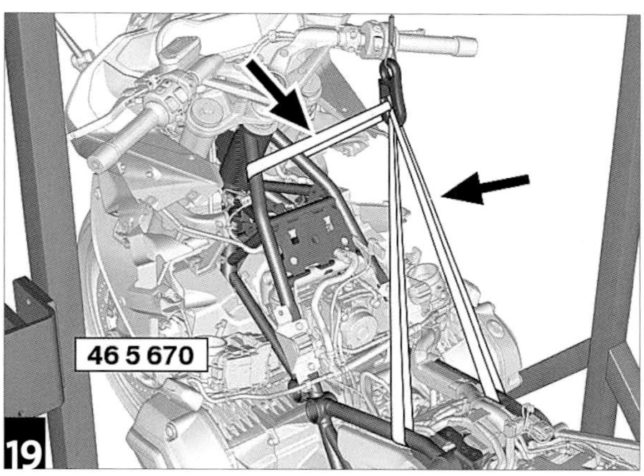

Fahrzeug an Kran befestigen

- Fahrzeug mit Gurten (Pfeile) an einem fahrbaren Kran befestigen. Im Bild die BMW-Teilenummer.

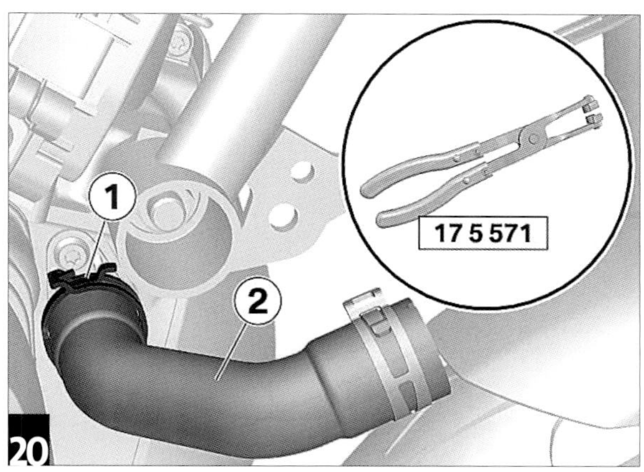

Rücklaufschlauch

- Federschelle (Pfeil) mit passender Zange lösen und Schlauch vom Stutzen abziehen.

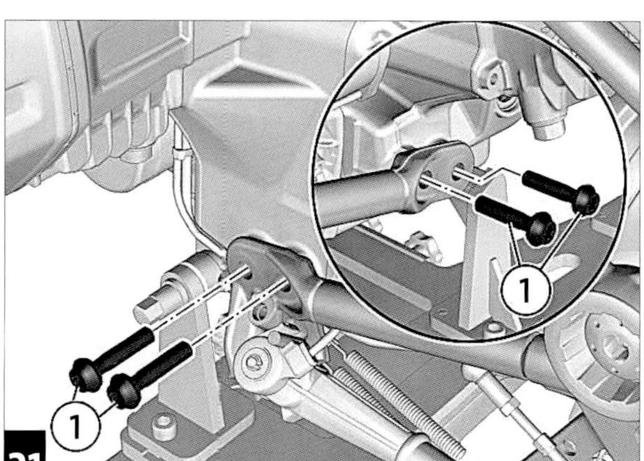

Motorbefestigung unten links/rechts

- Schrauben **1** ausdrehen.

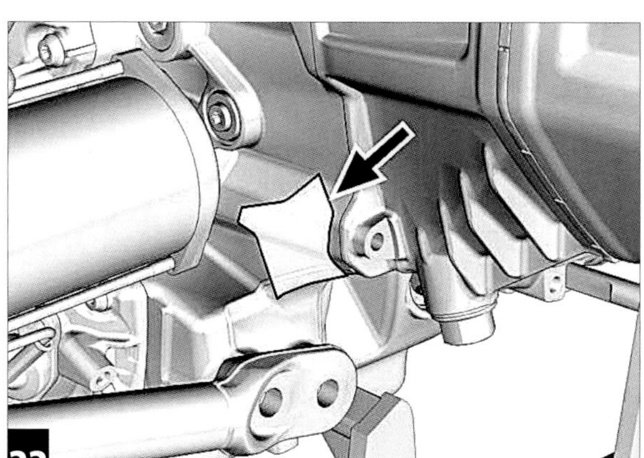

Bauteileschutz 1

- Motorgehäuse durch kräftiges Abkleben im gezeigten Bereich vor Kratzern schützen.

14 Motor

14.1 Aus- und Einbau

Fortsetzung

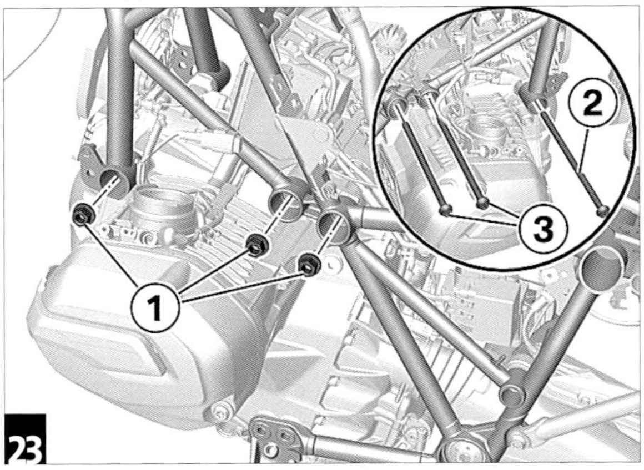

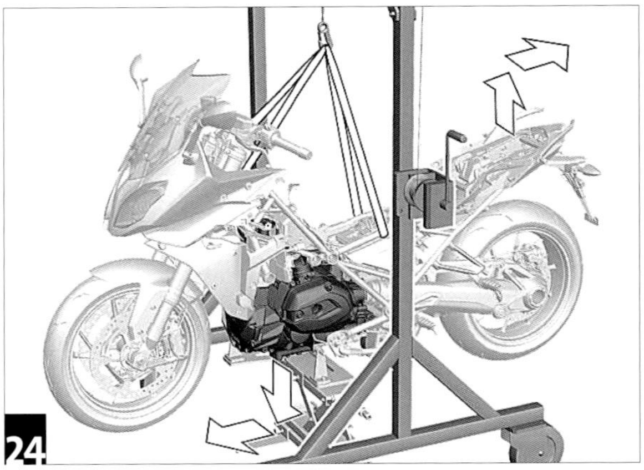

Motor/Rahmen Verbindungen

- Muttern **1** ausdrehen.
- Achse **2** abziehen, dann Achsen **3**.

- Abwechselnd Scherenheber ablassen und Fahrzeug mit Kran anheben und nach hinten ziehen.

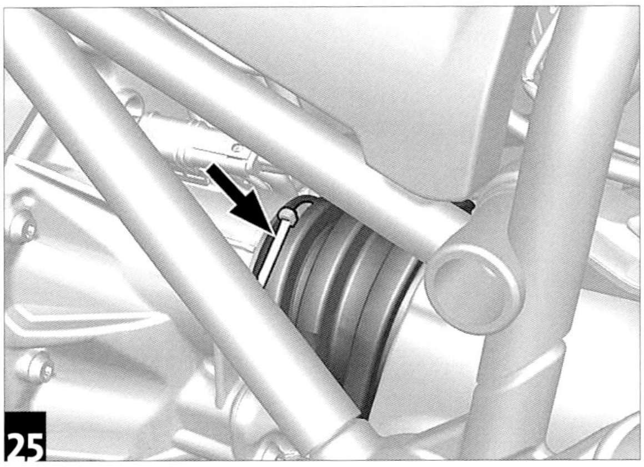

Kardanwelle abdrücken

- Kabelbinder (Pfeil) abnehmen.

- Faltenbalg **1** nach hinten schieben.

Kardanwelle abdrücken

- Rahmen auf Höhe der Schwinge innen großzügig abkleben, um Lackkratzer zu vermeiden.
- Kardanwelle **1** mit kräftigem Holzdorn und bedachten Hammerschlägen o. Ä. von Getriebe-Abtriebswelle **2** abdrücken/hebeln.

Fahrzeug vom Motor lösen

- Scherenheber ablassen und Fahrzeug mit Kran anheben und nach hinten ziehen (Bild 24). Dabei Welle abdrücken und Kabel trennen.

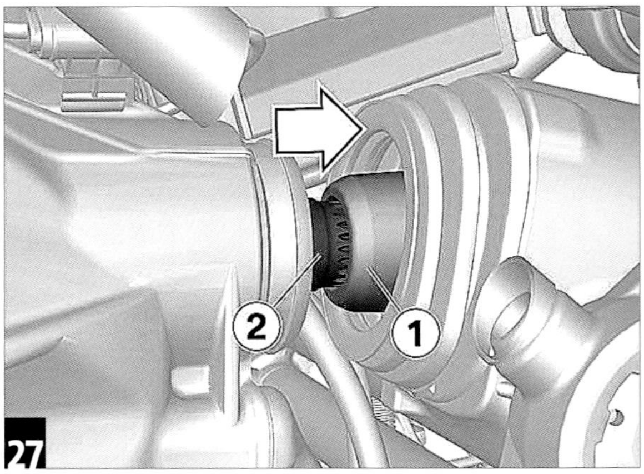

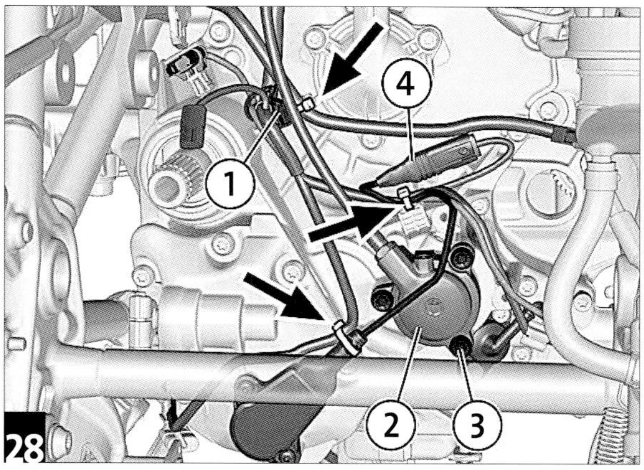

- Weiter abwechselnd Scherenheber ablassen und Fahrzeug mit Kran anheben und nach hinten ziehen, bis Fahrzeug und Kran seitlich gelöst sind.

Kabel und Kupplungsnehmerzylinder

- Kabelbinder (Pfeil) und Kabel aus Halter **1** lösen.
- Schrauben **3** ausdrehen und Kupplungsnehmerzylinder **2** abnehmen. Stecker **4** des Getriebepotenziometers trennen und ausklipsen.

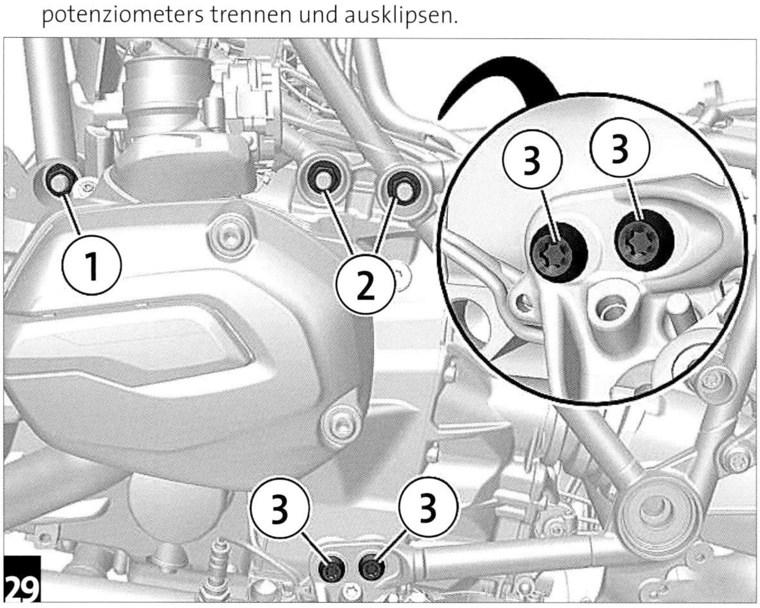

Motor-Einbau

- Motor in umgekehrter Ausbau-Reihenfolge einbauen.

! Neue Schrauben **2** und **3** Bild 23 verwenden (mikroverkapselt). Muttergewinde reinigen.

- Schaft der Schrauben **dünn** mit Optimoly TA schmieren. Überschüssiges Fett beeinträchtigt die Wirkung der Schraubensicherung!
- Schrauben **2** und **3** Bild 23 einschieben und Muttern ansetzen, nicht festziehen.
- Schrauben **3** Bild 29 ansetzen, nicht festziehen.
- Muttern und Schrauben anziehen.

Anzugsmomente

1 M12 x 255 10.9 .... 100 Nm
2 M12 x 210 10.9 .... 100 Nm
3 M10 x 45 .... 55 Nm

- Es folgen die Vorarbeiten in umgekehrter Ausbaureihenfolge.
- Bei Inbetriebnahme Fehlerspeicher auslesen, Werte zurücksetzen und Datum einstellen.

15 Motorgehäuse

15.1 Zerlegen

- Aufgrund der besonderen Konstruktion der neuen "Wasserboxer"-Generation beinhaltet das Zerlegen des Motorgehäuses die "klassischen" Kapitel Getriebe, Kolben und Zylinder, Kurbelwelle und Pleuel.
- Die Baugruppen Kupplung, Zylinderkopf, Wasser- und Ölpumpe ausbauen wie in den Vorkapiteln beschrieben.

Totpunkt suchen

- Kurbelwelle mit Absteckdorn im **unteren** Totpunkt arretieren: Dabei wie bei der Ventilspiel-Einstellung beschrieben vorgehen, jedoch die 6-mm-Seite des Absteckdorns verwenden.

! Absteckdorn muss spielfrei einrasten. Falls der Dorn Spiel hat, ist er in der 8-mm-Bohrung (OT) eingerastet. Dann Kurbelwelle um 180° drehen.

- Kurbelwelle langsam an der Schraube **1** Bild 3 drehen, bis Absteckdorn mit 6-mm-Seite spielfrei in der UT-Rastung einrastet.

1

Ölstands-/Öltemperatursensor

- Zwei Schrauben ausdrehen und Sensor aus Gehäuse ausfädeln.

2

Motorentlüftung

- Drei Schrauben ausdrehen und Entlüftungsdeckel abnehmen.

Getriebe

- Falls das Lager der Vorgelegewelle ausgebaut werden soll, Bundmutter Bild 4 ausdrehen (Kurbelwelle ist blockiert).
- Schrauben (Pfeile Bild 3) ausdrehen. Gehäusedeckel mit Getriebe abnehmen. Falls schwergängig, Abdrücker 11 0 833 an gezeigten Gewinden ansetzen und Deckel abdrücken.
- Getriebe schräg halten, damit zwei Druckstangen aus Vorgelegewelle herausfallen.

3

Bundmutter Vorgelegewelle
- Bundmutter bei blockierter Kurbelwelle ausdrehen, falls Lager der Vorgelegewelle gewechselt werden soll.

Entlüftungsrad
- Schraube ausdrehen und Entlüftungsrad abnehmen.
  Anzugsmoment M10 .... 40 Nm

Spulenträger
- Fünf Schrauben ausdrehen und Spulenträger an den gezeigten Stellen (Pfeile) loshebeln.

Spulen
- Drei Schrauben ausdrehen und Spulen vom Träger abnehmen.
- Ggfs. Seegerring ausfedern und Lager ausdrücken. Im Reparaturfall auch Lagerschale 1 Bild 8 ersetzen.

- Absteckdorn ausdrehen und mit 8 mm-Seite montieren.
- Kurbelwelle im OT festlegen.

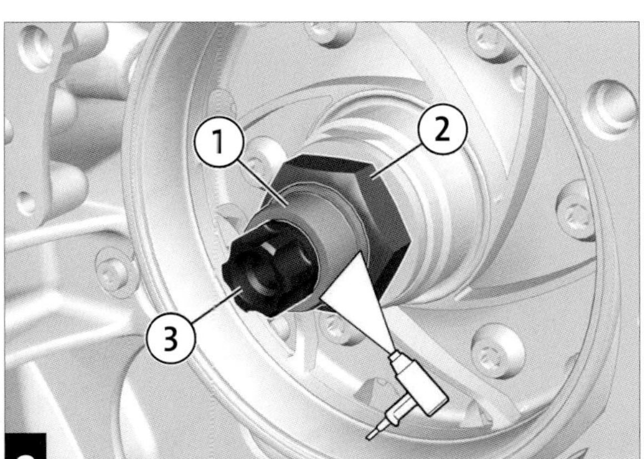

Polrad
- Lagerschale **1** und Mutter **2** erwärmen (120 °C).
- Mutter **2** ganz vom Gewinde ausdrehen und somit Lagerschale **1** von Kurbelwelle **3** lösen.

Polrad
! Absteckdorn zurückziehen!
- Abzieher 12 0 531 aufdrehen und Polrad mit Lagerschale, Mutter und Scheibe ausbauen.

Polrad
- Vollständig aufgedrehten Abzieher am Sechskant **1** mit Ringschlüssel gegenhalten und Abdrückspindel **2** eindrehen, bis sich Rotor löst...

→

15 Motorgehäuse

15.1 Zerlegen
Fortsetzung

Axialanschlag
- Schraube ausdrehen. Scheibe und Hülse abnehmen.
  Anzugsmoment M6 x 50 (Loctite 243). . . . . 10 Nm

Starterfreilauf-Zahnrad
- Zahnrad von Kurbelwelle abnehmen.

Steuerkettenschienen rechts
- Lagerschraube (Pfeil) ausdrehen. Spannschiene **1** und Gleitschiene **2** abnehmen.
  Anzugsmoment M8 . . . . 19 Nm

Starterdoppelrad
- Schraube mit Dichtscheibe ausdrehen.
- Achse und Doppelrad entnehmen.
- Steuerkette rechts abnehmen.
  Anzugsmoment M6 x 80 (Loctite 243) . . . . 8 Nm

Anzugsmomente
1 M6 x 80 (Loctite 243) . . . . .8 Nm
3 M20 x 1,5 Linksgewinde . . . . .18 Nm

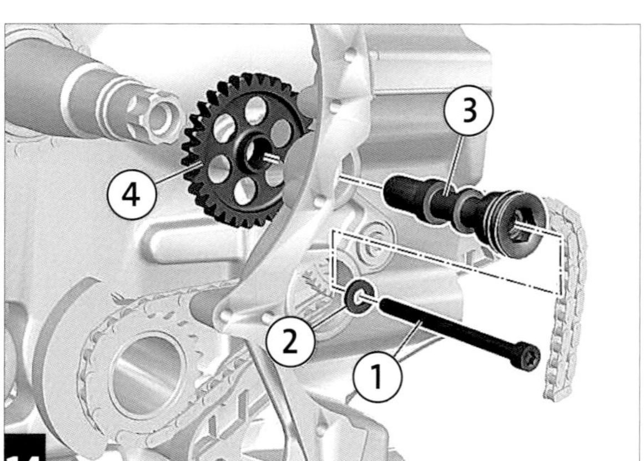

Starterzwischenrad
- Schraube **1** mit Scheibe **2** ausdrehen.
- Achse **3** (**Linksgewinde**!) und Zwischenrad **4** ausbauen.

Steuerkettenschienen links
- Zwei Lagerschrauben ausdrehen.
- Spannschiene **1** und Gleitschiene **2** abnehmen.
- Steuerkette links abnehmen.
  Anzugsmoment M8 . . . . 19 Nm

Kolbenbolzen links ausbauen

- Kolben **1** durch Drehen der Kurbelwelle in den unteren Totpunkt stellen, sodass Kolbenbolzen durch Bohrung vorn zu sehen ist.

- Falls die Öffnung des Kolbenbolzen-Sicherungsrings bei der Aussparung des Kolbens liegt, muss er gedreht werden. Dazu Auszieher 11 0 826 mit Einsatz 11 0 843 bestücken und Sicherungsring um mindestens 90° drehen.

- Auszieher einsetzen und drehen bis Nase hörbar Aussparung einrastet. (hier „im Freien" aufgenommen.) „Abzug" des Ausziehers betätigen...

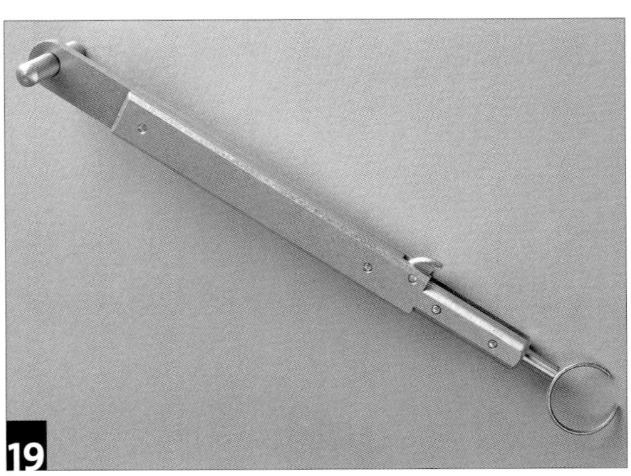

...und Sicherungsring mit der magnetischen Spitze herausnehmen.

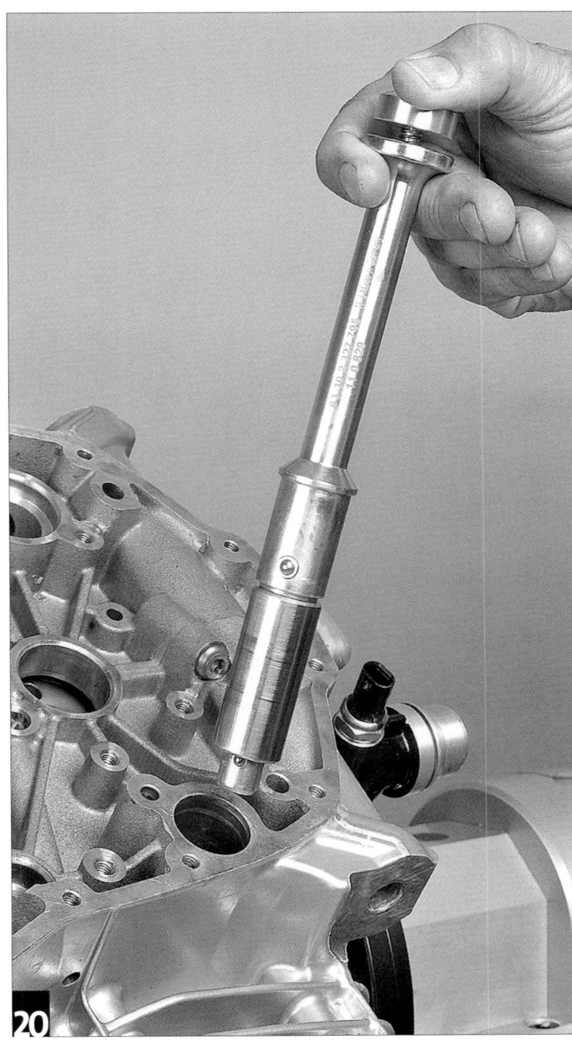

- Kolbenbolzen mit Montagewerkzeug-Kolbenbolzen 11 0 829 ausbauen.

15 Motorgehäuse

15.1
Zerlegen
Fortsetzung

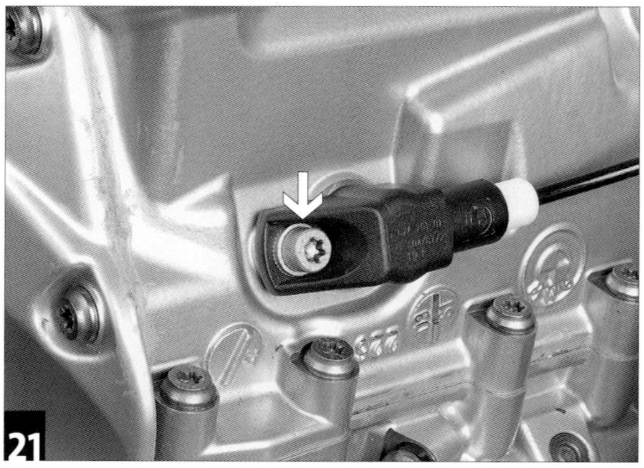

21

Kurbelwellensensor
- Schraube ausdrehen und Sensor abnehmen.

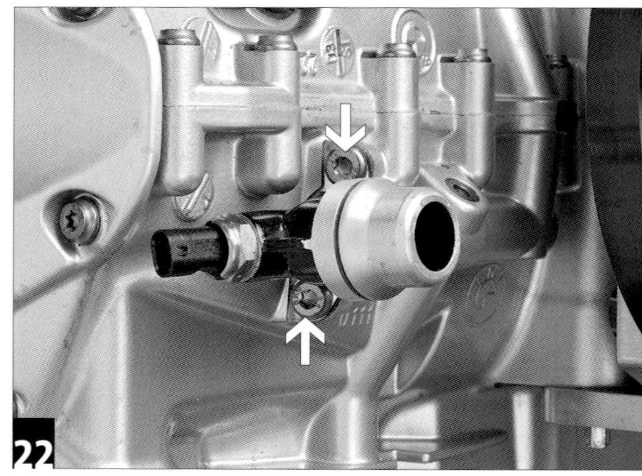

22

Kühlmittelstutzen für Thermostat
- Zwei Schrauben ausdrehen und Kühlmittelstutzen abnehmen.

23

Kühlmittelstutzen rechts
- Schraube ausdrehen und Stutzen mit O-Ring abnehmen.

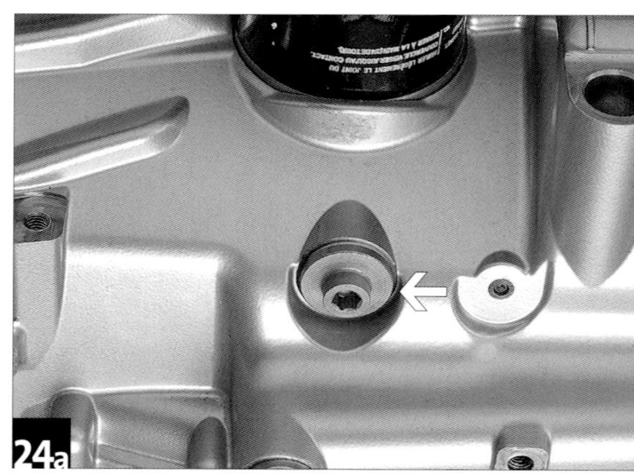

24a

Öldruck-Regelventil
- Verschlussschraube mit Dichtring ausdrehen. Es folgen Feder und Regelventil (siehe Bild 24b).

Öldruck-Regelventil bei eingebautem Motor
- Schalldämpfer abbauen und Krümmer lösen (ab Seite 102).
- Auffangbehälter untersellen.
- Verschlussschraube **1** ausdrehen.

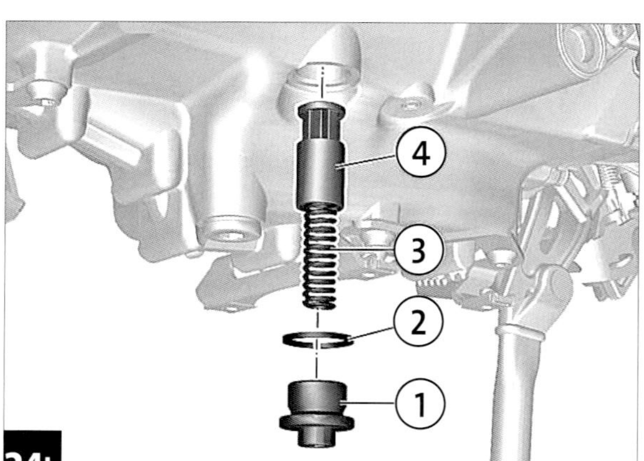

24b

Öldruck-Regelventil
- Es folgen Dichtring **2**, Feder **3** und Regelventil **4**.
  Anzugsmoment M24 x 1,5 .... 42 Nm

25

Motorgehäuseschrauben
- Zwei Schrauben an Frontseite ausdrehen.

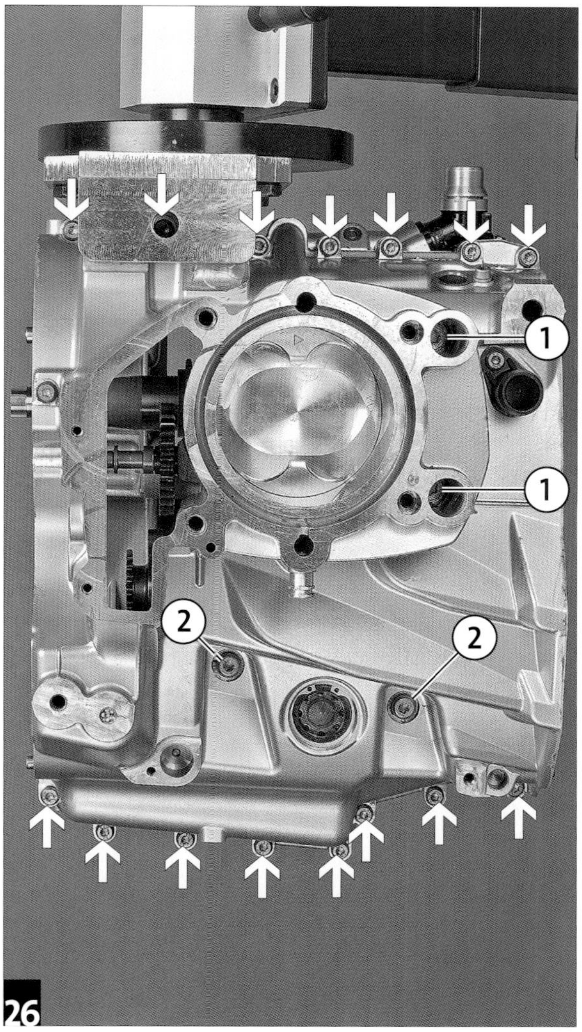

26

Motorgehäuseschrauben rechts

- Zuerst äußere Schrauben (Pfeil) ausdrehen.
- Schrauben **2**, dann Lagerschrauben **1** ausdrehen.

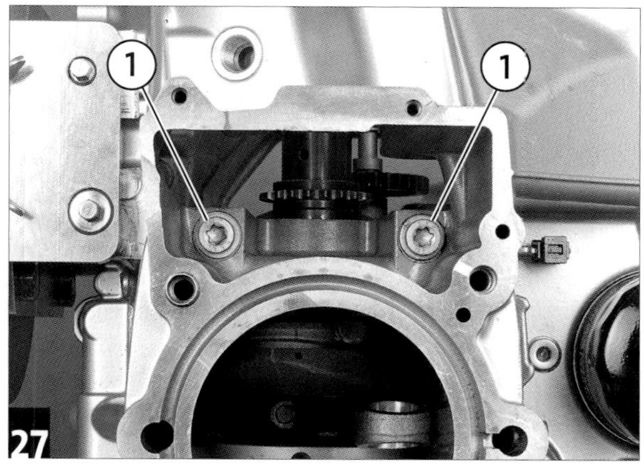

27

Motorgehäuseschrauben links

- Zwei Lagerschrauben **1** ausdrehen.

- Falls Sie mit der BMW-Motoraufnahme arbeiten, müssen bei dieser jetzt der Gegenhalter abgenommen werden und die Achsen ausgebaut werden.
- Linke Motorgehäusehälfte abnehmen und Kolben aus Zylinder herausschieben.

! Dabei peinlich genau darauf achten, dass die Gehäusehälften nicht verkanten. Andernfalls können die Lager bzw. Lagersitze beschädigt werden.

- Auf Verbleib des O-Rings zwischen den Gehäusehälften achten (Bild 10 Seite 145).
- Ggfs. Gegenhalter der Motoraufnahme mit den zugehörigen Distanzhülsen wieder einbauen.

Anzugsmomente

1 M10 x 130 Bilder 26 und 27 .... 25 Nm
Weiterdrehwinkel .... 90°
2 M8x 80 .... 19 Nm
Übrige M6 x 30 .... 10 Nm

Montage

- Schrauben in der angegebenen Reihenfolge schrittweise über Kreuz anziehen. Zuerst Schrauben **1,** dann **2**, dann übrige.

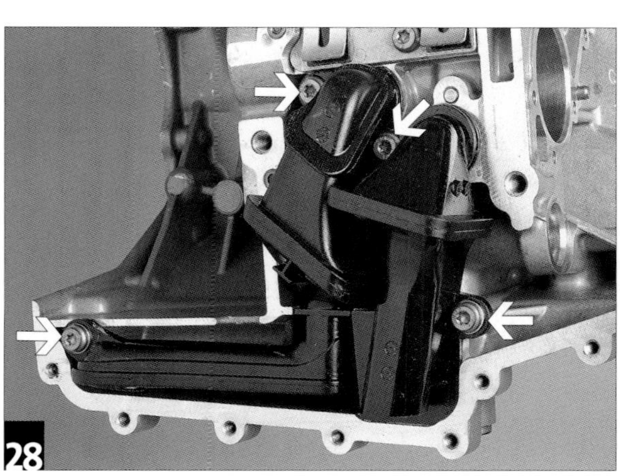

28

Ölsaugschnorchel

- Vier Schrauben ausdrehen und zwei Ölsaugschnorchel (Druck- und Saugstufe) abnehmen.
Anzugsmoment M6 x 20 .... 8 Nm

29

Membranventil

- Zwei Schrauben ausdrehen und Membranventil abnehmen (ggfs. mit kleinem Schraubendreher loshebeln).
Anzugsmoment M6 x 16 .... 12 Nm

15 Motorgehäuse

15.1 Zerlegen

Fortsetzung

Pleuel

! Crackpleuel passen nur in einer Stellung zu ihren Lagerdeckeln. Sie dürfen nicht verdreht oder vertauscht werden.

- Kurbelwelle mit Schutzbacken in Schraubstock einspannen und Einbaulage der Pleuel und Lagerdeckel mit Filzstift markieren.
- Schrauben ausdrehen und Pleuel/Lagerdeckel abnehmen.

! Pleuelschrauben sind Dehnschrauben, die nur einmal verschraubt werden dürfen. Nur Neuteile verwenden.

- Pleuellagerschalen wie Kurbelwellen-Lagerschalen ausbauen (Bild 31).
- Auf Verbleib des des O-Rings **1** (Bild 30) achten.
- Rechten Kolben mit Pleuel aus Zylinder schieben.

30

Pleuel und Kurbelwelle

- Pleuelschrauben des rechten Zylinders (Pfeile) ausdrehen und Kurbelwelle abnehmen. Pleuelschrauben des linken Zylinders ausdrehen.
- Pleuelschrauben und O-Ring **1** erneuern.

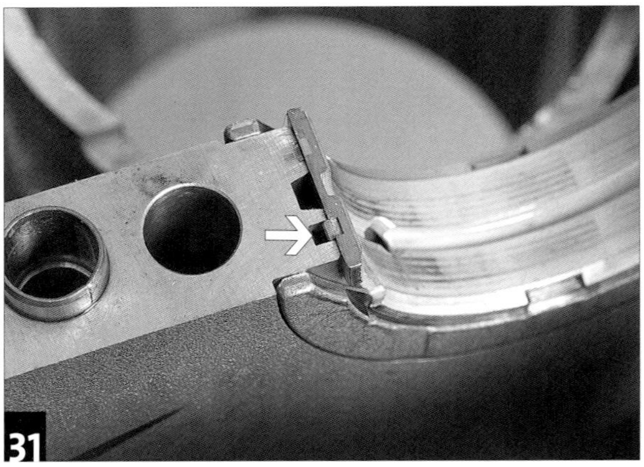

31

Kurbelwellen-Lagerschalen/Pleuellagerschalen

- Lagerschalen mit kleinem Schraubendreher aushebeln.

32

Ausgleichswelle

- Ausgleichswelle mit Anlaufscheibe (Pfeil) herausziehen.

15.2
Prüfen und Vermessen

- Der Hauptvorgang des Messens hat natürlich schon vor der Demontage stattgefunden: beim noch (einigermaßen) funktionstüchtigen Motor. Wenn da bei einer Kompressionsdruck- oder Druckverlust-Prüfung Werte auftauchen, die einen „lahmenden Fahreindruck" bestätigen, ist allerdings die Erneuerung der Einheit Motorgehäuse/Kolben angesagt. Klar, in der Praxis wird dies nur bei exorbitanten Laufleistungen vorkommen und zuvor werden in dem Fall auch der oder die Zylinderköpfe einer Untersuchung unterzogen.

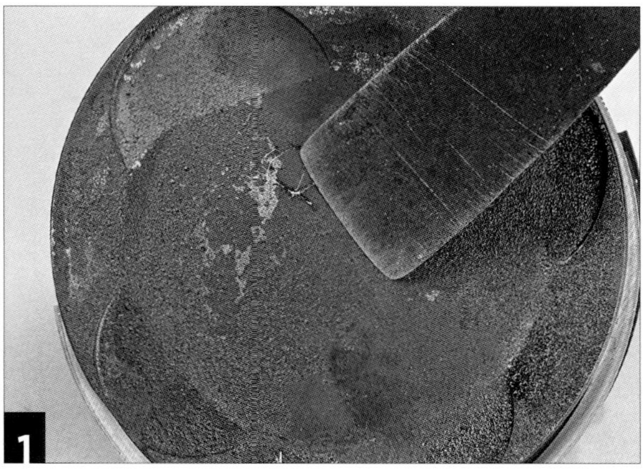

1

Kolbenboden entkohlen
- Festgebackene Ölkohle mit stumpfem Schaber o. Ä. entkohlen.
- Keine Riefen hinterlassen!

Kolben und Ringe

! Kolbenbolzen darf leicht geölt weder im Pleuelauge noch in der Kolbenbohrung Spiel aufweisen und muss frei beweglich sein.

- Kolbenhemd (-Lauffläche) darf keine Ausbrüche, Riefen, Kratzer oder Anzeichen von »Durchblasen« aufweisen.

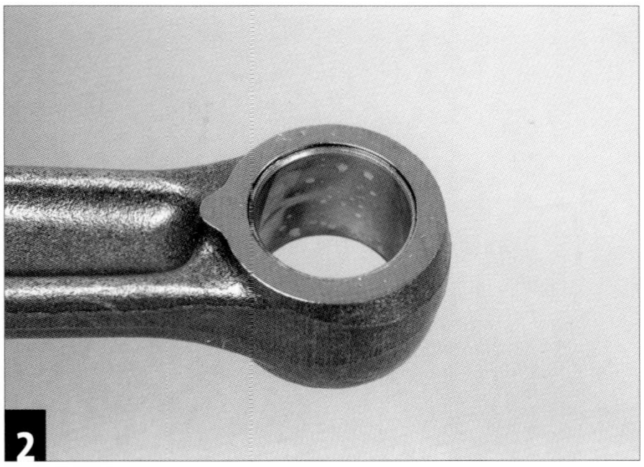

2

Pleuelauge
- Pleuelauge darf keine Anzeichen von mangelnder Schmierung oder Ausbrüche aufweisen.

3

Ausweichung des Kolbenbolzens
- Bolzen geölt in Pleuelauge einschieben und Bolzen gegenläufig gegen Pleuelauge verdrehen.
- Es darf keine Ausweichung spürbar sein, oder gar knacken. Spiel-Verschleißgrenze beträgt 0,060 mm.

4

Starterfreilauf am Polrad
- Freilauf muss in einer Richtung frei drehen, entgegengesetzt sperren.

5

Starterfreilauf am Polrad
- Falls Freilauf defekt, sechs Schrauben ausdrehen und Freilauf erneuern

→

15 Motorgehäuse

15.3 Montage

- Die Montage erfolgt in umgekehrter Ausbaureihenfolge. Dort sind auch die zu verwendenden Anzugsmomente ersichtlich.

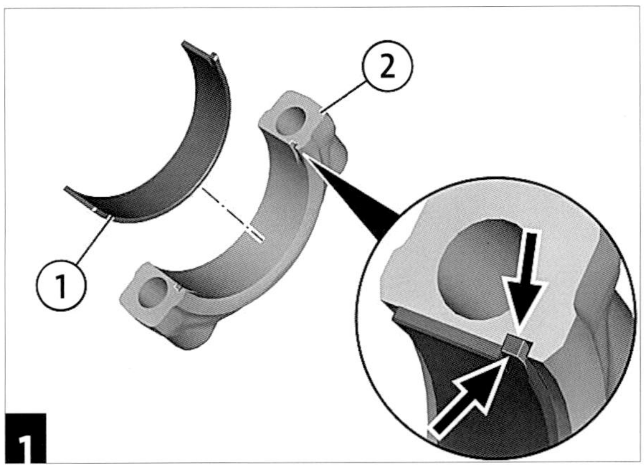

Lagerschalen
- Lagerschalen **1** bündig in Pleuel, Pleueldeckel **2** und Kurbelgehäuse eindrücken und ölen.

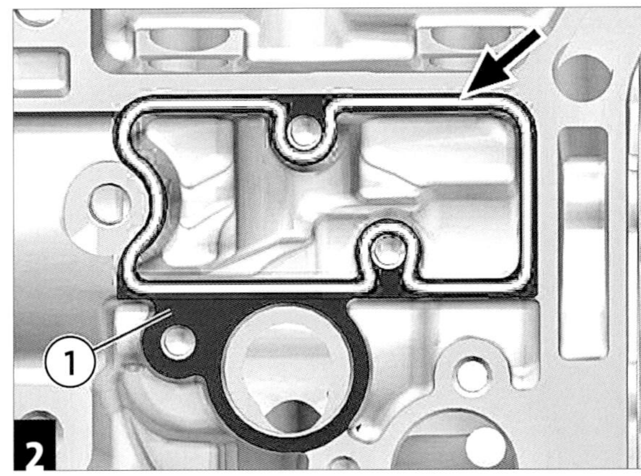

Membranventil
- Dichtfläche säubern (öl- und fettfrei) und Silikondichtmasse auftragen.
- Schrauben abwechselnd anziehen siehe Bild 29 Seite 141.

Anlaufstücke
- Darauf achten, dass die Anlaufstücke beidseitig korrekt in Stellung in sind.

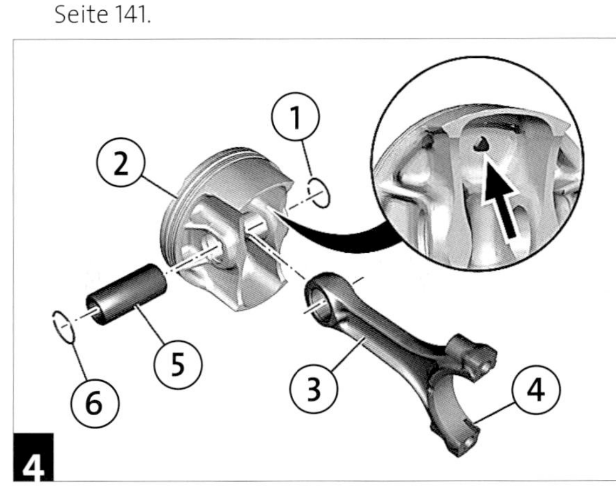

Pleuel rechts an Kolben
- Sicherungsring **1** einsetzen. Kolben **2** so positionieren, dass sich Pfeil **oben** befindet. Rechtes Pleuel **3** mit Sichelnute **4** nach rechts einsetzen. Bolzen **5** einschieben und zweiten Ring **6** einsetzen.

Kolbenringe
- Ersten Kolbenring so anbringen, dass Ringspalt nach **oben** weist.
- Zweiter Kolbenring siehe Bilder 5 und 6.
- Dritten Kolbenring so anbringen, dass Ringspalt nach **unten** weist.

Kolben-Einbau
- Lauffläche im Zylinder und Kolbenringe vollständig ölen.

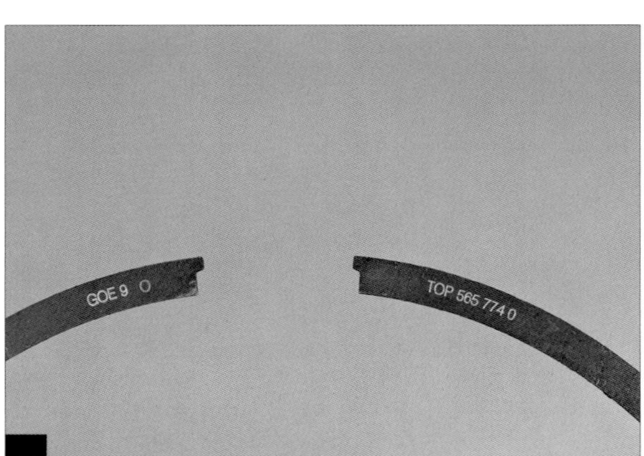

Zweiter Kolbenring
- TOP-Markierung ist von oben zu erkennen.

Zweiter Kolbenring
- Kolbenring am Stift in Ringnut ausrichten.

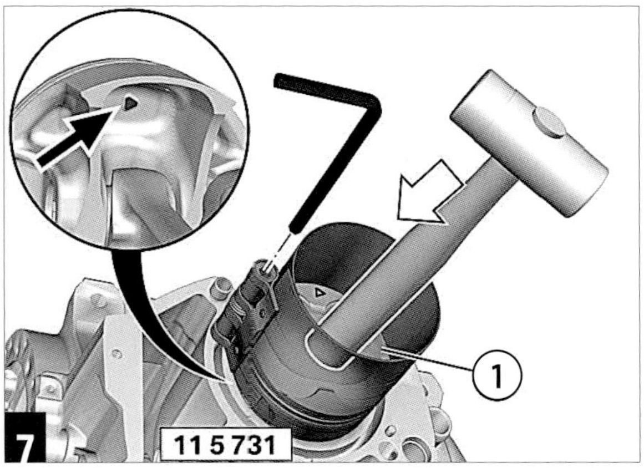

Kolben-Einbau rechts

- Kolbenring-Spannband so anlegen, dass alle Ringe gerade umschlossen sind. Spannband anziehen.
- Kolben **1** (Pfeilmarkierung weist nach **oben**) einschieben, ggfs. mit Hammerstiel nachdrücken.

Kurbelwelle

- Ausgleichswelle mit Anlaufscheibe (Pfeil) einsetzen.
- Kurbelwelle mit geölten Lagerstellen einsetzen.

Pleuelmontage

- Pleuel und Deckel entsprechend der beim Ausbau gemachten Markierung montieren. Crackpleuel passen nur in einer Stellung.
- 👁 Festsitz der zwei Passhülsen (Pfeile) kontrollieren.

Pleuelmontage - Anzugsmomente

! Die BMW-Werkstatt verwendet einen elektronischen Drehmoment-/Drehwinkelschlüssel.
! Neue Schrauben **1** verwenden.
- Gewinde und Auflageflächen der Schrauben ölen.
- Schrauben **1** abwechselnd anziehen.

1 **Anzugsmoment** M10 x 1 - 13.9
1. . . . . 5 Nm
2. . . . . 20 Nm
3. . . . . Weiterdrehwinkel 150°

- Schrauben lockern und nochmals anziehen.
1. . . . . 5 Nm
2. . . . . 20 Nm
3. . . . . Weiterdrehwinkel 150°

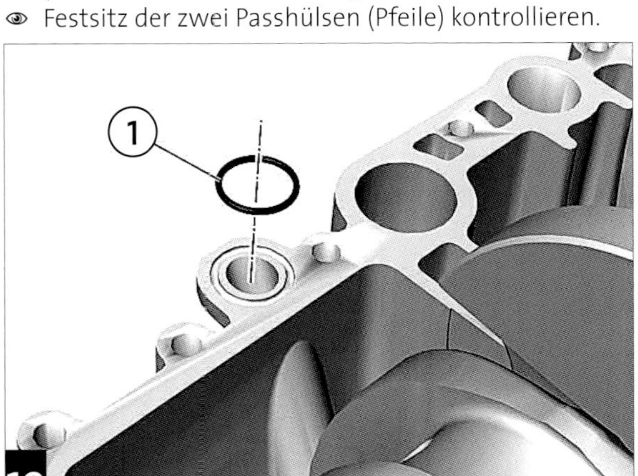

Motorgehäuse

- Neuen O-Ring **1** einsetzen.

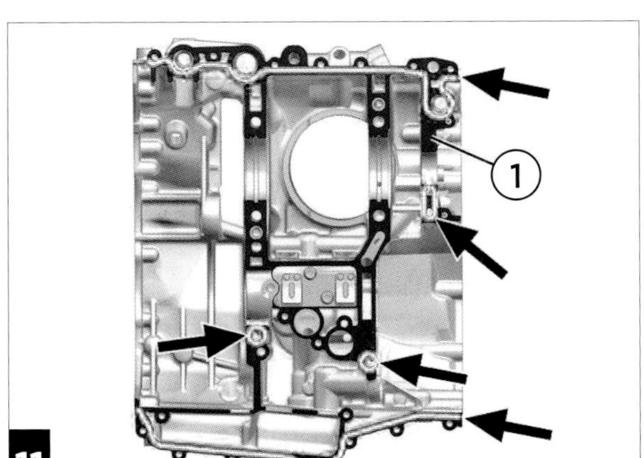

Motorgehäuse - Dichtmittelauftrag

- Silikondichtmasse (Pfeile) gleichmäßig auf saubere Dichtfläche **1** auftragen (öl- und fettfrei; mit Aceton oder Bremsenreiniger reinigen).

15 Motorgehäuse

15.3
Montage
Fortsetzung

Motorgehäuse

! Linke Gehäusehälfte ohne Verkanten gerade aufsetzen. Andernfalls können die Lagerschalen beschädigt werden.
- Alle Schrauben zuerst handfest eindrehen.

! Die BMW-Werkstatt verwendet einen elektronischen Drehmoment-/Drehwinkelschlüssel.
- Schrauben wie auf Seite 141 aufgelistet anziehen.

Kolben links
- Kolben links wie rechten Kolben montieren (Bilder 4 bis 7). Pfeilmarkierung steht aber **unten** und weist in Fahrtrichtung.

Kolben links
- Kolben **1** und Pleuel **2** so positionieren, dass sie fluchten und durch die Bohrung von vorn zu sehen sind. (Kurbelwelle in unteren Totpunkt drehen.)

Kolbenbolzen-Sicherungsring links
- Sicherungsring wie gezeigt in Buchse von Montagewerkzeug 11 0 829 anbringen. (Ring muss nicht absolut gerade stehen.)

- Buchse mit Sicherungsring so auf Montagewerkzeug aufschieben, dass die abgeflachte Seite der Buchse an der Unterseite des Kolbenringbereichs steht.

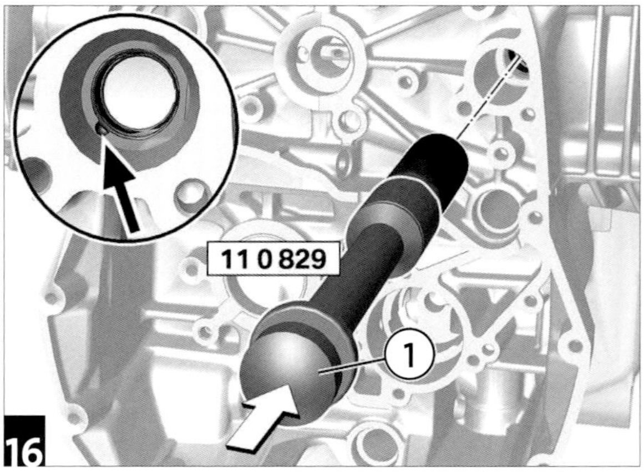

- Die Öffnung des Sicherungsrings steht dann versetzt zur Aussparung im Kolben (Pfeil).
- Montagewerkzeug bis zum Anschlag einschieben, Verriegelung **1** drücken und wieder herausziehen.

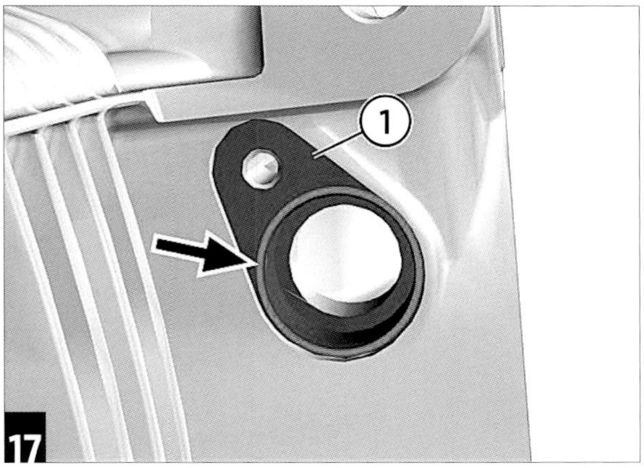

17

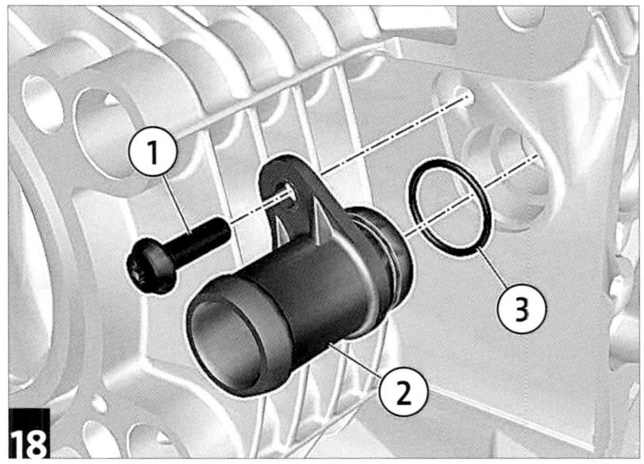

18

Kühlmittelstutzen

- Dichtfläche **1** entfetten und Silikondichtmasse (Pfeil) gleichmäßig auftragen.

- Stutzen **2** mit so gut wie neuem O-Ring **3** anbringen und Schraube **1** eindrehen.
  Anzugsmoment M6 x 20 .... 12 Nm

19

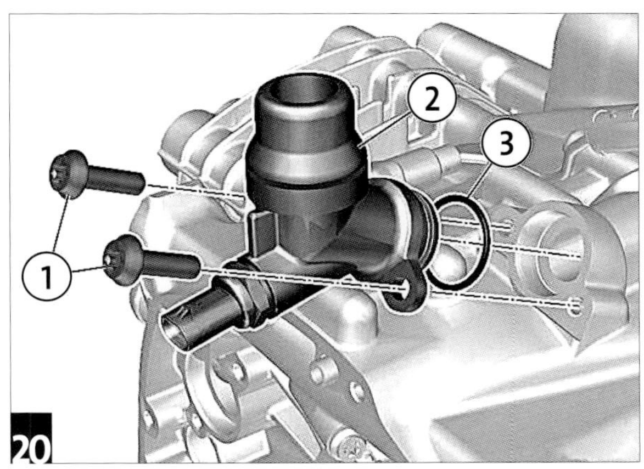

20

Kurbelwellensensor

- Sensor mit so gut wie neuem O-Ring anbringen und Schraube eindrehen.
  Anzugsmoment M6 x 14...................... 8 Nm

Kühlmittelstutzen für Thermostat

- Kühlmittelstutzen **2** mit so gut wie neuem O-Ring **3** anbringen und zwei Schrauben **1** eindrehen.
  Anzugsmoment M6 x 16..................... 12 Nm

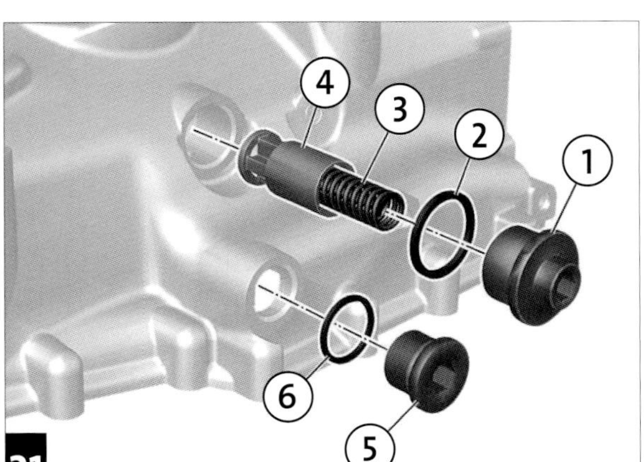

21

Öldruck-Regelventil und Ölablass

- Öldruck-Regelventil **4**, Feder **3**, und Verschluss-schraube **1** mit **neuem** Dichtring **2** einbauen.
- Ölablassschraube **5** mit **neuem** Dichtring **6** einbauen.

1 **Anzugsmoment** M24 x 1,5 .... 42 Nm
5 **Anzugsmoment** M20 x 1,5 .... 42 Nm

15 Motorgehäuse

15.3 Montage

Fortsetzung

Arbeitsschritte/Bilder Seite 138:

- Steuerkette links einbauen (Bild 15).
- Linke Steuerkette ist länger als rechte.
- Steuerketten-Spannschiene und -Gleitschiene links einbauen (Bild 15).
- Steuerkette rechts an Ausgleichswelle einbauen (Bild 12).
- Starterdoppelrad einbauen (Bild 13).
- Starterzwischenrad einbauen (Bild 14).
- Spannschiene rechts einbauen (Bild 12).
- Starterfreilauf-Zahnrad einbauen (Bild 22 diese Seite).
- Axialanschlag einbauen (Bild 10).

Starterfreilauf-Zahnrad und Kurbelwellenkonus

- Starterfreilauf-Zahnrad leicht geölt aufsetzen.
- Konus entfetten (Bremsenreiniger oder Aceton verwenden).
- Kontrollieren, dass Passfeder (Pfeil) sicher sitzt.

Polradkonus

- Konus entfetten (Bremsenreiniger oder Aceton verwenden).

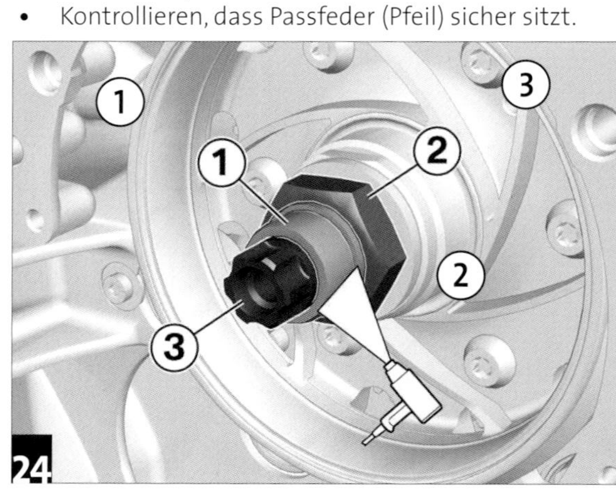

Polrad

- Polrad **1** so ansetzen, dass Nut im Polrad mit Passfeder **2** fluchtet.
- Beim Aufsetzen Zahnrad **3** (Starterfreilauf) gegen den Uhrzeigersinn drehen.

Anzugsmoment

M24 x 1,5 (Loctite 270)

1. .... 150 Nm
2. .... vollständig lösen
3. .... 250 Nm

Polrad

- Absteckdorn im OT blockieren (Dorn greift in Polrad ein). Loctite 270 (hochfest) auf beide Gewinde auftragen und Mutter aufdrehen.

Polrad-Lagerschale

- Lagerschale erwärmen (120 °C) und mit passendem Rundmaterial bis zum Anschlag aufpressen.

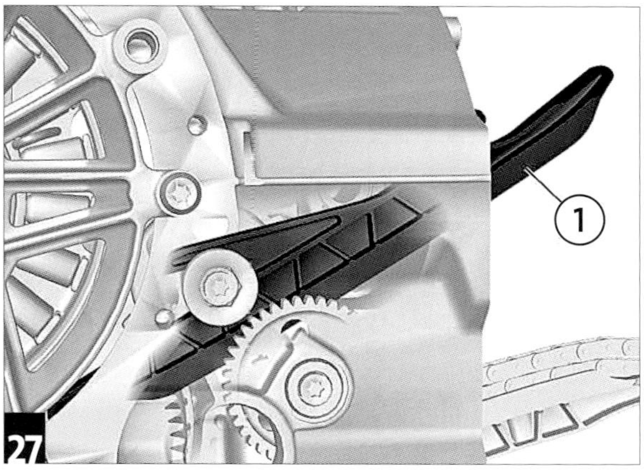

Steuerketten-Gleitschiene
- Gleitschiene **1** wie gezeigt einsetzen.

Ausgleichsgewicht
- Ausgleichsgewicht anbringen (Nut fluchtet mit Passfeder).

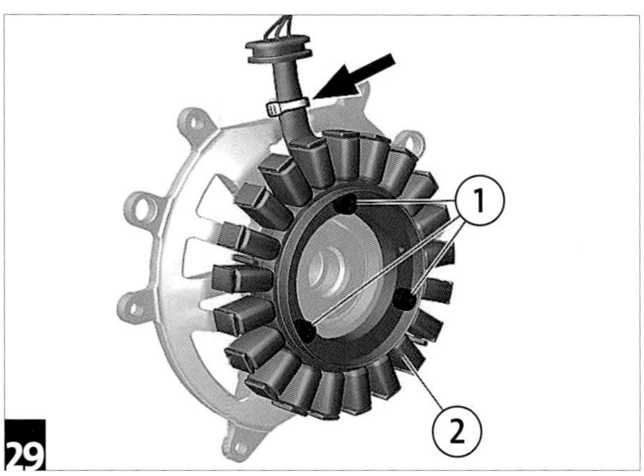

Statorspulen
- Gewinde reinigen und Stator **2** ansetzen.
- Schrauben **1** mit Loctite 270 (hochfest) eindrehen.
- Kabelbinder anbringen (Pfeil).
  Anzugsmoment M6 x 40 .... 10 Nm

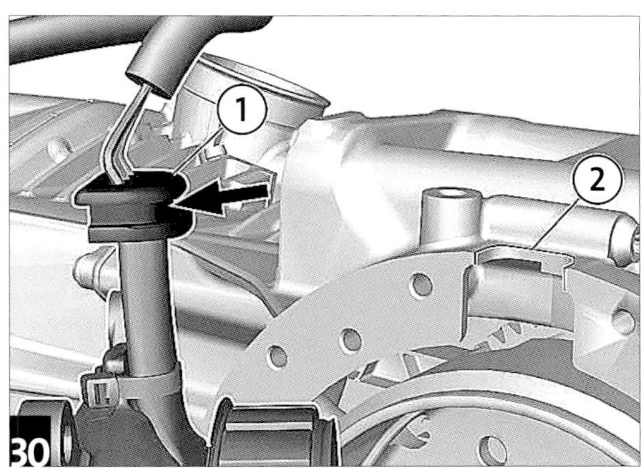

- Gummitülle **1** und Nut **2** reinigen.
- Silikondichtmasse auf Dichtfläche (Pfeil) der Tülle anbringen.

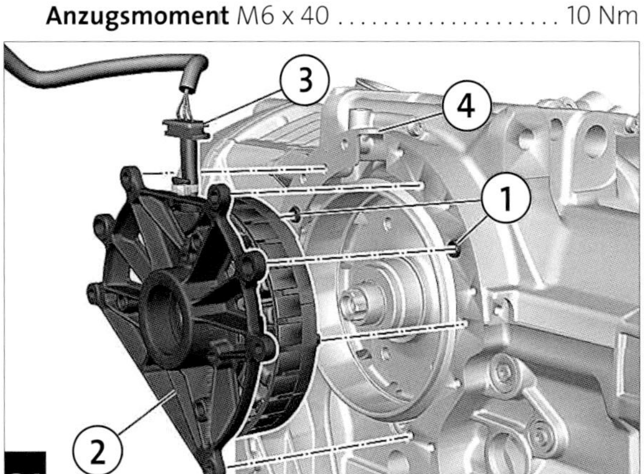

- Festsitz der zwei Passhülsen **1** kontrollieren.
- Spulenträger **2** auf Hülsen ausrichten und ansetzen.
- Gummitülle **3** in Nut **4** eindrücken.

- Schrauben (Pfeile) eindrehen.
  Anzugsmoment M6 x 20 .... 12 Nm

15 Motorgehäuse

15.3 Montage

Fortsetzung

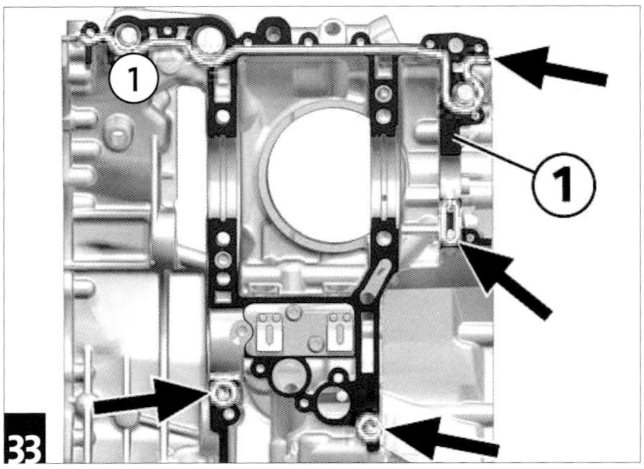

Getriebe

- Dichtflächen reinigen (öl- und fettfrei).
- Silikondichtmasse (Pfeil) gleichmäßig auf saubere Dichtfläche **1** autragen.

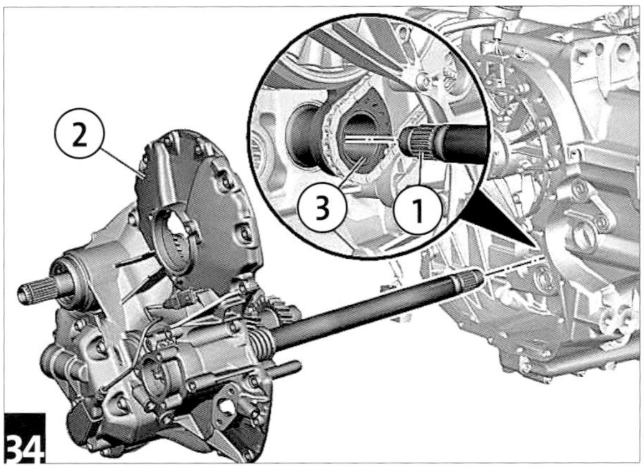

- Vorgelegewelle **1** mit Getriebe **2** in Ausgleichswelle **3** einfädeln.
- Getriebe komplett einsetzen. Dabei darauf achten, dass alle Getriebeteile in die passenden Lagerstellen im Motorgehäuse einspuren.

Bundmutter Vorgelegewelle

- Ggfs. Bundmutter bei blockierter Kurbelwelle anziehen. Mittelfeste Schraubensicherung beigeben (Loctite 243).
  Anzugsmoment M20 x 1,5 .... 100 Nm

Getriebe an Motorgehäuse

- Schrauben **1** und **2** einsetzen und handfest festziehen.
- Schrauben **3** bis **18** einsetzen und handfest festziehen.
- Schrauben **1** und **2** festziehen.
- Schrauben **3** bis **9 im** Uhrzeigersinn festziehen.
- Schrauben **10** bis **18 gegen** den Uhrzeigersinn festziehen.
  Anzugsmoment M6 x 25..................... 10 Nm

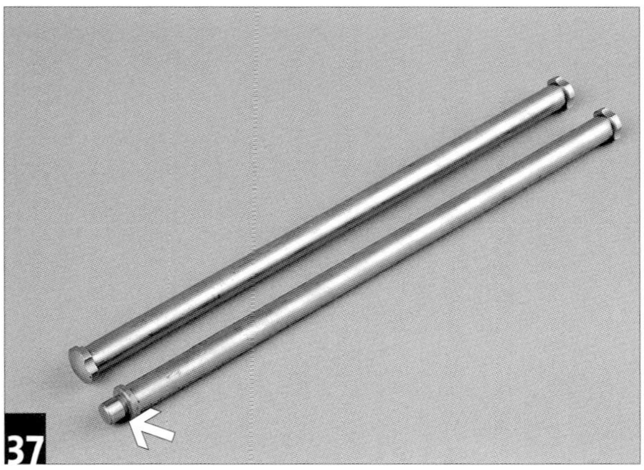

37

Druckstangen

- Druckstangen in Vorgelegewelle (Bild 36) so einsetzen, das zylindrisches Druckstück (Pfeil) nach außen weist.

38

Motorentlüftung

- Entlüfter mit so gut wie neuem und geöltem O-Ring **1** einbauen.
- Lauffläche (Pfeil) des Wellendichtrings mit Öl schmieren.

39

- Deckel einbauen
  Anzugsmoment M6 x 20 .... 12 Nm

40

Ölstands-/Öltemperatursensor

- Sensor mit so gut wie neuem O-Ring (Pfeil) einfädeln.

41

Ölstand-/Öltemperatursensor

- Zwei Schrauber mit mittelfester Schraubensicherung (Loctite 243) eindrehen.
  Anzugsmoment M6 x 16...................... 8 Nm

16 Schaltungsdeckel

16.1 Aus- und Einbau

- Der Schaltungsdeckel kann zur Reparatur oder zur Abdichtung auch bei eingebautem Motor gewartet werden.
- Folgende **Vorarbeiten** durchführen:
- Motoröl ablassen (Seite 47).
- Schalthebel lösen (Bild 1).
- Potenziometer der Ganganzeige ausbauen (Bild 2).
- Auspuffanlage komplett ausbauen.

Schalthebel
- Klemmschraube (Pfeil) ausdrehen und Schalthebel abziehen.
- Einbaulage Klemmspalt/Markierung beachten.
  Anzugsmoment M6 x 30 (Loctite 243) .... 8 Nm

Potenziometer der Ganganzeige
- Zwei Schrauben ausdrehen und Potenziometer abnehmen.
  Anzugsmoment M5 x 14 - 10.9 .... 5 Nm

Potenziometer der Ganganzeige – Einbau
- Potenziometer mit so gut wie neuem O-Ring (Pfeil) so aufsetzen, dass die Teile fluchtend ineinander greifen.

Schwinge anheben: obere Federbeinbefestigung
- Schraube **1** ausdrehen.
- Beim Eindrehen der Schraube hochfeste Schraubensicherung (Loctite 2701) verwenden.
  Anzugsmoment M12 x 1,5 x 20 .... 100 Nm

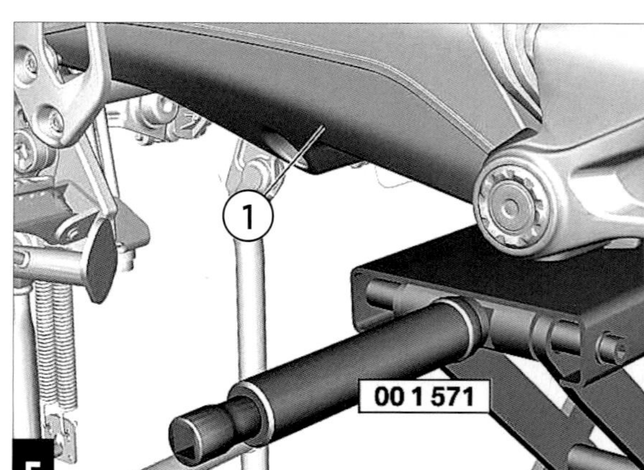

Schwinge anheben
- Schwinge **1** mit Scherenheber etwas anheben.

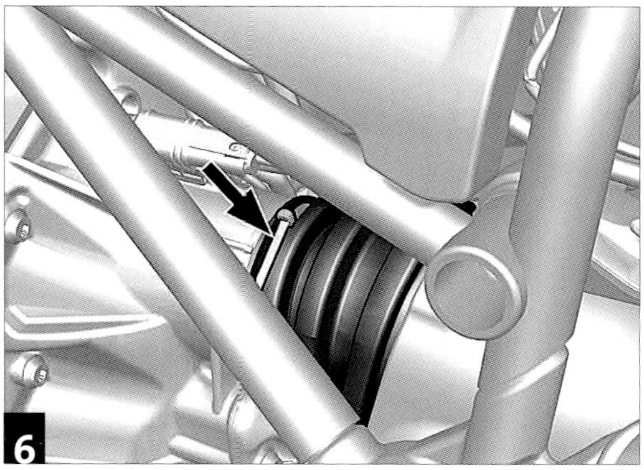

- Kabelbinder (Pfeil) trennen.

- Faltenbalg **1** aus Schwinge **2** und von Getriebedeckel **3** abziehen.

Schaltungsdeckel
- Schrauben ausdrehen.
- Laschen (Pfeile) zum Abdrücken des Deckels benützen.
  Anzugsmoment M6 x 20 .... 10 Nm

Schaltsegment
- Schaltsegment (Pfeil) abnehmen.

Schaltwalzen-Arretierungshebel
- Schraube (Pfeil) ausdrehen und Hebel abnehmen.
- Schaltwalze steht hier in Stellung NEUTRAL.

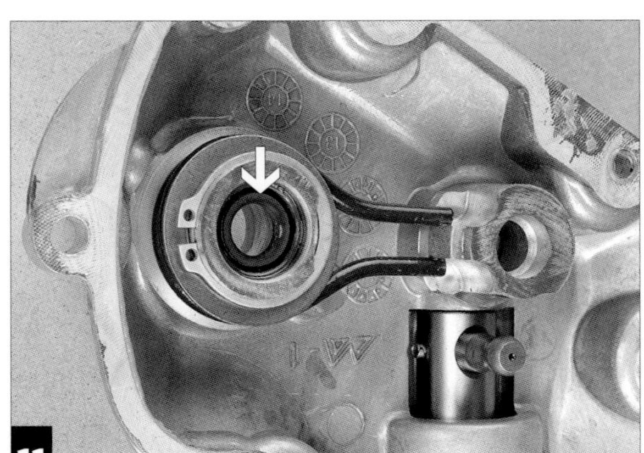

Dichtring und Schenkelfeder
- Schenkelfeder muss gleichmäßig anliegen.
- Dichtlippe des Wellendichtrings (Pfeil) beim Einbau fetten.

Deckel einbauen
- Dichtfläche reinigen (öl-und fettfrei) und Silikondichtmasse gleichmäßig auftragen.
- Deckel aufsetzen und Schrauben anziehen (Bild 8).

17 Bremsen

17.1 Bremssattel

- ! Arbeiten an Maschinen, die mit ABS ausgerüstet sind, sind grundsätzlich der BMW-Werkstatt vorbehalten, die für das korrekte Entlüften des Hydrauliksystems ausgerüstet ist! Andernfalls besteht die Gefahr des Verbleibens von Restluft in den Regelkreisen des ABS-Systems.
- ! Das Befüllen (Seite 161) und Entlüften (Seite 74) »von Hand« dauert mit ABS länger als bei einem normalen Bremssystem.
- ! Wer das Entlüften der Bremsanlage nicht aus dem »FF« versteht und durchführen kann, sollte das Wechseln der Bremssättel der BMW-Werkstatt anvertrauen.
- ! Dichtringe und Staubkappen der Kolben in Sattel und Pumpe werden nicht repariert, sondern komplett gewechselt. Das ist nach technischen Gesichtspunkten sinnvoll, da mit dem Verschleiß an den Dichtlippen auch Verschleiß an Zylinder und Kolben einhergehen. Sie sind nicht auf dem Ersatzteilweg der BMW Motorradpartner erhältlich.
- ! Arbeitsschritte gelten gleichermaßen für Vorder- und Hinterradbremse.
- ! Bremsschlauchverbindung mit neuen Dichtscheiben anbringen und anziehen.
- Maschine so sichern, dass sie nicht unversehens nach vorne kippt:
- Ständer mit Vorderrad verzurren.
- Bremsflüssigkeit aus Vorratsbehälter absaugen (z. B. mit Einwegspritze aus der Apotheke).
- Bremsschlauch **1** Bild 1 und **2** Bild 3 schon am montierten Sattel entfernen und Bremsflüssigkeit geduldig in Auffanggefäß austropfen lassen.
- ! Jedes Tröpfchen, das da immer noch raustropft, kann schon großen Lackschaden anrichten!
- ! Verkleckerte Bremsflüssigkeit von lackierten Flächen sofort abwischen!
- Bremsbeläge/Kolben mit geeigneten Werkzeug (Hartholz oder handelsüblicher Kolbenrücksetzer) ganz in die Sättel eindrücken.
- Bremsscheiben-Verzug (Seite 159) und -Dicke (Seite 70) in eingebautem Zustand messen.

Bremssattel vorn rechts
- Schlauch abnehmen und restliche Bremsflüssigkeit in Auffanggefäß austropfen lassen.
- 👁 Auf Verbleib der Kappe **3** achten.
- Neue Dichtringe verwenden.

1 Anzugsmoment
M10 x 1,25 - 10.9 . 30 Nm

2 Anzugsmoment
M10 x 65 ...... 38 Nm

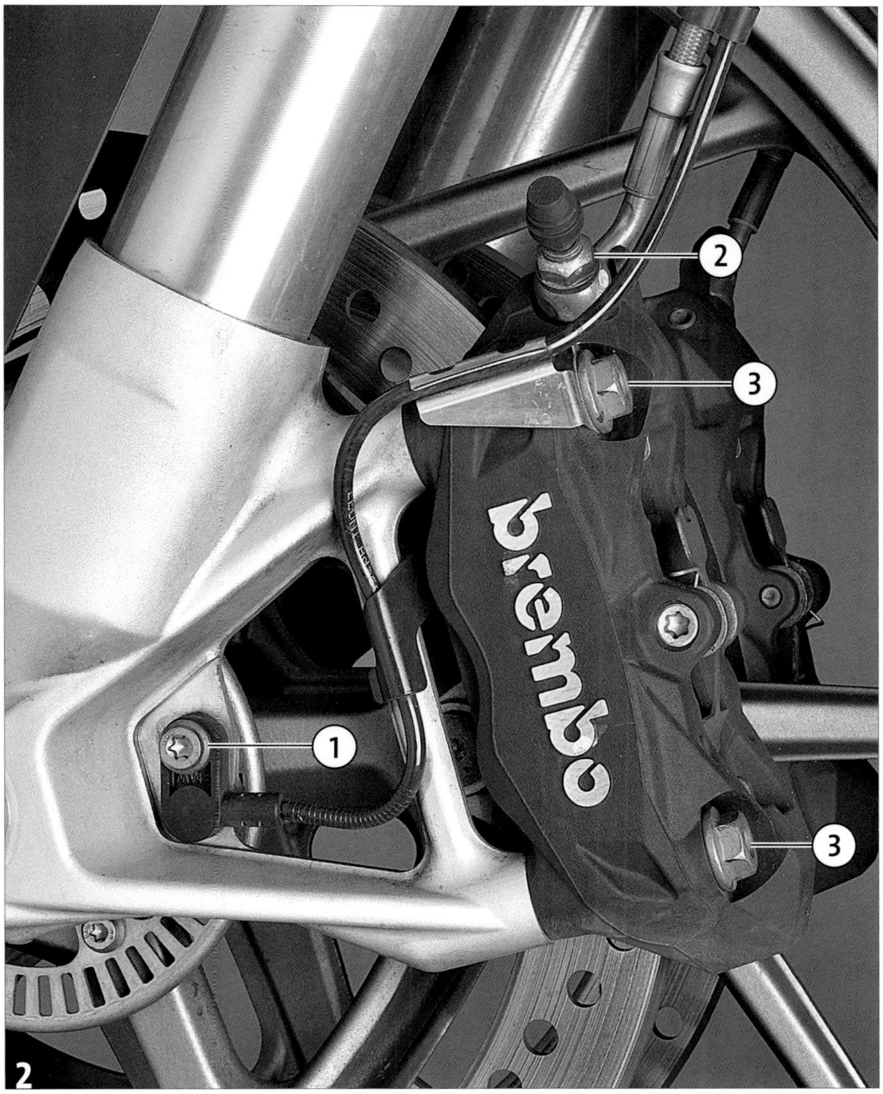

Raddrehzahlsensor vorn

- Schraube **1** ausdrehen und Sensor abnehmen.
- Kabel aus Führungsblech freilegen.

1 **Anzugsmoment**
M6 x 16. . . . . .8 Nm

- **Raddrehzahlsensor hinten** ist auf Seite 176 dargestellt.

Bremssattel vorn links

- Schlauch abnehmen und restliche Bremsflüssigkeit in Auffanggefäß austropfen lassen.
- Neue Dichtringe verwenden.

2 **Anzugsmoment**
M10 x 1 . . . . 24 Nm

3 **Anzugsmoment**
M10 x 65 SW13 38 Nm

Bremssattel hinten

- Neue Dichtringe verwenden.

1 **Anzugsmoment**
M8 x 25 T40 . . . 24 Nm

2 **Anzugsmoment**
M10 x 1 T40. . . . 24 Nm

17 Bremsen

17.2 Bremshebel

- Die **Handpumpe** wird im Kapitel Lenker aus- und eingebaut (ab Seite 166).

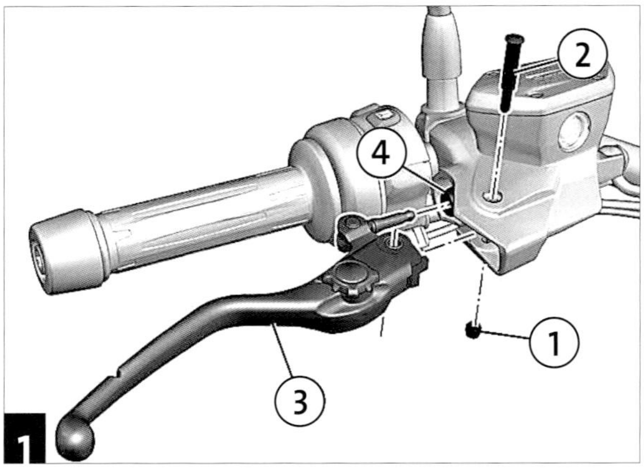

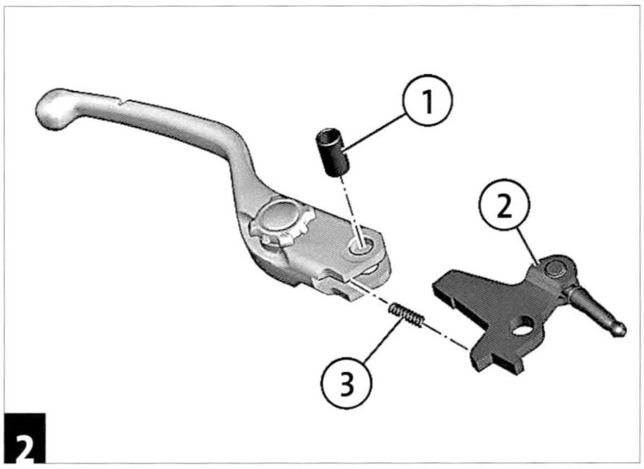

Bremshebel

- Mutter **1** und Schraube **2** ausdrehen. Hebeleinheit **3** abnehmen. Dabei auf Gummimuffe **4** achten.
- Beim Anziehen der Mutter **1** Schraube **2** gegenhalten.

1 **Anzugsmoment** M5 (neue Mutter)............ 7 Nm

- Neue Hülse **1** beim Einbauen mit Teflonspray schmieren.
- Hebeleinheit mit Feder **3** in Hebelaufnahme mit Druckstange **2** einsetzen.

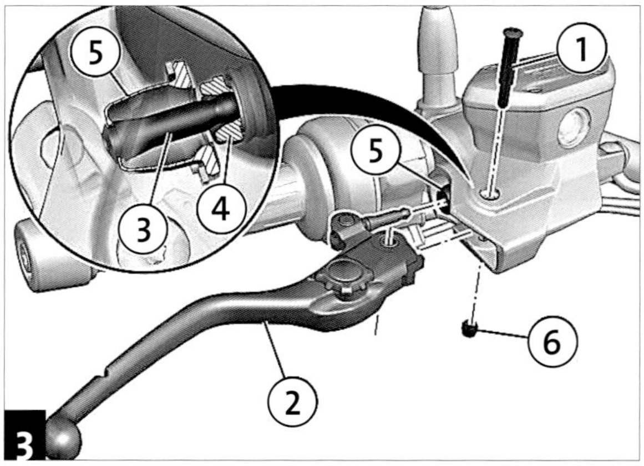

- Hebeleinheit **2** einsetzen. Dabei muss Druckstange **3** in Kolbensitz **4** einrasten.
- Auf korrekten Sitz der Gummimuffe **5** achten.
- Schraube **1** und Mutter **6** einbauen (Bild 1).

17.3
Bremspedal

- Schalldämpfer-abdeckung und Abdeckung der Abgasklappe ausbauen (Seiten 102/103).

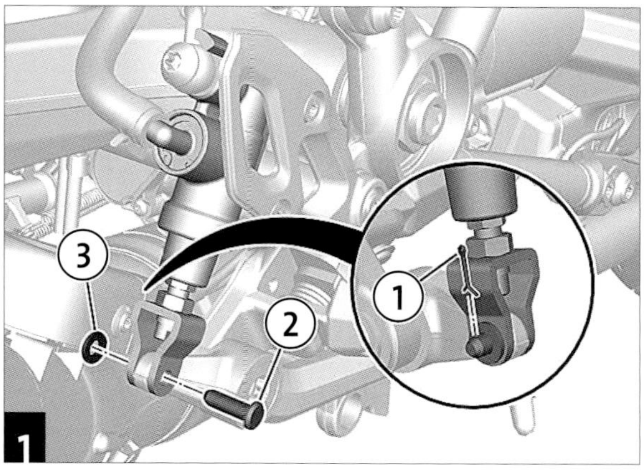

Bremspedal
- Splint **1** mit Zängchen entfernen.
- Bolzen **2** und Scheibe **3** abnehmen.

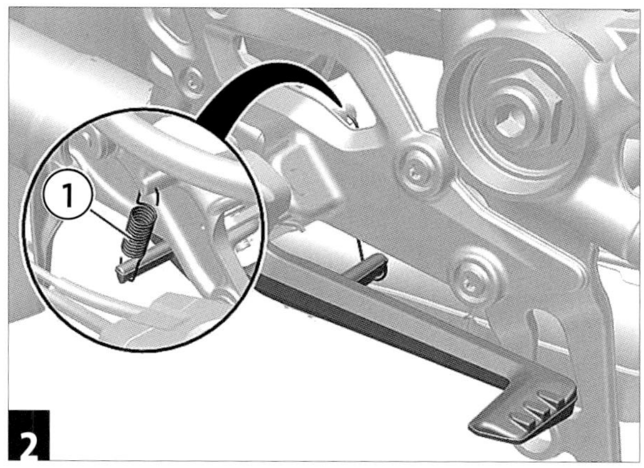

Bremspedal
- Feder **1** aushängen.

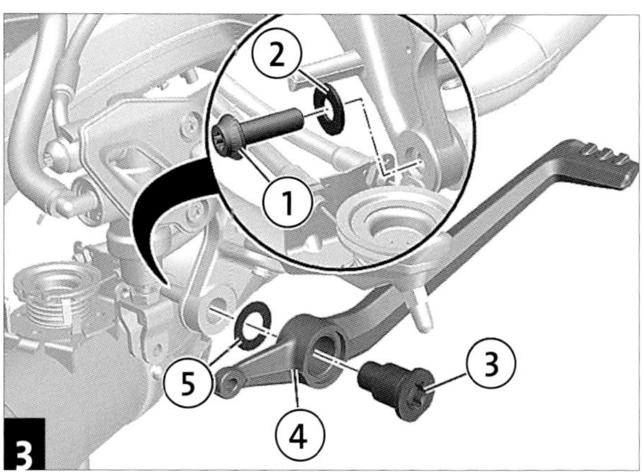

Bremspedal

! Bundbuchse **3** und Bremspedal **4** reinigen – keinesfalls schmieren! Die PTFE-Lagerung ist wartungsfrei. Im Fett gebundener Schmutz erhöht den Verschleiß.

- Schraube **1** mit Scheibe **2** ausdrehen. Bundbuchse **3**, Pedal **4** und Scheibe **5** abnehmen.

1 **Anzugsmoment** M8 x 25. . . . . 19 Nm

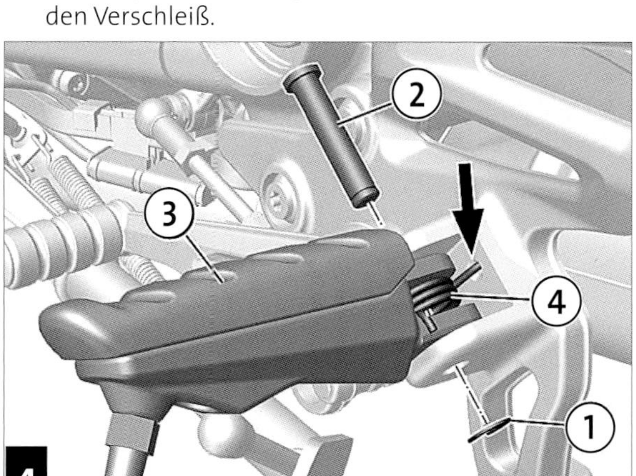

Fußraste
- Sicherungsring **1** aushebeln und Bolzen **2** abziehen.
- Raste **3** mit Feder **4** abnehmen. Beim Einbau Federende in Bohrung (Pfeil) einsetzen.
- Bolzen **2** gefettet montieren.

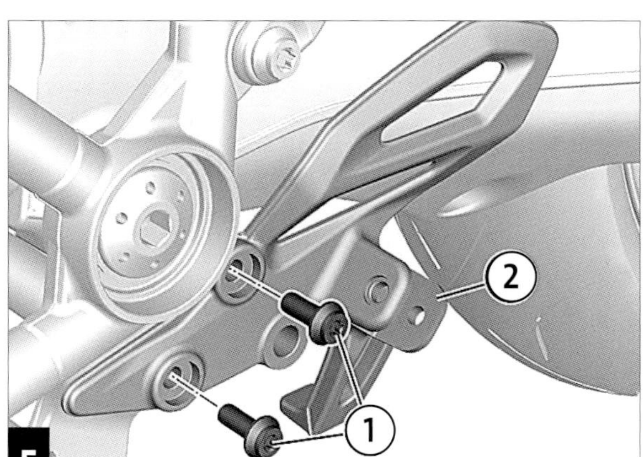

Fahrerfußrasten-Halter
- Schrauben **1** T40 ausdrehen und Fußrastenhalter **2** vom Rahmen abnehmen.

1 **Anzugsmoment** M8 x 20 mit Schraubensicherung 28 Nm

17 Bremsen

17.4 Bremsscheibe

- Verzug im eingebauten Zustand messen (Bilder 3 bis 5).
- Rad ausbauen (Vorderrad Seite 162; Hinterrad ab Seite 178).
- Schrauben ausdrehen und Bremsscheibe abnehmen.
- Auflagefläche der Bremsscheibe und Muttergewinde im Rad reinigen.

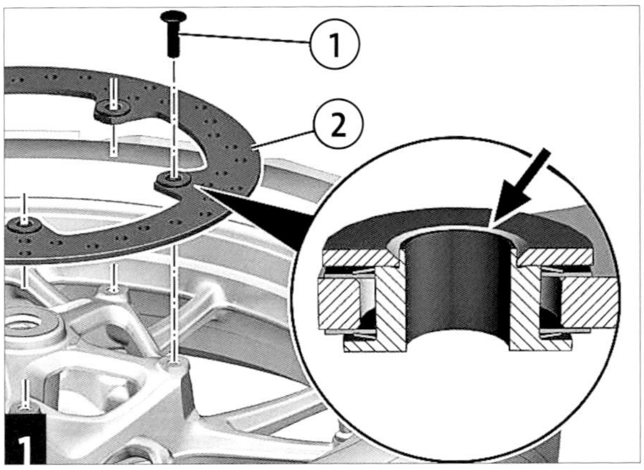

Bremsscheibe und Sensorring vorn
- Mit **neuen** Schrauben **1** montieren.
- Nietbördel (Pfeil) liegt bei montierter Scheibe **2** außen.
- **Neue** mikroverkapselte Schrauben verwenden.
  Anzugsmoment
  M8 x 27 - 10.9 .... 19 Nm

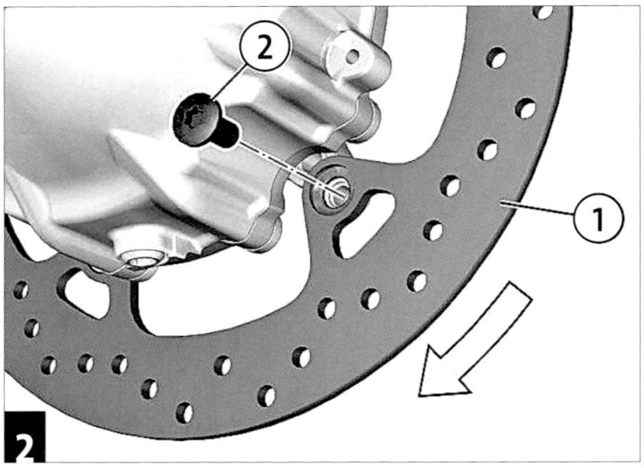

Bremsscheibe hinten
- Scheibe **1** drehen, bis Schrauben **2** zugänglich sind und Schrauben nach und nach ausdrehen.
- Schrauben schrittweise **über Kreuz** anziehen.
- **Neue** mikroverkapselte Schrauben verwenden.
  Anzugsmoment M8 x 15,5
  Voranzug .... 12 Nm
  Endanzug .... 30 Nm

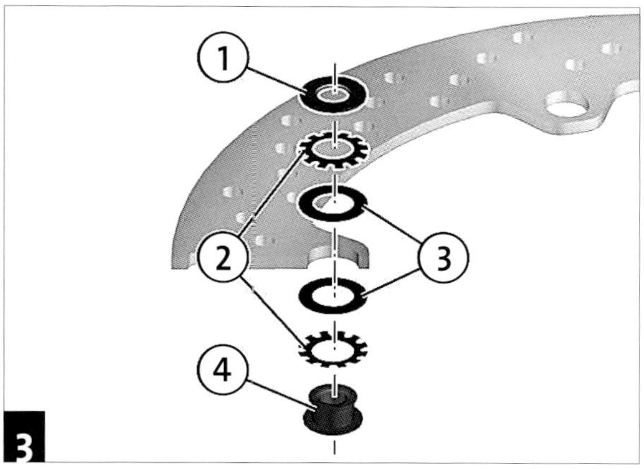

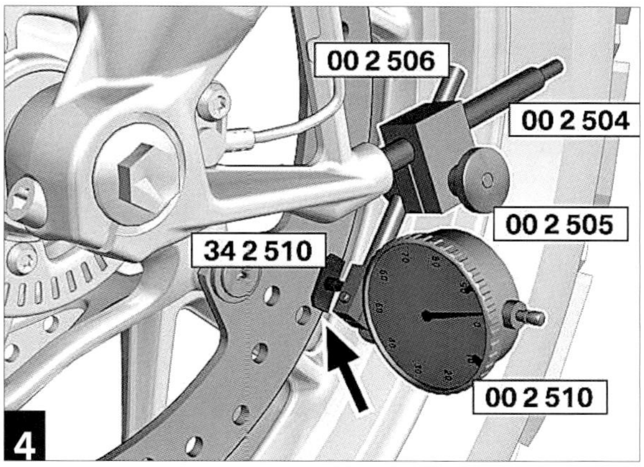

Bremsscheiben-Verzug Messaufbau vorn

- Messschuh nahe der Außenkante ansetzen.
- Eine Rad-Umdrehung messen (langsam drehen).
- Summe der +/- Ausschläge ergibt Verschleißmaß.

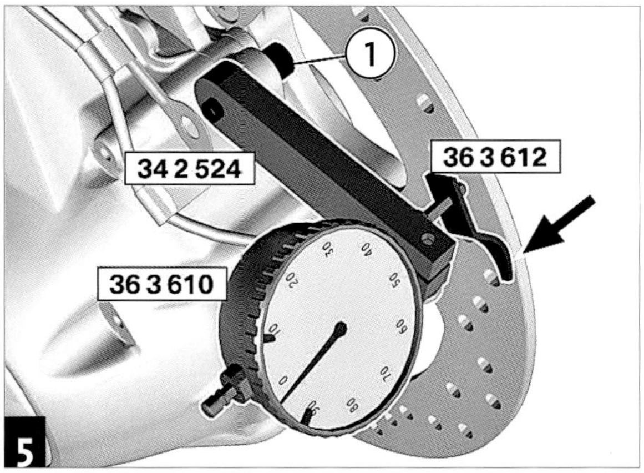

Bremsscheiben-Verzug Messaufbau hinten

- Messschuh nahe der Außenkante ansetzen.
- Eine Rad-Umdrehung messen (langsam drehen).
- Summe der +/- Ausschläge ergibt Verschleißmaß.

👁 Die Messung des Scheibenverzugs vorn ist nur sinnvoll, wenn das Nietpaket der Bremsscheibe (nicht zerlegbar) unbeschädigt ist.

1 Scheibe
2 Federscheiben
3 Anlaufscheiben
4 Niete

- Verschmierte Bremsscheiben mit Aceton oder Bremsenreiniger reinigen.
- Maschine so aufbocken, dass Rad freikommt.
- Bremssattel ausbauen und Messuhr samt Halter an Bremssattelaufnahme montieren.

👁 Verzug an eingebauter Bremsscheibe mit Messuhr messen.

Verschleißgrenze

vorn .... 0,15 mm
hinten .... 0,35 mm

👁 Beim Messwerkzeug muss es sich nicht um die im Bild angegebenen BMW-Werkzeuge handeln, sondern es kann natürlich auch mit handelsüblicher Industrie-Mechanikerausrüstung improvisiert werden.

17 Bremsen

17.5 Bremsmodulator

! In den folgenden Abschnitten wird von leerem Hydrauliksystem ausgegangen (Vorratsbehälter mit Spritze leersaugen). Trotzdem müssen Vorsichtsmaßnahmen gegen verkleckerte Restflüssigkeit ergriffen werden (Auffanggefäß und Putzlappen bereithalten).

Hydraulikanschlüsse
- Verspannte oder falsch verlegte Bremsleitungen können scheuern und undicht werden.
- Auf Freigängigkeit gegenüber den anderen Bauteilen achten.

Vorarbeiten
- Beide Sitze ausbauen (Seite 27).
- Verkleidung abbauen (ab Seite 28):
- Tankabdeckung Mitte ausbauen.
- Seitenteil links ausbauen.
- Seitenblende links ausbauen.
- Tankabdeckung links und rechts ausbauen.
- Seitenteil rechts ausbauen.
- Seitenblende rechts ausbauen.
- Tank ausbauen (Seite 94).
- Luftfiltergehäuse ausbauen und Ansaugrohre links und rechts lösen (ab Seite 96).

Modulator-Hydraulikanschlüsse
- Auffanggefäß für Leckflüssigkeit bereithalten.
- Anschlüsse lösen. Beim Einbau zwei neue Dichtscheiben je Anschluss verwenden.
  Anzugsmoment M10 x 1 .... 24 Nm

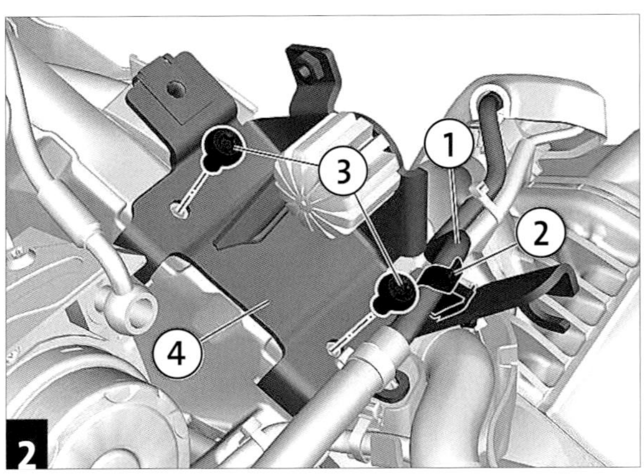

Tankhalter rechts
- Einspritzleitung **1** aus Halter **2** lösen.
- Schrauben **3** ausdrehen und Halter **4** abnehmen.

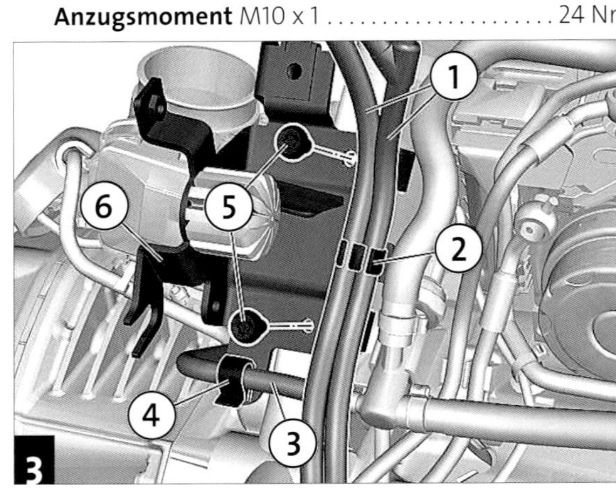

Tankhalter links
- Schläuche **1** aus Halter **2** lösen.
- Einspritzleitung **3** aus Halter **4** lösen.
- Schrauben **5** ausdrehen und Halter **6** abnehmen.

Modulator-Befestigung
- Benzinverteiler **1** und Bremsleitungen **2** aus Halter **3** lösen und Kabelbinder (Pfeile) trennen.
- Modulator und Halter **4** etwas herausziehen und Stecker **5** trennen.

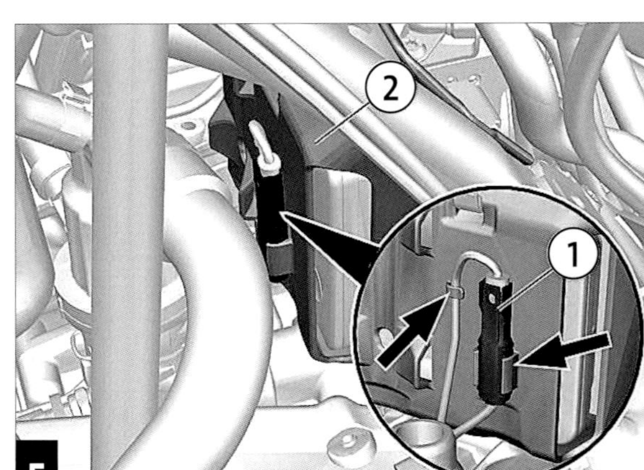

Kurbelwellensensor-Stecker
- Stecker **1** an Rückwand der Modulator-Halterung **2** lösen.
- Modulator mit Halterung **2** ausbauen.

17.6 Fußpumpe

- Pedal lösen (Seite 157).

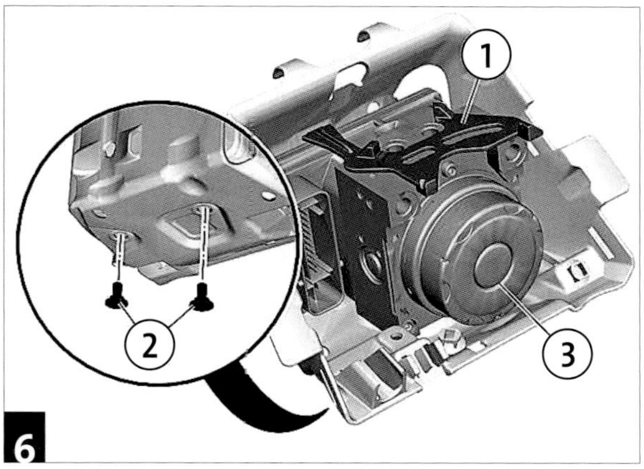

Modulator-Befestigung
- Verdrehanschlag **1** ausbauen und Schrauben **2** ausdrehen. Modulator **3** entnehmen.
- In umgekehrter Reihenfolge einbauen.

2 **Anzugsmoment** M6 x 14,5 .... 8 Nm

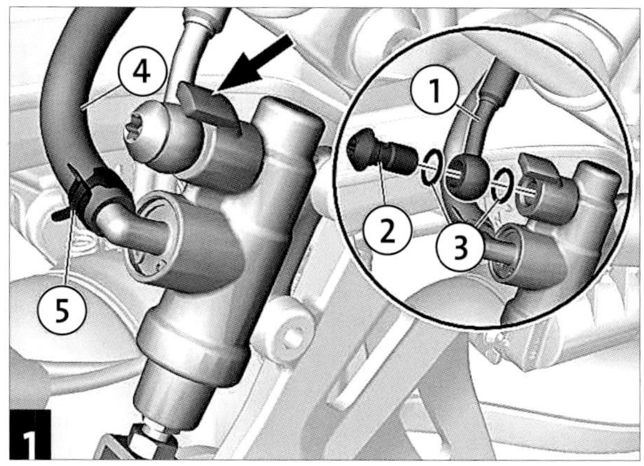

Fußpumpe
- Schelle **5** lösen und Schlauch **4** abziehen.
- Hohlschraube **2** ausdrehen und Schlauch **1** abnehmen. Mit neuen Scheiben **3** montieren.

Anzugsmoment M10 x 1 .... 24 Nm

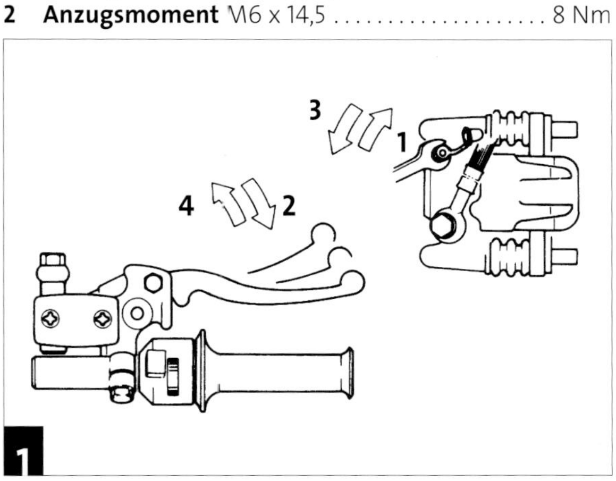

Ablaufschema zum Befüllen des Hydrauliksystems

1 Entlüfterventil öffnen
2 Hebel anziehen
3 Entlüfterventil schließen
4 Hebel schnell rauslassen

17.7 Bremsanlage befüllen

- Hydrauliksystem nach dargestelltem Ablauf-Schema befüllen.
  Dabei Schlauch vom Entlüftungsventil in Behälter mit Bremsflüssigkeit enden (damit keine Luft »rückwärts« wieder angesaugt wird).
  Wie erwähnt, muss mit ABS wesentlich länger gepumpt werden.
- Anlage entlüften (Seite 74).

! Vor Teilnahme am Straßenverkehr unbedingt Funktionsprobe der Bremse durchführen.

! Erst wenn Druckpunkt und Bremswirkung deutlich spürbar sind, ist Bremse betriebsbereit.

18 Vorderrad

18.1 Aus- und Einbau

- ! Maschine sicher aufbocken.
- Fahrzeug am Heck gegen Boden abspannen, damit Vorderrad frei ist.
- Raddrehzahlsensor und beide Bremssättel abnehmen (Bild 1).
- ! Handbremse bei ausgebautem Rad nicht mehr betätigen! Die Kolben im Bremssattel fahren sonst heraus!

Vorderrad-Befestigung (Bild 2)

- Klemmschrauben **2** T45 lockern und Achsschraube **1** Innensechskant SW12 ausdrehen. Dabei rechts Steckachse **3** mit Innensechskant SW22 (BMW-Nr. im Bild) gege nhalten.
- Achse **2** herausziehen.
- Rad **4** nach vorn herausrollen.
- 👁 Auf Verbleib der Distanzhülse links achten (Bild 3).

Einbau

- Dichtlippen des Wellendichtrings und Radachse reinigen. Beide dünn mit MoS_2-Fett balsamieren (Optimoly TA).
- Rad vorsichtig in Gabel einführen.
- Distanzhülse einsetzen und Achse durchschieben.
- Achsschraube anziehen (Bild 2).
- Motorrad vom Ständer nehmen und bei blockiertem Vorderrad Gabel mehrmals »zusammenstauchen« (nicht mit Bremse blockieren, sondern gegen festen Widerstand/Mauer), damit Achse setzt.
- Klemmschrauben **2** Bild 2 dreimal abwechselnd "Abknacken", d.h. Anzugsmoment kontrollieren.

Anzugsreihenfolge (Bild 2)

	Anzugsmomente	
1	Achsschraube M20 x 1,5	50 Nm
2	Klemmschrauben M8 x 50	19 Nm

- Klemmschrauben **2** dreimal abwechselnd "Abknacken", d.h. Anzugsmoment kontrollieren.

- 👁 Bremssättel vorsichtig aufsetzen/Bremsscheibe zwischen den Belägen einfädeln. Bremsättel befestigen (Bild 1).

- ! Bremsdruck durch Pumpen am Hebel aufbauen, bevor Fahrzeug in Bewegung gesetzt wird.
- ! Bremse ist erst betriebsbereit, wenn Druckpunkt spürbar ist.

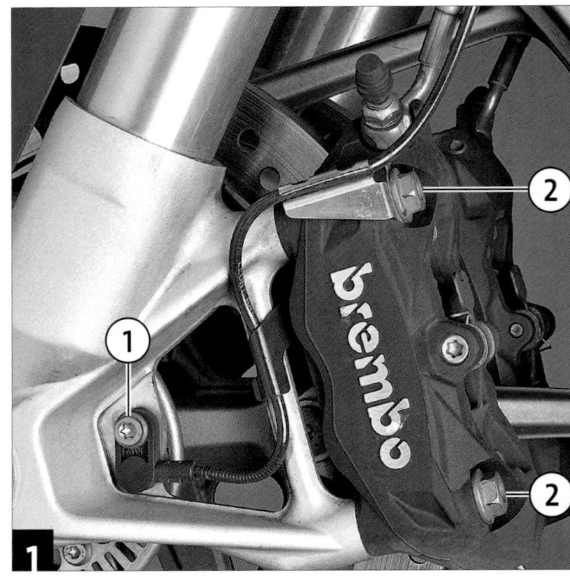

(ABS-)Raddrehzahlsensor und Bremssattel links/rechts

- Bremssattel links/rechts abnehmen (Schrauben **2** ausdrehen) und Kabel von Sensor **1** freilegen.

1	**Anzugsmoment** M6 x 16	8 Nm
2	**Anzugsmoment** M10 x 65	38 Nm

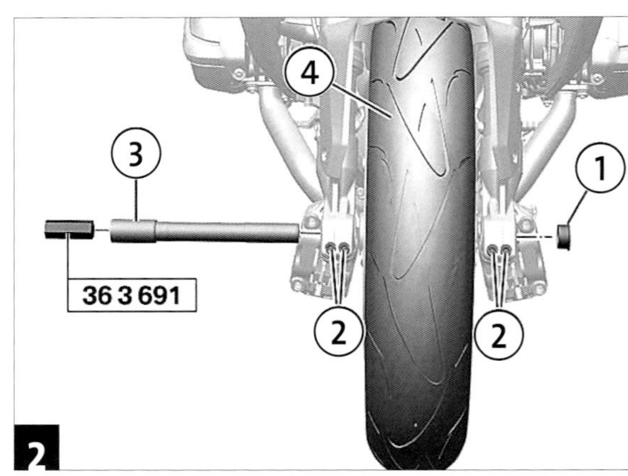

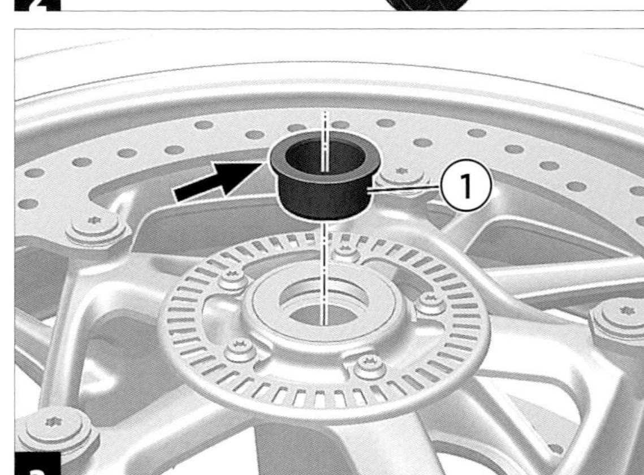

Vorderrad-Distanzhülse links

- Hülse **1** mit Absatz (Pfeil) nach außen weisend einsetzen.

18.2 Prüfen und Vermessen

1

Lagertest – Fingerprobe

- Innenlaufringe mit Finger auf spielfreien und geräuschlosen Lauf und festen Sitz prüfen.
- Außenlaufring muss fest in der Nabe sitzen.

- **Wellendichtring(e)** erneuern, wenn sie erkennbar sabbern.
  Bei ausgebautem Rad Dichtlippen auf Geschmeidigkeit prüfen.
  Ausgehärtete Dichtringe ersetzen.
- Auf Zentrierständer Schlag der Radfelge feststellen (einen solchen Stützbock kann man leicht improvisieren oder selbst herstellen).
  Ein stabiler Schraubstock reicht oft schon aus, um die verschraubte Radachse einzuspannen.
  Seiten- und Höhenschlag mit Messuhr prüfen.

! Unrunde Felgen/Räder erneuern.
! Radunwuchtung nach jedem Reifenwechsel prüfen.
! An der Vorderradfelge nicht mehr als 80 Gramm Wuchtgewichte anbringen.

- Radachsen in Prismenblöcke legen und Achsschlag mit Messuhr messen.

! Bei Verzug Achse erneuern.
Niemals versuchen, Achse gerade zu richten!

- **Felgenschlag-Prüfung** siehe auch Seite 86, Kapitel Wartung.

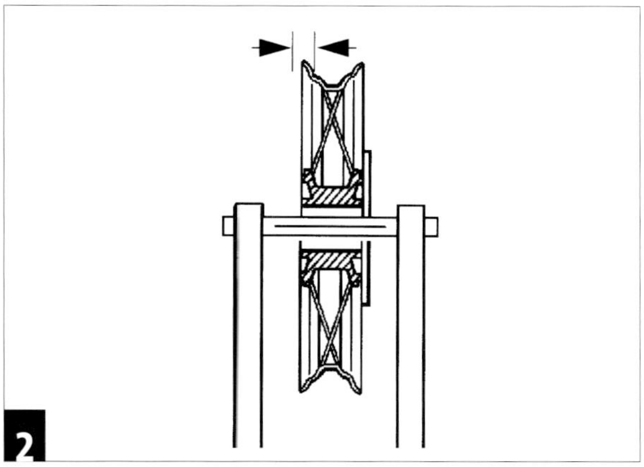

2

Seitenschlag

- **Verschleißgrenze**............................1,5 mm

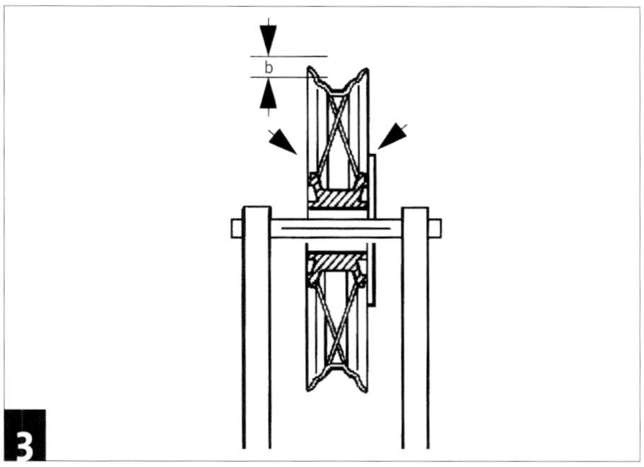

3

Höhenschlag

- **Verschleißgrenze**............................1,5 mm

18 Vorderrad

18.3
Wellendichtringe und Radlager

- **Wellendichtringe** mit passendem Schraubendreher o. Ä. aushebeln.
- Dichtring trocken mit passender Stecknuss ohne Verkanten bis zum Aufsitzen einschlagen.
- Auf **Einbaulage der Wellendichtringe** achten:
  links: großer Innendurchmesser
  rechts: kleinerer Innendurchmesser
- → Falsche Einbaulage führt zu Lagerschaden.
- **Radlager** nur bei Beschädigung oder Verschleiß ausbauen (Prüfung siehe Bild 1 Seite 163). Einmal ausgebaut, wandern Radlager auf den Schrott!
- Radnabe auf einer Heizplatte oder mit Industriefön auf 100 °C erwärmen (erleichtert Aus- und Einbau).
- Meist verbreitet ist die folgende Methode: Distanzhülse zwischen den Innenringen der Lager mit langem Dorn zur Seite drücken und Lager am Innenring schrittweise über Kreuz austreiben, um das Aufweiten der Lagersitze zu vermeiden (Bild 1).
- Distanzhülse entnehmen und gegenüberliegendes Lager schrittweise über Kreuz austreiben. Der **Haken** dabei: Bei neueren BMW-Konstruktionen wird ein zweiter Stützring auf der Distanzhülse **2** Bild 2 auf der gegenüber liegenden Seite verbaut, der diese Vorgehensweise erschwert, wenn nicht unmöglich macht: bei einem zweiten Stützring muss dieser beschädigt/gequetscht werden, was zum einen unschön, zum anderen einfach Murks is'...
- Die schonendste Methode des Lagerausbaus ist ab Bild 2 beschrieben.

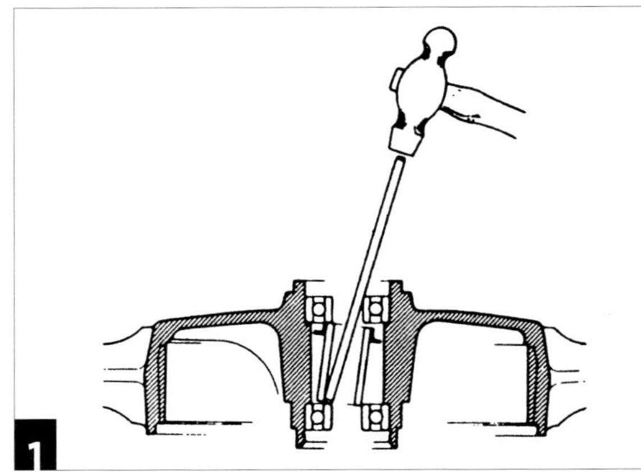

Ausbau der Radlager
- Traditionelle Methode: Schrittweise über Kreuz austreiben, sonst weiten bei ungestümem Vorgehen die Lagersitze auf!

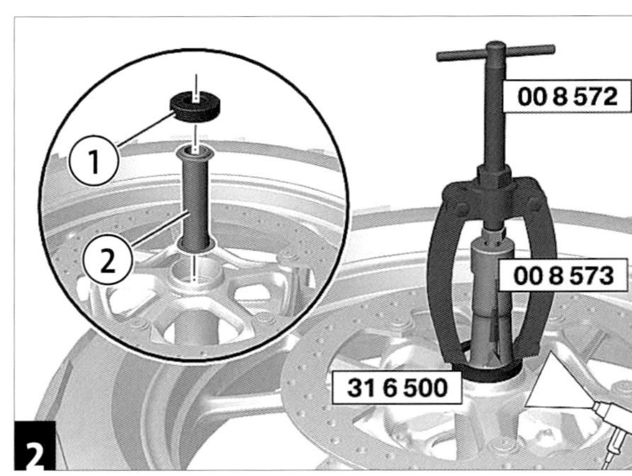

Ausbau Radlager/rechts
- Rechtes Radlager **1** mit Stützring, Gegenstütze und Innenauszieher (BMW-Nr. im Bild) ausbauen.
- Lagersitz erwärmen (100 °C).
- Distanzhülse **2** entnehmen.

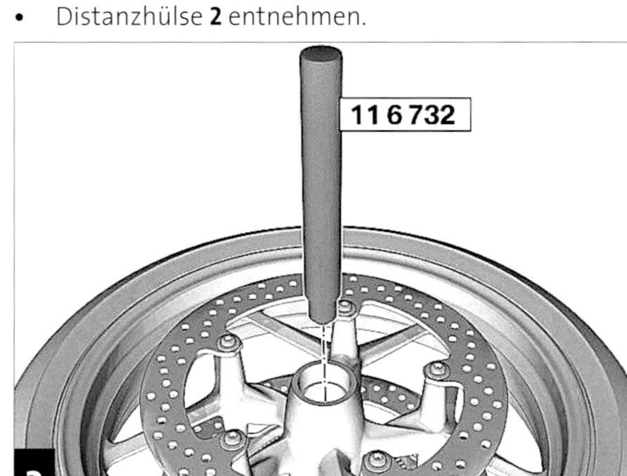

Ausbau Radlager/links
- Linkes Radlager mit Schlagdorn ausbauen (BMW-Nr. 11 6732).
- Lagersitz erwärmen (100 °C).

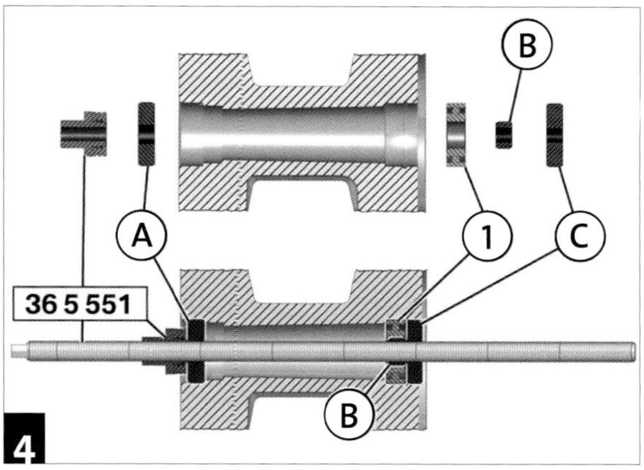

Einbau der Radlager/links

1 Linkes Lager
A Scheibe ∅ 52 mm
B Scheibe mit Gewinde ∅ 25 mm
C Scheibe mit Gewinde ∅ 52 mm

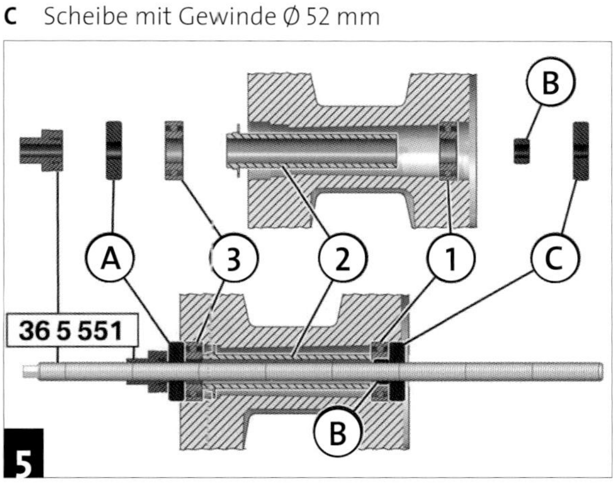

Einbau der Radlager/rechts

1 Linkes Lager
2 Distanzhülse
3 Rechtes Lager
- **A**, **B** und **C** siehe Bild 4.

Einbau

TIPP

- Neue Radlager über Nacht ins Tiefkühlfach legen.
- Mit warmer Radnabe (100 °C) schlupft das Lager dann fast von selbst in seinen Sitz.
  Die gegensätzliche Materialveränderung schont die Lagersitze!

- Die Radlager entweder folgendermaßen einbauen oder mit entsprechendem Spezialwerkzeug, das relativ leicht selbst angefertigt werden kann, einbauen (Bild 4).
- Lagersitze reinigen.
- Radnabe auf einer Heizplatte oder mit Industriefön auf 100 °C erwärmen.

! Lager nur am Außenring eintreiben, nicht auf Innenring oder gar Kugeln schlagen!

- Radlager mit passender Stecknuss ohne Verkanten bis zum Aufsitzen einschlagen.
- Distanzhülse einsetzen und gegenüberliegendes Lager soweit eintreiben, bis Distanzhülse praktisch spielfrei zwischen den Lagern sitzt.

! Distanzhülse darf kein Spiel haben (Fingerprobe).

- Die BMW-Werkstatt treibt einen höheren Aufwand, und zwar aus gutem Grund: Mit der langen Spindel mit Einziehmutter (BMW-Nr. 36 5 551), der Scheibe **A** (BMW-Nr. 36 5 554) und den Scheiben **B** , **C** (BMW-Nr. 36 5 553) ist das Einziehen der Lager ohne Verkanten bei höchster Lager- und Lagersitz-Schonung gewährleistet. Diese Werkzeuge können günstig mit Gewindestangen und passenden Unterlagscheiben improvisiert werden.
- Lagersitze reinigen.
- Radnabe auf einer Heizplatte oder mit Industriefön auf 100°C erwärmen.
- **Zuerst linkes Lager** in Lagersitz einsetzen und mit langer Spindel sowie Einziehmutter, Scheibe **A**, **B** und **C** bis zum Aufsitzen einziehen (Bild 4).
- Distanzhülse **2** Bild 5 einsetzen.

👁 Darauf achten, dass Distanzhülse plan und ohne zu verkanten auf Lager sitzt.

! Beim Einziehen des rechten Lagers genau darauf achten, dass sich das linke Lager nicht von seinem Sitz löst und verkantet. Sonst können Radachse, Felge oder Bremssattel beschädigt werden. Beim ABS-System kann es zu fehlerhafter Signalgebung des Sensors führen.

- Rechtes Lager in Lagersitz einsetzen.
- Scheibe **A** und Einziehmutter einbauen.
- Lager bis zum Anliegen an der Distanzhülse einziehen.
- Radnabe abkühlen lassen und ggf. Wellendichtringe einbauen.

19 Lenker

19.1 Aus- und Einbau

- **RS**: Lenker komplett abnehmen wie auf Seite 82 (Wartung/Lenkkopflager) beschrieben.
- **R**: Lenker/Lenkrohr abnehmen/montieren wie Seite 169 beschrieben

! Verbogenen Lenker nicht versuchen wieder gerade zu richten, sondern umgehend ersetzen! Gefahr des Dauerbruchs!

- Zuerst Schalter und Armaturen ausbauen, dann Lenker aus Klemmböcken nehmen und einbauen.

Schalter und Armaturen

! Maschine sicher aufbocken, ggf. mit improvisiertem Hilfsständer, damit Lenker nicht hin- und herschwenkt.

! Falls nur der Lenker gewechselt werden muss, Bremsschlauch nicht trennen, sondern Bremsarmatur abnehmen und waagrecht festlegen, damit keine Luft in den Bremsschlauch gelangen kann. Genauso auch mit Kupplungshydraulik verfahren.

! Falls Pumpe(n) gewechselt werden muss/müssen, Flüssigkeit absaugen und Schlauchanschluss an der Pumpe ausbauen, bevor sie vom Lenker abgenommen wird.

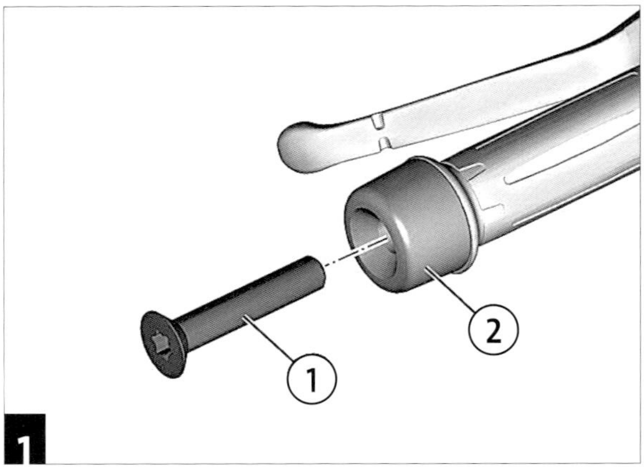

Lenkergewicht aus- und einbauen
1 Lenkergewicht
2 Schraube
Anzugsmoment M10 x 50 .... 40 Nm

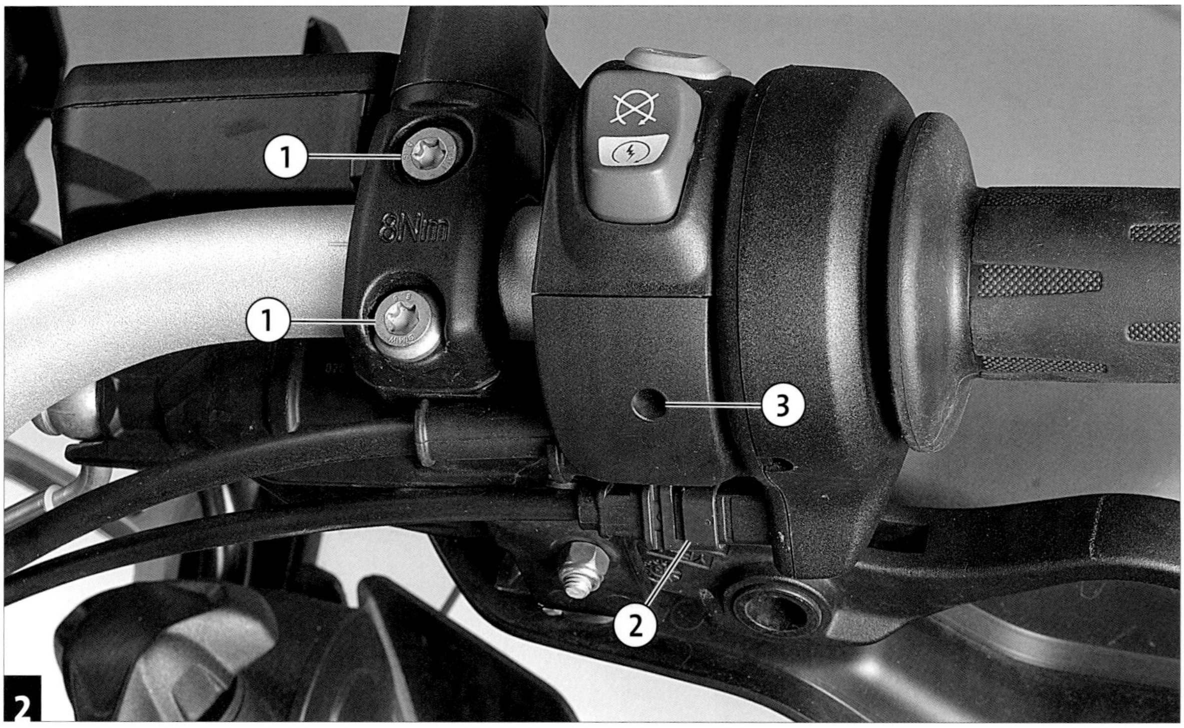

Armatur und Kombischalter rechts
1 Schrauben/Bremsarmatur
2 Stecker Gasgriff
3 Schraube Kombischalter-Deckel

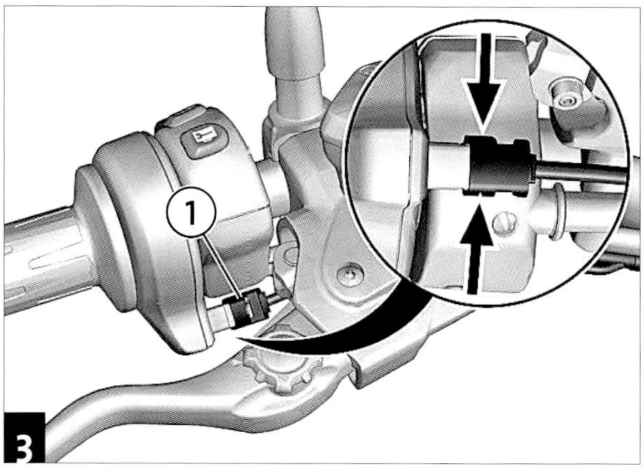

eGasgriffstecker
- Stecker **1** eindrücken (Pfeile) und abziehen.

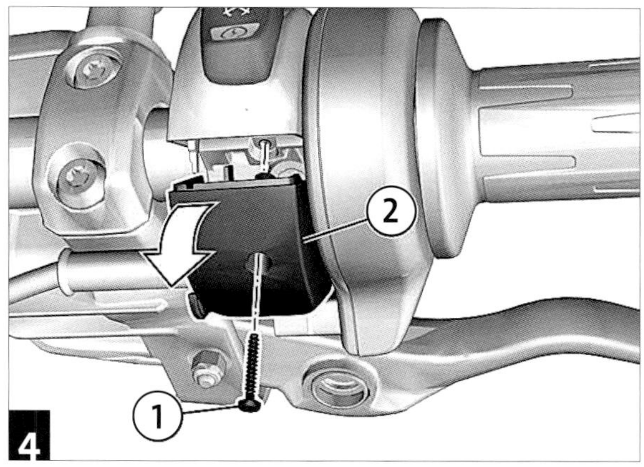

Kombischalter rechts
- Schraube **1** ausdrehen.
- Abdeckung **2** etwas nach unten ziehen.

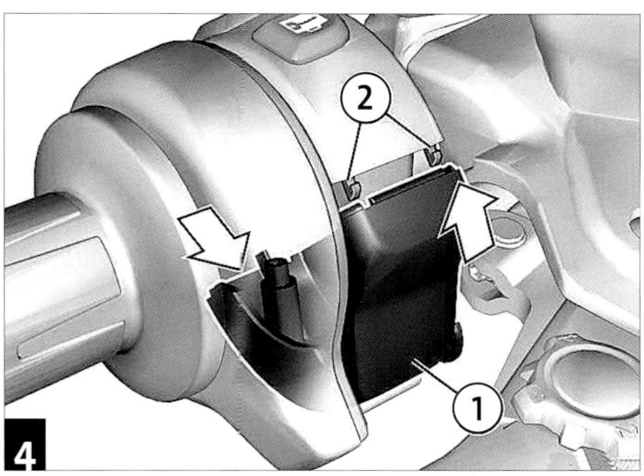

Kombischalter rechts
- Abdeckung **1** nach vorn oben drücken und abnehmen. Dabei auf Haltelaschen **2** achten.

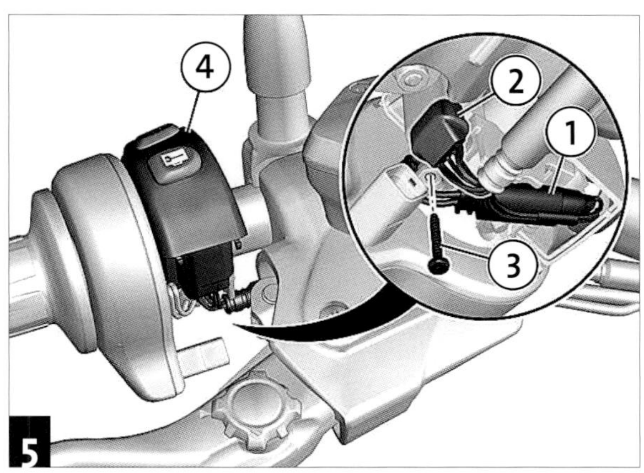

Kombischalter rechts
- Stecker **1** (Griffheizung, so vorhanden; ansonsten Blindkappe trennen).
- Stecker **2** (Kombischalter) trennen. Schraube **3** ausdrehen und Kombischalter **4** abnehmen.

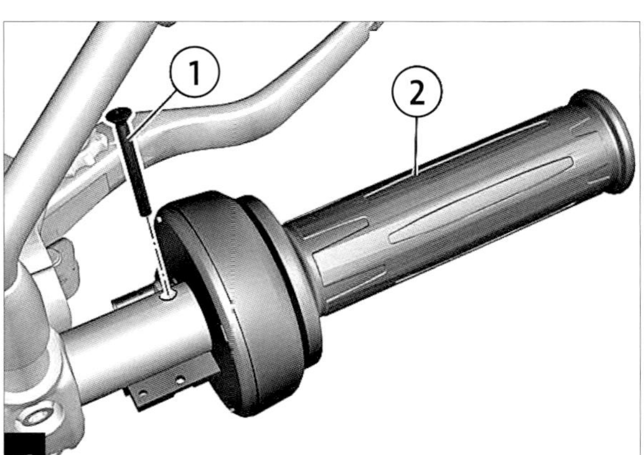

Gasgriff
- Schraube **1** ausdrehen und Gasgriff **2** abnehmen.
  Anzugsmoment M3,5 x 30 .... 2 Nm

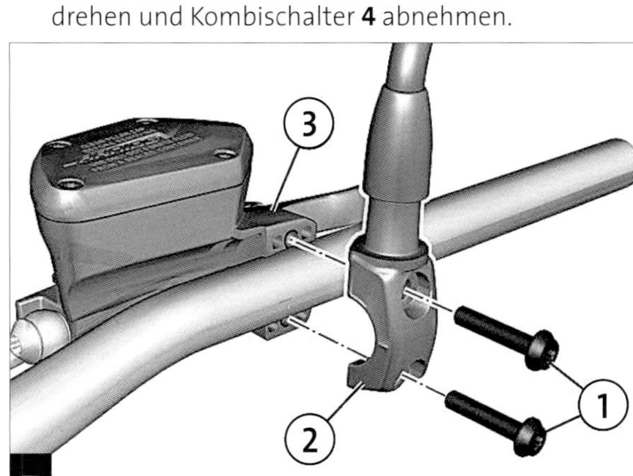

Bremsarmatur
- Schrauben **1** ausdrehen, Klemmbock **2** und Handpumpe **3** abnehmen. Handpumpe **3** festlegen siehe Bild 8.

→

19 Lenker

19.1
Aus- und Einbau
Fortsetzung

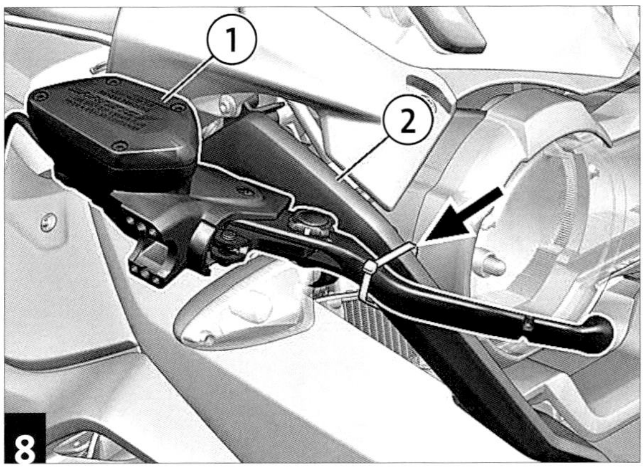

Pumpe sichern
- Handpumpe **1** mit Kabelbinder (Pfeil) waagrecht am Frontträger **2** befestigen, damit keine Luft ins Hydrauliksystem gelangen kann.

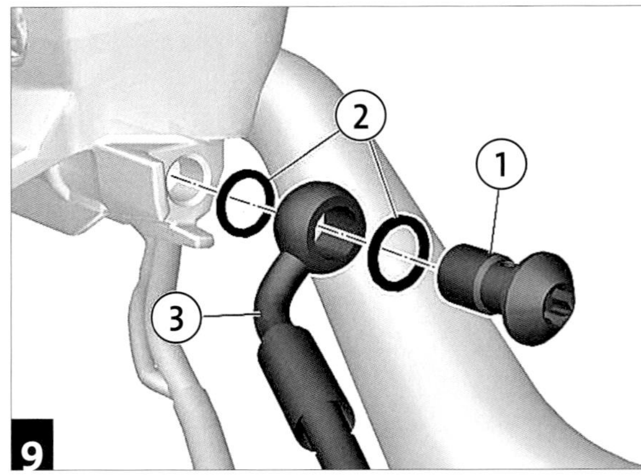

Hydraulikanschluss
- Falls Pumpe gewechselt werden soll, Schlauchanschluss **1** lösen. Schlauch **3** mit zwei neuen Dichtscheiben **2** montieren.
Anzugsmoment M10 x 1 .... 24 Nm

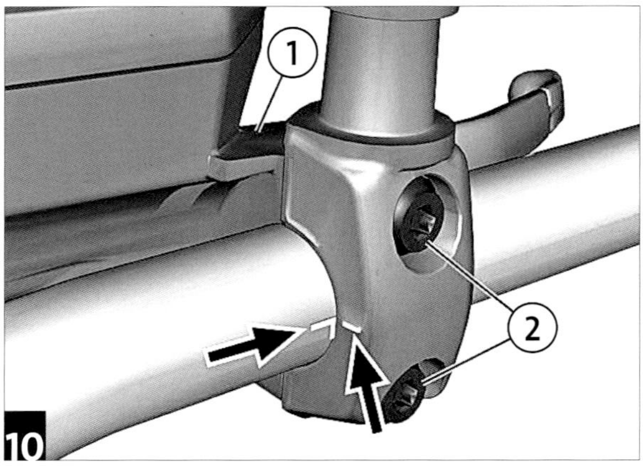

Pumpe einbauen
- Handpumpe **1** ansetzen, Schrauben **2** handfest anziehen und auf Markierungen ausrichten.
- Zuerst obere Schraube **2** auf Block ziehen.
Anzugsmoment M6 x 30 .... 8 Nm

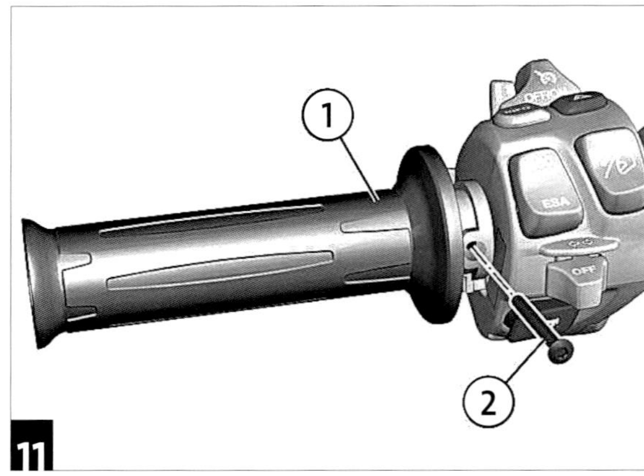

Griffeinheit links
- Griffgummi **1** etwas zurückziehen und Schraube **2** ausdrehen.
Anzugsmoment M3,5 x 30 .... 2 Nm

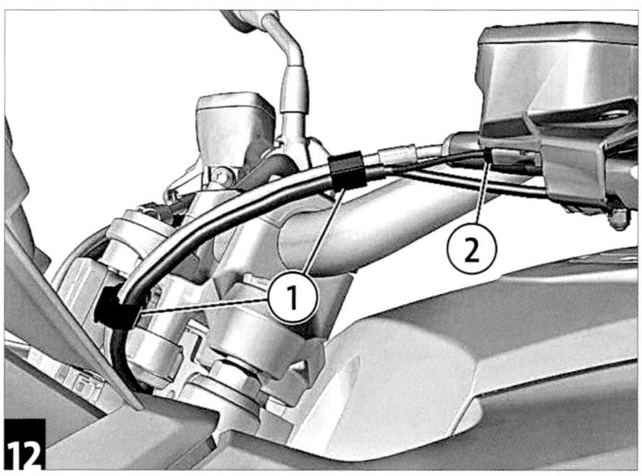

Griffeinheit links
- Halter **1** abnehmen und Stecker **2** (Kupplungsschalter) trennen.

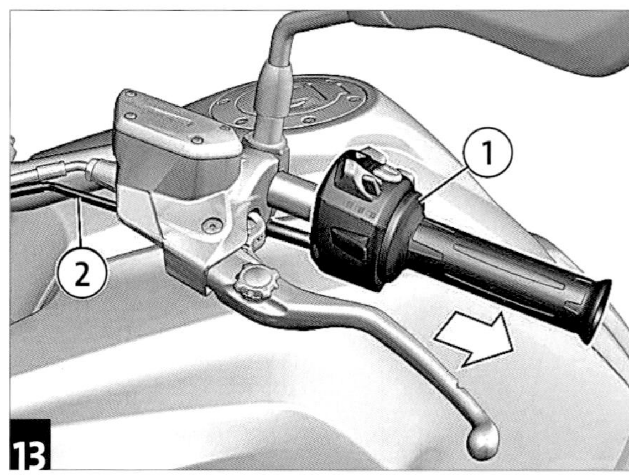

Griffeinheit links
- Lenker nach links schwenken.
- Griffeinheit **1** abziehen. Dabei auf Kabel **2** achten.

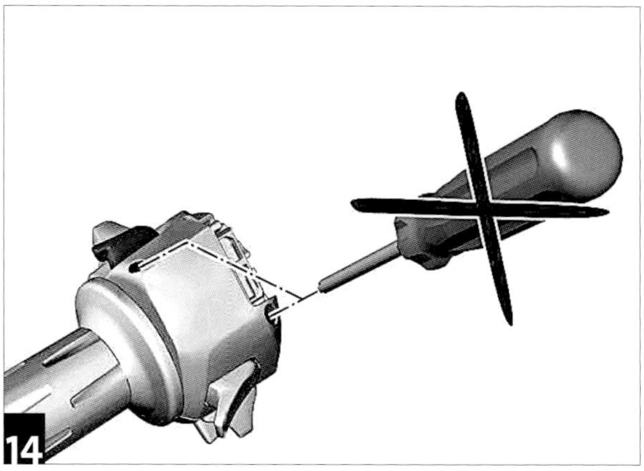

Griffeinheit links

! Keinesfalls versuchen die Schrauben auszudrehen, um das Gehäuse zu öffnen. Dabei werden feine Leiterbahnen und Isolierlack beschädigt.

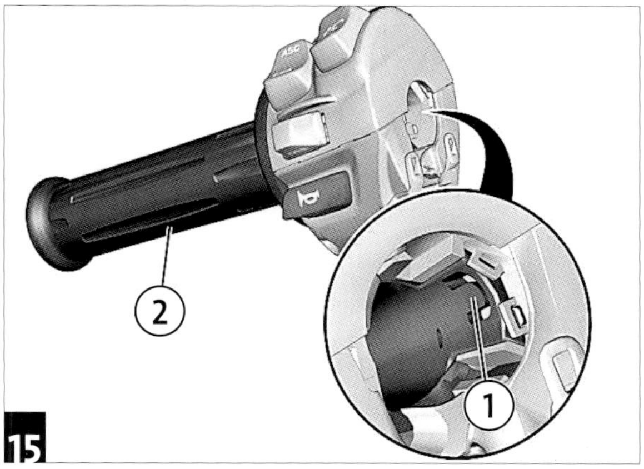

Griffeinheit links

- Nase **1** etwas hochziehen und Griff **2** abziehen. Beim Einbau muss Griff mit Nase einrasten.

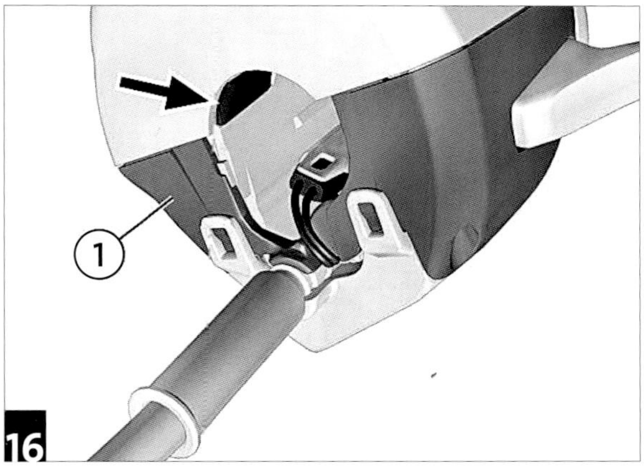

Griffeinheit links

- Beim Einbau der Griffeinheit **1** gezeigten Bereich (Pfeil) mit Silikonspray behandeln.

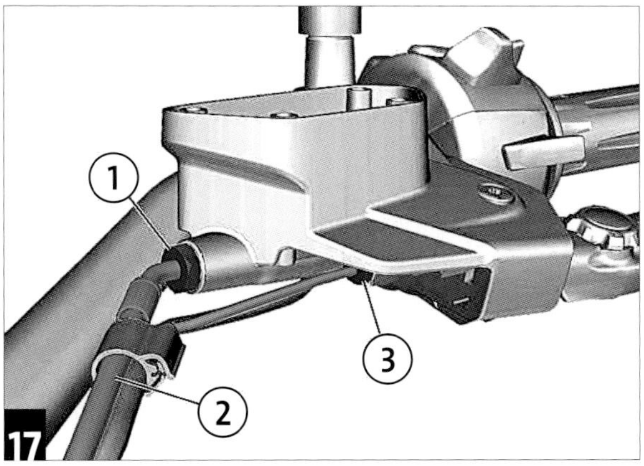

Kupplungsarmatur

- Armatur wie Bremspumpe behandeln (Bilder 7 und 8).
- Zum Ersetzen Stecker **3** trennen, Anschluss **1** ausdrehen und Schlauch **2** abnehmen.

1 **Anzugsmoment** M10 x 1 .... 7 Nm

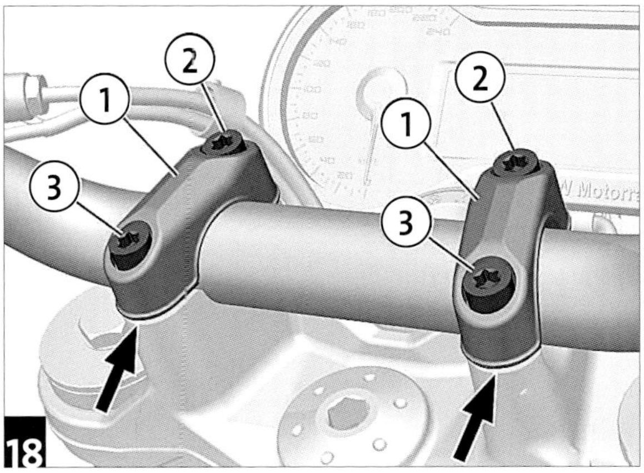

Lenker R

- Schrauben **2** und **3** ausdrehen und Klemmböcke **1** und Lenker abnehmen. Pfeile weisen auf Klemmspalt.

3 **Anzugsmoment** M8 x 35..................... 19 Nm

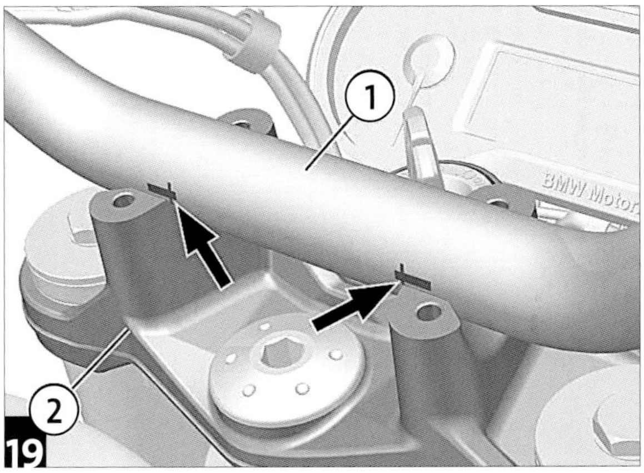

Lenker einbauen

- Lenker **1** anhand der Markierungen (Pfeile) an den Klemmböcken **2** ausrichten.

Lenker R (RS mit Sonderausstattung Rohrlenker) Bild 18

- Beim Einbau Schrauben **2**, dann **3** zunächst handfest anziehen → hinten entsteht ein Spalt (Pfeile).
- Vordere Schrauben **2** auf Block festziehen. Dann hintere Schrauben **3** anziehen.

20 Teleskopgabel

20.1 Aus- und Einbau

- Das Zerlegen bzw. die Montage der zerlegten Gabel erfordert einen Werkzeugaufwand, der den Rahmen von Hobbyschraubern bei weitem sprengt. Deshalb beschränken wir uns hier auf den Ein- und Ausbau der Gabelhome. Der Ölwechsel (alle 30T km) und das Überholen der Gabel muss der Fachwerkstatt anvertraut werden.
- Ggf. Motorspoiler mit Halter ausbauen (Seite 41).
- Motorheber/ Scherenheber unter Motor stellen/einbauen (Motorausbau ab Seite 130). **Alternativ**: Maschine auf Hauptständer aufbocken und am Heck gegen Boden abspannen, damit das Vorderrad freikommt.
- Bremssattel li/re lösen und Vorderrad nach vorn herausrollen (Seite 162).

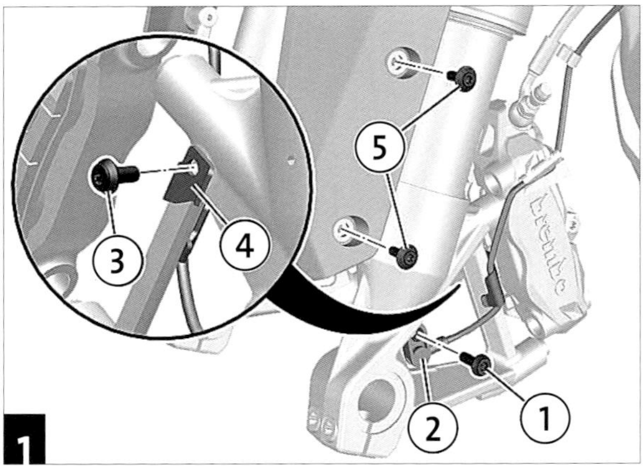

1

Gabelholm links
- Schraube **1** ausdrehen und ABS-Sensor **2** abnehmen.
- Schraube **3** ausdrehen und Halter **4** abnehmen.
- Schrauben **5** zum Lösen der Radabdeckung ausdrehen.

Gabelholm rechts
- Hier beschränken sich die Arbeitsgänge auf das Ausdrehen der Schrauben **5** (Radabdeckung).

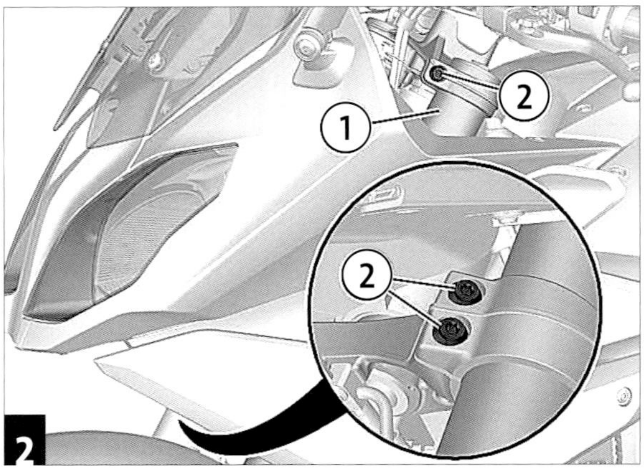

2

Gabelholm Befestigung
- Gabelholm **1** von unten abstützen und Schrauben **2** T40 ausdrehen. Holm nach unten ausbauen. Ggf. Klemmungen mit geeignetem Werkzeug am Klemmspalt **vorsichtig** aufspreizen.

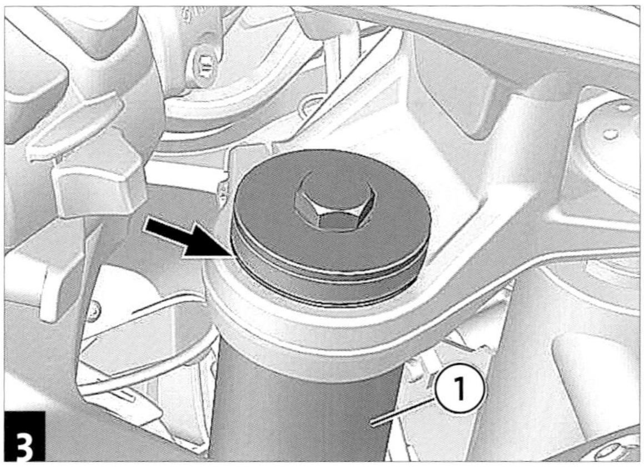

3

Gabelholm einbauen
- Gabelholm **1** soweit einschieben, bis Oberseite der Gabelbrücke mit Rille (Pfeil) fluchtet. Beim Einschieben Holm drehen.

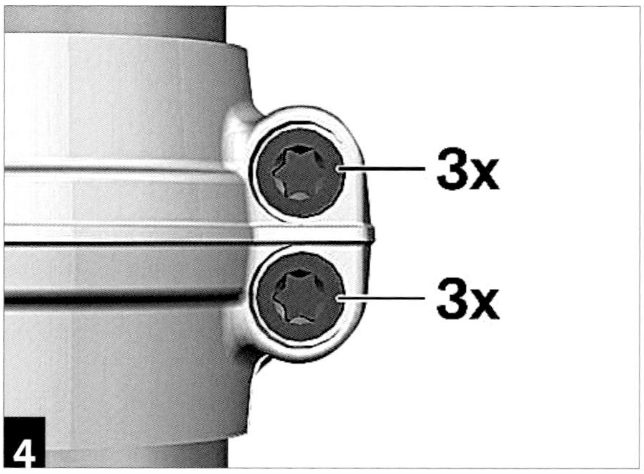

4

Gabelholm Klemmschrauben
- Klemmschrauben sechsmal im Wechsel anziehen (Bild 2).
- **Anzugsmoment** M8 x 30 T40 . . . . 19 Nm
- Klemmschrauben an unterer Gabelbrücke dreimal abwechselnd mit Drehmomentschlüssel "abknacken".

20.2
Prüfen und Vermessen

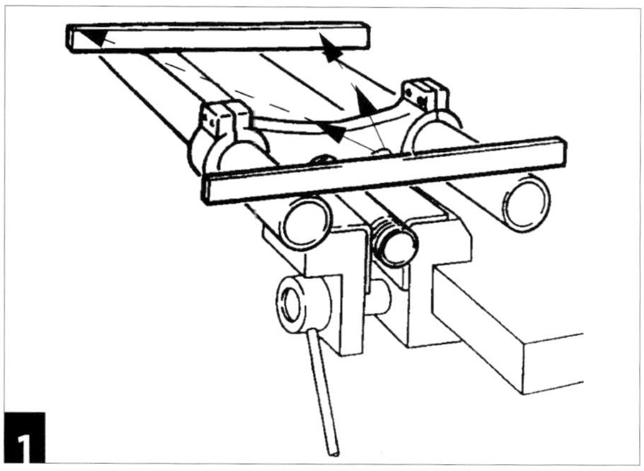

1

Prüfen und Vermessen

- Genau geschliffene Messlineale (z. B. BMW-Nr. 31 4 620) anlegen und durch Visieren auf Verzug kontrollieren.

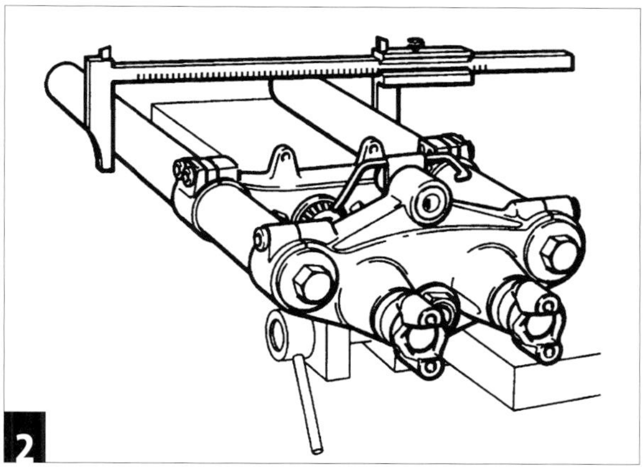

2

Prüfen und Vermessen

- Klemmschrauben anziehen.
- Parallelität der Standrohre mit passendem Messschieber prüfen.

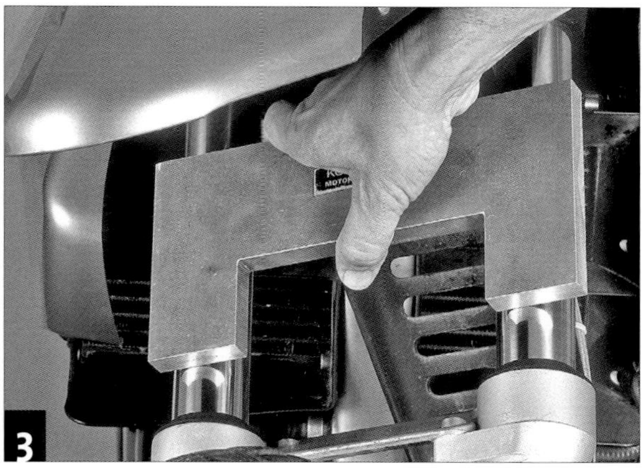

3

Prüfen und Vermessen

- Verzugfreien Einbau mit geschliffener Metallplatte prüfen.
- Platte darf nicht kippeln.
  Im Bild F 650 GS.

- Nach Unfall Gabel, Längslenker und Gabelbrücken auf Risse, Verzug oder Beschädigung untersuchen.
- ! Defekte und/oder angerissene Teile nicht richten, sondern durch Neuteile ersetzen.

21 *Lenkkopflager*

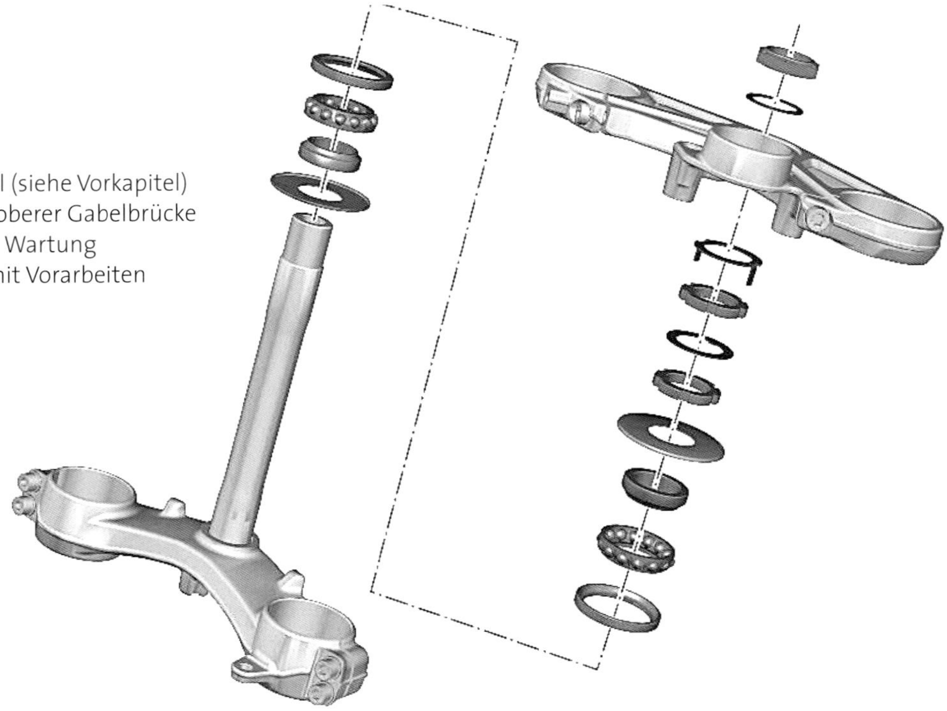

21.1
Aus- und Einbau

Vorarbeiten

- Vorderrad, Gabel (siehe Vorkapitel) und Lenker mit oberer Gabelbrücke ausbauen, siehe Wartung Lenkkopflager mit Vorarbeiten Seite 81.

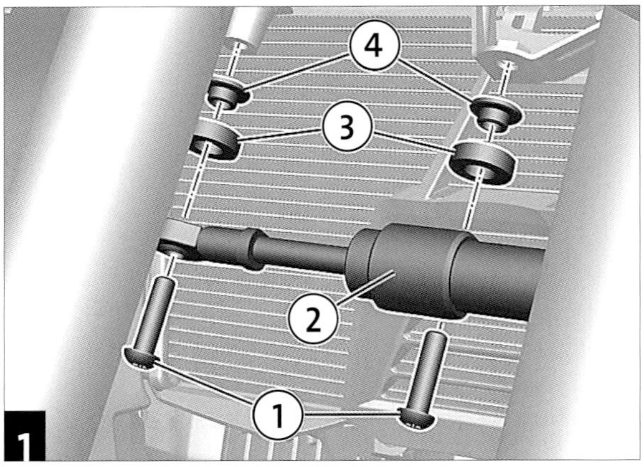

Lenkungsdämpfer

- Schrauben **1** ausdrehen und Dämpfer **2** mit Scheibe **3** und Hülse **4** abnehmen.

1 **Anzugsmoment** M8 x 30 (Loctite 243) .... 19 Nm

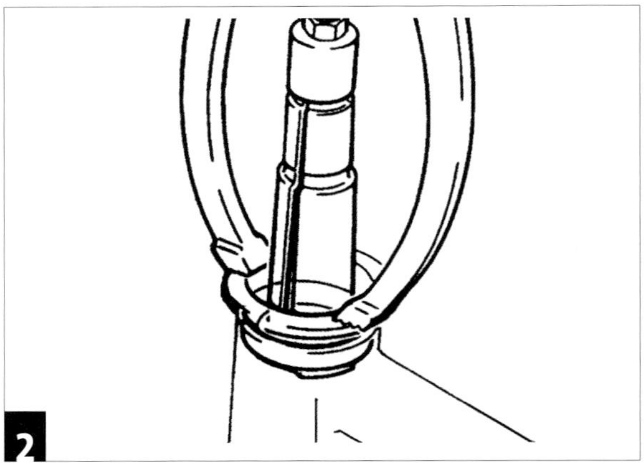

Lager-Ausbau oben und unten

- Lageraußenring ausbauen mit Spezialwerkzeug (Innenauszieher BMW-Nr. 00 8 561), Stützring BMW-Nr. 36 6 640 und Gegenstütze BMW-Nr. 00 8 526 oder wie folgt improvisieren...

Lager austreiben

- Lageraußenring mit entsprechend langem Dorn schrittweise über Kreuz austreiben. Dabei Lagerring nicht verkanten! Lagersitz weitet auf! Siehe Bild 4.

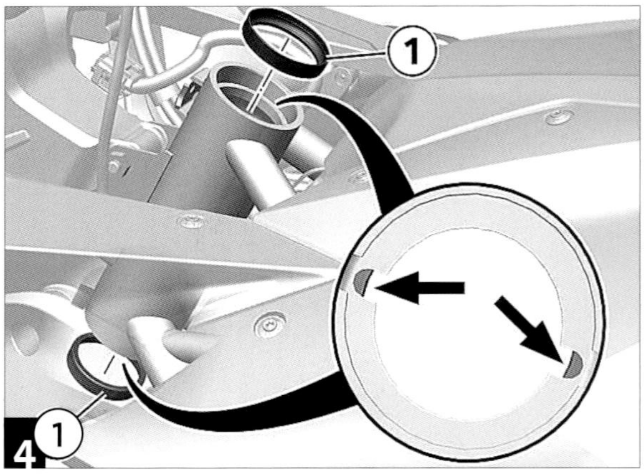

Lager-Ausbau oben und unten

- Zum leichteren Herausschlagen der Außenringe **1** sind Aussparungen angebracht.

! Ohne Verkanten gleichmäßig herrausschlagen.

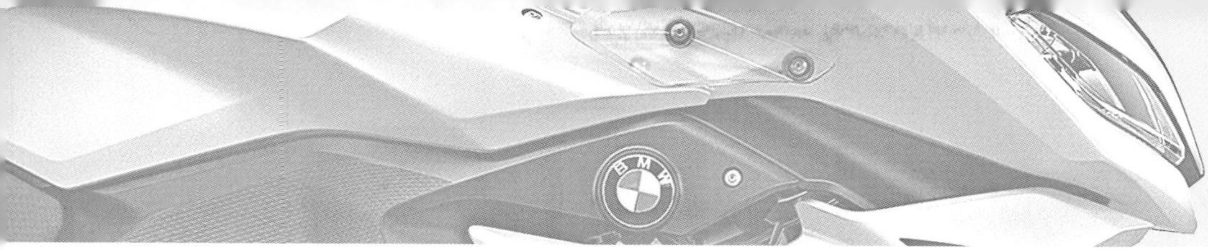

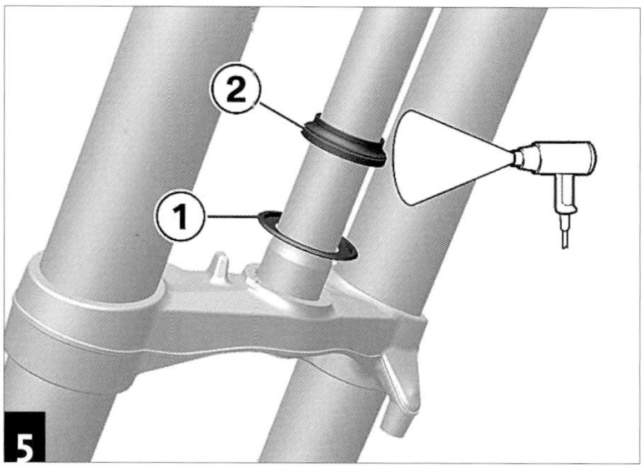

Einbau untere Lagerschale
- Neues Abdeckblech **1** aufsetzen.
- Lagerschale **2** auf etwa 80°C erwärmen – schont die Lagersitze!

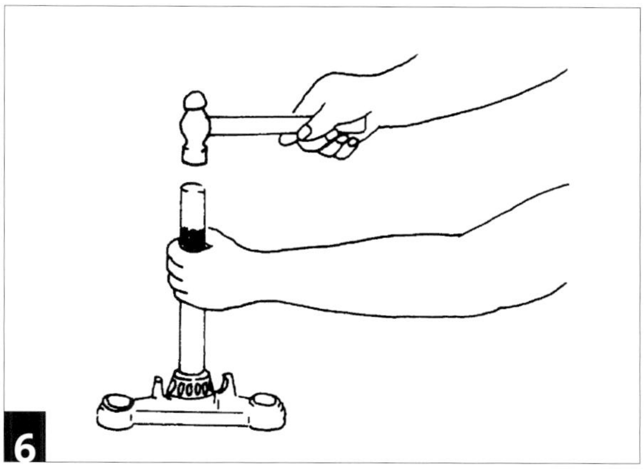

Einbau untere Lagerschale
- Innenlaufring des Lagers auf Lenkschaftrohr mit passendem Rohrstück bis zum Aufsitzen auftreiben.
- Lagerkörper und Laufflächen vollständig gefettet montieren.
- In umgekehrter Ausbaureihenfolge montieren.
- Lager einstellen wie ab Seite 81 beschrieben.

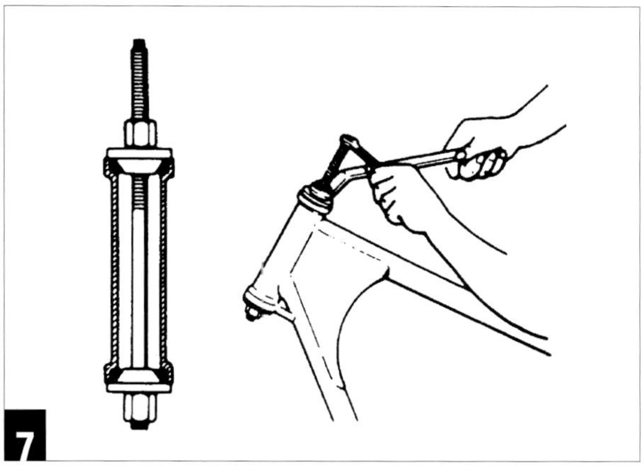

Einbau Lagerschalen oben und unten
- Lagerschalen mit passenden Adaptern (Unterlagscheiben) und Gewindestange einziehen.

TIPP

Lagerschalen über Nacht ins Tiefkühlfach legen – schont die Lagersitze!

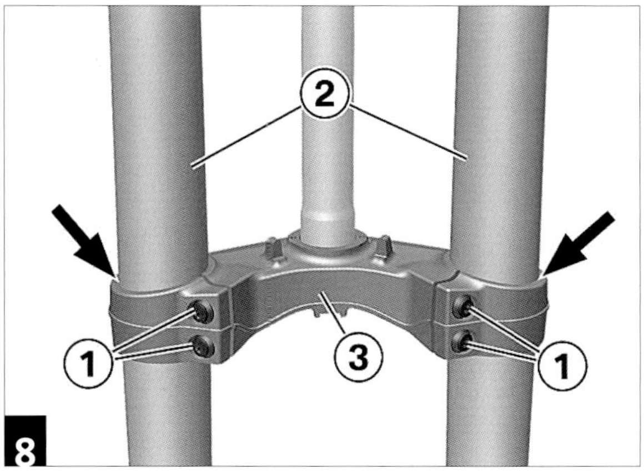

Einbau Gabelbeine
- Gabelbeine **2** gemäß Markierungen (Pfeile) auf untere Gabelbrücke **3** ausrichten.
- Schrauben **1** anziehen (Seite 170 Bild 4).

22 Heckrahmen

22.1
Aus- und Einbau

Vorarbeiten
- Sitze/Sitzbank (Seite 27) und Heckverkleidung ausbauen (Seite 38) .
- Hinterradabdeckung lösen (Seite 42).

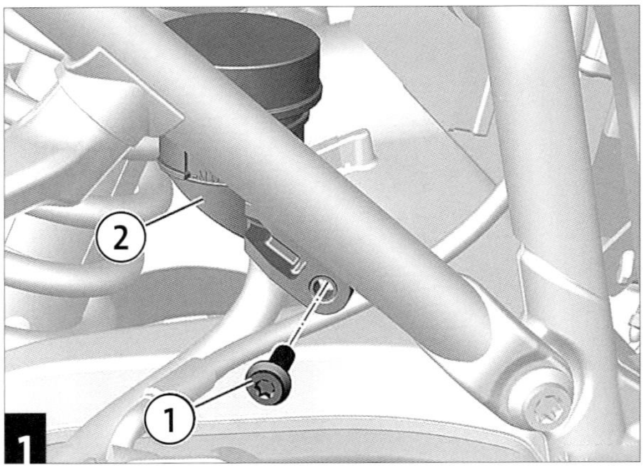

Bremshydraulik-Ausgleichsbehälter
- Schraube **1** ausdrehen und Ausgleichsbehälter **2** abnehmen. Provisorisch mit Kabelbinder befestigen.

1 **Anzugsmoment** M6 x 16 T30 . . . . 6 Nm

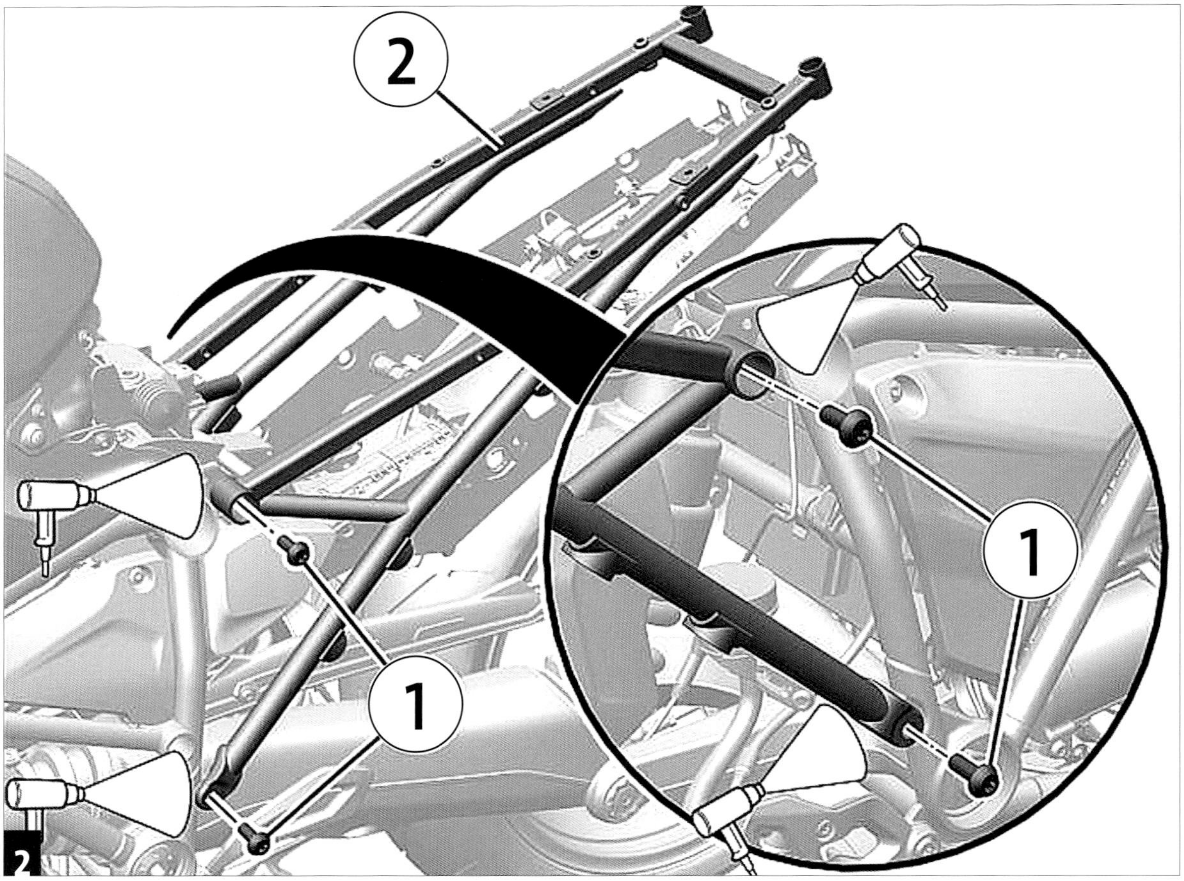

Heckrahmen
- Schrauben **1** mit Fön erwärmen (80 °C).
- Schrauben ausdrehen.

! Bauteile nicht durch Verkratzen beschädigen.
- Heckrahmen **2** vorsichtig nach oben ausbauen.

Heckrahmen einbauen
- Gewinde reinigen.
- Heckrahmen **2** vorsichtig ansetzen.
- Neue Schrauben **1** (mikroverkapselt) eindrehen.
- Alternativ Schraubensicherung (hochfest; Loctite 2701) beigeben.

1 **Anzugsmoment** M10 x 25 - 10.9 T50 . . . . 65 Nm

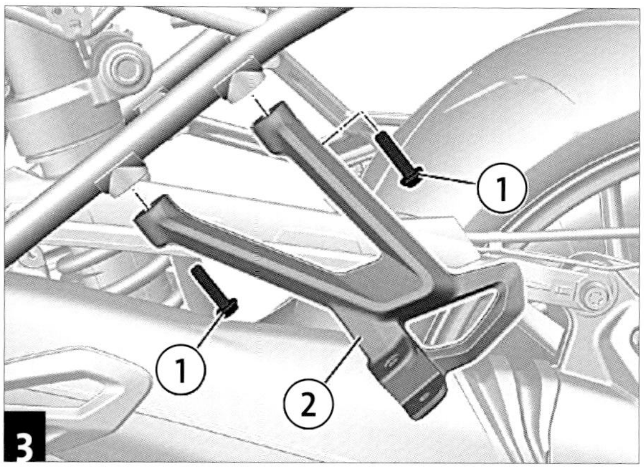

Sozius-Fußrastenhalter
- Schrauben **1** ausdrehen und Sozius-Fußrasten-halter **2** vom Rahmen abnehmen.

1 **Anzugsmoment** neue Schrauben (mikroverkapselt) M8 x 30 - 10.9 T40 .... 38 Nm

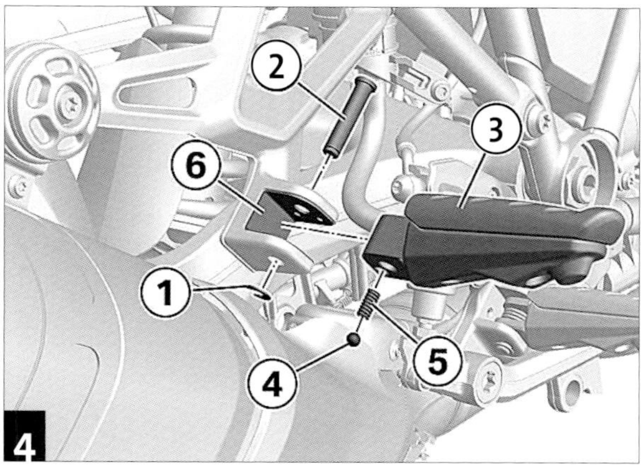

Sozius-Fußrasten
- Sicherungsring **1** ausfedern, Bolzen **2** ausziehen und Fußraste **3** von Halter **6** abnehmen. Auf Verbleib der Arretierungskugel **4** und der Feder **5** achten.
- Bolzen **2** gefettet montieren.

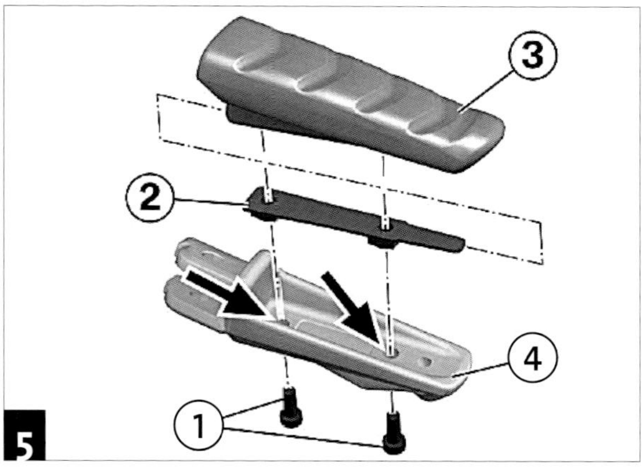

Sozius-Fußrastenhalter
- Schrauben **1** ausdrehen und Halter **2** abnehmen. Einbau: Halter **2** in Gummi **3** einschieben und gemeinsam auf Bohrungen (Pfeile) der Raste **4** ausrichten.

1 **Anzugsmoment** M6 mit Schraubensicherung. 8 Nm

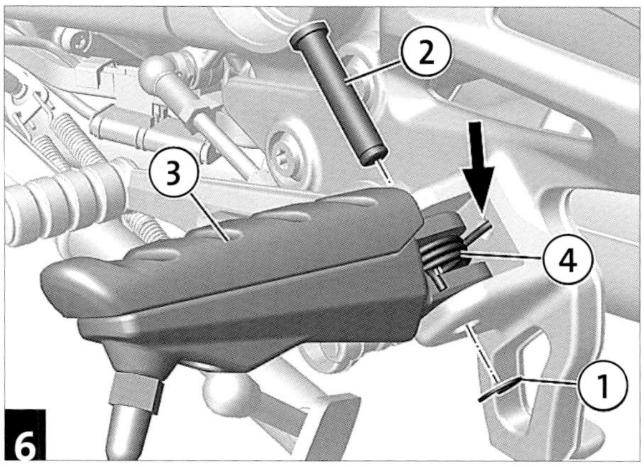

Fahrerfußrasten
- Sicherungsring **1** ausfedern, Bolzen **2** ausziehen und Fußraste **3** abnehmen.
- Feder **4** beim Einbau so einsetzen, dass Federende in Bohrung (Pfeil) eingreift.
- Bolzen **2** gefettet montieren.

23 Heckpartie

23.1 Aus- und Einbau

Laufrad
- Fahrzeug sicher auf Hauptständer aufbocken.
- Felgenschlag prüfen siehe Seite 86 bzw. Seite 163.
- Schalldämpfer ausbauen (Seite 102).
- Fünf Schrauben SW T50 (Bild 1) schrittweise über Kreuz ausdrehen und Rad abnehmen.

Fünf Radschrauben
- Radschrauben nicht schmieren. Schrauben zuerst locker eindrehen, dann über Kreuz anziehen.
  Anzugsmoment M10 x 1,25 x 40 ....60 Nm

Radeinbau
- Radflansch und Anlagefläche der Radnabe (dunkle Flächen im Bild) säubern.
- Rad ansetzen und Schrauben wie bei Bild 1 beschrieben eindrehen.

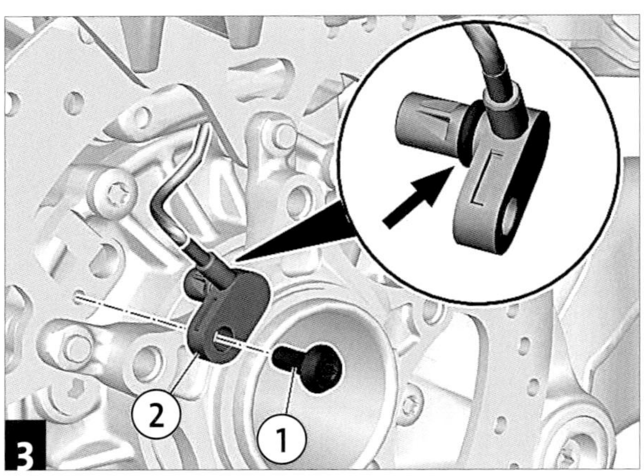

(ABS-)Raddrehzahlsensor hinten
- Schraube **1** ausdrehen und Sensor **2** abnehmen.
- Mit so gut wie neuem O-Ring (geölt; Pfeil) einbauen.
  Anzugsmoment M6 x 16...................... 8 Nm

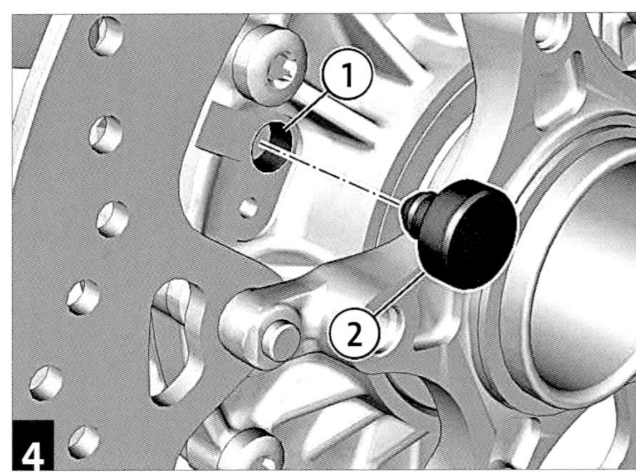

Bohrung Raddrehzahlsensor
- Bohrung **1** mit passendem Gummistopfen **2** verschließen.

Bremssattel hinten
- Schrauben (Pfeile) ausdrehen und Sensorkabel aus Führung freilegen. Sattel mit Kabelbinder sichern.
  Anzugsmoment M8 x 25 T40 .... 24 Nm

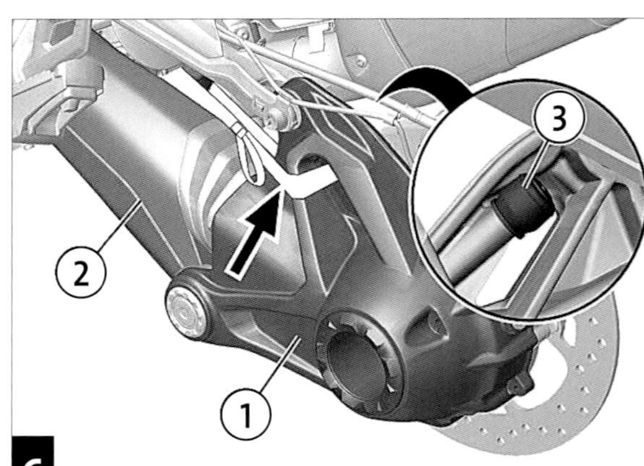

Paraleverstrebe
- Winkeltrieb **1** mit Spanngurt an Schwinge **2** befestigen. Dabei Gummi des Entlüfterdoms **3** nicht beschädigen.

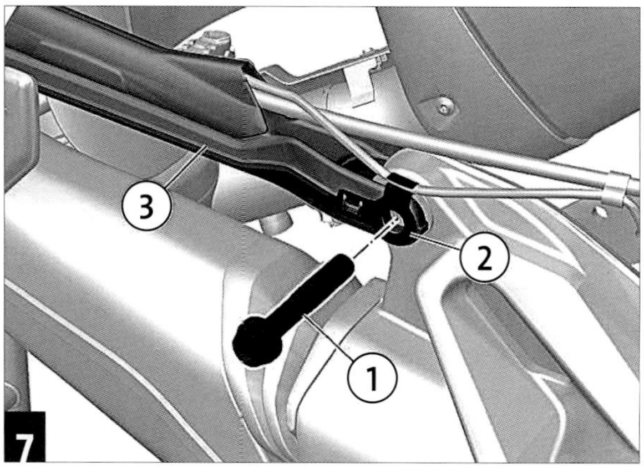

7

1 **Anzugsmoment**
mit hochfester Schraubensicherung (Loctite 270)
M10 x 60 - 10.9 .... 56 Nm

Paraleverstrebe

- Strebe dabei zugentlasten und Schraube **1** ausdrehen. Strebe mit Kabelführung **2** und Schlauchschutz **3** abnehmen.

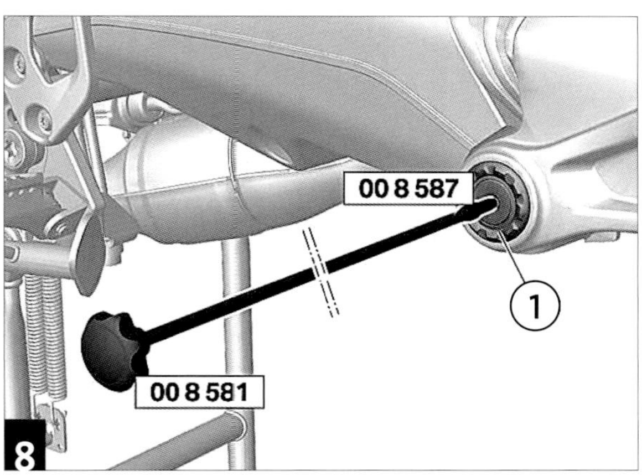

8

Lagerzapfen Gelenk-Abdeckung

- Abdeckung **1** mittig mit 3-mm-Bohrer anbohren, passende Schraube eindrehen und nach Ziehhammer-Prinzip Deckel ausbauen.

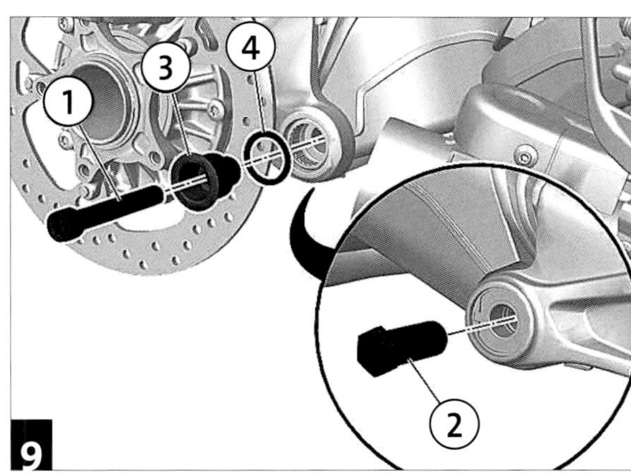

9

- Schraube **1** ausdrehen, dabei an Lagerzapfen **2** gegenhalten. Lagerzapfen **2** mit passendem Werkzeug austreiben.
- Lagerzapfen **3** und Dichtring **4** ausbauen.

1 **Anzugsmoment**
mit hochfester Schraubensicherung (Loctite 2701)
M12 x 1,5... 100 Nm

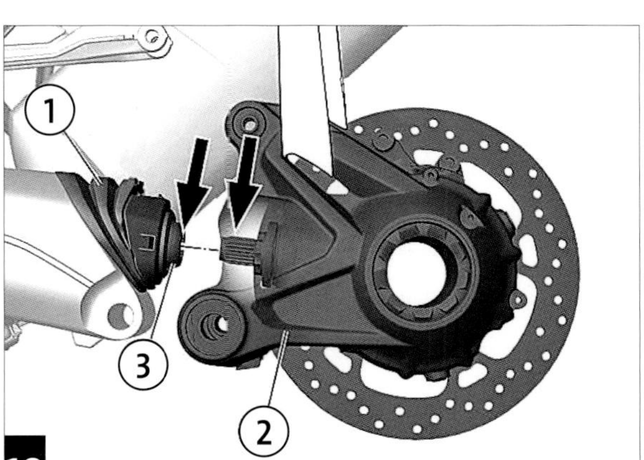

10

- Faltenbalg **1** aus Winkelgetriebe **2** ausclipsen.
- Winkelgetriebe **2** von Kardanwelle **3** abdrücken und Winkelgetriebe **2** abnehmen.

! Winkeltrieb **2** nur senkrecht lagern.

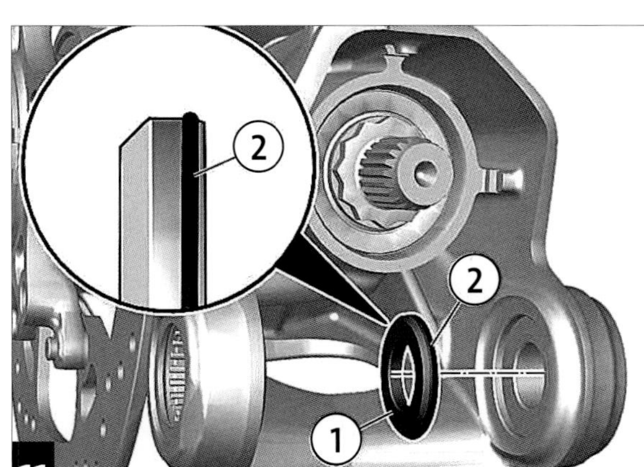

11

Winkeltrieb-Distanzscheibe

- O-Ring **2** auf Beschädigung untersuchen.
- Beim Einbau weist abgeflachte Seite der Scheibe **1** nach innen.

23 Heckpartie

23.1 Aus- und Einbau

Fortsetzung

- Lagerzapfen immer im Satz mit Nadellager erneuern (lassen). Andernfalls (Verbau von Alt- und Neuteil-Mix) verschleißt sich Lagerung extrem schnell.
- Beim Einbau des Winkeltriebs darauf achten, dass Distanzscheibe und O-Ring korrekt positioniert sind (Bild 11 Seite 177; abgeflachte Seite nach innen).
- Antriebsgehäuse ansetzen und Zapfen montieren (Bild 9 Seite 177).
- Verzahnung der Welle schmieren (Optimoly TA).
- Kunststoff-Einsätze auf korrekten Sitz am Faltenbalg prüfen.

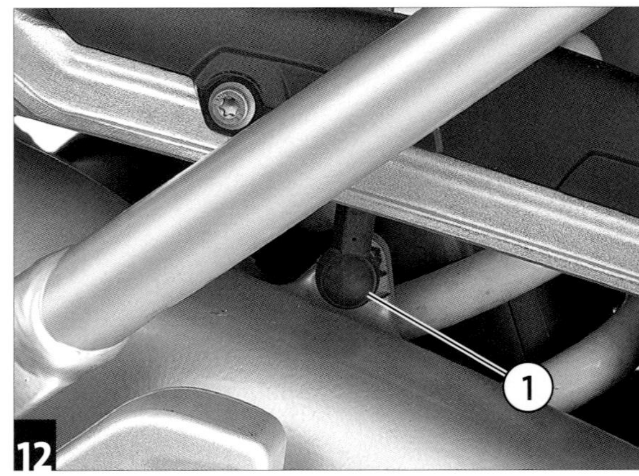

ESA-Höhenstandsensor
- So vorhanden, Anlenkstange **1** des ESA-Höhenstandsensors ausklipsen.

Schwingenlager links (Festlagerzapfen)
- Lagerzapfen mit Fön auf 80 °C erwärmen und ausdrehen. Neuteil einbauen!
- Faltenbalg an Schwinge lösen und Kardanwelle abdrücken.

Schwingenlager rechts (Loslagerzapfen)
- Gegenmutter **1** lockern und Zapfen **2** ausdrehen.

1 **Anzugsmoment** Zapfen M24 x 1,25 1. . . . . .15 Nm
wieder lösen . . . . 7 Nm

2 **Anzugsmoment** Gegenmutter M24x 1,25 . . . 145 Nm

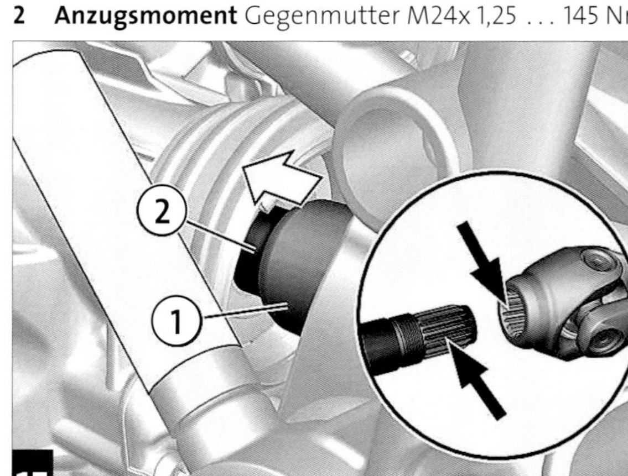

Schwinge einbauen
- Verzahnung der Wellen schmieren (Optimoly TA).
- Kardanwelle **1** drehen, bis Verzahnung eingreift.
- Kardanwelle bis zum Anschlag auf Getriebewelle **2** aufschieben.

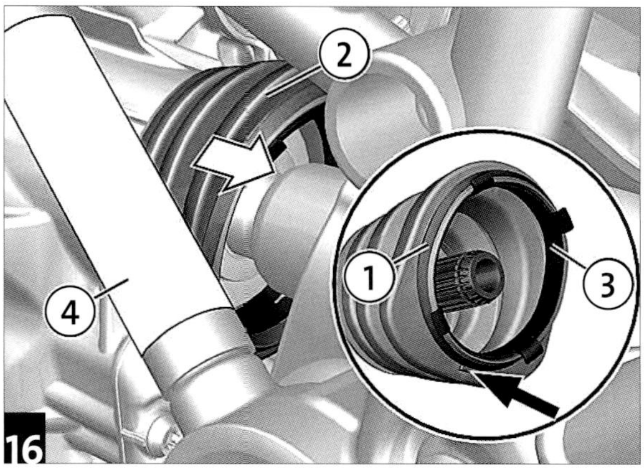

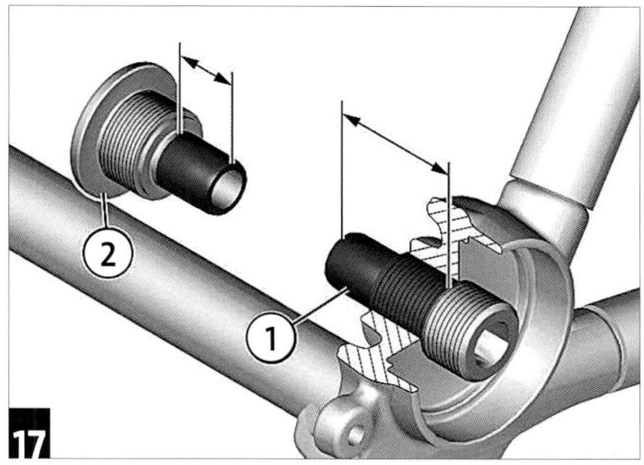

- Anlagefläche **1** des Faltenbalgs **2** fetten.
- Einsatz **3** auf korrekten Sitz prüfen.
- Faltenbalg komplett mit Einsatz einbauen. Dabei auf korrekte Stellung (Pfeil) achten → Einsatz rastet ein. Ggfs. Abdeckung **4** entfernen.

Lagerzapfen einbauen

- Lagerzapfen **1** und **2** im gezeigten Bereich schmieren.
- Loslagerzapfen **1** eindrehen.

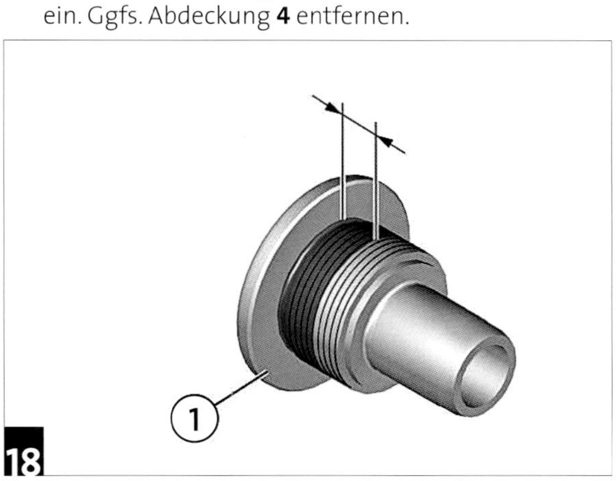

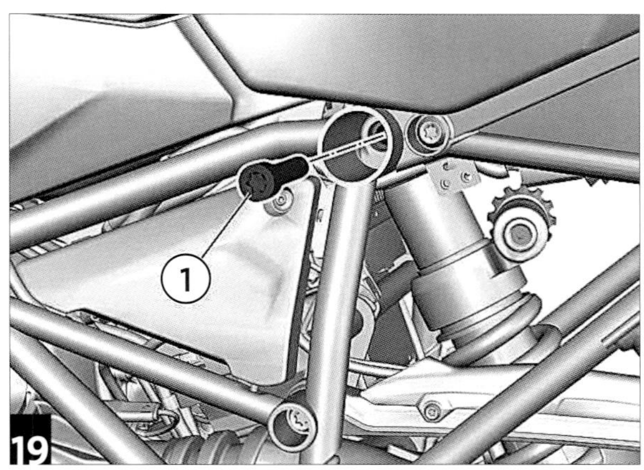

- Schraubensicherung hochfest (Loctite 2701) im gezeigten Bereich auf **neuen** Festlagerzapfen **1** links auftragen.
  Anzugsmoment M27 x 1,25 . . . . 100 Nm
- Loslagerzapfen e nbauen (Bild 14).

Schwinge anheben: Obere Federbeinbefestigung

- Schraube **1** ausdrehen.
- Beim Eindrehen der Schraube hochfeste Schraubensicherung (Loctite 2701) verwenden.
  Anzugsmoment M12 x 1,5 x 20 . . . . 100 Nm

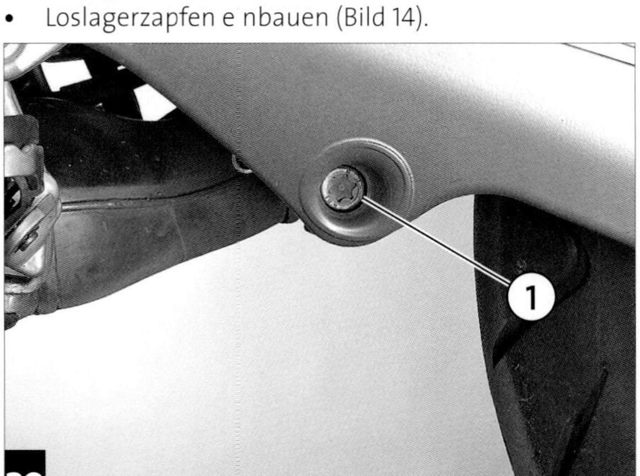

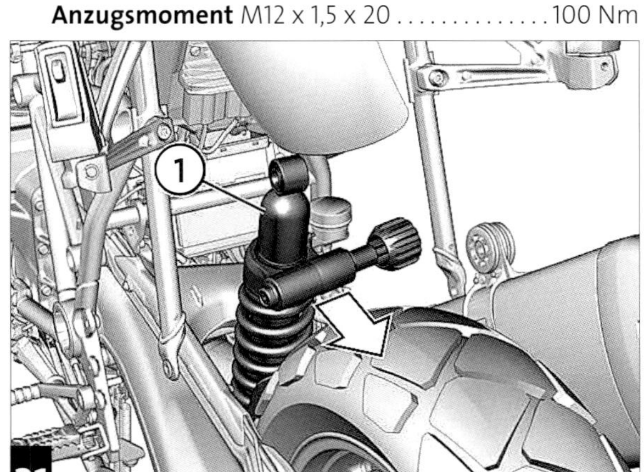

Schwinge anheben: Untere Federbeinbefestigung

- Schraube **1** ausdrehen. Beim Eindrehen hochfeste Schraubensicherung (Loctite 2701) verwenden.

1 **Anzugsmoment** M12 x 1,5 x 20 . . . . 100 Nm

Federbein

- Heckrahmen anheben.
- Federbein **1** nach hinten entnehmen.

24 Elektrik

24.1 Starterrelais

- Das Starterrelais kann im eingebauten Zustand geprüft werden.
- Linken Seitendeckel abnehmen (Seite 37).

Aus- und Einbau

! Zündung ausschalten.

- Batteriemassekabel abnehmen und ggf. isolieren (Seite 49).
- Muttern der Kabel **1** (Klemme 45) und Kabel **2** (Klemme 30) ausdrehen (Bild 1).
- Kabelschuhe abnehmen.
- Stecker **3** trennen.

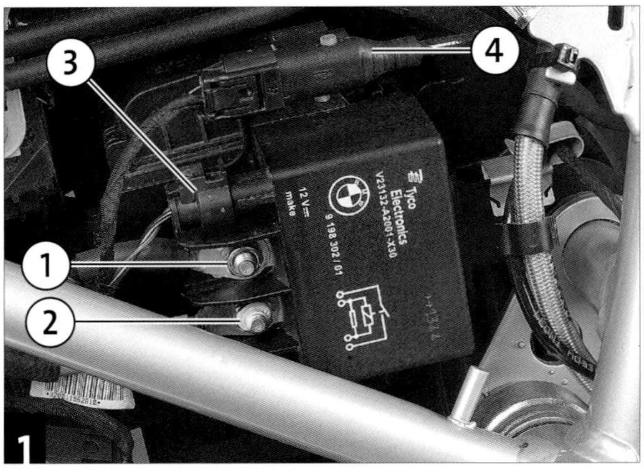

Starterrelais

1 Kabel Klemme 45 ("Pluskabel" von der Batterie)
2 Kabel Klemme 30
3 Stecker
4 ABS-Sensor-Stecker hinten

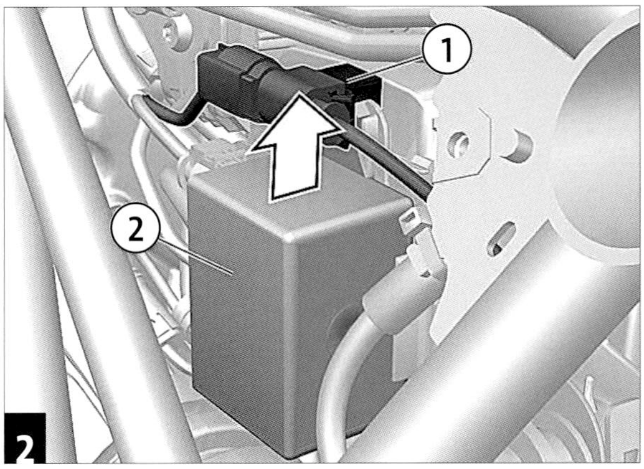

Starterrelais ausbauen

- ABS-Sensor-Stecker hinten **1** mit Halter abnehmen und Starterrelais **2** nach oben abnehmen.

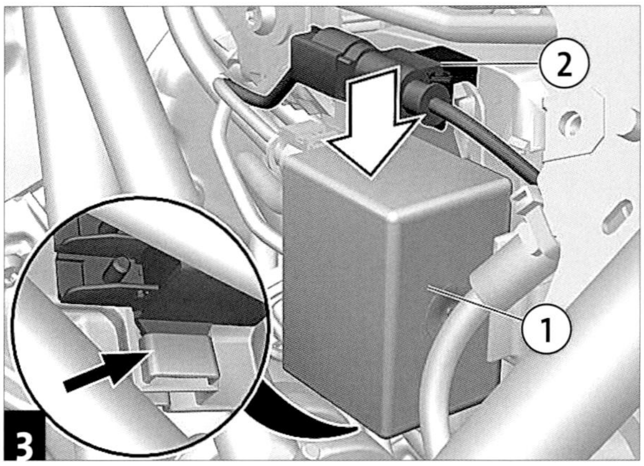

Starterrelais einbauen

- Starterrelais **1** in Lasche (Pfeil) einsetzen.
- ABS-Sensor-Stecker hinten **2** einsetzen.

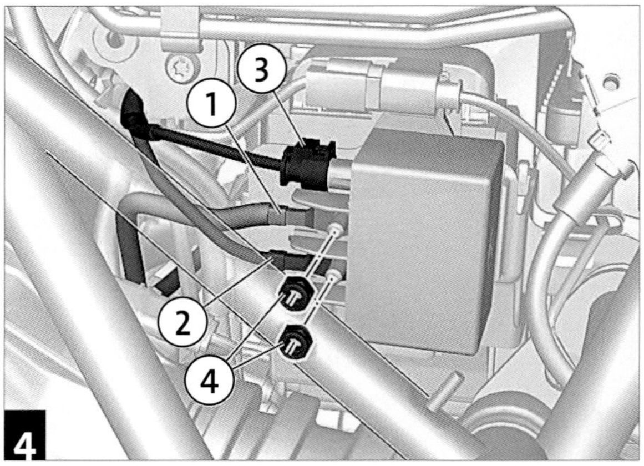

- Stecker **3** einklinken.
- Kabel **1** (Klemme 45) ansetzen.
- Kabel **2** (Klemme 30) ansetzen.
- Muttern **4** montieren.
  Anzugsmoment
  (neue selbstsichernde Muttern verwenden)
  M6 .... 6 Nm
- Batteriemassekabel anschließen (Seite 49).

Prüfen und Vermessen

Messung 1

- Stecker **3** Bild **1** trennen.
- Messgerät auf Spannungsmessung einstellen (Bereich bis 20 V) und Spannung zwischen den Kontakten von Stecker **3** Bild **1** messen.
- Starterknopf betätigen.

➔ An den Steckerkontakten muss Batteriespannung anliegen.

Messung 2

! An Kabel **1** Bild 1 oben liegt Batteriespannung an!

- Batterie abklemmen (Seite 49), Kabelschuh von Kabel **1** abnehmen und sorgfältig isolieren.
- Batterie anklemmen.
- Ohmmeter an Anschlüsse der Kabel **1** und **2** Bild 1 oben zur Durchgangsprüfung anschließen.
- Starterknopf betätigen.

➔ Zwischen den Anschlüssen muss Durchgang (0 Ω) gemessen werden.

! Voraussetzung für das Funktionieren des Starterrelais ist die einwandfreie Funktion des Seitenständer- und Kupplungsschalters (siehe folgendes Kapitel).

! Zur Montage der Anschlüsse Batterie wieder abklemmen.

24.2 Kupplungsschalter

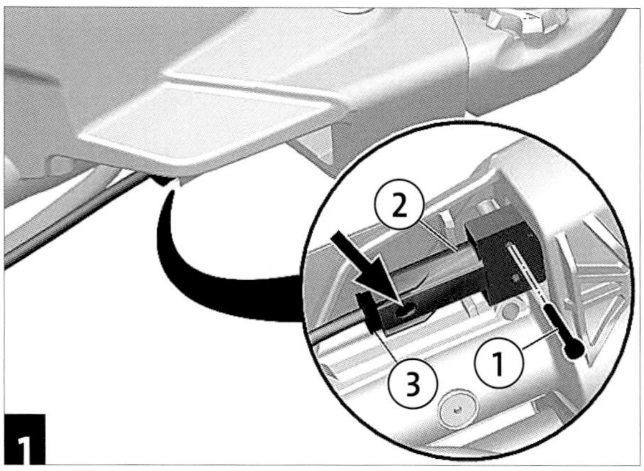

Kupplungsschalter am Handhebel

- Verriegelungslasche (Pfeil) weist nach unten.

1 Anzugsmoment
Schraube für Kunststoff 2,2 x 16. . . . . 0,4 Nm

Um sicher zu gehen, dass nicht ein defekter Kupplungsschalter (am Handhebel) die »Funktionsprüfung Motorstart-Unterdrückung« (Seite 48) verfälscht hat, Stecker des Schalters trennen und am Schalter Stromdurchgang prüfen:

- Kupplungshebel gezogen: Stromdurchgang.
- Kupplungshebel in Ruhestellung: kein Stromdurchgang.
- ! Defekten Schalter umgehend erneuern!
- 👁 Beim Ziehen des Hebels muss das Klicken des Schalters hörbar sein!
- 👁 Funktionsprüfung der Motorstart-Unterdrückung durchführen (Seite 48).
- Schraube **1** ausdrehen, Schalter **2** abnehmen und Stecker **3** trennen.

24.3 Sicherungen

! Sicherungen nicht überbrücken und nur gegen gleichwertige Sicherungen ersetzen.

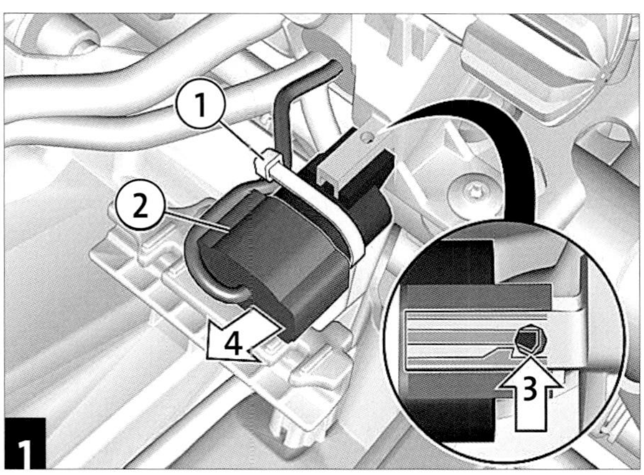

Sicherungen Einbaulage

- Fahrersitz/Sitzbank abnehmen (Seite 27).
- Kabelbinder **1** trennen.
- Sicherungsträger **2** durch Bohrung Pfeil **3** entriegeln und abziehen (Pfeil **4**).

Sicherungen im Sicherungsträger

10 A Cockpit und Zundschloss
7,5 A Lüfter und Steckdose

24 Elektrik

24.4
Motorsteuergerät

- ! Der Probetausch des Steuergeräts ist nicht möglich (Fehlfunktionen) und darf **keinesfalls** durchgeführt werden.
- Einbaulage: unter Fahrersitz/Sitzbank.
- **1200**:
  Bild 1 bis Bild 4
- **1250**:
  Bild 4 und Bild 5

- Evtl. Tank ausbauen und Kabelbinder Bild 4 trennen, um mehr Freigängigkeit der Kabelstränge zu erlangen.

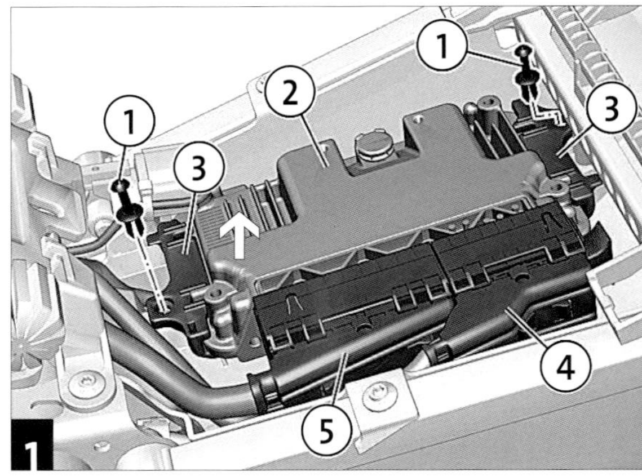

R 1200 R/RS: Steuergerät
- Zwei Spreizniete **1** ziehen und Steuergerät **2** mit Gummilagern **3** abnehmen.
- Stecker **4** und **5** abnehmen siehe Bild 2.

R 1200 R/RS: Stecker Steuergerät
- Riegel (Pfeil) ziehen und Stecker abziehen (umgekehrt montieren).

R 1200 R/RS: Steuergerät
- Steuergerät einbauen: Mit Spreizniet befestigen.

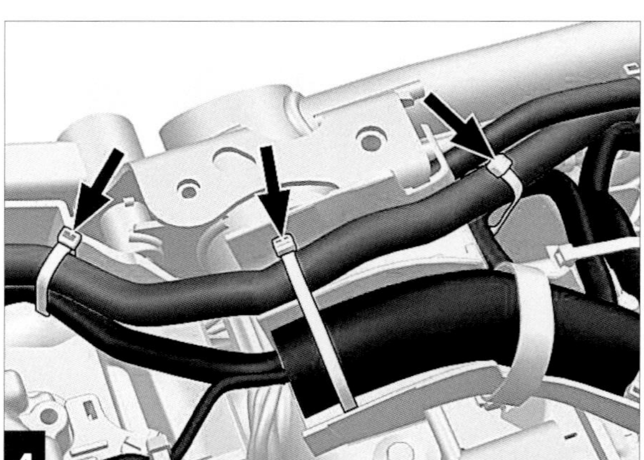

Steuergerät
- Kabelbinder (Pfeil) trennen und Kabel freilegen.

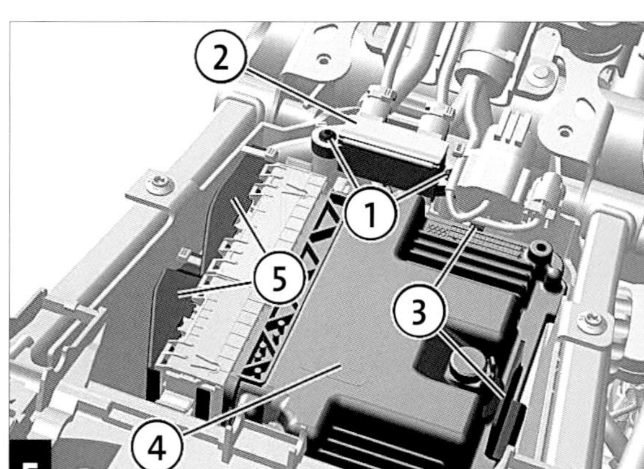

R 1250 R/RS: Steuergerät
- Schrauben **1** des Sicherungsträgers ausdrehen und Gehäuse **2** lösen. Steuergerät **4** ausklinken (Positionen **3**) und Stecker **5** trennen (umgekehrt montieren).

24.5
Spannungsregler

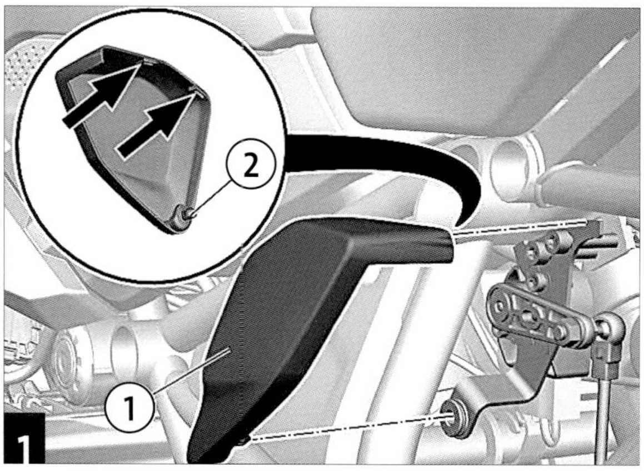

ESA-Abdeckung
- ESA-Abdeckung **1**, so vorhanden, vom Zapfen abziehen und aus Laschen (Pfeile) abnhmen.

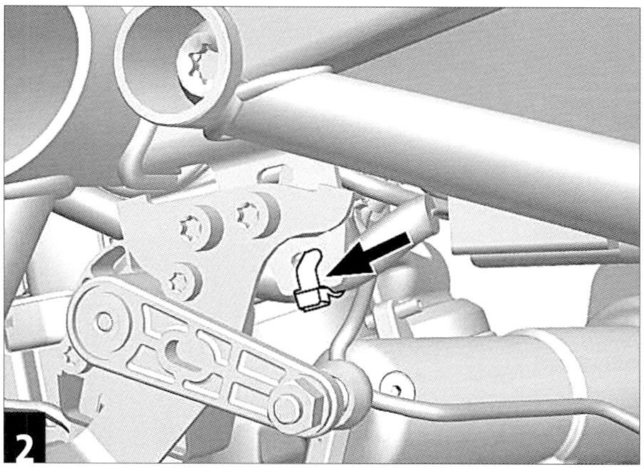

ESA-Kabelbinder
- Kabelbinder (Pfeil) trennen und Kabel freilegen.

Kabelbinder
- Kabelbinder (Pfeil) trennen und Kabel freilegen.

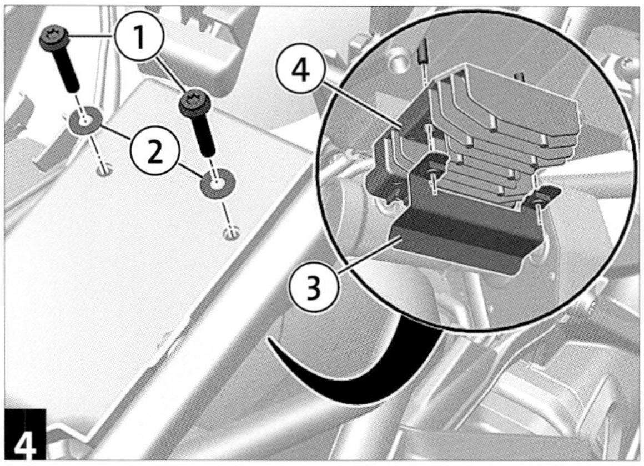

Spannungsregler
- Zwei Schrauben **1** mit Scheiben **2** ausdrehen und Regler **4** mit Halter **3** abnehmen (umgekehrt montieren).

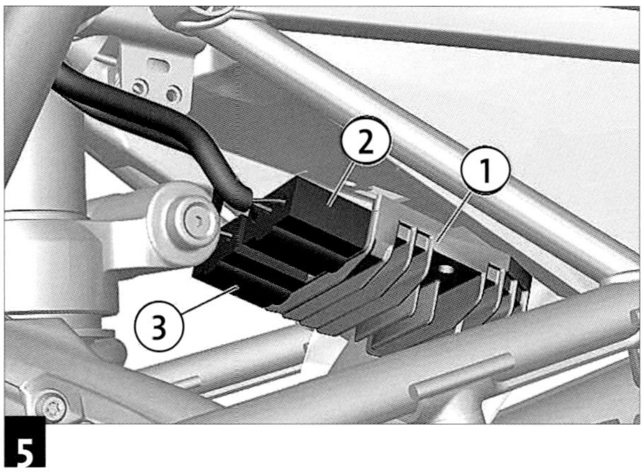

Spannungsregler
- Stecker **2** und **3** trennen und Regler **1** abnehmen.

24 Elektrik

24.6
Stecker und Sensoren/Einbaulage

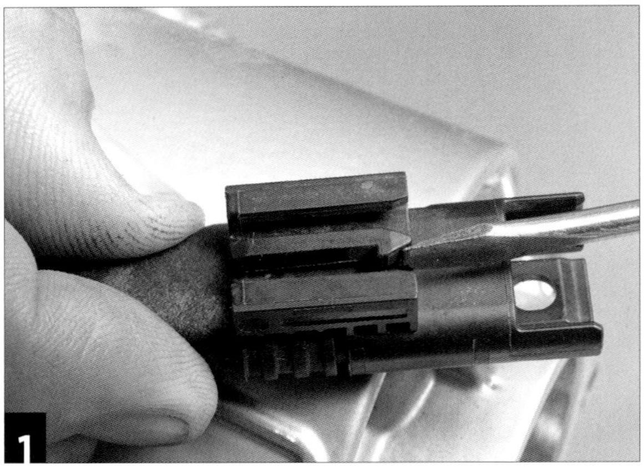

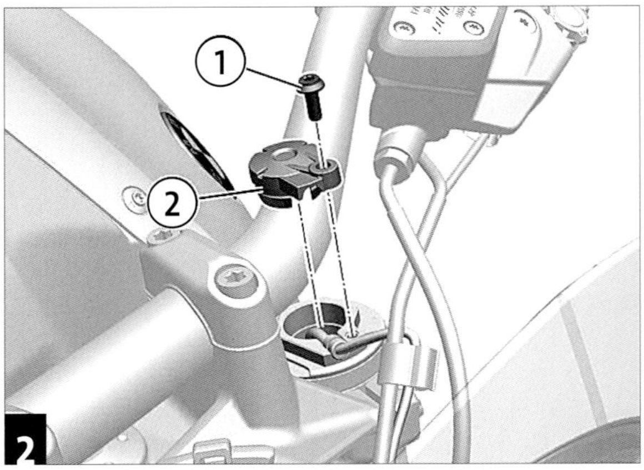

Stecker-Entriegelung
- Haken mit kleinem Schraubendreher wegdrücken und Stecker vom Gehäuse abnehmen.

ESA-Sensor vorn/Abdeckung Ausbau
- Schraube **1** ausdrehen und Abdeckung **2** abnehmen.
- Einbau: Dichtung **1** des Deckels **2** prüfen. Ggf. Deckel komplett ersetzen.

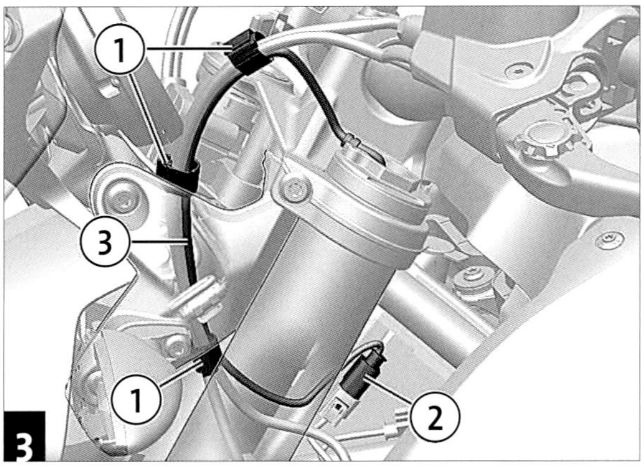

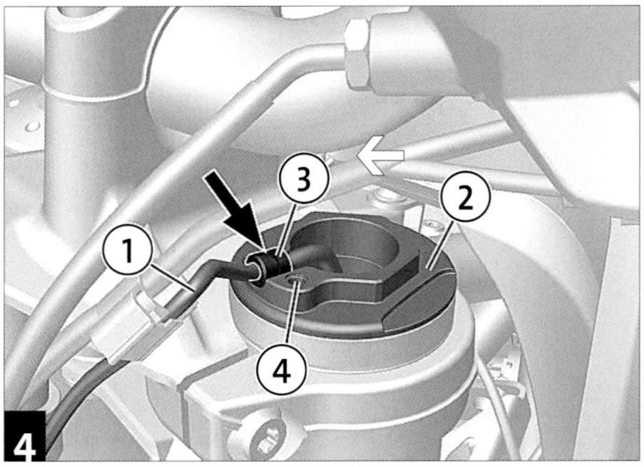

ESA-Sensor vorn/Kabel freilegen und verlegen
- Halter **1** abnehmen.
- Stecker **2** ausbauen und trennen.
- Kabel **3** ausfädeln.
  Umgekehrt montieren.

ESA-Sensor vorn/Abdeckung einbauen
- Kabel **1** in Kabeldeckel **2** **zugfrei** verlegen. Dabei Kabelführung **3** mit Nut (Pfeil) zur Gewindebohrung **4** **mittig ausrichten**.

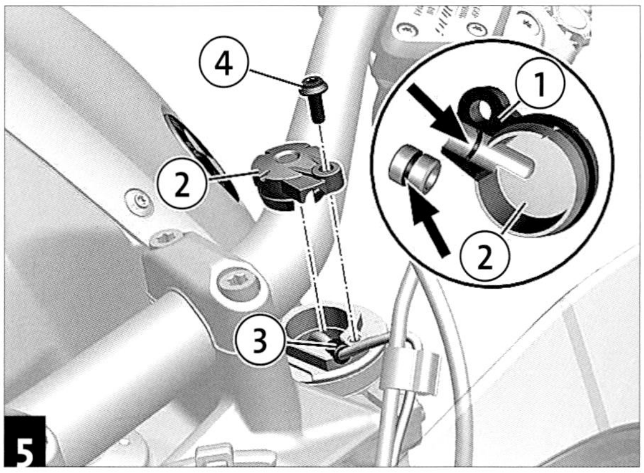

Dichtung **1** des Deckels **2** prüfen. Ggf. Deckel ersetzen.

ESA-Sensor vorn/Abdeckung Einbau
- Deckel **2** so einbauen, dass **Arretierung in Nut** (Pfeile) der Kabelführung **3** sitzt.
- Schraube **4** eindrehen: M5 x 12 . . . . 3 Nm

ESA-Sensor hinten (Höhenstandsensor)
- Einbaulage oben am Federbein.
- Abdeckung **1** Bild 1 Seite 183 abnehmen.
- Stecker **1** trennen.

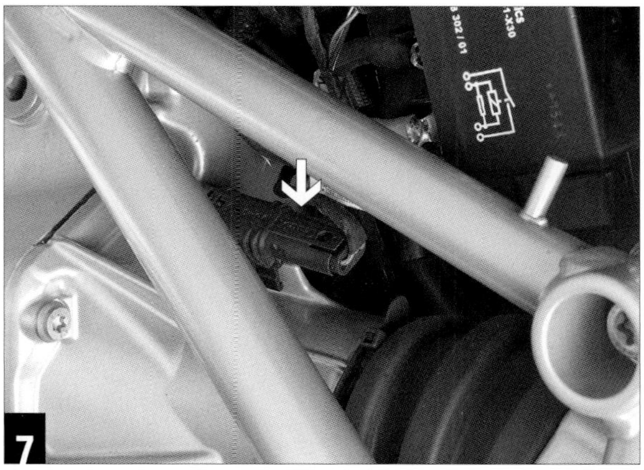

7

Stecker für Ölstandanzeige und Öltemperatur

- Einbaulage links unter Seitenblende (Bild 4 Seite 37).

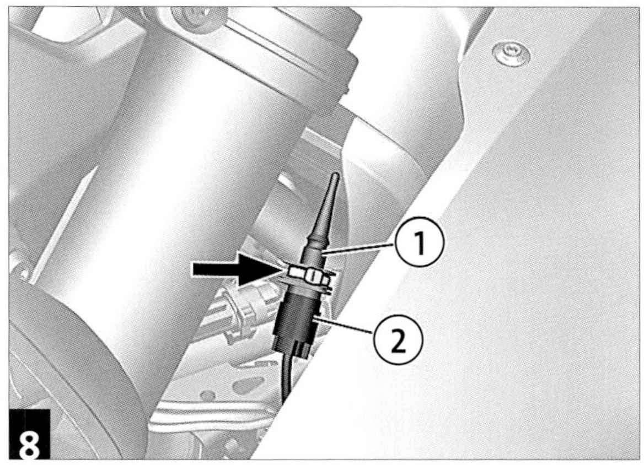

8

R: Außentemperatur-Sensor (Umgebungstemperatur)

- Einbaulage: vorn links am Lenkkopf.
- Kabelbinder (Pfeil) trennen und Sensor **1** abnehmen. Stecker **2** trennen.

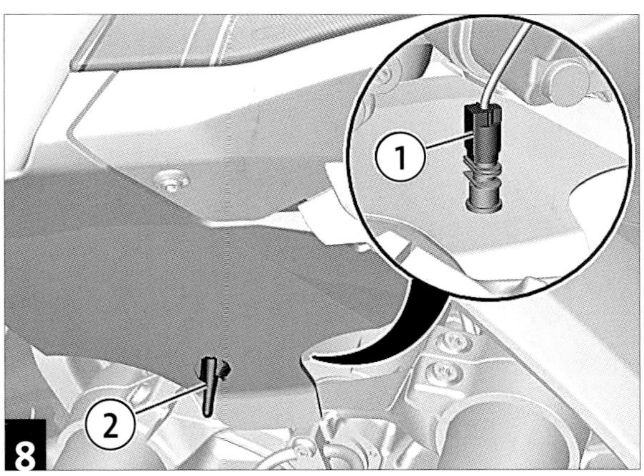

8

RS: Außentemperatur-Sensor (Umgebungstemperatur)

- Einbaulage: mittig an Unterseite der Frontverkleidung.
- Stecker **1** trennen und Sensor **2** "ausklipsen".

24.7 Hupe

Vorarbeiten

- **R**: Tank abbauen (ab Seite 94).
- **R**: Luftfiltergehäuse und Ansaugrohre li/re abnehmen (ab Seite 96).
- **RS**: Innenabdeckung links abbauen (ab Seite 33).

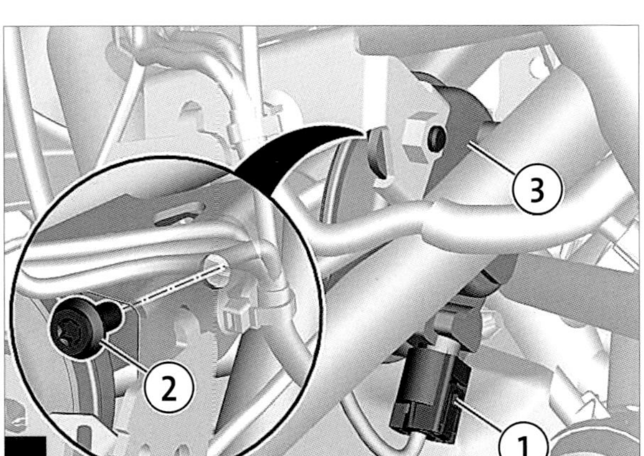

1

Hupe R

- Stecker **1** trennen, Schraube **2** ausdrehen und Hupe **3** abnehmen.

Anzugsmoment

2 M6 x 12 .... 10 Nm

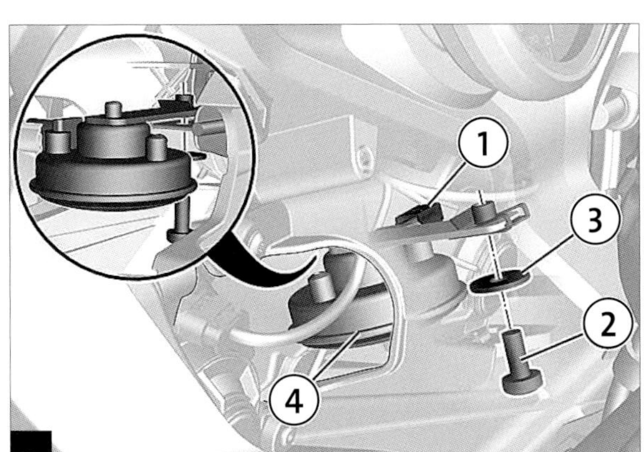

2

Hupe RS

- Stecker **1** trennen, Schraube **2** mit Scheibe **3** ausdrehen und Hupe **4** abnehmen.

Anzugsmoment

2 M6 x 12 .... 10 Nm

24 Elektrik

24.8 Generatorregler-Sicherung R 1200 R/RS

- ! Batterie vom Fahrzeug trennen.
- **Einbaulage**: Unter Fahrersitz/Sitzbank vor dem Motorsteuergerät.
- Einbau in umgekehrter Reihenfolge.

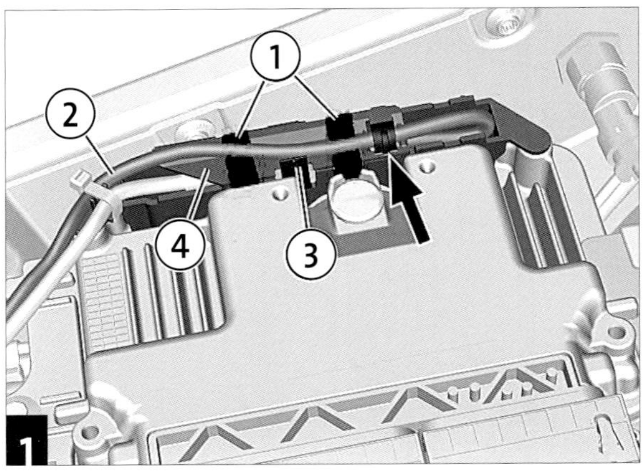

Generatorregler-Sicherung
- Klebebänder **1** trennen und Kabel **2** aus Halter (Pfeil) lösen.
- Verriegelung **3** lösen und Deckel **4** öffnnen.

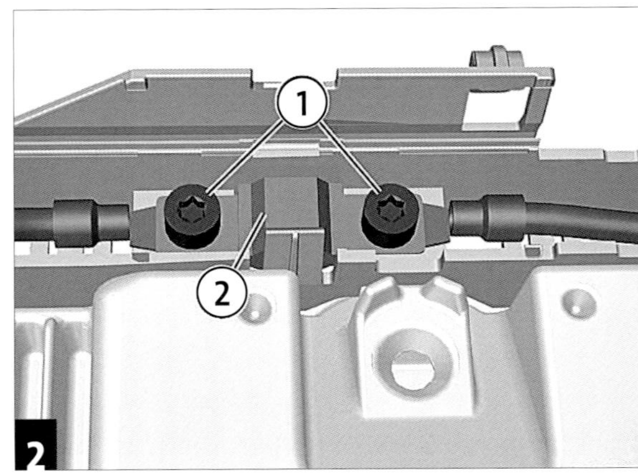

Generatorregler-Sicherung
- Schrauben **1** ausdrehen und Sicherung **2** 50 A abnehmen.
- Einbau in umgekehrter Reihenfolge.

1 **Anzugsmoment** M5 x 8 .... 3,5 Nm

24.9 Generatorregler-Sicherung R 1250 R/RS

- ! Batterie vom Fahrzeug trennen.
- **Einbaulage**: Unter Fahrersitz/Sitzbank vor dem Motorsteuergerät.
- Einbau in umgekehrter Reihenfolge.

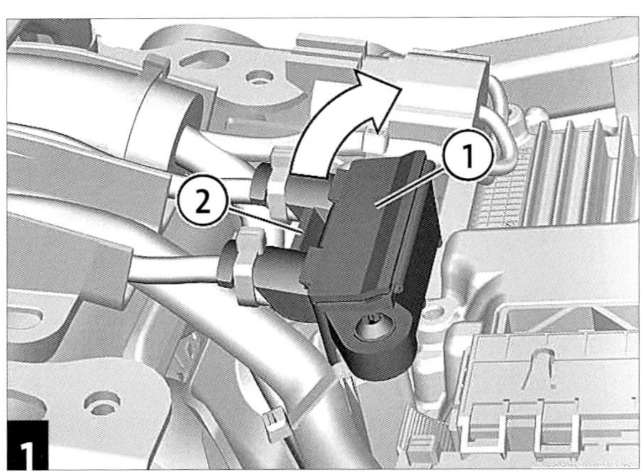

Generatorregler-Sicherung
- Verriegelung **2** lösen und Deckel **1** in Pfeilrichtung aufklappen.

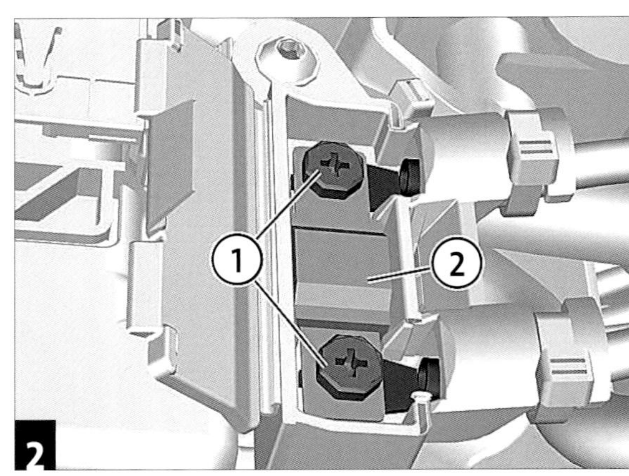

Generatorregler-Sicherung
- Schrauben **1** ausdrehen und Sicherung **2** 50 A abnehmen.
- Einbau in umgekehrter Reihenfolge.

1 **Anzugsmoment** M5 x 8 .... 3,5 Nm

24.10 Diagnosestecker und Hauptrelais

R 1200 R/RS: Diagnosestecker 1
- Einbaulage rechts unter Batteriedeckel/Seitenblende (Seite 37).

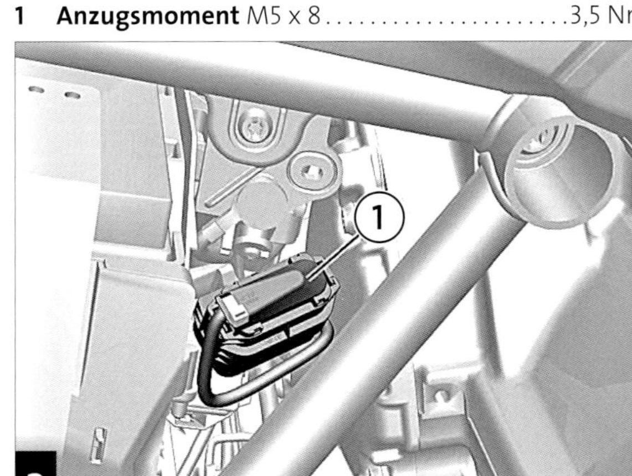

R 1250 R/RS: Diagnosestecker 1
- Einbaulage rechts unter Batteriedeckel/Seitenblende (Seite 37).
- Diagnosestecker **1** lösen.

24.9
Diagnosestecker und Hauptrelais
Fortsetzung

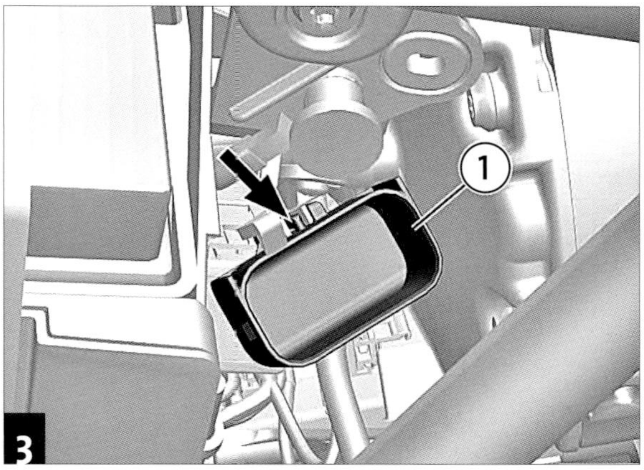

R 1250 R/RS: Diagnosestecker 2
- Halter **1** entriegeln (Pfeil) und abnehmen.
- Einbau in umgekehrter Reihenfolge.

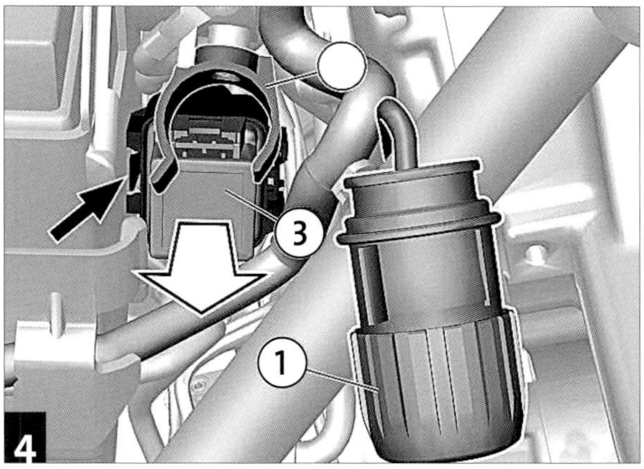

R 1200 R/RS: Hauptrelais
- Diagnosestecker **1** lösen und aus Halter **2** nehmen.
- Halter entriegeln (Pfeil) und Relais **3** entnehmen.
- Einbau in umgekehrter Reihenfolge.

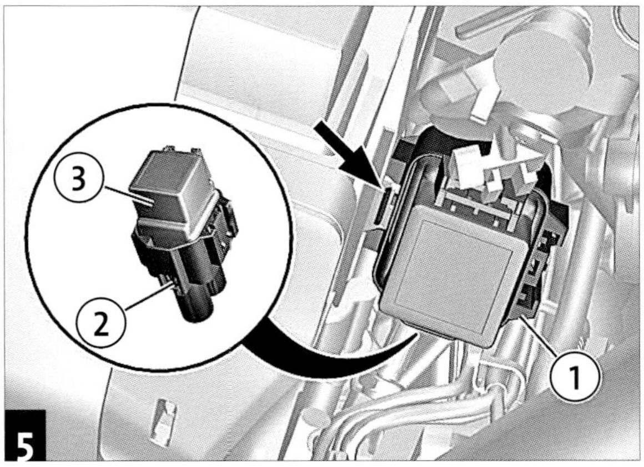

R 1250 R/RS: Hauptrelais
- Verriegelung eindrücken (Pfeil) Relaisträger **1** entriegeln und abnehmen.
- Rasthaken **2** entriegeln und Hauptrelais **3** abnehmen.
- Einbau in umgekehrter Reihenfolge.

24.11
GS911

Der Computer hält Einzug in die heimische Bastelbude

- Es gibt keine Werksseitigen Angaben etwa zum Widerstand der Schachtzündspulen. Solche Probleme zeigt das **O**n**B**oard**D**iagnose-Programm an. Wobei uns Werkstatt-Erfahrung lehrt, dass auch dort die als defekt angezeigte Schachtzündspulen durch eine Erneuerung der Zündkerze(n) wieder anstandslos zum Dienst antreten können...

GS911 im Einsatz
- Diagnosestecker Bild 1 Seite 186 aus Halter nehmen und mit Diagnose-Werkzeug verbinden.
- Im Bild die Rundstecker-Ausführung bis 2017 an einem ROTAX-F-Modell.
  Bei der R 1250 R/RS wird ein OBD II-Adapter verwendet.

24 Elektrik

24.11 GS911

Der Computer hält Einzug in die heimische Bastelbude

Fortsetzung

Elektrische Sicherungen dienen der Absicherung elektrischer Schaltkreise, werden aber zunehmend von kleinen schwarzen oder silbernen Kästchen abgelöst, die selbsttätig den entsprechenden Schaltkreis bei Fehlfunktion lahmlegen.
Das funktioniert natürlich nur in entsprechend ausgelegten Schaltkreissystemen, den CAN-Bus-Systemen. Und der mit der Wartung betraute Mensch lässt sich per USB-Kabel oder Bluetooth-Verbindung zu seinem Computer die entsprechenden Fehlermeldungen anzeigen. Ohne weiteres werden so Steckverbindungen, Spulen, Stellmotoren und Potentiometer, die ihren Zweck nicht erfüllen, aufgezeigt. Denn bei der gebotenen Verbindungssicherheit der aktuell verbauten Stecker ist die Möglichkeit gammeliger elektrischer Übergänge nahezu ausgeschlossen. Womit eine Grundvoraussetzung für so ein System erfüllt ist. In der Regel verfügt aber eben nur der Mensch in der »Vertragswerkstatt« über entsprechendes Gerät und Software zum Auslesen der Daten. Mittlerweile sind verschiedene Diagnose-Helfer auf dem Markt. Beispielhaft hier das GS911. Die zugehörige Software wird von der Homepage des Herstellers heruntergeladen. Ein entsprechendes Handy vorausgesetzt (Bluetooth-Handy mit iOS oder WindowsMobile-Betriebssystem) können die Fehlermeldungen auch unterwegs ausgelesen werden. Die Software wird übrigens ständig weiterentwickelt, und kostenlose Updates werden für die Dauer von einem Jahr gewährt. Das Adapterkästchen wird in Hobby- und Profiversion angeboten. Beide Versionen haben den gleichen Leistungsumfang, lediglich bestimmte Wartungsfunktionen, wie z. B. »Service Intervall zurückstellen« sind bei der Hobbyversion auf zehn Fahrzeug-Ident-Nummern (FIN) beschränkt, bei der Profiversion unbeschränkt. Alle anderen Funktionen sind gleich, bzw. nicht eingeschränkt. Tipps und Tricks hierzu werden auf einer entsprechenden Internetseite diskutiert, auf der auch der Hersteller selbst Stellung bezieht.
Das kleine gelbe Kästchen ist also nicht nur Spielzeug für Kontroll-Freaks, sondern auch ein ernsthaftes Werkzeug, um nach der getanen Arbeit die Fehlermeldungen zu überprüfen.

Bezug:
www.gs911.de
www.motorradzubehoer-hornig.de
www.touratech.de
www.hexcode.co.za/products/gs-911/support/faq

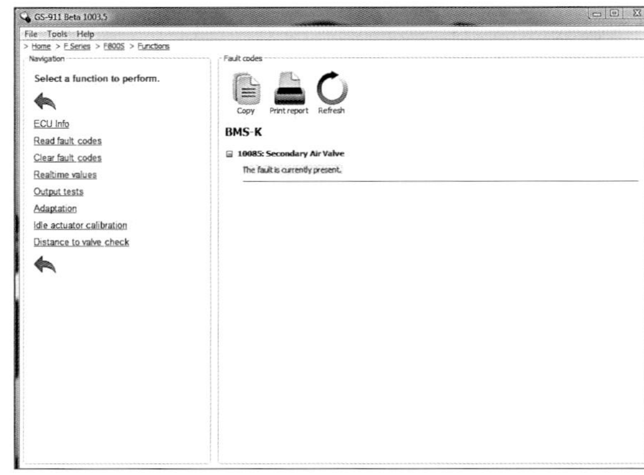

Fehlerspeicher auslesen
Brav wird der testweise abgezogene Stecker des Sekundärluft-Ventils angezeigt

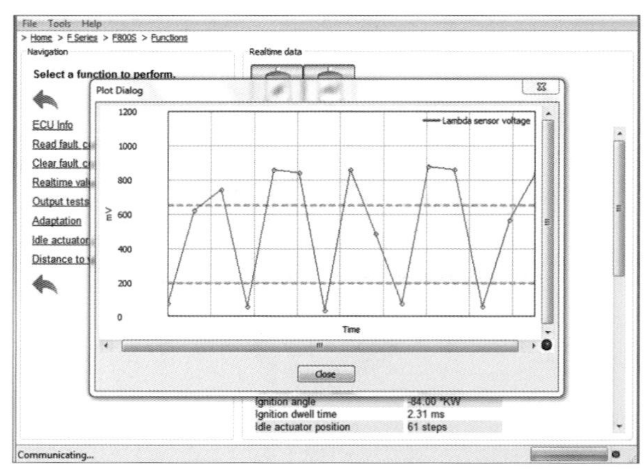

Test der Lambdasonde (GS 911)

- Bei betriebswarmem, laufenden Motor (Leerlauf) und einwandfreier Funktion wechselt die Spannung zwischen über 800 mV und unter 200 mV.

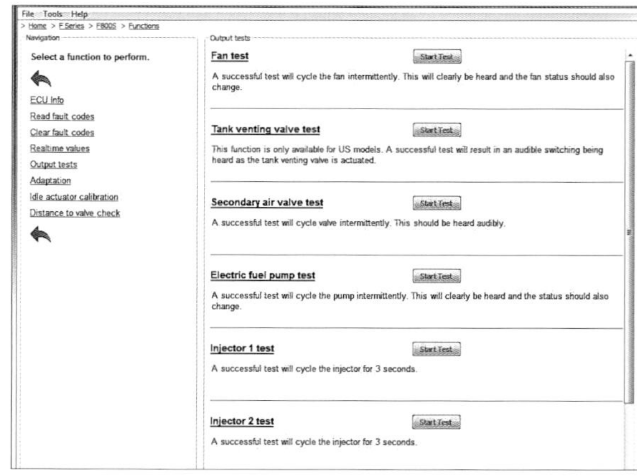

Funktionstest
Solche Tests sind schwerlich mit einem Prüflämpchen durchzuführen.

Einwintern 25

25 Einwintern

Richtiges Einwintern oder »Einmotten« für längere Zeiträume (etwa ab einem Monat) macht sich auf jeden Fall bezahlt. Und zwar nicht nur durch den Werterhalt der Maschine, sondern es erhöht auch die Lebensqualität im wichtigen Frühling ungemein, wenn die Kiste nach dem Winterschlaf ihre Arbeit wieder aufnimmt, als wäre nichts gewesen.

Als **Aufbewahrungsort** empfiehlt sich eine trockene und gut belüftete Garage oder Ähnliches. Und im Fall einer Garage bitte darauf achten, dass nicht etwa salzhaltige Feuchtigkeit durch Fahrzeuge eingeschleppt wird, die auch bei Streusalz-Einsatz bewegt werden und die Garage mitbenutzen.
Eine spezielle Abdeckplane aus dem Zubehörhandel hilft natürlich auch – und zwar der Kasse des Verkäufers. Im geschilderten Idealfall genügt ein altes Bettlaken als Staubschutz.
Anders sieht es bei einem weniger günstigen Abstellplatz aus, etwa ein überdachter Stellplatz im Freien. Hier ist eine hochwertige Abdeckplane natürlich angebracht. Hochwertig heißt in dem Fall, dass die Plane aus einer sogenannten Klimamembran aufgebaut ist, welche von außen nach innen wasser- und luftdicht abschließt und umgekehrt entsprechend durchlässig ist.
Bei Verwendung einer preisgünstigeren Kunststoffplane (oft auch innen mit Baumwolle beschichtet) unbedingt unten so weit geöffnet lassen, dass die Luftzirkulation nicht behindert wird und sich so keine Feuchtigkeitsnester bilden können.

So oder so, bevor die Maschine eingestellt wird, steht penibles Putzen und Abschmieren auf dem Programm. **Frisches Motoröl** (Seite 47) rundet die letzte Huldigung ab, wo auch nach »schwitzenden« Motordeckeln, angescheuerten Kabeln und »gammeligen« Steckern Ausschau gehalten wird.

> ! Motor **keinesfalls** gelegentlich starten und kurz laufen lassen! Der Motor wird dabei nicht ausreichend erwärmt und die entstehenden Verbrennungsrückstände greifen Lager und Laufflächen an!

Batterie

- Falls im Aufbewahrungsort die Temperatur unter Null Grad Celsius fallen kann, Batterie ausbauen und frostfrei lagern, **idealerweise bei etwa 10 °C**. Also auch nicht an einem zu warmen Ort.
- Mit Ladegerät Batterie regelmäßig alle 6 Wochen nachladen (Seite 50).
- Bei Verbleib der Batterie im Fahrzeug Masseanschluss lösen.
- 👁 Neben dem BMW-Ladegerät sind auch Im Motorradzubehör-Handel praktische Ladungserhaltungsgeräte (CAN-Bus-fähig) erhältlich, die das Nachladen erübrigen.

Kraftstoffanlage und Tank

Die Einspritzanlage bietet keine Ansatzpunkte, hier die Vergaser-übliche Vorsorge zu betreiben. Dies als Indiz für die Anspruchslosigkeit der zeitgemäßen Gemischaufbereitung.
Ein Kunststofftank ist gegenüber den sonst üblichen Anfechtungen eines Stahlblechtanks immun.
Stahlblech- und Aluminiumtanks bis zum Maximalstand befüllen.

Räder und Reifen

- Reifen 0,5 – 1,0 kg/cm² über Normaldruck aufpumpen, um Standschäden an den Reifen vorzubeugen.
- Wenn möglich Fahrzeug so an Rahmen, Schwinge oder Motor (Gehäuse nicht eindrücken!) aufbocken, dass beide Räder frei in der Luft hängen und so die Gefahr von Standschäden ultimativ minimiert wird.

Inbetriebnahme

Wenn alles wie in den Vorkapiteln beschrieben ausgeführt wurde, heißt es – in der Regel – wenn die Sonne wieder richtig 'rauskommt: Kontrollieren und starten!

- Bremssystem: unter Druck setzen und nach etwa 20 Sekunden System auf Leckage sichtprüfen (insbesonders an den Verbindungselementen).
- 👁 Druckpunkt immer noch deutlich fühlbar?
- Reifenluftdruck
- Hebel und Pedale
- Beleuchtungseinrichtungen
- Motorölstand

26 Technische Daten

BMW R 1200 R/RS
Typ K53/K54

Wartung und Konstruktionsgruppen allgemein

Fahrzeuglänge über Kennzeichenträger	2165 mm
Höchstgeschwindigkeit	>200 km/h
Sitzhöhe ohne Fahrer bei Leergewicht	790/820 mm
Fahrzeughöhe	
über Spiegel/Windschild unten, bei DIN-Leergewicht	1300/1260 mm
Fahrzeugbreite mit Spiegel	880/925 mm
Leergewicht	
DIN Leergewicht, fahrfertig 90 % vollgetankt, ohne SA	231 kg/236 kg
Fahrerschrittbogenlänge	
ohne Fahrer bei Leergewicht	1780/1853 mm
Maximale Zuladung	219 kg; ab August 2016 218 kg/ 214 kg
Zulässiges Gesamtgewicht	450 kg
Abgasnorm	Euro 3; ab August 2016 Euro 4
Zulässige Radlast hinten	max. 300 kg
Zulässige Radlast vorn	max. 180 kg

Motor

Motortyp	122 EN
Motorbauart	Luft-/Flüssigkeitsgekühlter Zweizylinder-Viertakt-Boxermotor mit zwei obenliegenden, stirnradgetriebenen Nockenwellen und einer Ausgleichswelle
Motornummernsitz	Kurbelgehäuse unten rechts, unterhalb Starter
Leerlaufdrehzahl	
Motor betriebswarm	1150 min^{-1}
Nennleistung	
bei Drehzahl 7750 min^{-1}	92 kW
Drehmoment	
bei Drehzahl 6500 min^{-1}	125 Nm
Zylinderbohrung	101 mm
Kolbenhub	73 mm
Hubraum	1170 cm^3
Verdichtungsverhältnis	12,5:1
Höchstdrehzahl	max. 9000 min^{-1}
Kompressionsdruck	
gut	>14 bar
normal	10 – 14 bar
schlecht	<10 bar
Einfahrdrehzahlen	
Kilometerstand 0 – 1000 km	<5000 min^{-1}
Kilometerstand 0 – 1000 km	keine Volllast
Druckverlust über Ventile oder Zylinder	
Motor betriebswarm	max. 25 %

BMW R 1250 R/RS
Typ K53/K54

Wartung und Konstruktionsgruppen allgemein

Fahrzeuglänge über Spritzschutz	2165 mm
Höchstgeschwindigkeit	>200 km/h
Sitzhöhe ohne Fahrer bei Leergewicht	820 mm
Fahrzeughöhe	
über Spiegel/Windschild, bei DIN-Leergewicht	1300 mm
Fahrzeugbreite mit Spiegel	880 mm
Leergewicht	
DIN Leergewicht, fahrfertig 90 % vollgetankt, ohne SA	239 kg
Fahrerschrittbogenlänge	
ohne Fahrer bei Leergewicht	1870 – 1910/1950 – 1990 mm
Maximale Zuladung	221 kg
Zulässiges Gesamtgewicht	460 kg
Abgasnorm	Euro 5

Motor

Motortyp	A74B12M
Motorbauart	Luft-/Flüssigkeitsgekühlter Zweizylinder-Viertakt-Boxermotor mit zwei obenliegenden, stirnradgetriebenen Nockenwellen, einer Ausgleichswelle und variabler Einlass-Nockenwellensteuerung **BMW ShiftCam**
Motornummernsitz	Kurbelgehäuse unten rechts, unterhalb Starter
Leerlaufdrehzahl	
Motor betriebswarm	1050 min^{-1}
Nennleistung	
bei Drehzahl 7750 min^{-1}	100 kW
Drehmoment	
bei Drehzahl 6250 min^{-1}	140 Nm
Zylinderbohrung	102,5 mm
Kolbenhub	76 mm
Hubraum	1254 cm^3
Verdichtungsverhältnis	12,5:1
Höchstdrehzahl	max. 9000 min^{-1}
Kompressionsdruck	
gut	>14 bar
normal	10 – 14 bar
schlecht	<10 bar
Einfahrdrehzahlen	
Kilometerstand 0 – 1000 km	<5000 min^{-1}
Kilometerstand 0 – 1000 km	keine Volllast
Druckverlust über Ventile oder Zylinder	
Motor betriebswarm	max. 25 %

26

Betriebsstoffe

Viskositätsklasse

Spezifikation SAE 5W-40, API SL / JASO MA2
Additive (z. B. auf Molybdän-Basis) sind nicht zulässig, da beschichtete Motorenbauteile angegriffen werden.
BMW Motorrad empfiehlt die Verwendung von BMW Motorrad ADVANTEC Ultimate Öl.

Motoröl-Füllmenge

mit Filterwechsel	max. 4 l
Motoröl-Sollstand	zwischen MIN- und MAX-Markierung

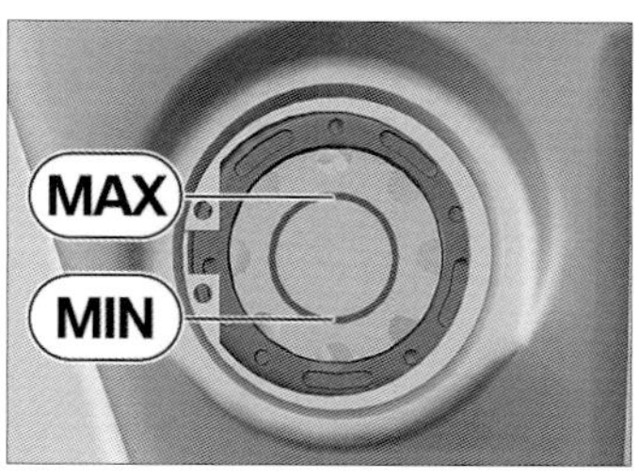

Motoröl-Nachfüllmenge

Differenz zwischen MIN und MAX	max. 0,95 l

Motorblock

Zylinderbohrungsdurchmesser

Toleranzgruppe A

Neuzustand	100,995 – 101,005 mm
Verschleißgrenze	max. 101,03 mm

zulässige Unrundheit der Zylinderbohrung

von der Oberkante 20 mm	max. 0,010 mm
von der Oberkante 100 mm	max. 0,015 mm

Gesamtverschleißspiel zwischen Kolben und Zylinder max. 0,08 mm

Zylinderkopf mit Deckel

Innendurchmesser der Ventilführung	5,500 – 5,507 mm
Ventilschaftspiel Auslass neu	0,047 – 0,054 mm
Verschleißgrenze	0,070 mm
Ventilschaftspiel Einlass neu	0,032 – 0,034 mm
Verschleißgrenze	0,055 mm

Zylinderkopf mit Deckel

Ventilführungs-Innendurchmesser	5,000 – 5,012 mm

Kurbelwelle mit Lager

Axialspiel der Kurbelwelle

Neuzustand	0,075 – 0,258 mm
Verschleißgrenze	max. 0,30 mm

Markierung des Kurbelwellenlagers

Farbmarkierung an Außenseite	gelb/grün/violett

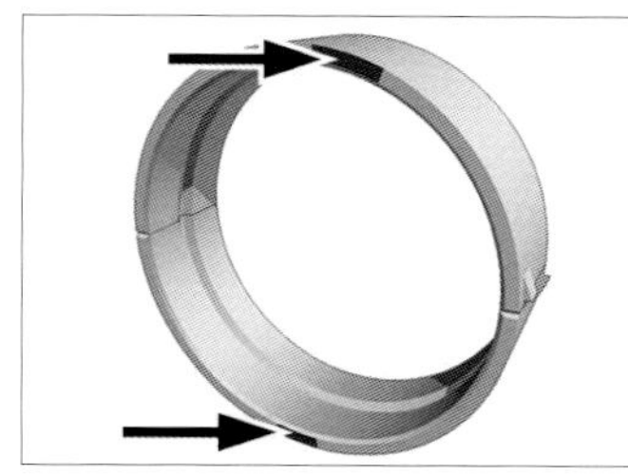

Radialspiel des Kurbelwellen-Hauptlagers 0,041 +/- 0,016 mm

Radialspiel des Kurbelwellen-Führungslagers 0,041 +/- 0,016 mm

Markierungen auf Kurbelwelle zur Bestimmung der Lagerschalen

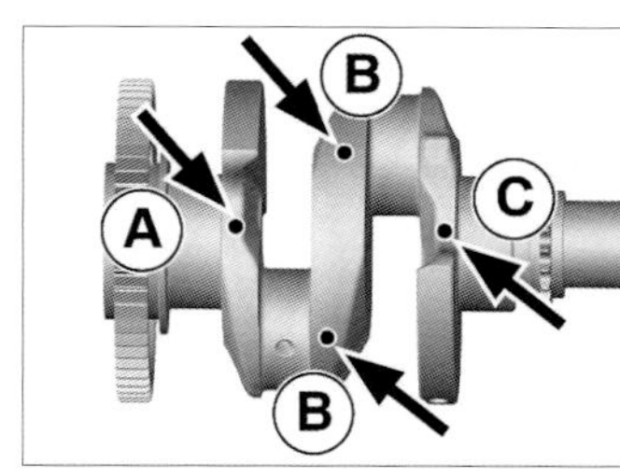

A vorn: Kennzeichnung für Spurlager
Farbpunkte gelb/grün/violett
B innen: Kennzeichnung für Pleuellager
Farbpunkte blau/rot
C hinten: Kennzeichnung für Hauptlager
Farbpunkte gelb/grün/violett

26 Technische Daten

Pleuel mit Lager

Pleuelaxialspiel	
Neuzustand	0,130 – 0,312 mm
Verschleißgrenze	max. 0,50 mm

Markierung der Pleuelgewichtsklassen

Pleuelgewichtsklasse 1/ 2 x weiß	542,0 – 547,9 g
Pleuelgewichtsklasse 2/ 2 x blau	548,0 – 553,9 g
Pleuelgewichtsklasse 3/ 3 x weiß	554,0 – 559,9 g
Pleuelgewichtsklasse 4/ 3 x gelb	560,0 – 565,9 g
Pleuelgewichtsklasse 5 / 1 x blau	566,0 – 571,9 g

Markierung der Pleuelgewichtsklassen	
Beschriftung am Pleuelfuß	0...5
Pleuellager-Farbkennzeichnung	

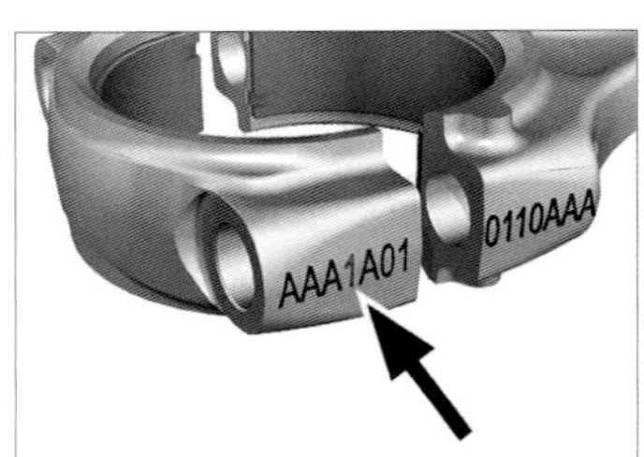

Kolben mit Ringe und Bolzen

Kolbeneinbaurichtung	Pfeil in Fahrtrichtung
Kolbenring-Einbaurichtung	Bezeichnung "TOP" nach oben
Kolbenbolzenradialspiel im Kolben	
Neuzustand	0,005 – 0,015 mm
Verschleißgrenze	max. 0,025 mm

Nockenwelle

Axialspiel der Nockenwelle	
Neuzustand	0,05 – 0,25 mm
Verschleißgrenze	max. 0,35 mm
Zahnflankenspiel des Nockenwellenrades	0,003 – 0,020 mm

Schlepphebel mit Lagerung

Schlepphebel-Axialspiel	0,10 – 0,30 mm

Ventile mit Federn

Einlassventilspiel	
bei kaltem Motor max. 35 °C	0,10 – 0,17 mm
Auslassventilspiel	
bei kaltem Motor max. 35 °C	0,34 – 0,41 mm

Ölversorgung

Motoröldruck	
Motoröl betriebswarm	
bei Leerlaufdrehzahl	0,8 – 1,5 bar
bei Drehzahl min. 5000 min^{-1}	4 – 5 bar

Motorelektrik

Zündgeschirr, Zündkerzen	
Zündkerzen-Hersteller und -Bezeichnung	
NGK	LMAR8D-J
Elektrodenabstand der Zündkerze	
Neuzustand	0,8 +/- 0,1 mm
Verschleißgrenze	1,0 mm

Generator mit Antrieb und Befestigung

Generatordrehzahl bei Ladebeginn	Leerlaufdrehzahl
Übersetzungsverhältnis des Generators	1 : 1
Generatorstrom	
bei Motordrehzahl 4000 min^{-1}	40 A
Generator-Nennstrom	
bei Leerlaufdrehzahl	28 A

26

Kraftstoffaufbereitung und Regelung

Empfohlene Kraftstoffqualität	Super bleifrei max. 10 % Ethanol, E10 95 ROZ/RON 89 AKI
Alternative Kraftstoffqualität	Normal bleifrei (Einschränkungen bei Leistung und Verbrauch. Soll der Motor beispielsweise in Ländern mit minderer Kraftstoffqualität mit 91 ROZ betrieben werden, dann muss das Motorrad bei Ihrem BMW Motorrad Partner vorher entsprechend programmiert werden.) max. 10 % Ethanol, E10 91 ROZ/RON 87 AKI

Einspritzdüsen und Leitungen

Kraftstoffdruck des Einspritzsystems	4 +/- 0,5 bar

Kraftstoffversorgung

Nutzbare Kraftstofffüllmenge	ca. 18 l
Kraftstoffreservemenge	ca. 4 l

Kraftstoffpumpe

Betriebsdruck der Kraftstoffpumpe	ca. 5 bar

Kühlung

Kühlsystemprüfdruck	1,5 bar
Prüfdruck muss unverändert bleiben: min. 5 min	
Einschalttemperatur für Kühlmitteltemperatur-Warnanzeige	118 °C
Kühlmittel-Sollstand bei kaltem Motor	zwischen MIN- und MAX-Markierungen am Ausgleichsbehälter

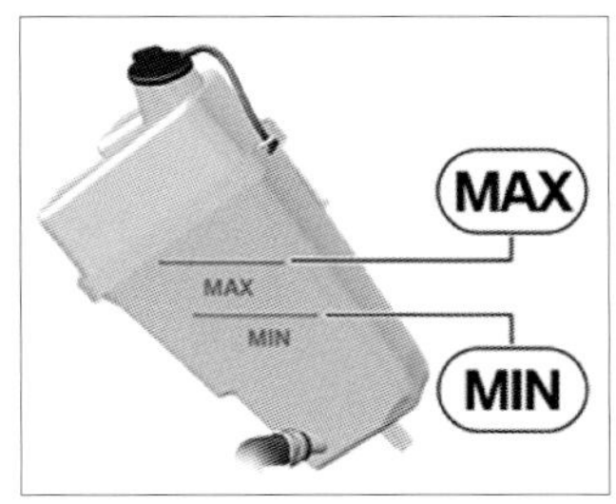

Kühlmittel-Füllmenge	
im Kühlmittelkreislauf gesamt	1,5 l
im Ausgleichsbehälter	0,25 l
Allgemeiner Betriebsstoff (Gefrier- und Korrosionsschutzmittel)	
Kühlmittel Frostsicherheit	min. -25 °C

Lüfter

Einschalttemperatur für Kühlerlüfter	105 °C

26 Technische Daten

Kupplung

Kupplungsbauart — Mehrscheiben-Ölbadkupplung, Anti-Hopping
Kupplungsbetätigung — hydraulisch
Kupplungsflüssigkeitsstand (Reparaturfall)
bei neuem Kupplungsbelag, Behälter steht waagerecht — Markierung im Ausgleichsbehälter

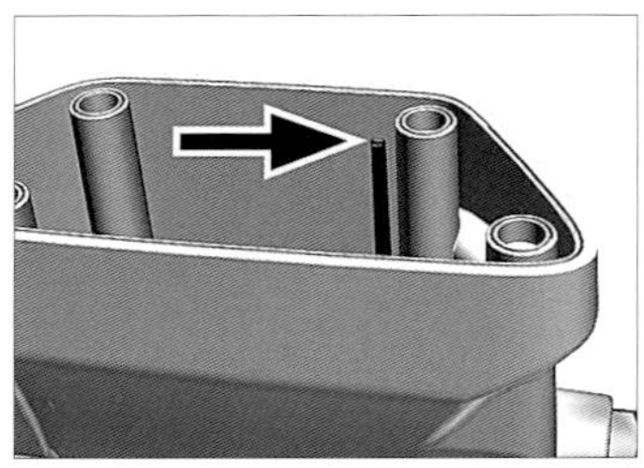

Hydraulikflüssigkeit — Hyspin V10

Kupplung mit Mitnehmerscheibe

Zahnflankenspiel des Kupplungskorbs 0,003...0,025 mm
Dicke einer Belaglamelle — 3,0 mm
Verschleißgrenze über Reibbelag gemessen — 2,85 mm

Schaltgetriebe

Getriebebauart — klauengeschaltetes 6-Gang-Getriebe mit Schrägverzahnung

Zahnräder
Getriebeübersetzungen

Primärübersetzung	1,650 (33:20 Zähne)
1. Gang	2,438 (39:16 Zähne)
2. Gang	1,714 (36:21 Zähne)
3. Gang	1,296 (35:27 Zähne)
4. Gang	1,059 (36:34 Zähne)
5. Gang	0,943 (33:35 Zähne)
6. Gang	0,848 (28:33 Zähne)
Getriebeausgangsübersetzung	1,061 (35:33 Zähne)

Innere Schaltungsteile

Schaltwellenaxialspiel — 0,10 – 0,20 mm
Schaltgabelstegbreite
an den Anlageflächen — 4,90 /- 0,07 mm

Äußere Schaltbetätigungsteile
Schaltstangenlänge

Abstand zwischen Kugelkopf-Achsen — max. 145 mm

Vorderachse, Vorderradführung

Bauart der Vorderradführung — Upside-down-Teleskopgabel

Federweg vorn
am Rad — 190 mm
Gabelöl Füllmenge pro Gabelholm — ca. 485 ml
Teleskopgabelöl (Teleskopgabelöl SAE 10)
Gabelöl Füllhöhe ohne Standrohr
von Oberkante gemessen — 135 +/- 2 mm

Federbein

Bauart der Vorderradfederung
Zentralfederbein mit Schraubenfeder/ Dynamic ESA: Zentralfederbein mit Schraubenfeder und Ausgleichsbehälter, elektrisch einstellbare Zug- und Druckstufendämpfung

Hinterachse, Hinterradantrieb, -führung

Bauart des Hinterradantriebs — Wellenantrieb mit Winkelgetriebe
Bauart der Hinterradführung — Aluminiumguss-Einarmschwinge mit Paralever
Winkelgetriebe Ölfüllmenge
Getriebeöl .... Hypoid Axle Oil G3
Neubefüllung — 200 ml
Wechsel — 180 ml

26

Federbein, Anbauteile

Grundeinstellung der Hinterraddämpfung	
Solobetrieb ohne Beladung	Einstellrad im Uhrzeigersinn bis zum Anschlag drehen,
Solobetrieb mit Beladung	Einstellrad im Uhrzeigersinn bis zum Anschlag drehen, dann 15 Klicks gegen Uhrzeigersinn drehen
Soziusbetrieb mit Beladung	Einstellrad im Uhrzeigersinn bis zum Anschlag drehen
Grundeinstellung der Federvorspannung hinten	
Solobetrieb ohne Beladung	Einstellrad bis zum Anschlag in Richtung LOW drehen
Solobetrieb mit Beladung	Einstellrad bis zum Anschlag in Richtung LOW drehen, dann 15 Umdrehungen Richtung HIGH
Soziusbetrieb und Beladung	Einstellrad bis zum Anschlag in Richtung HIGH
Bauart der Hinterradfederung	Zentralfederbein mit Schraubenfeder, einstellbare Zugstufendämpfung und Federvorspannung/ Dynamic ESA: Zentralfederbein mit Schraubenfeder und Ausgleichsbehälter, elektrisch einstellbare Zug- und Druckstufendämpfung, elektrisch einstellbare Federvorspannung
Federweg am Hinterrad	140 mm

Winkelgetriebe hinten

Übersetzungsverhältnis des Hinterradantriebs	2,82 (31/11 Zähne)

Bremsen

Bremsflüssigkeitsbehälter waagerecht, Fahrzeug steht gerade
Der Bremsflüssigkeitsstand darf die MIN-Markierung nicht unterschreiten.

Hydraulikflüssigkeit	Bremsflüssigkeit, DOT4

Bremsflüssigkeitsstand vorn

Bremsflüssigkeitsstand hinten

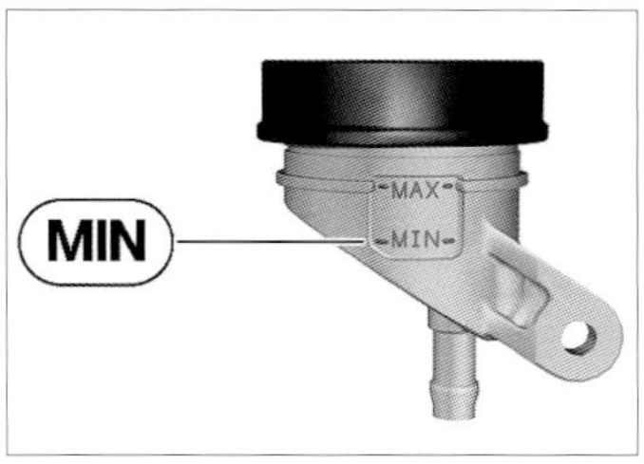

26 Technische Daten

Vorderradbremse

Bauart der Vorderradbremse — Hydraulisch betätigte Doppelscheibenbremse mit 4-Kolben-Radial-Monoblocksätteln und schwimmend gelagerten Bremsscheiben
Bremsscheibendurchmesser vorn — 320 mm
Bremsbelagsmaterial vorn — Sintermetall
Bremsscheibenstärke vorn
Neuzustand — 4,5 mm
Verschleißgrenze — 4 mm
Bremsbelagverschleißgrenze vorn — 1,0 mm
Nur Reibbelag ohne Trägerplatte. Die Verschleißmarkierungen (Nuten) müssen deutlich sichtbar sein.

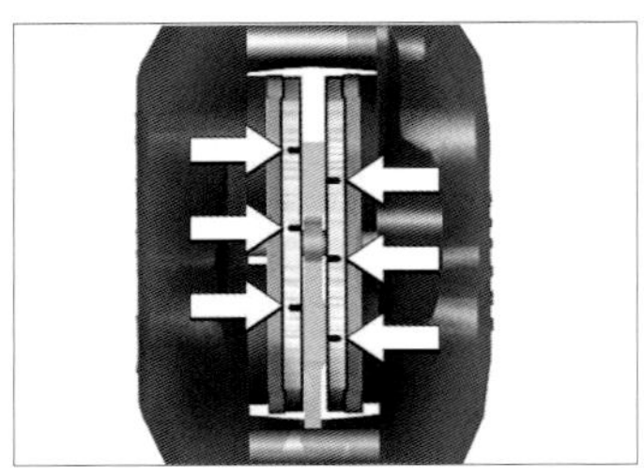

Bremsscheibendurchmesser vorn — 305 mm
Bremsscheibenseitenschlag vorn
am Außendurchmesser — max. 0,15 mm
Bremsscheibenstärke vorn
Verschleißgrenze — min. 4 mm
Leerweg der Bremsbetätigung
Vorderradbremse am Kolben — ca. 1,85 mm

Hinterradbremse

Bauart der Hinterradbremse — hydraulisch betätigte Scheibenbremse mit 2-Kolben-Schwimmsattel und fester Bremsscheibe
Bremsscheibendurchmesser hinten — 276 mm
Bremsbelagsmaterial hinten — Organisch
Bremsscheibenstärke hinten
Verschleißgrenze — min. 4,5 mm
Bremsbelagverschleißgrenze hinten
nur Reibbelag ohne Trägerplatte — 1,0 mm

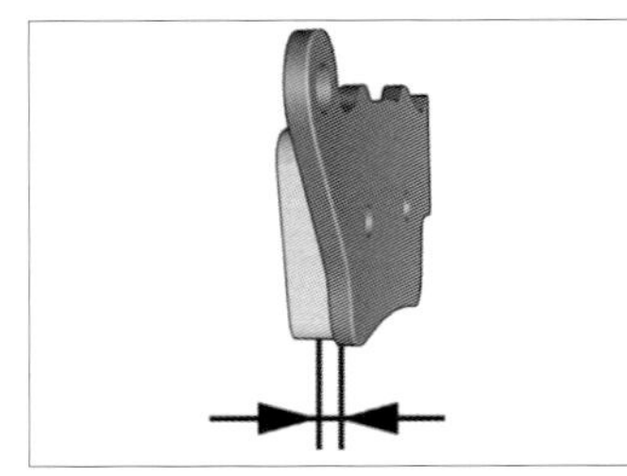

Bremsscheibenstärke hinten
Neuzustand — 5 mm
Verschleißgrenze — min 4,5 mm
Bremsscheibenseitenschlag hinten
am Außendurchmesser,
Bauteile abgekühlt — max. 0,35 mm
Leerweg der Bremsbetätigung
Hinterradbremse
am Kolben — ca. 1 mm

Räder und Bereifung

Elektronische Komponenten

Raddrehzahlsensor vorn
Abstand zum Sensorring — 0,1 – 1,4 mm
Raddrehzahlsensor hinten
Abstand zum Sensorring — 0,1 – 1,4 mm

Räder

Zulässige Vorderradunwucht — max. 5 g
Zulässige Hinterradunwucht — max. 45 g

Wuchtgewicht

Gewichte sind je zur Hälfte rechts und links an der Felge anzubringen
Hinterrad und Vorderrad — max. 80 g

26

Räder mit Lagerung

Vorderradbauart	Aluminium-Gussrad
Hinterradfelgengröße	5.5" x 17"
Vorderradfelgengröße	3.5" x 17"
Hinterradbauart	Aluminium-Gussrad
Höhenschlag Vorderrad	max. 1,5 mm
Seitenschlag Vorderrad	max. 1,5 mm
Höhenschlag Hinterrad	max. 1,5 mm
Seitenschlag Hinterrad	max. 1,5 mm

Bereifung

Reifenbezeichnung vorn	120/70 - 19
Reifenfülldruck vorn	
bei kaltem Reifen	2,5 bar
Reifenbezeichnung hinten	180/55 - 17
Reifenprofiltiefe vorn und hinten	
nur für Deutschland	min 1,6 mm

Reifenfülldruck bei kaltem Reifen	
hinten	2,9 bar
vorn	2,5 bar
Radventil-Prüfdruck	4 bar

Empfohlene Reifenpaarungen
Eine Übersicht der aktuellen Reifenfreigaben erhalten Sie bei Ihrem BMW Motorrad Partner oder im Internet unter "www.bmw-motorrad.com".

Allgemeine Fahrzeugelektrik

Steckverbindung, Klemme

Elektrische Belastbarkeit der Steckdosen	
alle Steckdosen in Summe	max. 5 A

Sicherungsträger 1

Steckplatz 1: Instrumentenkombination, Diebstahlwarnanlage (DWA), Zündschloss, Diagnosesteckdose	10 A
Steckplatz 2: Kombischalter links, Reifendruck-Control (RDC)	7,5 A

Sicherungsträger 2

Sicherung 1: Generatorregler	50 A

Batterie mit Halter

Batteriebauart	AGM-Batterie (Absorbent Glass Mat)
Batterienennspannung	12 V
Batterienennkapazität	12 Ah

Leuchten

Vordere Leuchten, Begrenzungs- und Seitenleuchten

Leuchtmittel für Standlicht	W5W / 12 V / 5 W
Scheinwerfer	
Leuchtmittel für Fernlicht	H7 / 12 V / 55 W
Leuchtmittel für Abblendlicht	H7 / 12 V / 55 W
Blinkleuchten vorn	
Leuchtmittel	LED/RY10W / 12 V / 10 W
Heckleuchten-Kombination	
Leuchtmittel	LED
Blinkleuchten hinten	
Leuchtmittel	LED/RY10W / 12 V / 10 W

Diebstahlwarnanlage

Batterietyp	CR 123 A
Batterietyp für Fernbedienung	CR 1632
Aktivierungszeit bei Inbetriebnahme	ca. 30 s
Alarmdauer	ca. 26 s

Geschwindigkeitsregelung, Fernbedienung
Elektronische Schließ-Systeme

Funk-Schließ-System

Reichweite des Keyless Ride-Funkschlüssels	1 m
Batterietyp	CR 2032

Sonderzubehör Motorrad

Tankrucksack

Volumen des Tankrucksacks klein	
ohne Volumenerweiterung	ca. 5 l
mit Volumenerweiterung	ca. 9 l
Zuladung des Tankrucksacks	max. 5 kg

26 Technische Daten

26.1 Anzugsmomente

Motor

Motorblock

Verschlussschraube für OT-Absteckung in Kurbelgehäuse M16 x 1,5 .... 30 Nm
Halter Motorschutz an Kurbelgehäuse M8 x 25 .. 19 Nm
Ölablassschraube an Kurbelgehäuse M20 x 1,5 . 42 Nm
Zusammenbau Kurbelgehäuse M10 x 130
Anzugdrehmoment .... 25 Nm
Weiterdrehwinkel .... 90°
Motorschutz an Halter M6 x 20 .... 8 Nm
Verdrehsicherungsplatte (Gleitlager) an Kurbelgehäuse M6 x 25 .... 12 Nm
Zusammenbau Kurbelgehäuse
M6 x 30 .... 10 Nm
M8 x 80 .... 19 Nm
Membranventil an Kurbelgehäuse M6 x 16 ...... 12 Nm
Verschlussschraube (Anschluss Öldruckmessung) in Kurbelgehäuse M10 x 1 .... 10 Nm
Kühlmittel-Ablassschraube in Kurbelgehäuse M10 x 1 .... 10 Nm
Kühlmittel-Befüllschnittstelle in Kurbelgehäuse M10 x 1 .... 5 Nm

Zylinderkopf mit Deckel

Zylinderkopfhaube an Zylinderkopf M6 .... 10 Nm
Zylinderkopf an Kurbelgehäuse M10 x 110; über Kreuz festziehen
1. Anzugdrehmoment .... 5 Nm
2. Anzugdrehmoment .... 20 Nm
3. Anzugdrehmoment .... 40 Nm
Weiterdrehwinkel .... 120°
M6 x 25 .... 12 Nm
M6 x 95 .... 12 Nm
Nockenwellenlagerbrücke an Zylinderkopf M6 x 35; wechselnd festziehen .... 10 Nm
Öleinfüllschraube in Zylinderkopfhaube M34 x 1,5 .... 8 Nm

Gehäusedeckel

Motorgehäusedeckel an Kurbelgehäuse M6 x 20
Anzugreihenfolge siehe Seite 104 .... 10 Nm

Gehäuseentlüftung

Entlüftungsdeckel an Getriebedeckel M6 x 20 ... 12 Nm
Entlüftungsrad an Kurbelwelle M10 x 1 x 25 ..... 40 Nm

Pleuel mit Lager

Pleuelschraube M10 x 1 x 50 - 13.9; Schraube erneuern; Gewinde und Auflagefläche der Schraube geölt
1. Anzugdrehmoment .... 5 Nm
2. Anzugdrehmoment .... 20 Nm
Weiterdrehwinkel .... 150°
Schraube lockern und nochmals festziehen
1. Anzugdrehmoment .... 5 Nm
2. Anzugdrehmoment .... 20 Nm
Weiterdrehwinkel .... 150°

Starterfreilauf, Vorgelege

Freilaufgehäuse an Generator M8 x 16 - 12.9 ..... 35 Nm
Hülse (Axialanschlag Freilaufrad) an Kurbelgehäuse M6 x 50; Schraubensicherungsmittel (Loctite 243, mittelfest) .... 10 Nm
Achse für Starterdoppelrad an Kurbelgehäuse M6 x 80 mikroverkapselt oder Schraubensicherungsmittel (Loctite 243, mittelfest) .... 8 Nm
Achse für Starterzwischenrad an Kurbelgehäuse
Linksgewinde, M20 x 1,5 .... 18 Nm
M6 x 80; mikroverkapselt oder Schraubensicherungsmittel (Loctite 243, mittelfest) .... 8 Nm

Nockenwelle

Steuerkettenschienen an Kurbelgehäuse M8 .... 19 Nm
Nockenwellenrad an Nockenwelle
Auslassnockenwelle (mit Geber für Nockenwellensensor), M10 x 1,25 x 35 - 10.9 .... 65 Nm
sonstige Nockenwellen, M10 x 1,25 x 25 - 10.9 .... 65 Nm
Geber für Nockenwellensensor an Nockenwelle (Klemmung) M5 x 20 .... 5 Nm
Sicherungsschraube für Zwischenwellenachse in Zylinderkopf M6 x 14 .... 8 Nm
Kettenrad an Zwischenwelle M6 x 12 .... 10 Nm
Kettenspanner an Zylinder M18 x 1,5 .... 30 Nm

Ölpumpe mit Sieb und Antrieb

Ölpumpendeckel an Kurbelgehäuse M6 x 16 ..... 12 Nm
Ölsaugschnorchel in Kurbelgehäuse M6 x 20 mikroverkapselt oder Schraubensicherungsmittel (Loctite 270, hochfest) .... 8 Nm
Verschlussschraube für Öldruckregelventil in Kurbelgehäuse M24 x 1,5 .... 42 Nm
Ölpumpenritzel an Ölpumpenwelle M6, Mutter erneuern (Schraubensicherung /mechanisch) ... 10 Nm

Ölfilter und Leitungen

Ölfilter an Kurbelgehäuse;
Dichtring mit Motoröl schmieren .... 11 Nm
Ölfilterstutzen an Kurbelgehäuse M20 x 1,5 ...... 35 Nm

Kühlmittelpumpe mit Antrieb

Kühlmittelpumpe an Kurbelgehäuse M6 x 40 .... 12 Nm

Thermostat und motorfeste Kühlmittelleitungen
Kühlmittelstutzen für Thermostat an Kurbelgehäuse
M6 x 16 .... 12 Nm
Kühlmittelstutzen an Kurbelgehäuse M6 x 16 .... 12 Nm

Abgassteuerungen
Lambdasonde an Abgaskrümmer M18 x 1,5
Gewinde schmieren,
Schmiermittel (Optimoly TA) .... 45 Nm

Motorelektrik
Zündkerze an Zylinderkopf M10 x 1 .... 12 Nm

Zündspule
Zündspulenabdeckung an Zylinderkopf M5 x 20 .. 5 Nm

Generator mit Antrieb und Befestigung
Rotor an Kurbelwelle M24 x 1,5
Schraubensicherungsmittel (Loctite 270, hochfest)
1. Anzugdrehmoment .... 150 Nm
vollständig lösen
2. Anzugdrehmoment .... 250 Nm
Spulenträger an Kurbelgehäuse M6 x 20 .... 12 Nm
Stator an Spulenträger M6 x 40
Schraubensicherungsmittel (Loctite 270, hochfest) 10 Nm

Regler
Spannungsregler
an Hinterradabdeckung M5 x 25 .... 5 Nm

Starter mit Befestigung
Starter an Getriebedeckel M6 x 40 .... 12 Nm
Kabelbaum (Masse) an Starter M6 x 10 .... 8 Nm
Kabelbaum (Plus) an Starter M6, Mutter erneuern
Schraubensicherung (mechanisch) .... 8 Nm

Öldruck-, Öltemperatur-, Ölstandsanzeige
Ölstandsensor an Getriebedeckel M6 x 16
mikroverkapselt oder Schraubensicherungsmittel
(Loctite 243, mittelfest) .... 8 Nm

Kühlmitteltemperatur
Kühlmitteltemperatursensor an
Wasseranschlussstutzen M12 x 1,5 .... 15 Nm

Geber für Steuergerät
Kurbelwellensensor an Kurbelgehäuse M6 x 14 ... 8 Nm
Nockenwellensensor an Zylinderkopf M6 x 16 .... 8 Nm

Kraftstoffaufbereitung und Regelung

Einspritzdüsen und Leitungen
Einspritzventil an Zylinderkopf M5 x 20 .... 5 Nm

Einspritzventile, Startventile
Abdeckung für Einspritzventil
an Zylinderkopf M5 x 20 .... 5 Nm

Ansauggeräuschdämpfer
Ansauggeräuschdämpfer an Tankhalter M6 x 25 .. 8 Nm

Luftfilter
Luftfilterdeckel an Ansauggeräuschdämpfer M5 x 50
über Kreuz .... 3 Nm

Kraftstoffversorgung

Kraftstoffbehälter mit Einfüllrohr
Tankhalter an Rahmen M6 x 12 .... 8 Nm
Kraftstoffbehälter an Rahmen M8 x 45 .... 19 Nm
Tankdeckel an Kraftstoffbehälter M5 x 28 .... 4 Nm

Förderung, Aufbereitung und Inhaltsmessung, Steuergerät, Kraftstoffpumpe
Kraftstoffpumpe an Kraftstoffbehälter
Überwurfmutter .... 35 Nm
Kraftstoffpumpenelektronik an Pumpeneinheit
Schraube für Kunststoff 3,5 x 14 .... 0,7 Nm

Kühlung

Motorkühler mit Befestigung
Kühler an Frontträger
Sondergewinde für Leichtmetall, 6 x 25 .... 12 Nm
Kühler an Rahmen M6 x 25
Schraubensicherung (mikroverkapselt)
oder Schraubensicherungsmittel (Loctite 243,
mittelfest) .... 8 Nm

Ausgleichsbehälter
Ausgleichsbehälter an Ansauggeräuschdämpfer
Schraube für Kunststoff 5,5 x 16 .... 4 Nm

26 Technische Daten

Abgasanlage

Abgasanlagenteile mit Befestigung

Bowdenzug an Abgasklappe M6 .... 5 Nm
Aufnahme für Stellmotor an
Getriebedeckel M6 x 25 .... 8 Nm
Abgaskrümmer an Zylinderkopf M8 .... 28 Nm
Halter für Abgaskrümmer
an Getriebedeckel M8 x 20 .... 19 Nm
Abdeckung an Schalldämpfer/Abgaskrümmer M5 x 10
Anziehreihenfolge: 1. Abgaskrümmer, 2. Schalldämpfer
oben, 3. Schalldämpfer unten .... 5 Nm
Schelle an Schalldämpfer und Abgaskrümmer .. 22 Nm
Schalldämpfer an Heckrahmen M8 x 35 .... 19 Nm
Schelle an Schalldämpfer M5 x 16 Schrauben-
sicherungsmittel (Loctite 243, mittelfest) .... 8 Nm
Kunststoffblende an Schalldämpfer M5 x 10
mikroverkapselt oder Schraubensicherungsmittel
(Loctite 243, mittelfest) .... 5 Nm

Kupplung

Kupplung mit Mitnehmerscheibe

Kupplungsnabe an Vorgelegewelle M20 x 1,5
Mutter erneuern und mit Motoröl schmieren
Anzugdrehmoment............................ 150 Nm
Mutter vollständig lockern
Anzugdrehmoment............................ 150 Nm
Kupplungskorb an Ausgleichswelle M36 x 1,5
Mutter erneuern, Gewinde fettfrei
Schraubensicherung (mikroverkapselt)
1. Anzugdrehmoment.......................... 170 Nm
Mutter lockern
Drehwinkel.. 90°
2. Anzugdrehmoment .... 250 Nm
Antriebsrad an Kupplungskorb M8 x 15,5
mikroverkapselt oder Schraubensicherungsmittel
(Loctite 243, mittelfest).......................... 22 Nm
Befestigungsplatte an Kupplungsnabe M6 x 30
mit Motoröl schmieren.......................... 10 Nm

Kupplungsbetätigung (Hydraulik)

Kupplungsnehmerzylinder an Getriebedeckel M6 x 20
Schrauben zweimal festziehen................... 8 Nm
Kupplungsleitung an Kupplungsarmatur M10 x 1 . 7 Nm
Kupplungsleitung an Kupplungsnehmerzylinder
M10 x 1... 7 Nm
Entlüfterschraube an Kupplungsnehmerzylinder . 5 Nm

Schaltgetriebe

Gehäuse mit Deckel

Getriebedeckel an Kurbelgehäuse M6 x 25....... 10 Nm
Schaltungsdeckel an Getriebedeckel M6 x 20.... 10 Nm

Lager im Gehäuse, Dichtringe

Halteblech für Festlager an Getriebedeckel
innen, M6 x 16 mikroverkapselt oder
Schraubensicherungsmittel (Loctite 243, mittelfest)
Anzugdrehmoment.............................. 8 Nm
Weiterdrehwinkel.................................. 90°
außen, M6 x 25 mikroverkapselt oder
Schraubensicherungsmittel (Loctite 243, mittelfest)
Anzugdrehmoment.............................. 8 Nm
Weiterdrehwinkel.................................. 90°
Halteblech für Loslager
an Kurbelgehäuse M6 x 18 .... 10 Nm

Elektrische Anbauteile

Getriebepotenziometer
an Getriebedeckel M5 x 14 - 10.9.................. 5 Nm

Getriebewellen

Lager an Vorgelegewelle M20 x 1,5
mikroverkapselt oder Schraubensicherungsmittel
(Loctite 243, mittelfest)......................... 100 Nm

Innere Schaltungsteile

Halteblech für Schaltwalze an Getriebedeckel M6 x 16
mikroverkapselt oder Schraubensicherungsmittel
(Loctite 243, mittelfest)
Anzugdrehmoment,............................. 8 Nm
Weiterdrehwinkel.................................. 90°
Arretierhebel an Getriebedeckel M6 x 18
Anzugdrehmoment.............................. 8 Nm
Weiterdrehwinkel.................................. 90°

Äußere Schaltbetätigungsteile

Schalthebel (Klemmung) an Schaltwelle M6 x 30. 8 Nm
Trittstück (Klemmung) an Schalthebel M6 x 16 ... 8 Nm
Fußschalthebel an Rahmen M8 x 25 .... 19 Nm
Kugelzapfen an Schalthebel M8 .... 19 Nm
Kugelgelenk an Schaltstange
Kontermutter M6............................... 8 Nm

Vorderachse, Vorderradführung

Teleskopgabel

Klemmschraube für Steckachse in Teleskopgabel M8 x 35 .... 19 Nm
Verschlussschraube an Gabelstopfen M4 x 8, O-Ring erneuern.......................... 2,5 Nm
Schraubbolzen in Gabelbrücke M14 x 1,5 mikroverkapselt oder Schraubensicherungsmittel (Loctite 243, mittelfest).......................... 130 Nm
Gabelbrücke oben an Standrohr M10 x 1,25 Schraubensicherung (mechanisch; hochfest) .... 40 Nm
Gabelbrücke unten an Gleitrohr M8 x 35

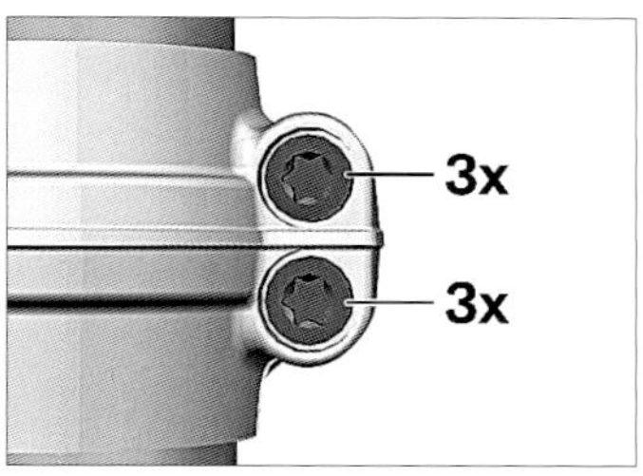

Schrauben sechs Mal im Wechsel festziehen..... 19 Nm

Lenkung

Motorradlenker

Lenkergewicht an Lenker M10 x 50 .... 40 Nm
Klemmbock (Lenkerklemmung) an Gabelbrücke M8 x 35
in Fahrtrichtung vorn auf Block festziehen ...... 19 Nm

Handhebel

Deckel an Ausgleichsbehälter M4 x 16........... 2,5 Nm
Handarmatur an Lenker M6 x 30
oben auf Block festziehen........................ 8 Nm
Hebel an Handarmatur M5, Mutter erneuern
Mutter festziehen, an Schraube gegenhalten .... 7 Nm

Hinterachse, Hinterradantrieb, -führung

Hinterradschwinge mit Lagerung, Strebe

Winkelgetriebe an Schwinge M12 x 1,5 mikroverkapselt oder Schraubensicherungsmittel (Loctite 2701, hochfest) .... 100 Nm
Kontermutter (Loslagerzapfen) an Rahmen M24 x 1,25.......................... 145 Nm
Festlagerzapfen (Schwinge) an Rahmen links M27 x 1,25, Festlagerzapfen erneuern (mikroverkapselt) .... 100 Nm
Loslagerzapfen (Schwinge) an Rahmen M24 x 1,25 Gewinde und Lagersitz schmieren, Schmiermittel (Optimoly TA)
Anzugdrehmoment............................. 15 Nm
lösen
Anzugdrehmoment.............................. 7 Nm
Paralever-Strebe an Rahmen/Winkelgetriebe M10 x 60 - 10.9 mikroverkapselt oder Schraubensicherungsmittel (Loctite 270, hochfest) .... 56 Nm

Federbein, Anbauteile

Federbein an Rahmen M12 x 1.5 x 60 mikroverkapselt oder Schraubensicherungsmittel (Loctite 2701, hochfest) .... 100 Nm
Federbein an Schwinge M12 x 75 - 10.9 mikroverkapselt oder Schraubensicherungsmittel (Loctite 2701, hochfest) .... 100 Nm
Spritzschutz an Federbein M4 x 6 Schraubensicherungsmittel (Loctite 270, hochfest) .... 3 Nm

Winkelgetriebe hinten

Deckel an Winkelgetriebe hinten M8 x 30
Schrauben erneuern
über Kreuz festziehen
Anzugdrehmoment............................. 10 Nm
Weiterdrehwinkel.................................. 45°

Gehäuse Winkelgetriebe hinten

Ölablassschraube in Winkelgetriebe M12 x 1..... 20 Nm
Öleinfüllschraube an Winkelgetriebe M12 x 1,5... 20 Nm

26 Technische Daten

Bremsen

Vorderradbremse

Bremsscheibe an Vorderrad M8 x 27, Schraube erneuern Schraubensicherung (mikroverkapselt) über Kreuz stufenweise festziehen. . . . . 19 Nm
Bremssattel an Teleskopgabel M10 x 65. . . . . 38 Nm
Sensorring an Vorderrad M5 x 10 . . . . 5 Nm
Entlüfterschraube in Hohlschraube. . . . . 10 Nm
Stiftschraube (Bremsbeläge) in Bremssattel . . . . . . 6 Nm

Hinterradbremse

Bremssattel an Winkelgetriebe M8 x 25. . . . . 24 Nm
Entlüfterschraube in Bremssattel hinten M10 x 1. 14 Nm
Bremsscheibe an Radflansch M8 x 15,5, Schraube erneuern (mikroverkapselt), über Kreuz stufenweise festziehen
Anzugdrehmoment. . . . . 12 Nm
Weiterdrehmoment . . . . 30 Nm

Hauptbremszylinder

Kontermutter an Kolbenstange (Fußbremszylinder) M8. . . . . 17 Nm
Fußbremszylinder mit Fersenabweiser an Rahmen M6 x 20. . . . . 8 Nm
Bremsflüssigkeitsbehälter an Rahmen M6 x 16 . . . 8 Nm

Bremsleitungen

Bremsschlauchabdeckung an Strebe M5 x 12 . . . . . 5 Nm
Bremsschlauch mit Hohlschraube M10 x 1 an Komponenten. . . . . 24 Nm
Bremsleitung an Gabelbrücke M6 x 16 mikroverkapselt oder Schraubensicherungsmittel (Loctite 243, mittelfest) . . . . 8 Nm

Mechanisch-hydraulische Komponenten

ABS-Druckmodulator an Halter M6 x 14,5. . . . . 8 Nm

Fußbetätigung

Fußbremshebel mit Verbindungsgestänge

Fußbremshebel an Rahmen M8 x 25. . . . . 19 Nm

Räder und Bereifung

Elektronische Komponenten

Kabelhalter für Raddrehzahlsensor an Teleskopgabel M5 x 10 . . . . 5 Nm
Raddrehzahlsensor an Winkelgetriebe M6 x 16 . . . 8 Nm
Raddrehzahlsensor an Gabel M6 x 16 mikroverkapselt oder Schraubensicherungsmittel (Loctite 243, mittelfest) . . . . 8 Nm

Räder mit Lagerung

Steckachse in Teleskopgabel M12 x 20 . . . . 30 Nm
Hinterrad an Radflansch M10 x 1,25 x 40 über Kreuz festziehen . . . . 60 Nm
Metallventil in Felge G 1/8 Zoll Schraubensicherungsmittel (Loctite 243, mittelfest) . . . . 12 Nm
Reifendruck-Control Sensor an Felge M8 x 25, im Reparaturfall Schraubensicherungsmittel verwenden (Loctite 243, mittelfest) . . . . 9 Nm

Rahmen und Anbauteile

Motorradrahmen

Heckrahmen oben an Hauptrahmen M10 x 30 mikroverkapselt oder Schraubensicherungsmittel (Loctite 2701, hochfest) . . . . 56 Nm
Heckrahmen unten an Hauptrahmen M10 x 25 - 10.9 mikroverkapselt oder Schraubensicherungsmittel (Loctite 2701, hochfest) . . . . 65 Nm
mit Scheibe, M10 x 30 mikroverkapselt oder Schraubensicherungsmittel (Loctite 2701, hochfest) . . . . 56 Nm
Hauptrahmen an Motor vorn oben, M12 x 255 - 10.9 mikroverkapselt oder Schraubensicherungsmittel (Loctite 243, mittelfest). . . . . 100 Nm
Hauptrahmen an Motor hinten oben, M12 x 215 mikroverkapselt oder Schraubensicherungsmittel (Loctite 243, mittelfest). . . . . 100 Nm
unten, M10 x 45 . . . . 55 Nm

Seitenstützen

Seitenstütze an Lagerbock M10 x 1 mikroverkapselt oder Schraubensicherungsmittel (Loctite 243, mittelfest) . . . . 40 Nm
Seitenstützenschalter an Lagerschraube M6 x 16 mikroverkapselt oder Schraubensicherungsmittel (Loctite 243, mittelfest). . . . . 6 Nm
Gewindebolzen (Seitenstützenfeder) in Rahmen M10 x 1,5 . . . . 38 Nm

Gepäcksystem
Gepäckbrücke-Unterteil an Gepäckbrücke
M6 x 20 .... 5 Nm
Gepäckbrücke an Heckrahmen M8 x 25 mikroverkapselt oder, Schraubensicherungsmittel (Loctite 243, mittelfest) .... 19 Nm
M8 x 40 mikroverkapselt oder Schraubensicherungsmittel (Loctite 243, mittelfest) .... 19 Nm
Gepäckbrücke an Heckrahmen M8 Schraubensicherungsmittel (Loctite 243, mittelfest) .... 19 Nm

Vorderradabdeckung
Vorderradabdeckung an Teleskopgabel
M5 x 14,5 .... 2 Nm

Hinterradabdeckung, Kennzeichenträger
Kennzeichenträger an Heckrahmen M6 x 17,5 ..... 8 Nm
Hinterradabdeckung an Heckrahmen
oben, M6 x 14,5 .... 8 Nm
unten, M6 x 17,5 .... 8 Nm
Spritzschutz an Winkelgetriebe M6 x 20 mikroverkapselt oder Schraubensicherungsmittel (Loctite 243, mittelfest) .... 8 Nm
Heckteil an Heckrahmen
vorn, M8 x 40 mikroverkapselt oder Schraubensicherungsmittel (Loctite 243, mittelfest) .... 19 Nm
hinten, M8 x 25 mikroverkapselt oder Schraubensicherungsmittel (Loctite 243, mittelfest) .... 19 Nm

Motorradverkleidung, Windschild
Halter an Windschild und Blenden
M5 x 12 ohne Bund .... 4 Nm
Frontträger links/rechts an Rahmen M8 x 30 mikroverkapselt oder Schraubensicherungsmittel (Loctite 243, mittelfest) .... 19 Nm
Verkleidungen M5 .... 2 Nm
Verkleidungen M5 x 14,5, 3 mm Bund .... 2 Nm
Verkleidungen M5 x 17,5, 6 mm Bund .... 2 Nm
Windschild an Windschildverstellung M5 x 10 .... 4 Nm
Frontträger Mitte an Rahmen M6 x 50 mikroverkapselt oder Schraubensicherungsmittel (Loctite 243, mittelfest) .... 12 Nm
M8 x 55 .... 19 Nm
Frontträger links/rechts an Frontträger Mitte
vorn, M6 x 16, Schraube erneuern .... 8 Nm
hinten, M6 x 30, Schraube erneuern .... 8 Nm
Windschildverstellung an Frontträger
M6 x 16 .... 5 Nm
Abdeckung für Kraftstoffbehälter Mitte an Rahmen
M6 x 25 .... 8 Nm

Motorbefestigungen, Fußrasten
Fußrastenhalter an Heckrahmen M8 x 30 - 10.9 mikroverkapselt oder Schraubensicherungsmittel (Loctite 243, mittelfest) .... 38 Nm

Karosserieausstattung
Spiegel (Kontermutter) an Adapter
Linksgewinde, M10 x 1,25 .... 22 Nm
Adapter an Klemmbock M10 x 14 - 4.8 .... 25 Nm

Sonstige Verschlüsse
Zündlenkschloss an Gabelbrücke
Fächerschraube M8, Schraube erneuern (mikroverkapselt) .... 20 Nm

Sitzbank
Verriegelung Soziusitz an Heckträger
Schraube für Kunststoff, 4 x 10 .... 1 Nm
Sitzverstellung an Rahmen M6 x 14,5 .... 4 Nm

Allgemeine Fahrzeugelektrik
Kabelbaum (Masse) an Zylinderkopf M6 x 10 ..... 8 Nm
Kabelbaum (Masse) an Kurbelgehäuse M6 x 14,5 . 8 Nm
Kabelkanal an Kurbelgehäuse M6 x 16 .... 8 Nm
Batterieplus-Stützpunkt an
Batterieträger M6 x 14 .... 2 Nm
Kabelbaum an Batterie M6 x 10 .... 5 Nm

Schalter, Sensor
Kombischalter an Griffeinheit
Schraube für Kunststoff, 2,5 x 15 .... 0,5 Nm
Deckel an Kombischalter
Schraube für Kunststoff, 2,5 x 15 .... 0,5 Nm
Lenkergriff links an Lenker M3,5 x 30 .... 1 Nm
Gasgriff an Lenker M3,5 x 30 .... 2 Nm
Kupplungsschalter an Handarmatur
Schraube für Kunststoff, 2,2 x 16 .... 0,4 Nm
ESA:
Kugelzapfen (Anlenkstange) an Hinterradschwinge M6 mikroverkapselt oder Schraubensicherungsmittel (Loctite 270, hochfest) .... 8 Nm
Kugelzapfen (Anlenkstange) an Höhenstandssensor
Mutter, M6;
Kugelzapfen, M6 mikroverkapselt oder Schraubensicherungsmittel (Loctite 270, hochfest) .... 8 Nm

26 Technische Daten

Signalhorn
Hupe an Frontträger M8 x 18 .... 19 Nm

Steckdosen
Steckdose an Frontträger M18 x 1................. 3 Nm

Relais
Kabelbaum an Starterrelais M6, Mutter erneuern. 6 Nm

Instrumente
Abdeckscheibe an Instrumentenkombination
Schraube für Kunststoff, 3 x 12...................0,5 Nm

Leuchten
Scheinwerfer an Frontträger M6 x 20............. 5 Nm
Tagfahrlicht an Scheinwerfer
Schraube für Kunststoff, 3,5 x 12 ....1 Nm
Blinker an Frontträger M6 x 16.................... 4 Nm
Blinker an Kennzeichenträger M6 x 20............ 3 Nm

Navigationssysteme
Haltebügel links an an Frontträger M6 x 18 .... 8 Nm
Haltebügel rechts an an Frontträger M6 x 16 ..... 8 Nm

Keyless Ride
Keyless Ride-Steuereinheit an Lenkerbrücke
Fächerschraube, M8 x 26 (mikroverkapselt) ......20 Nm

Sonderzubehör Motorrad

Abgasanlage
Sportschalldämpfer an Heckrahmen M8 x 35 .... 19 Nm
Hitzeschutzblende an Abgaskrümmer
Schelle... 3 Nm
Schraube, M5 x 12 .... 3 Nm
Sportschalldämpfer an Abgaskrümmer.......... 10 Nm

Gehäusedeckel, Abdeckung, Blende
Zylinderkopfhaubenschutz an Kurbelgehäuse
M5 x 12... 5 Nm
Zylinderkopfhaubenschutz an Zylinderkopfhaube
M6.. 10 Nm

Rahmen, Fußrasten, Anbauteile
Aufnahme an Träger M8 x 25 mikroverkapselt oder Schraubensicherungsmittel (Loctite 243, mittelfest) .... 20 Nm
Klemmbock an Fußraste M8 x 20................20 Nm
Anbauteile, Verkleidung
Blende für Haltegriffbohrung an Heckrahmen
M8 x 25 mikroverkapselt oder Schraubensicherungsmittel (Loctite 243, mittelfest)......... 8 Nm
M8 x 40 mikroverkapselt oder Schraubensicherungsmittel (Loctite 243, mittelfest)......... 8 Nm

Anbauteile Koffer
Kappe an Fußrastenplatte M4 x 12............... 1,5 Nm

Anbauteile Topcase, Gepäckbrücke
Topcasehalter mit Haltegriff an Heckrahmen
M8 x 35 Schraubensicherungsmittel (Loctite 243, mittelfest) .... 19 Nm
M8 x 40 Schraubensicherungsmittel (Loctite 243, mittelfest) .... 19 Nm
Blende an Trägerplatte M5 x 14,5.................. 2 Nm
Topcasehalter an Haltegriff M6 x 20.............. 5 Nm
Trägerplatte an Heckrahmen M8 x 35............ 19 Nm
M8 x 50 .... 19 Nm

Tankrucksack
Anbindung vorn für Tankrucksack an Rahmen
M6 x 28 .... 8 Nm

Beleuchtung
Adapter an LED-Zusatzscheinwerfer M5 x 16
Schrauben gleichmäßig festziehen .... 4 Nm
LED-Zusatzscheinwerfer an Halter M6 x 40....... 6 Nm
Halter LED-Zusatzscheinwerfer an Frontträger M6 x 30
Schraubensicherungsmittel (Loctite 243, mittelfest)
.... 8 Nm
Halter an Cockpitverkleidung M5 x 17,5........... 2 Nm
Distanzbolzen an Scheinwerferschutz M6 x 10...2,5 Nm

Schalter, Klein-, Steuergerät
Zusatzschalter an Klemmbock M5 x 12............ 2 Nm

Standard-Schraubverbindungen

Falls keine Drehmomente in den Arbeitsschritten/ Anzugdrehmomenttabellen angegeben sind, gelten die hier aufgeführten Werte für Standard-Schraubverbindungen.
Weiterhin gilt die DIN EN ISO 4014 (Sechskantschrauben mit Schaft).

Anzugdrehmomente nach BMW
GS 90003-2 von 2005-07
Verschraubungsklasse III +/-15%

Gewinde	F	Nm
M3 x 0,5	8.8 10.9	1 1,4
M4 x 0,7	8.8 10.9	2,3 3,3
M5 x 0,8	8.8 10.9 12.9	4,6 6,8 7,6
M6 x 1	8.8 10.9 12.9	8 11,8 13
M7 x 1	8.8 10.9 12.9	13 19 21
M8 x 1,25	8.8 10.9 12.9	19 28 31,5
M8 x 1	8.8 10.9 12.9	20,5 30 33
M10 x 1,5	8.8 10.9 12.9	38 56 62
M10 x 1	8.8 10.9 12.9	41 60 67
M12 x 1,75	8.8 12.9	66 108
M12 x 1,5	8.8 10.9 12.9	68 100 110

27 Sachwortregister

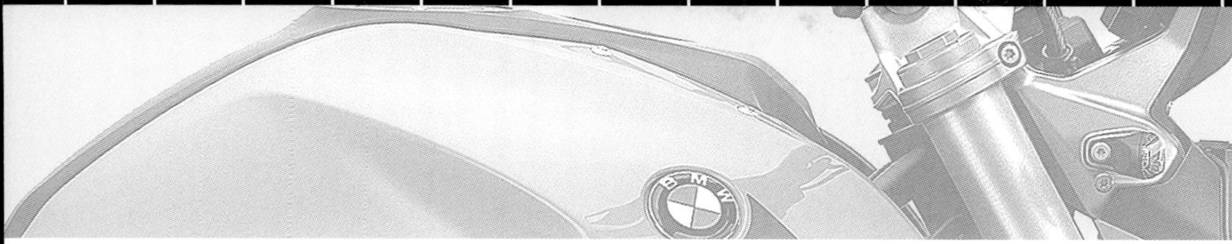

I

K

L

M

N

O

P

27 Sachwortregister

R

S

T

U

V

W

Z

Kabelverlegung 28

Die Bilder der Kabelverlegung stammen von der 1200er-Version, haben jedoch auch Gültigkeit für die 1250er Shift-Cam. Allerdings mit Ausnahme des selbigen. Das Ansteuerkabel der Nockenwellen-Verschiebung fehlt.

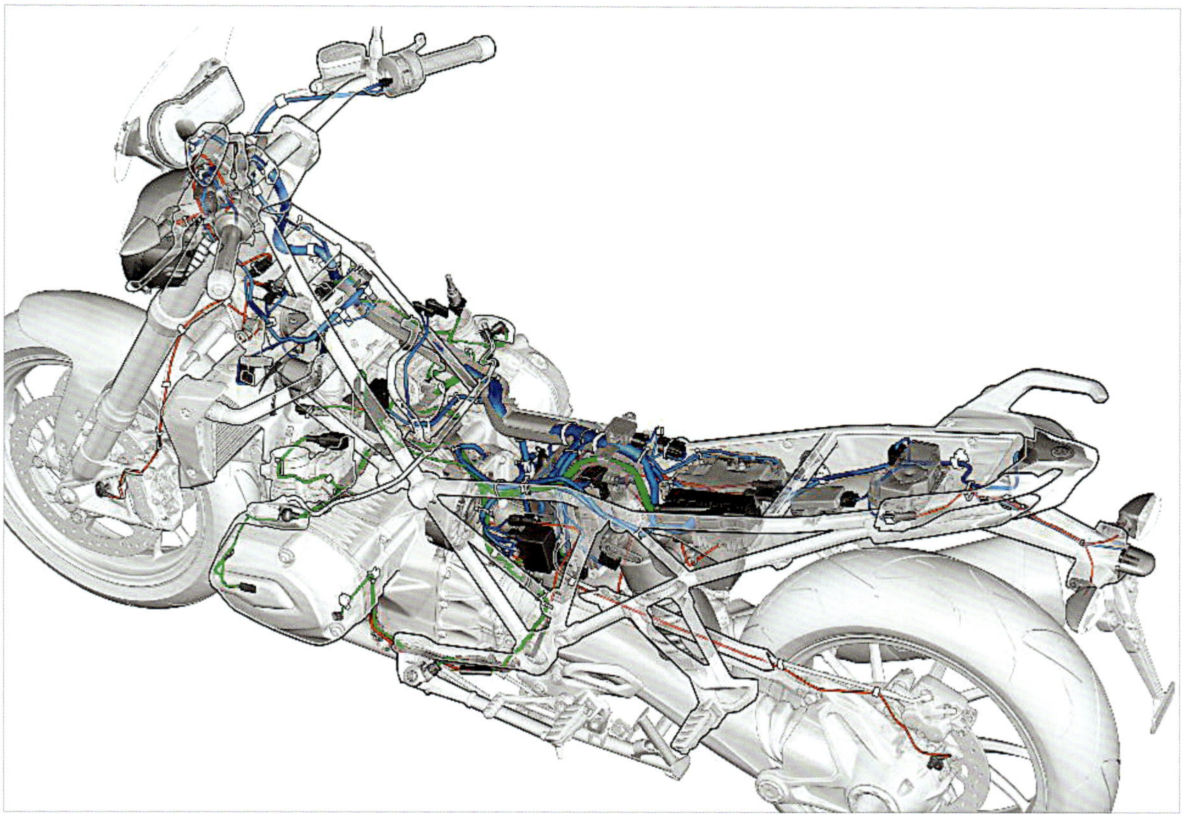

R 1200 R
Seitenansicht links

R 1200 R
Seitenansicht rechts

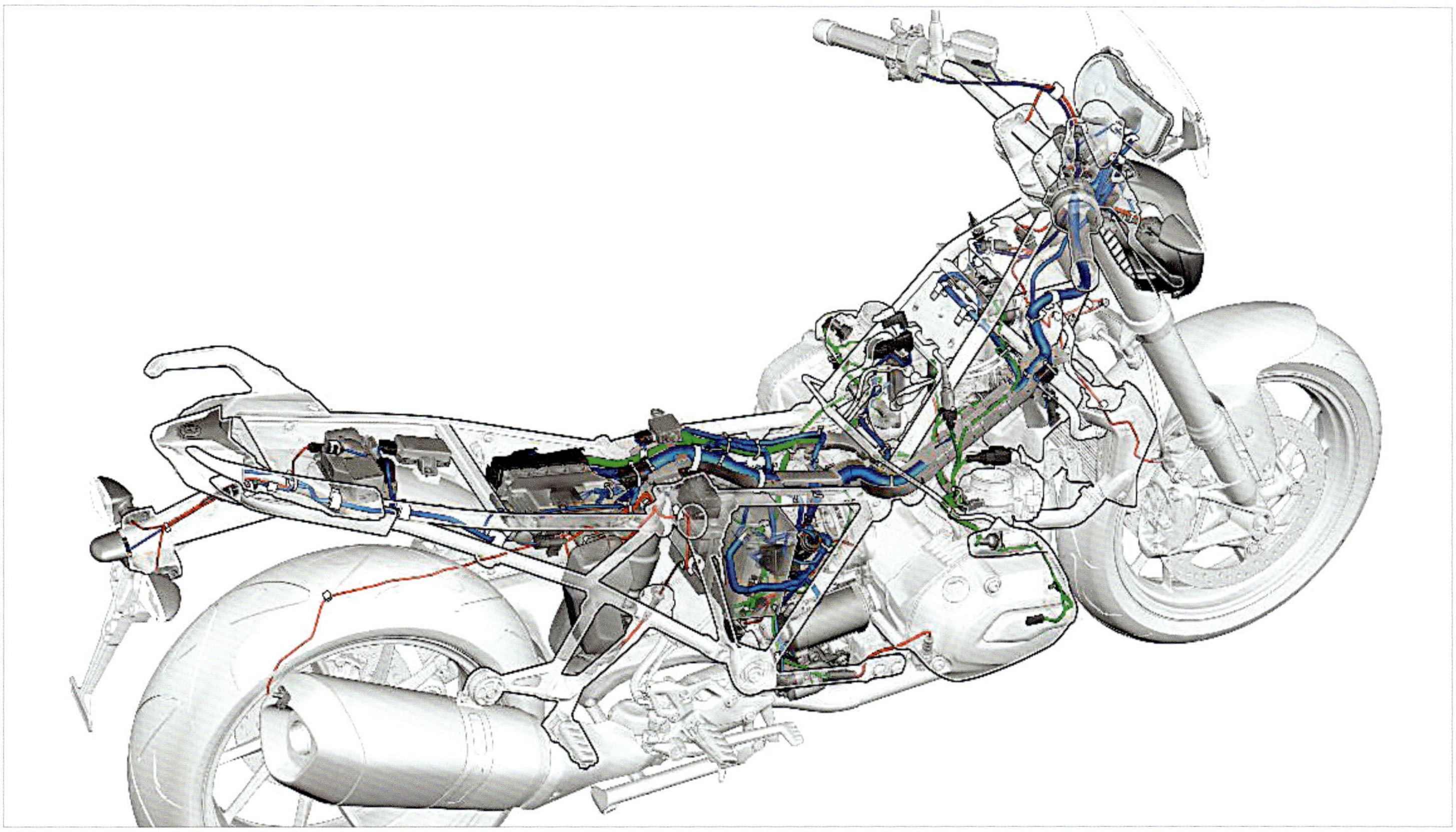

28 Kabelverlegung

R 1200 R
Mitte

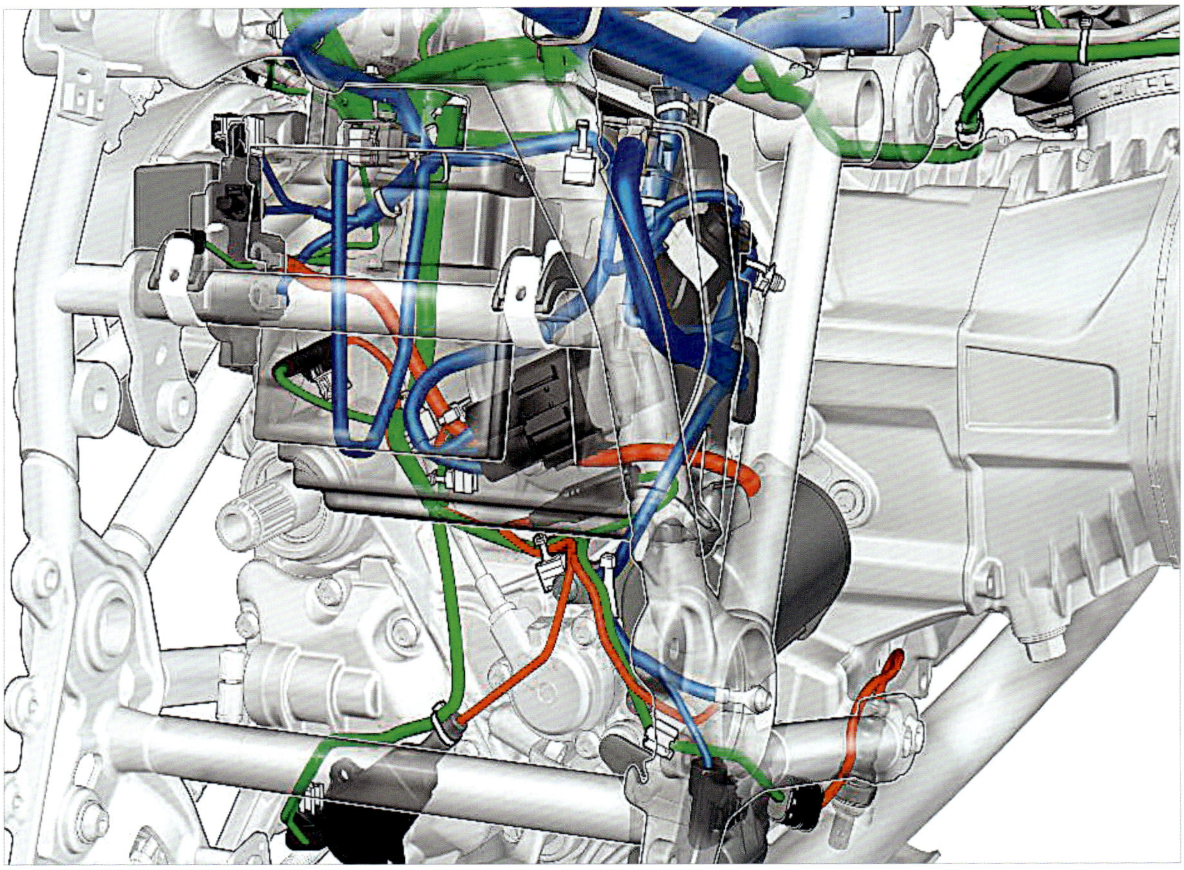

R 1200 RS
Seitenansicht links

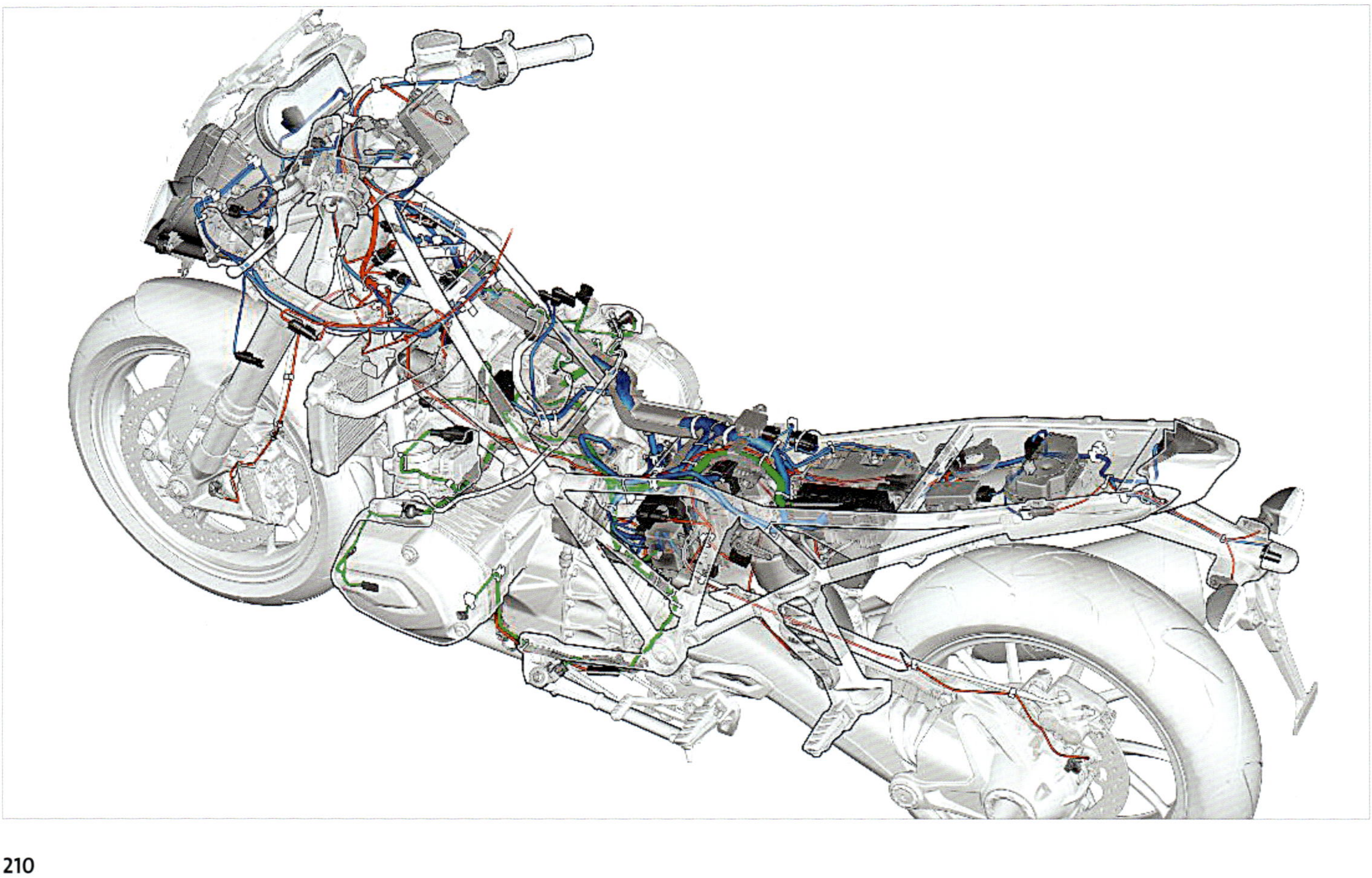

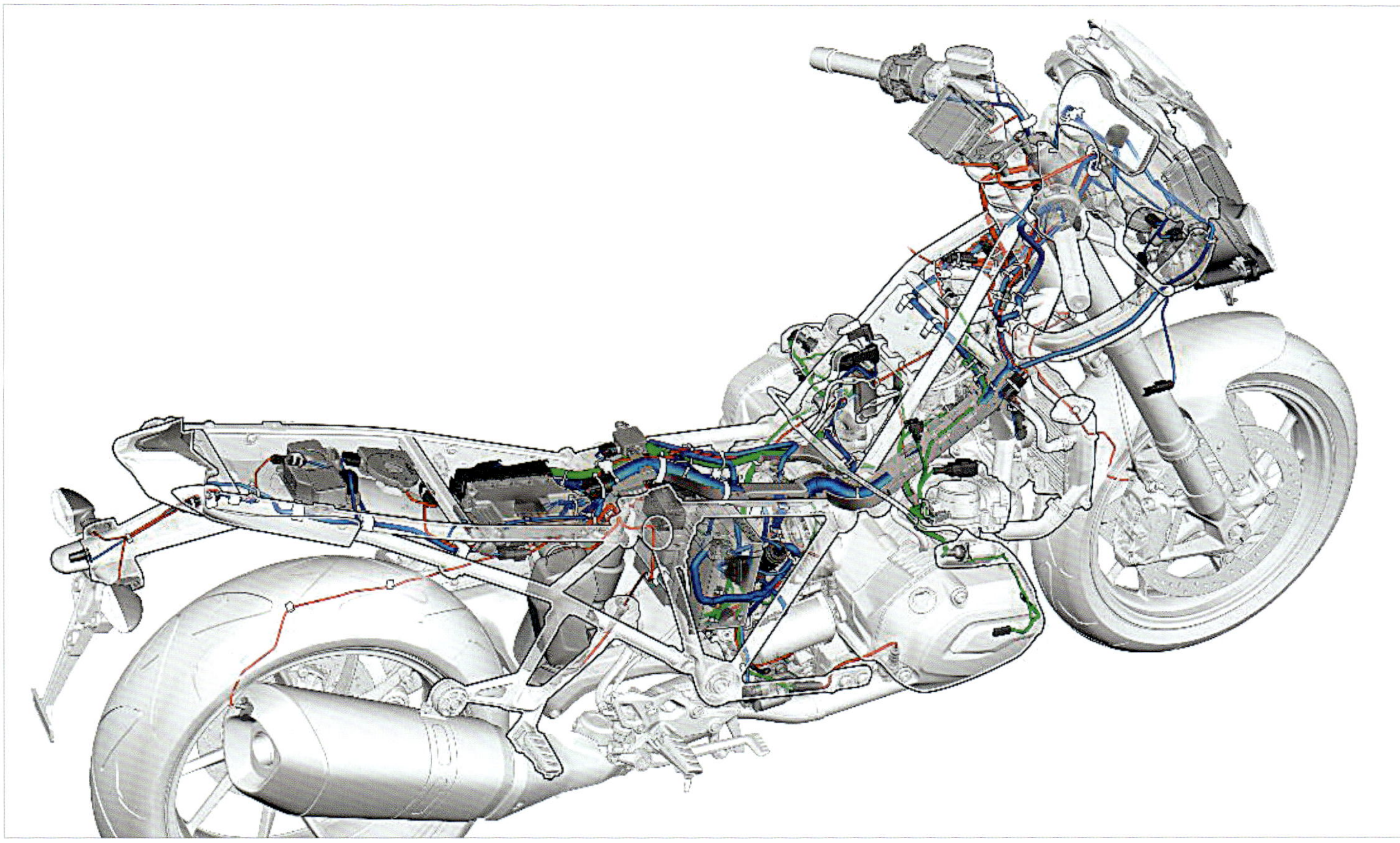

R 1200 RS Seitenansicht rechts

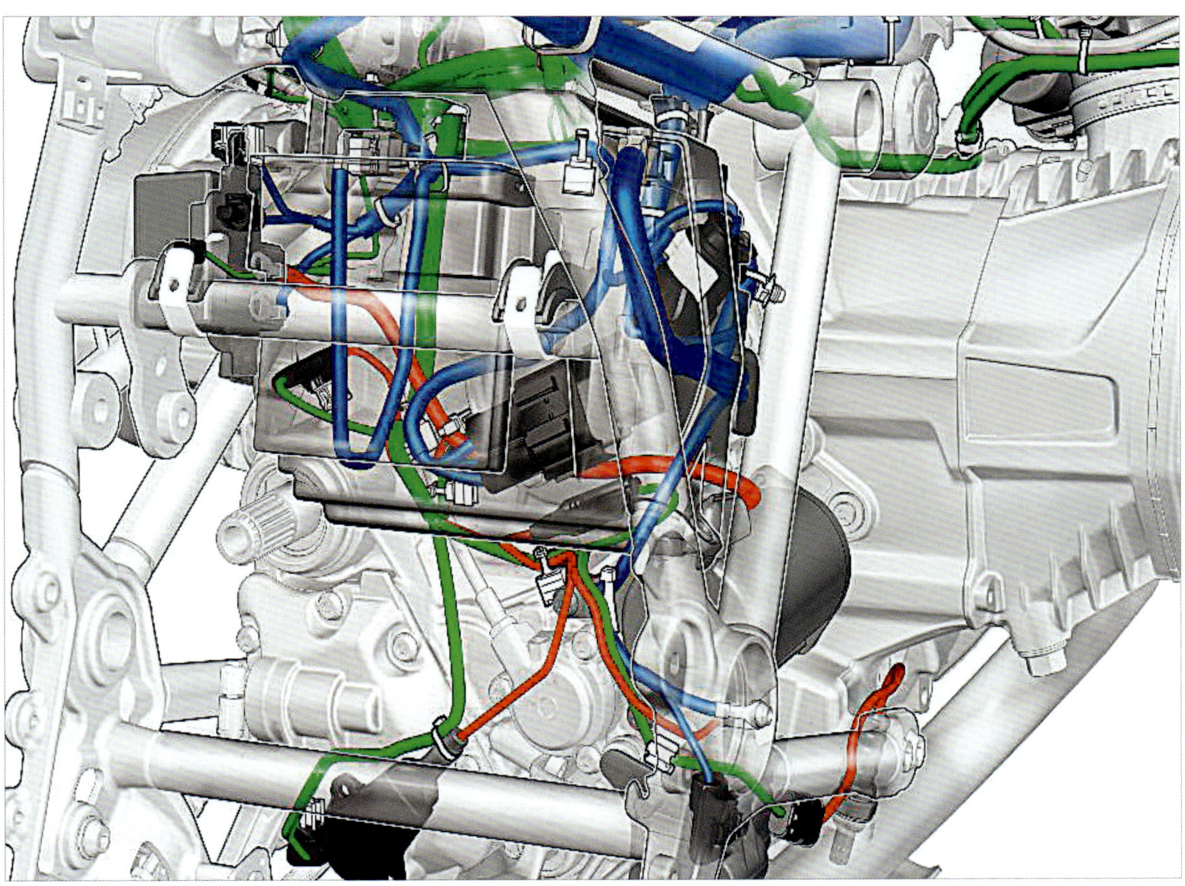

R 1200 RS Mitte

29 Ausstattung & Zubehör

Kaum eine BMW verlässt die Werkshallen im Serienzustand. Zubehör und Sonderausstattungen gehören mittlerweile nicht nur bei den Bayern zum täglichen – und einträglichen – Geschäft. Dabei darf unterschieden werden, was nur ab Werk geordert werden kann, etwa ein ESA-Fahrwerk, und was wie ein nachträgliches Zubehörteil auch selbst montiert werden kann. Etwa ein Windschild oder ein leichter Endschalldämpfer. Falls das Tourenpaket nicht geordert ist, kann der Hauptständer (ohne Bild) für 155 Euro zugekauft werden.

Der 30 Liter-Koffer schlägt mit 300 Euro zu Buche, der Halter mit 130. Mal zwei für links und rechts.

Das Windschild kann in klar oder getönt, hoch der niedrig geordert werden. Kostenpunkt: 200 bis 220 Euro. Plus 55 Euro für den Halter

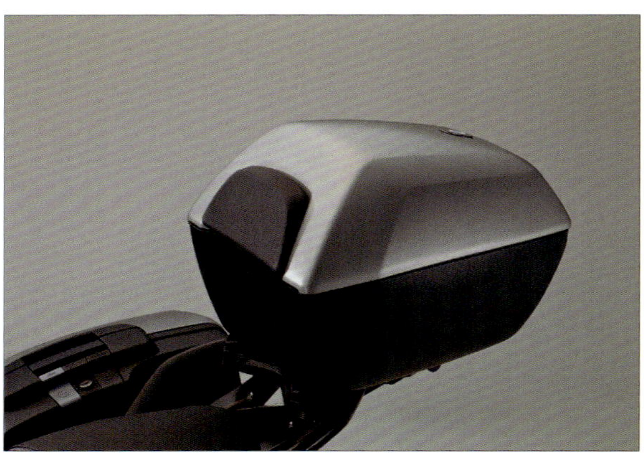

Das Topcase gibt's neu für 250 Euro plus 130 für die Montageplatte.

Der kleine Tankrucksack kommt auf 200 Euro

Der leichte slowenische Akrapovic-Endtopf ist fast fester Bestandteil der Zusatz-Orderliste. Neben einer Gewichtseinsparung ist auch der schöne Klang ausschlaggebend. Leistungsmäßig praktisch auf Serienniveau. Dafür mit 960 Euro nicht ganz billig.

29

Im kompletten Touring-Dress in Vollaustattung übersteigt der Endpreis den Basispreis leicht um ein Drittel. Auf die Motorschutzbügel links und rechts für zusammen 300 Euro kommt es da auch nicht mehr an.
Bei einem grundsätzlich gutem Wiederverkaufswert für alle Modelle dieser Baureihe, erzielen die voll ausgestatteten Ausführungen den geringsten Wertverlust.

Ein Satz gefräster Pedale (Bremse und Schaltung) kommt auf gut 500 Euro.

Ein Rohrlenker nach Art der klassischen Superbikes erhöht die subjektive Handichkeit durch mehr Lenkerbreite. Die höheren Griffe ermöglichen eine aufrechtere Sitzposition. (Sonderausstattung ab 2023; 115 Euro)

Sozius-Sitzabdeckung/Soloheck. Für R und RS erhältlich. Allerdings muss das ab Werk im "Style Sport"-Paket geordert werden. Kostenpunkt 515 Euro. Enthalten ist dann auch die schicke Lackierung in den Sportfarben von BMW. Die notwendigen Teile zum Rückbau auf Soziusbetrieb kommen auf 125 Euro.

30 Modelle

R 1200 R 2015

Hubraum: 1170 cm³
Leistung: 92 kW/125 PS
bei Drehzahl: 7750 min⁻¹
Radstand: 1515 mm
DIN Leergewicht, fahrfertig, vollgetankt: 231 kg

Style 2:
Lackierung:
Thundergrey metallic
Rahmenfarbe:
Achatgrau metallic matt,
Gold eloxierte Bremssättel,
Tankblende in Edelstahl.

Basis:
Lackierung in Cordobablau uni,
Tankmittelcover aus Kunststoff mit Kontrastlack Granitgrau metallic matt
Rahmenfarbe Schwarz,
Schwarz eloxierte Bremssättel.

Style 1:
Lackierung in Lightwhite uni, Großflächige Typengrafik R, Rahmenfarbe Racingred, Gold eloxierte Bremssättel, Motorspoiler in Fahrzeugfarbe, Tankblende in Edelstahl, Cockpitblende Pure.

R 1200 R Modelljahr 2017

R 1200 R Sport: in der Farbkombination Lightwhite uni/Cordobabblau (neue Rahmenfarbe)

30 Modelle

R 1200 R Modelljahr 2017

Racingred uni

R 1200 R Modelljahr 2018

Style Exclusive: neue Farbe Iced Chocolate metallic, Bremssättel gold, Tankblende Edelstahl, Rahmen: Achatgrau metallic matt, Tape auf dem Tank.

R 1250 R 2019

Hubraum: 1254 cm^3
Leistung: 100 kW/136 PS
bei Drehzahl: 7750 min^{-1}
Radstand: 1515 mm
DIN Leergewicht, fahrfertig, vollgetankt: 239 kg

Exclusive:
Pollux metallic matt, Rahmen und Räder in Achatgrau metallic.

Basis:
Blackstorm metallic, Rahmen und Räder in Achatgrau metallic.

Style-Variante HP:
Lightwhite uni,
Racingblue metallic,
Racingred uni.

30 Modelle

R 1250 R 2019

Nochmals Style-Variante HP: Diesmal mit Frästeilepaket HP/Shadow (zwei Zylinderkopfdeckel mit Kunststoff-Abdeckungen, Kupplungsdeckel, Zündspulenabdeckung und Öleinfüllschraube; kostet etwas über 1000 Euro).

Option 719 Stardust metallic: Wird in einem aufwändigen Lackierprozess mit großer Liebe zum Detail verarbeitet, bei welchem dem braun-bronze-farbenen Grundton Gold- und Glas-Flakes zugemischt werden.

R 1250 R 2023

Triple Black:
Blackstorm metallic,
Rahmen achatgrau,
Bremssättel vorn und hinten gold,
Kühlerblende Edelstahl, Motorspoiler
Edelstahl, Tankblende Pure,
Soloheck (alternativ Soziuspaket).

Basis:
Icegrey uni,
schwarzen Rahmen.

Sport:
Racingblue metallic, Rahmen weiß,
Bremssättel vorn und hinten gold,
Sportlenker schwarz, Bugspoiler blau,
Soloheck (alternativ Soziuspaket).

30 *Modelle*

R 1200 RS 2015

Hubraum: 1170 cm^3
Leistung: 92 kW/125 PS
bei Drehzahl: 7750 min^{-1}
Radstand: 1530 mm
DIN Leergewicht, fahrfertig,vollgetankt: 236 kg

Style 2:
in Granitgrau metallic matt

Basis:
Lupinblau metallic/Lightgrey metallic

R 1200 RS Modelljahr 2017

Sport:
Lightgrey metallic/
Magellangrau
metallic matt,
Rahmenfarbe rot.

R 1200 RS Modelljahr 2018

Blackstorm metallic

Exclusive:
Frozen Bronze metallic/Blackstorm metallic,
Rahmen: achatgrau metallic matt.

30 Modelle

R 1250 RS 2019

Hubraum: 1254 cm^3
Leistung: 100 kW/136 PS
bei Drehzahl: 7750 min^{-1}
Radstand: 1530 mm
DIN Leergewicht, fahrfertig, vollgetankt: 243 kg

Option 719 Stardust metallic:
Wird wie bei der Roadster (Seite 218) in einem aufwändigen Lackierprozess verarbeitet, der im Reparaturfall jeden Lackierer in den Wahnsinn treibt. Besser gleich einen zweiten Lacksatz auf Vorrat mitkaufen...

Sport:
Austin Yellow metallic matt, Rahmen: Weiß/Schwarz.

30

Basis:
Blackstorm metallic. Rahmen, Räder, Ventildeckel und Bremssättel in Asphaltgrau metallic matt.

Exclusive:
Imperialblau, Rahmenfarbe: Achatgrau metallic matt.

R 1250 RS 2023

Basis:
Lightwhite, Rahmen: Schwarz.

30 Modelle

R 1250 RS 2023

Sport: Lightwhite uni/Racingblue metallic/Racingred, Rahmen Lightwhite uni.

Triple Black: Blackstorm metallic, Rahmen: achatgrau.